先进功能发泡材料的绿色制备

米皓阳　经鑫　著

化学工业出版社

·北京·

内容简介

《先进功能发泡材料的绿色制备》聚焦以超临界二氧化碳(scCO_2)物理发泡技术制备的聚合物泡沫在功能化应用领域的前沿研究。全书按照"基础理论-结构设计-性能调控-应用开发"的知识体系编排，第1章详细阐释了scCO_2发泡技术的原理、分类及核心优势。第2~9章依次探讨了聚合物泡沫材料在八个领域的创新应用，包括：能量吸收与缓冲、高效隔热、声学降噪、超疏水界面、电磁干扰屏蔽、组织工程支架、柔性压力传感以及摩擦纳米发电，各章节均从作用机理、关键影响因素、结构优化策略、先进制备工艺及典型应用案例等维度展开深度剖析。

《先进功能发泡材料的绿色制备》适合材料科学、化学工程等领域的科研人员及工程技术人员参考，也可作为高等院校相关专业高年级本科生和研究生的拓展学习读物。

图书在版编目（CIP）数据

先进功能发泡材料的绿色制备 / 米皓阳，经鑫著.
北京 : 化学工业出版社, 2025. 9. -- ISBN 978-7-122-48642-4

Ⅰ. TB34

中国国家版本馆 CIP 数据核字第 2025J86T03 号

责任编辑：刘志茹　宋林青　　文字编辑：杨凤轩　师明远
责任校对：宋　夏　　装帧设计：关　飞

出版发行：化学工业出版社（北京市东城区青年湖南街 13 号　邮政编码 100011）
印　　装：北京科印技术咨询服务有限公司数码印刷分部
787mm×1092mm　1/16　印张 17　字数 419 千字　　2026 年 1 月北京第 1 版第 1 次印刷

购书咨询：010-64518888　　售后服务：010-64518899
网　　址：http://www.cip.com.cn
凡购买本书，如有缺损质量问题，本社销售中心负责调换。

定　　价：128.00 元

前言

在聚合物材料中引入不同尺寸与形态的孔隙结构，就可以赋予聚合物泡沫诸多不同的功能化特性。随着材料科学与材料成型技术的发展，功能化聚合物泡沫材料作为新一代多孔功能材料的代表，正在经历从传统结构材料向智能多功能材料的革命性转变。通过精确调控泡孔形貌（如开孔/闭孔结构、孔径分布、孔隙率）和引入功能组分（如纳米填料、导电聚合物、生物活性物质），这类材料可被赋予吸能缓冲、吸声隔热、电磁屏蔽、油水分离、生物活性等特殊功能特性。聚合物泡沫内部的三维多孔结构不仅提供了巨大的比表面积和丰富的界面效应，更为多物理场耦合作用提供了理想载体，使其在能源、环境、生物医疗等交叉学科领域展现出独特优势。

目前用于制备聚合物泡沫材料的方法包括：相分离法、冷冻干燥、致孔剂滤沥法、超临界干燥、3D 打印、物理发泡法、化学发泡法、静电纺丝法等。在这些方法中，采用超临界 CO_2（scCO_2）作为物理发泡剂的 scCO_2 发泡技术因其绿色环保、工艺可控等特点，已成为规模化制备高性能聚合物泡沫的首选方法。该技术利用 scCO_2 兼具气体扩散性和液体溶解度的独特性质，可实现绝大多数聚合物材料的发泡，能够在相对温和条件下实现泡孔结构、密度和形态的精准调控。然而，目前 scCO_2 发泡技术多应用于轻量化填充材料、吸能鞋材等常规领域，其在前沿功能化领域应用不多。

作者团队长期从事聚合物三维多孔材料的制备、结构调控与功能化应用领域研究。尤其针对 scCO_2 发泡聚合物泡沫的工艺创新与结构、性能调控开展了大量研究工作，致力于实现具有特定结构的聚合物及聚合物复合泡沫材料的精确制备，拓展 scCO_2 发泡在功能化泡沫制备方面的应用。本书中作者团队基于其在功能化聚合物泡沫方面的积累，针对不同前沿应用领域重点从四个维度进行展开：首先，系统介绍功能性多孔聚合物泡沫的功能化背景；其次，阐释其特殊功能实现的基本原理；再次，深入剖析目前该类功能化泡沫材料的制备工艺方法；最后，介绍前沿研究进展与应用案例。

本书系统性介绍了超临界 CO_2 发泡的基本原理并针对聚合物泡沫涉及的八个功能化应用领域进行系统阐释。包括了聚合物泡沫材料在能量吸收、隔热、声学降噪、超疏水特性、电磁屏蔽、组织工程支架、柔性传感器、摩擦纳米发电领域的创新应用。第 1 章详解 scCO_2 发泡技术的分类、原理及泡孔微观结构的调控方法与调控机理；后续各章分别深入不同应用领域——第 2 章探究吸能泡沫的作用机理、结构影响、制备工艺及工程应用；第 3 章介绍隔热泡沫的隔热机制、结构优化策略与前沿研究；第 4 章揭示吸声泡沫的理论模型、关键影响因素及先进制备技术；第 5 章阐述超疏水泡沫的润湿理论、性能调控方法及其在自清洁/油污吸附领域的应用；第 6 章剖析电磁屏蔽复合泡沫的作用机制、材料体系设计与工艺创新；第 7 章构建组织工程支架的生物相容性要求、可降解聚合物选择及三维多孔支架制备体系；第 8 章阐释柔性压阻传感泡沫的工作原理、敏感度调控因素及器件集成方案；第 9 章创新提出基于聚合物泡沫的摩擦纳米发电机（TENG）在能量转换领域的结构设计与性能优化路径。

本书根据作者团队多年研究工作积累与相关文献的整理集合而成，在泡沫材料的先进制备方法、功能化应用的理论深度、材料结构与性能的调控方面均进行探讨，尚有许多不足之处望读者见谅。虽然如此，我依然期待本书能在绿色发泡技术与前沿应用需求之间架设桥梁，使读者不仅能系统掌握泡沫材料研发的要义，而且能获得提升材料性能、拓展应用范围的有用知识。

米皓阳，经鑫

2025 年 6 月

目录

第 1 章
绪 论

1.1 聚合物泡沫材料综述

泡沫材料具有独特的多孔结构，其在天然和合成材料中普遍存在[1]。例如，自然界中具有开放多孔结构的天然海绵和木材，人类已经使用了数千年。聚合物泡沫是一种在聚合物基体中均匀分散有大量含有气体介质微孔的聚合物材料，几乎所有的聚合物都可以制成聚合物泡沫。20 世纪，随着聚合物工业的发展，各种类型的聚合物泡沫产品相继出现。气相的引入使得聚合物泡沫在减轻材料质量、隔热、吸声降噪、减震等方面具有优异性能。它广泛用于制备各种包装材料、汽车和飞机零部件、体育设备、建筑材料等。

传统的聚合物泡沫主要通过将聚合物熔体与气体混合来制备。通常，这些泡沫材料具有较大的泡孔直径和较低的泡孔密度，平均泡孔大小一般大于 100 μm。在使用过程中，这些大泡孔往往成为裂缝的起始点，从而限制了传统聚合物泡沫的性能，无法满足汽车、飞机、航天、电子设备和医疗设备等领域的新需求。

为了解决这个问题，麻省理工学院的 N. P. Suh 教授及同事首次提出了微孔发泡技术，并定义了泡孔大小和密度范围。微孔泡沫的平均泡孔大小在 0.1～100 μm 之间，泡孔密度在 10^9～10^{15} cm^{-3} 之间。当泡孔尺寸小于裂缝尺寸时，泡沫中的微小泡孔可以钝化裂缝尖端并阻止裂缝扩展，这相比传统的大泡孔泡沫，大大提高了聚合物泡沫的力学性能[2,3]。其抗冲击强度、韧性和疲劳寿命均提高了五倍以上，同时密度减少量可在 5%～95%之间调控[4,5]。此外，微孔发泡材料通常还具有较低的介电常数和热导率[6]。由于其低密度、高韧性、良好的抗冲击强度和抗疲劳性，微孔发泡材料在包装和吸收冲击的缓冲材料方面具有广阔的应用前景。

微孔泡沫因其高比强度和有效的隔声效果，在飞机和汽车以及室内隔声等方面备受青睐；由于其独特的泡孔结构，微孔泡沫经适当改性或复合后能够具备低介电常数、低热导率以及出色的电磁屏蔽/吸收性能，使其在航空航天和电子工业中具有较强的应用潜力。此外，高开孔率的微孔泡沫在生物组织支架、过滤吸附、催化剂载体以及药物缓释等方面也受到越来越多关注。

1.2 聚合物发泡方法

聚合物发泡通常指聚合物基体与发泡剂共混，再将气体从聚合物中分离出来，接着固化形成具有均匀泡孔结构材料的过程。根据引入气体方法，聚合物发泡方法大致可分为三类：机械发泡法、物理发泡法和化学发泡法。

1.2.1 机械发泡法

机械发泡法是借助于强烈的机械搅拌将空气卷入黏流态聚合物基体中从而形成均匀泡沫体的方法。为缩短成型周期，可通入空气，加入乳化剂或表面活性剂。其特点是无需加入发泡剂，但存在泡孔易破裂、合并，且难以获得微米级泡孔结构的问题。

1.2.2 物理发泡法

物理发泡法是指将在聚合物中溶解度较高的气体直接注入聚合物熔体中，通过温度或压力的变化使气体在聚合物内均匀成核生长，从而形成泡孔结构的方法。通常使用的物理发泡剂包括如下几种：

① 惰性气体　在压力下溶解于聚合物熔体中，然后迅速释放压力，在聚合物基体中形成泡孔。

② 低沸点液体　溶解在聚合物熔体中，然后在高温下其汽化形成聚合物基体中的泡孔。

③ 空心微球或可膨胀微球　直接通过熔融共混添加到聚合物基质中，形成多孔泡沫结构。

在物理发泡过程中，物理发泡剂只经历状态变化，例如从饱和溶液变为气体，或从超临界流体状态变为气体。按性质不同，物理发泡剂通常可以分为两类，即无机发泡剂和有机发泡剂。无机发泡剂包括 CO_2、N_2、空气等，有机发泡剂包括烃类、氯代烃、氟代烃等。

使用物理发泡剂的物理发泡法成本相对较低，尤其是 CO_2 和 N_2，它们价格便宜且无污染，同时还具有阻燃特性，使其具有很高的应用价值。然而，这种方法通常需要特殊的成型设备和辅助设备，这使得该过程在技术上具有很高的挑战性并对设备要求严格。

超临界流体（SCF）发泡技术是一种使用超临界流体作为发泡剂的物理发泡方法。超临界流体是指在超临界状态下的流体，其温度和压力都超过了临界点（如图 1-1 所示）[7]。超临界流体处于液体和气体之间的状态，其黏度和扩散系数接近气体，而密度和溶解能力接近液体。因此，它具有液体和气体的双重优点，例如良好的流动性、大的传质系数、易于调整的流体密度以及良好的扩散性和溶解性[8,9]。最常用的超临界流体包括 CO_2、N_2、水和乙烷等。如表 1-1 所示，CO_2 的临界点为温度 31.1 ℃和压力 7.38 MPa，相较于其他气体/液体，较容易达到[10]。此外，由于超临界 CO_2（$scCO_2$）具有高溶解性和高扩散率，使用 $scCO_2$ 作为发泡剂进行物理发泡可以实现更高的气体含量、更大的膨胀比和更高的泡孔密度。考虑到使用 $scCO_2$ 和 scN_2 进行超临界流体发泡的优势，这种技术在近年来得到了广泛的研究，并被应用于生产各种热塑性聚合物产品中。

表 1-1　常见超临界流体的临界点[10]

超临界流体	临界温度/℃	临界压力/MPa
$scCO_2$	31.1	7.38
scN_2	−147.1	3.39
scH_2O	374.2	21.83
scC_2H_6	32.3	4.82

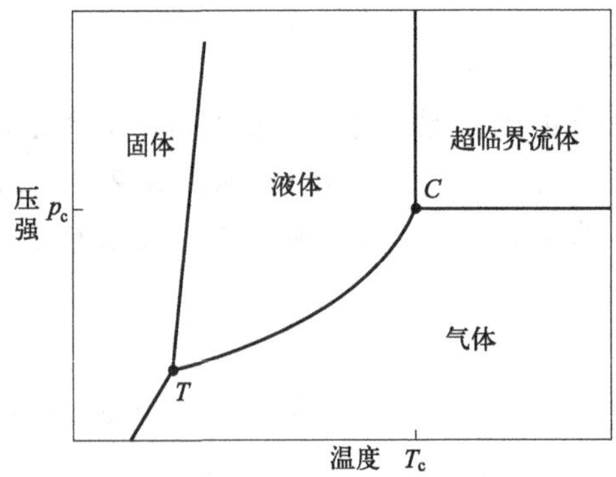

图 1-1 流体的相图[7]

T—三相点；C—临界点

1.2.3 化学发泡法

化学发泡法依赖于化学反应生成气体，从而在聚合物基体中形成泡孔。气体通常通过添加到聚合物基体中的化学发泡剂的热分解反应生成。目前，常见的化学发泡剂主要包括：小苏打（$NaHCO_3$）、硝酸铵、偶氮化合物、磺酰肼类和亚硝基化合物等。在类似聚氨酯的化学发泡中，气体是通过异氰酸酯官能团与水分子之间的交联反应生成的。对于化学发泡，反应的温度和气体含量是决定发泡质量的关键因素，气体生成时的反应温度应与聚合物的加工温度相匹配，气体生成速率需要可控，气体含量需要充足。

化学发泡法的主要优点在于不需要对聚合物加工设备进行改进，而且其注塑与挤出成型过程与一般的注塑与挤出成型过程基本相同。与物理发泡法相比，化学发泡法的劣势主要在于对反应条件的要求高，温度范围窄，发泡剂通常成本更高，可能存在的环境污染以及VOC排放问题。化学发泡剂可能导致环境污染和安全问题，如易燃性、爆炸性和臭氧消耗，大多数化学发泡剂已经被淘汰或限制使用。

1.3 SCF微孔发泡基本原理

在聚合物发泡过程中，通过将聚合物和气体混合溶解或饱和形成一个均匀的聚合物/气体系统。随后，通过改变外部条件（通常是压力和温度），打破系统的平衡状态，导致气体从超临界状态转变为气态，从而触发泡孔核化，使气相从聚合物相中分离出来形成泡孔结构[11]。

发泡过程的前半部分可以看作是从一个稳定的（均相）状态向亚稳态或不稳态（多相）状态的过渡。在这种亚稳态中形成的泡孔由于聚合物基体固有的高分子运动性而缺乏稳定性。因此，在发泡过程中对聚合物施加冷却处理能够有效固定发泡过程中形成的泡孔结构，最终制备稳定的发泡产品。因此，发泡过程的后半部分可以被理解为将不稳定的发泡产品转变为稳定的产品的过程。可以看出，聚合物发泡过程是一个复杂的热力学和动力学过程。这一基本过程可以大致分为五个阶段，如图 1-2 所示[12]。

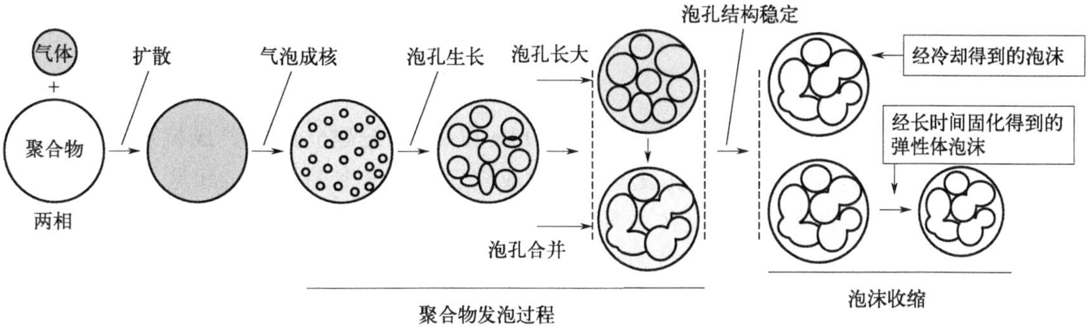

图 1-2　超临界流体（SCF）发泡过程中五个阶段的示意图[12]

1.3.1　均相体系的形成

在 SCF 发泡过程中，需要构建均一的气体/聚合物体系。在气体与聚合物形成均匀系统的过程中，气体的溶解度是决定可以引入系统中的发泡剂含量的最重要参数之一，进而影响最终泡孔的密度和孔隙大小。确定发泡剂在聚合物中的溶解度对整个发泡过程至关重要，因此理解气体与聚合物熔体之间的相互作用以及溶解度的影响因素是至关重要的。

气体/聚合物的二元系统通常使用亨利定律描述，气体在聚合物中的溶解度可以由亨利定律推导出[13,14]：

$$C=K_{\mathrm{H}}p \tag{1-1}$$

式中，C 为气体溶解度；K_{H} 为亨利常数；p 为气体压力。

因此，增加压力是增大气体溶解度的有效手段，当然，降低温度也可以获得类似效果。亨利定律结合范特霍夫方程可以解释温度与气体溶解度之间的关系[15,16]。

$$K_{\mathrm{H}}=K_0\exp\left(\frac{-\Delta H_{\mathrm{S}}}{RT}\right) \tag{1-2}$$

式中，K_0 为指前因子；ΔH_{S} 为溶解热；R 为摩尔气体常数；T 为温度。

亨利定律基于理想稀溶液条件，没有考虑气体与聚合物熔体之间的相互作用，特别是在高压条件下，超临界流体与聚合物之间的相互作用更加复杂。当大量 SCF 溶解在聚合物中时，塑化效应会影响系统的表面张力和流变性质。

弗洛里-赫金斯方程是确定系统中气体使用量的一个良好方法，其表达式为[11]：

$$\Delta F_{\mathrm{m}}=k_{\mathrm{B}}T(n_{\mathrm{g}}\ln\varphi_{\mathrm{g}}+n_{\mathrm{p}}\ln\varphi_{\mathrm{p}}+\chi n_{\mathrm{g}}\varphi_{\mathrm{g}}) \tag{1-3}$$

$$\chi=0.3+V_{\mathrm{g}}/RT(\delta_{\mathrm{p}}-\delta_{\mathrm{g}})^2 \tag{1-4}$$

式(1-3) 中等号左边的 ΔF_{m} 指的是聚合物和气体混合后的混合自由能；等号右边的 n_{g} 和 φ_{g} 分别指的是气体的物质的量和体积分数；而 n_{p} 和 φ_{p} 分别指的是聚合物的物质的量和体积分数；参数 χ 是描述聚合物和气体作用的参数（由熵和焓两部分组成，对于大多数聚合物/气体系统，前者的平均值约为 0.3，后者由溶解度参数决定[17]）；k_{B} 为玻耳兹曼常数；T 为热力学温度。式(1-4) 中 V_{g} 为气体的摩尔体积；R 为摩尔气体常数；δ_{p}、δ_{g} 分别为聚合物和气体的溶解度参数。

实际上，溶解度很大程度上受到温度、压力以及聚合物的结晶行为影响[18]。通常情况下，液体或气体在聚合物基体中的溶解度随着压力的增加而增加，随着温度的升高而减少[19]。

1.3.2 泡孔成核

聚合物发泡中气泡成核的基本理论源于Gibbs在20世纪建立的经典成核理论，Colton和Suh[20-22]以此为基础建立了微孔发泡的气泡成核理论。气泡的形成实际是一种相分离过程，成核是形成气泡的第一步，是体系释放外部诱导载荷的一种方式。SCF发泡法通过快速降压使气体在聚合物中的溶解度急剧下降，形成非常高的过饱和度。因而极端不稳定高能态气体分子越过自由能垒，通过激活跃迁而相互聚集成高能态的分子团，气体分子不断加入分子团中，使分子团逐渐形成泡胚，当泡胚进一步长大到临界泡核大小时便形成了稳定的泡核。

在相分离过程中，气体泡孔的成核需要克服相变能障（即相变活化能），相变的动力源是系统初始状态和最终状态之间的自由能差异。根据成核系统初始状态的差异，通常存在两种泡孔成核机制，即均相成核和异相成核（见图1-3）。

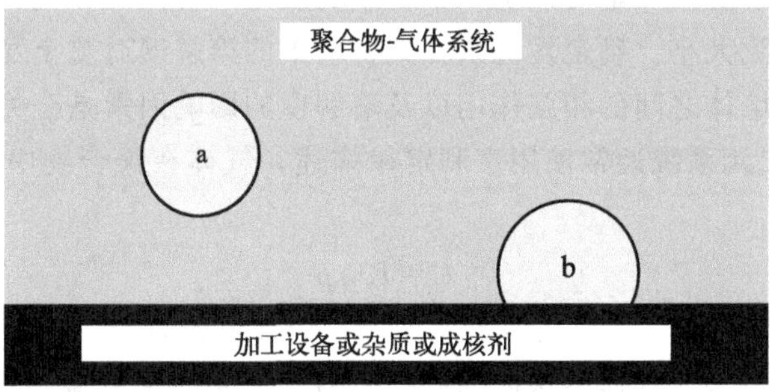

图1-3 聚合物-气体系统中的两种成核类型

a—均相成核；b—异相成核

1.3.2.1 泡孔均相成核

当系统由单一均相的气体/聚合物混合物组成时，假设系统内没有可以诱发成核的杂质。在这种情况下，每个气体分子都是一个理论成核点。在由聚合物熔体和溶解气体组成的热力学系统中，系统的总吉布斯自由能变ΔG根据热力学能量守恒定律由三部分组成，即体积自由能变化、化学势变化和界面自由能变化，如方程（1-5）所示。

$$\Delta G=-\Delta pV_{G}+n_{g}(\mu_{G}-\mu_{L})+\gamma_{lg}A_{b} \tag{1-5}$$

式中，Δp为气泡内外的压力差；V_G为泡孔体积；μ_L为聚合物熔体中气体分子的化学势；μ_G为气泡中气体分子的化学势；n_g为气相中的气体分子数；A_b为气泡的表面积；γ_{lg}为气体-液体界面张力。

式(1-5)中等号右边第一项是气泡内部气体体积扩展所做的功，第二项是成核前后化学势的差异，第三项是形成液体气体界面所需的功。在化学热平衡条件下，核的化学势差为零[20]，并且假设均相成核时泡孔是球形的，方程（1-5）可以写为：

$$\Delta G=-\frac{4}{3}\pi R^{3}\Delta p+4\pi R^{2}\sigma \tag{1-6}$$

式中，R 为泡孔的半径；σ 为聚合物基体的表面张力。

如图 1-4 所示，通过均相成核过程中自由能垒 ΔG 与泡孔核半径 R 的函数曲线可以获得与临界半径 R_c 对应的 ΔG 的最大值 ΔG。

由于热力学系统倾向于维持低能态，当泡孔核半径小于 R_c 时，泡孔核倾向于坍塌；而当泡孔核半径大于 R_c 时，它可以自发地增长，使系统达到方程（1-7）的平衡状态。

$$\frac{\mathrm{d}\Delta G}{\mathrm{d}R}=0 \tag{1-7}$$

计算临界半径 R_c 的公式可以推导为：

$$R_c=\frac{2\sigma}{\Delta p} \tag{1-8}$$

将方程（1-8）代入方程（1-7）得到一个均相成核的自由能垒：

$$\Delta G_{\text{hom}}^{*}=W_{\text{hom}}=\frac{16\pi\sigma^{3}}{3\Delta p^{2}} \tag{1-9}$$

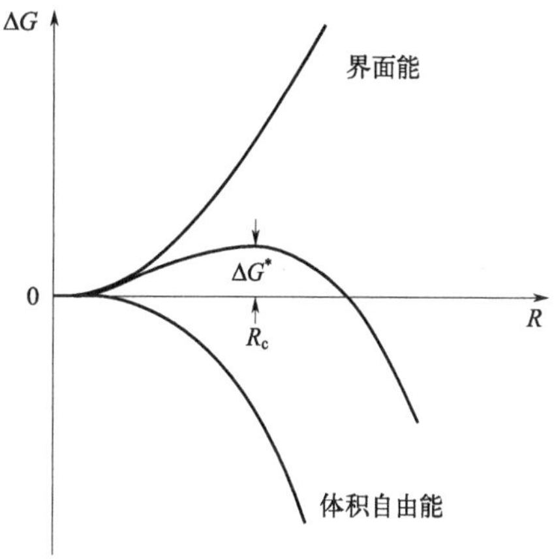

图 1-4　均相成核中自由能垒与泡孔半径之间的关系[20]

根据经典成核理论，可以推导出均相成核的成核速率的公式[22]：

$$N_{\text{hom}}=f_0 C_0 \exp\left(\frac{-\Delta G_{\text{hom}}^{*}}{k_B T}\right) \tag{1-10}$$

式中，f_0 为气体分子进入泡孔核的频率因子，1/s；C_0 为单位体积内的气体浓度；k_B 为玻耳兹曼常数；T 为热力学温度。

从公式(1-8)、公式(1-9) 可以看出临界半径 R_c 和自由能垒 $\Delta G_{\text{hom}}^{*}$ 对于熔体表面张力和气泡核内外压差（即过饱和度）有很强的依赖性，降低聚合物熔体表面张力和增加内外压力差可以降低临界半径和自由能垒，从而增大气泡成核速率，增多气泡成核数目。同时，提高压力速率也会使得成核速率增加。从式（1-10）中可以看出增加气体浓度和升高体系温度也可以提高气泡成核速率。

1.3.2.2　泡孔异相成核

如果气体/聚合物均一体系中存在第二相，例如外来杂质或成核剂，在气-液-固三相共存点处的势能更低，三相共存点可以作为异相成核中气泡成核的起点，具有促进成核的作用。异相成核中的临界半径 R_c 和自由能垒 ΔG 的计算方法与均相成核类似，如式(1-11) 所示。

$$\Delta G=-\Delta p V_G+(\gamma_{sg}-\gamma_{sl})A_{sg}+\gamma_{lg}A_{lg} \tag{1-11}$$

式中，γ_{sg} 为固-气界面表面张力；γ_{sl} 为固-液界面表面张力；A_{sg} 为固-气界面表面积；A_{lg} 为液-气界面表面积。

式(1-11) 中等号右边第一项是气泡内部气体体积膨胀所做的功，第二项是将固-液界面替换为固-气界面所需的能量，第三项是创造构成气泡的液-气界面所需的功。关于界面能与接触角 θ 的关系参考杨氏方程中的描述，如式(1-12) 所示。

$$\gamma_{sg}=\gamma_{sl}+\gamma_{lg}\cos\theta \tag{1-12}$$

异相成核泡孔核呈缺陷球形，如图 1-3 中 b 所示。自由能垒 ΔG 可以用式(1-13) 表示。

$$\Delta G=-\Delta pV_G+\gamma_{lg}A_{lg}-\pi r^2\gamma_{lg}\cos\theta \tag{1-13}$$

图中泡孔核的体积 V_G 为：

$$V_G=\pi R^3\ \frac{2-3\cos\theta+\cos^3\theta}{3} \tag{1-14}$$

气泡核的表面积 A_{lg} 为：

$$A_{lg}=2\pi R^2(1-\cos\theta) \tag{1-15}$$

接触半径为：

$$r=R\sin\theta \tag{1-16}$$

将上述方程代入式(1-13) 推导，使其等于 0，可得异相成核的泡孔核临界半径为：

$$R_c=\frac{2\sigma}{\Delta p} \tag{1-17}$$

$$\Delta G^*_{het}=W_{het}=\frac{16\pi\sigma^3_{bp}}{3\Delta p^2}S(\theta) \tag{1-18}$$

$$S(\theta)=\frac{(2+\cos\theta)(1-\cos\theta)^2}{4} \tag{1-19}$$

式中，θ 为接触角；$S(\theta)$ 为反相因子，为接触角的函数；σ_{bp} 为聚合物-气泡界面张力；R 为异相成核中的泡孔直径；r 为接触半径。异相成核的成核速率为：

$$N_{het}=f_1C_1\exp\left(\frac{-\Delta G^*_{het}}{kT}\right) \tag{1-20}$$

式中，f_1 为异相成核的频率因子；N_{het} 为异相成核的成核速率；C_1 为异相成核点的浓度。

Colton 和 Suh[20-22] 发现当接触角为 20°时，ΔG 在 10^{-3} 量级。由此可见，异相成核的自由能垒较均相成核的自由能垒低，异相成核与均相成核的自由能垒比较如图 1-5 所示。

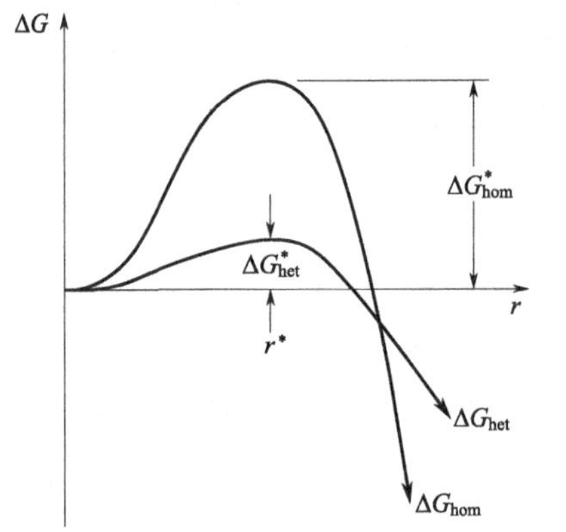

图 1-5　均相成核与异相成核自由能垒的比较[20]

1.3.2.3　泡孔混合成核

在发泡过程中，泡孔成核可能采用均相和异相成核模式，但它们并不是互斥的。由于异相成核的自由能垒相对较低，在含有泡孔成核剂的系统中首先进行异相成核。然而，由于均相成核所需的成核时间较短，气体在聚合物熔体系统中的扩散受到了熔体黏弹性阻力的影响，在异相成核过程中会形成局部过饱和，因此，异相成核后会发生均相成核。这两种成核过程并不是简单相加，而是相互影响的。

一方面，首先发生的异相成核消耗了部分气体，随后的均相成核的成核速率会下降并减少成核数量[20,21]。另一方面，较小尺寸泡孔内部压力较高。当这些泡孔之间建立物理接触时，它们倾向于合并，这将导致泡孔密度降低和泡孔尺寸不均匀。异相成核开始一段时间 t 后的气体浓度 C' 可以表示为：

$$C'=C_0-N_{\text{het}}tn_{\text{b}} \tag{1-21}$$

式中，t 为从首次均相成核发生后计算的时间；n_{b} 为泡孔核中的气体分子数。

将方程（1-21）代入方程（1-10）得到异质系统中均相成核的成核速率表达式：

$$N'_{\text{hom}}=f_0C'\exp\left(\frac{-\Delta G'_{\text{hom}}}{kT}\right) \tag{1-22}$$

那么异质系统的总成核速率为：

$$N=N'_{\text{hom}}+N_{\text{het}} \tag{1-23}$$

在具有大量成核剂的发泡系统中，由于异相成核的成核速率较高，通常会忽略均相成核。此外，除了经典成核理论外，还基于经典成核理论建立了新的成核理论，例如界面成核理论[23,24]、自由体积理论[25]、剪切成核理论[26,27]和热点成核理论[28]。

1.3.3 泡孔生长

泡孔成核后，半径超过临界值的泡核开始生长为泡孔。泡沫的泡孔的尺寸、几何结构、密度和分布状况主要由该阶段决定，它们对泡沫的性能有重要影响。研究泡孔生长过程时，需要分析泡孔生长过程中的动力学和阻力。由于聚合物熔体的复杂性以及泡孔与熔体组分之间质量、动量和热量的复杂传递过程，准确描述每个泡孔的生长过程是困难的。

泡孔生长动力学可以通过理论模拟和实验观察来研究。Ramesh[29] 总结了自 1917 年以来气泡生长模型的理论和实验分析，使用了单气泡生长模型[30] 和细胞模型[31]。单气泡生长模型（图 1-6）描述了在无限大熔体中单个气泡长度方向的生长行为，假设了气泡生长的气体量是无穷多的，没有考虑熔体中的气体浓度变化，仅在气泡生长初期气泡较小时较为符合，但当气泡越来越大时，泡与泡之间仅被较薄的熔体包围，显然无法将熔体体积视为无穷大，因此实际应用中存在局限性。细胞模型（图 1-7）则将熔体划分为无数环绕气泡的小单元，每个细胞模型包含一个球形气泡与一个同心熔体球壳，可以扩散到气泡内的气体被限制在有限的熔体壳内，更为真实地模拟了气泡生长过程。

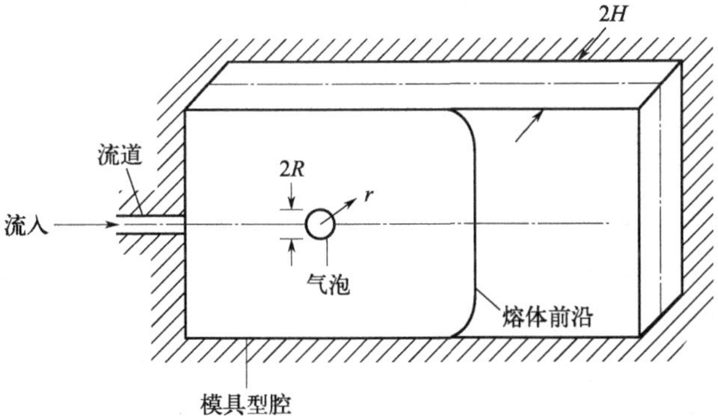

图 1-6　发泡过程中的单气泡生长模型[30]

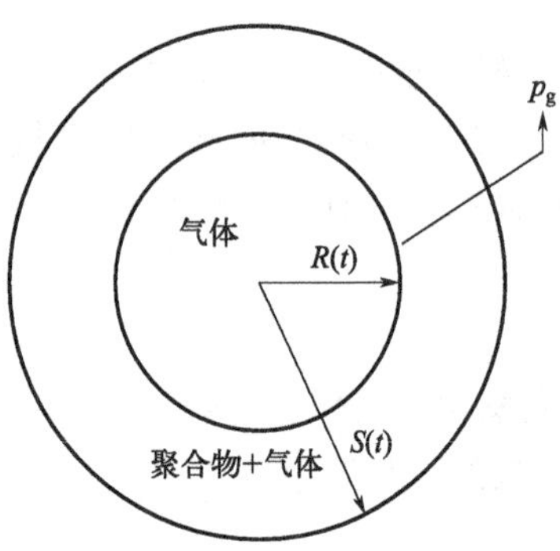

图 1-7 发泡过程中的细胞模型[31]

p_g—泡孔内部压力

泡孔模型大致分为两类：一类是闭孔模型，不包含发泡剂和气体损失；另一类是含有发泡剂和气体损失的挤出发泡改进泡孔模型，适用于不同的应用场景。前者适合注射成型，后者更适合挤出成型。基于泡孔模型的气泡生长动力学，得到了描述泡孔等温生长的以下方程。分析泡孔生长过程时，需要同时解一组控制方程：泡孔界面周围聚合物-气体溶液的连续性方程，动量平衡和气体扩散方程，描述聚合物-气体溶液黏弹性特性的本构方程，以及气体分子的质量守恒方程[31,32]。

$$\ddot{R}R+\frac{3}{2}\dot{R}^{2}+\frac{4K\left(2\sqrt{3}\right)^{n-1}}{n\rho_{1}}\left(\frac{\dot{R}}{R}\right)^{n}=\rho_{1}\left(p_{g}-p_{\infty}-\frac{2\gamma_{pb}}{R}\right) \tag{1-24}$$

$$\frac{\partial C}{\partial t}+V_{r}\frac{\partial C}{\partial r}=\frac{D}{r^{2}}\times\frac{\partial}{\partial r}\left(r^{2}\frac{\partial C}{\partial r}\right)_{(r\geqslant R)} \tag{1-25}$$

$$\frac{\mathrm{d}}{\mathrm{d}t}(\rho_{g}R^{3})=3R^{2}\rho_{1}D\left(\frac{\partial C}{\partial r}\right)_{(r=R)} \tag{1-26}$$

在上述方程中，R 为泡孔半径；t 为时间；$\dot{R}=\frac{\mathrm{d}R}{\mathrm{d}t}$，为半径变化速率；$\ddot{R}=\frac{\mathrm{d}^2R}{\mathrm{d}t^2}$，为加速度；$K$ 和 n 是从幂律方程 $\mu=K\dot{\gamma}^{n-1}$ 得到的黏弹性特征参数；μ 是聚合物的黏度；$\dot{\gamma}$ 是剪切速率；ρ_1 为聚合物密度；p_g 为泡孔内部压力；p_∞ 为聚合物泡孔外边界的压力；γ_{pb} 为聚合物-泡孔界面的表面能；C 是气体浓度；D 是扩散速率；V_r 是径向速度分量，$V_r=\dot{R}R^2/r^2$；r 是径向坐标（以泡孔中心为原点）；ρ_g 是气体密度。式(1-23）是假设聚合物为非牛顿流体的连续性方程，可以用幂律方程描述。式(1-24）是气体扩散过程的方程，该过程主要由气体泡孔周围的浓度梯度引起。式(1-25）描述了气体消耗过程，主要涉及气体在气体-熔体界面膨胀的过程。通过使用数值或有限元方法对泡孔生长过程建模，可以理解不同参数对泡孔生长过程的影响，并指导聚合物泡沫的实际生产。

实验观测研究是另一种探索气泡生长的途径。利用可视化技术，可以直接观察发泡过程中泡孔形态的演变，从而验证理论模型并研究实际的发泡过程。Park 等[33] 使用原位可视化技术研究了 PEO 发泡过程中的泡孔生长动力学。泡孔生长过程如图 1-8 所示。此外，他们还开发了一种可视化系统，用于观察在拉伸应力[34] 和剪切应力[35] 下的聚合物发泡过程。

1.3.4 泡孔合并和破裂

泡孔合并在泡孔生长阶段极易发生，当泡孔生长至泡孔接触时，膨胀往往向“弱泡孔”一侧移动，通常是较大的泡孔，因此会连续发生合并和破裂。从泡孔生长动力学的角度来看，泡孔破裂是接触泡孔之间的内外压差、表面张力和正应力的共同作用导致的。从热力学上讲，泡孔合并后的表面积较小，系统的总自由能较低，因此相互接触的泡孔倾向于合并。泡孔的合并可能导致泡孔尺寸分布不均、密度降低以及泡沫的力学性能不佳。然而，当泡孔破裂行为得到准确控制时，可以增加泡孔开放率并改变泡孔的微观结构。因此，泡孔破裂机制值得深入分析。

在泡孔生长过程中，泡孔壁沿着泡孔生长方向受到拉伸力，如图 1-9 所示。如果拉伸力远远大于熔体表面张力，泡孔壁会破裂[36]。在发泡过程中，由于小泡孔和大泡孔之间的曲率半径差异以及泡孔之间的合并，泡孔尺寸并不十分均匀。相邻泡孔之间尺寸差异越大，它们内部的气压差异就越大，小泡孔合并成大泡孔的可能性就越大[37,38]。

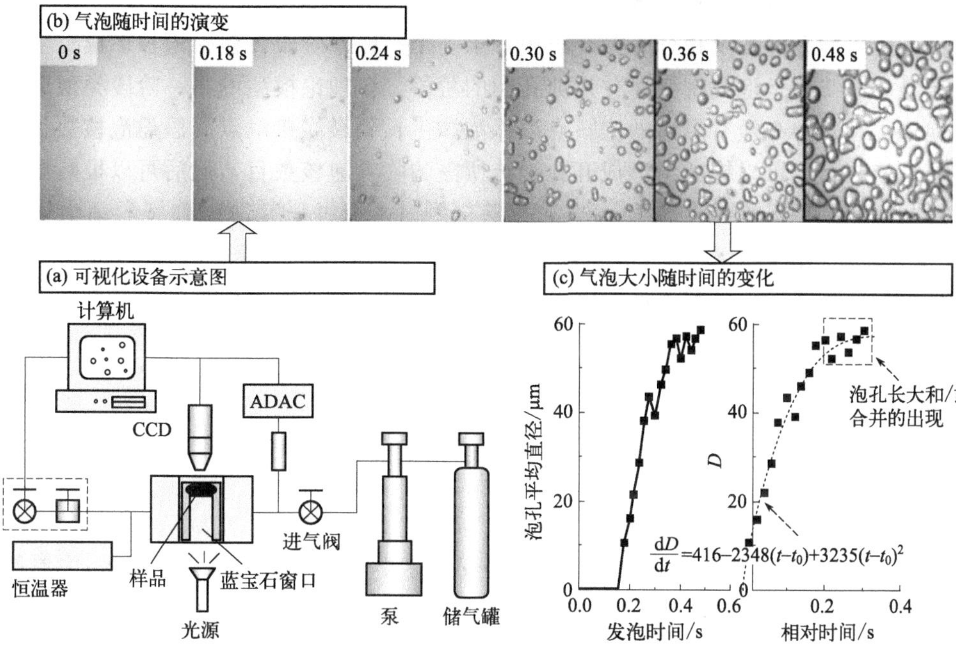

图 1-8　原位可视化研究成核泡孔演变过程[33]

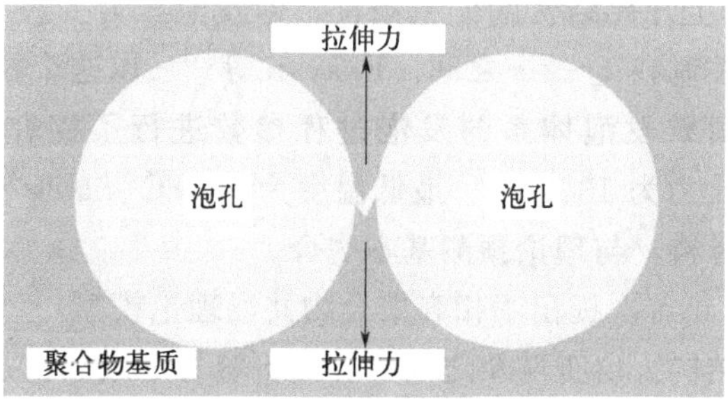

图 1-9　泡孔壁破裂而导致相邻泡孔合并

泡孔的合并会减少泡孔数量并增大泡孔尺寸，即使在成核阶段形成了大量的泡孔核，泡孔生长过程中的合并往往也会导致泡孔密度的降低。因此，为了获得泡孔密度高、尺寸小的发泡材料，应尽量避免泡孔生长过程中的合并。通过提高基体聚合物的熔体强度和控制工艺条件可以抑制泡孔的合并。可以通过引入支链分子、交联和与具有较高熔体强度的其他聚合物混合来增强聚合物的熔体强度。在工艺控制方面，在聚合物可以发泡的温度范围内，降低聚合物的发泡温度并增加冷却速率，都可以起到防止泡孔合并的效果[37-39]。

泡沫的合并和破裂会导致泡孔材料的力学性能下降，而在生产开孔结构的泡沫材料时，有时需要能够控制该过程来获得开孔结构。开孔泡沫材料是指气固两相连续存在且具有独特的三维形态的材料，可以进一步分为完全开孔和部分开孔两种类型。由于开孔泡沫之间存在互通流动的特性，这种泡沫通常具有优异的吸收和渗透性能。开孔泡沫广泛用于过滤、吸声、电磁屏蔽和生物医学领域，尤其是在组织工程支架、生物透析材料等方面。

目前，多数开孔泡沫材料是通过相分离方法或化学发泡法在材料合成过程中生产的。采用物理发泡制备热塑性聚合物开孔泡沫是一项挑战。学者针对超临界流体发泡制备开孔泡沫提出了不同的机制和方法。Rodeheaver 等人[40] 基于经典发泡理论提出了一种开孔泡沫的理论模型。他将泡孔开孔过程分为两个阶段：第一个是碰撞阶段，包括泡核形成、生长直至泡孔壁接触；第二个是泡孔壁变薄并形成孔洞的阶段。该理论模型的第一阶段类似于闭孔泡沫的发泡过程，其中必须有足够的泡核点确保泡沫生长到最终接触点。假设泡核数目等于最终形成的泡沫数目，可以推断出形成开孔泡沫所需的临界泡核数目，然后可以推断出发泡所需的压力与温度范围。在第二阶段，当泡孔壁接触时，通过研究薄膜破裂的动力学，根据杨-拉普拉斯方程和由热力学不稳定性引发的表面波方程，可以推导出泡孔壁的不稳定条件。因此，可以估计泡孔壁达到临界厚度时泡孔破裂的时间。根据以上模型，可以推导出估计泡孔破裂时间的公式：

$$\Delta t=\frac{2\sqrt{3}A}{v}\ln\frac{h_0}{2\sqrt{6}A} \tag{1-27}$$

$$A=\sqrt{\frac{k_B T}{\sigma}} \tag{1-28}$$

式中，Δt 为泡孔壁破裂时间；v 为泡孔壁变薄速率；A 为表面波振幅；h_0 为原始泡孔壁厚度；k_B 为玻耳兹曼常数；T 为发泡温度。可以看出，泡孔壁破裂时间 Δt 是关于泡孔壁变薄速率 v、Boltzmann 常数 k_B、发泡温度 T 的函数。

Rodeheaver[40] 等采用 N_2 发泡剂，对 PS 进行了间歇发泡实验研究以验证这个模型，实验结果得出了使 PS 产生开孔结构的工艺条件，即发泡压力要大于 17.2 MPa，发泡温度超过 200 ℃，发泡时间控制在 1～2 s 之间。Enayati 等[41] 以这个模型为基础，采用超临界 CO_2 为发泡剂，对 PS 间歇发泡体系的发泡过程参数进行了探究，实验结果证明在 PS/$scCO_2$ 体系中，在最低压力为 13 MPa、最低温度为 150 ℃、最少发泡时间为 6 s 的过程条件下才能得到开孔发泡材料，与理论预测基本吻合。

Derrick[42] 于 1994 年首次提出不相容聚合物共混理论模型，该理论基于利用不相容的两种聚合物形成的两相结构。由于两相之间的界面更容易形成核点，类似于经典成核理论中的异相成核，界面处两相不相容的相互作用较弱，随着泡孔的生长，两相之间的结合开始分离，最终形成开孔结构。Yu 等[43] 利用该方法制备了具有开孔结构的生物可降解聚丁二烯琥珀酸盐（PBS）/PLA 泡沫，如图 1-10 所示，由于 PBS 的分散相较小，且与 PLA 相比，PBS 的熔体强度相对较低，发泡过程中更容易形成开孔结构。

Lee 和 Park 等[44,45] 还使用不溶于水的聚合物共混体系制备了开孔发泡材料。他们提出了两种开孔机制（图 1-11）。一种是采用熔体强度较高的聚合物作为连续相（即硬相聚合物基质），加入少量熔体强度较低的聚合物作为分散相（即软相聚合物），类似于 PBS/PLA 共混体系。在泡孔生长过程中，低熔体强度的分散相容易被泡孔壁的拉伸力破坏。另一种是用熔体强度较低的聚合物作为连续相（即软相聚合物基质），熔体强度较高的聚合物作为分散相（即硬相聚合物）。随着泡孔尺寸的不断增大，软相聚合物基质的拉伸力传递到硬相聚合物，由于两相的变形程度不同，在两相的交界处发生了泡孔壁的剥离。也有学者利用超声辅助技术制备开放泡孔泡沫[46,47]，发现超声可诱导泡孔壁破裂形成开放泡孔结构。

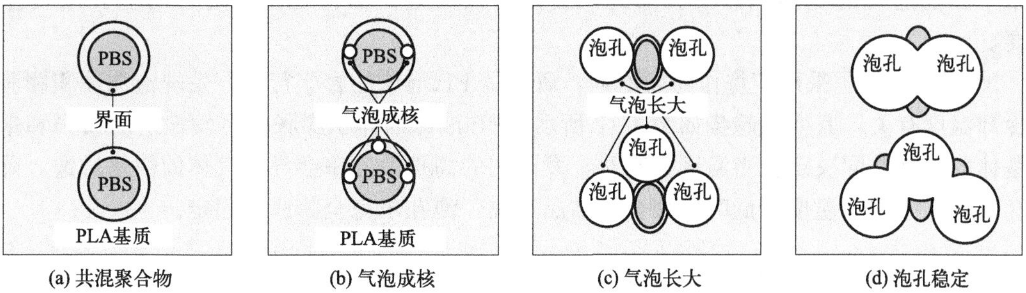

图 1-10　PBS/PLA 共混物 $scCO_2$ 发泡过程中的泡孔开放机制[43]

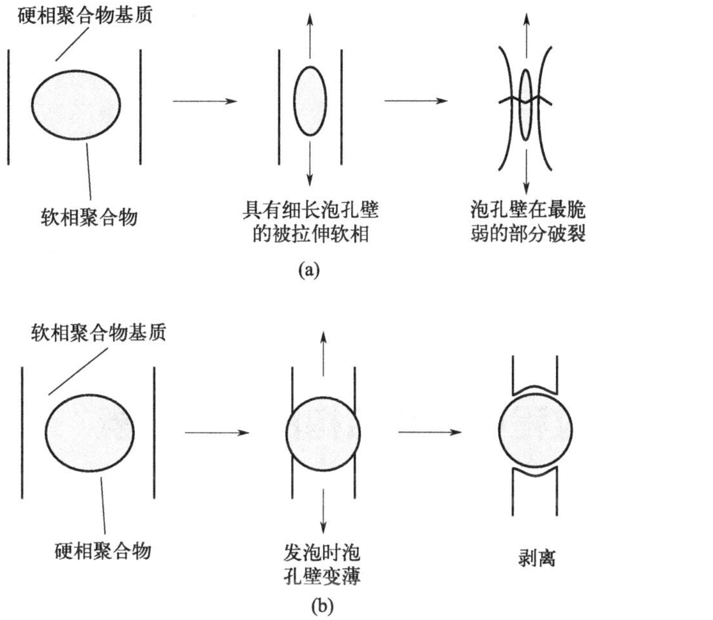

图 1-11　两种泡孔开放机制

（a）高熔体强度连续相和低熔体强度分散相；（b）低熔体强度连续相和高熔体强度分散相

1.3.5　固化定型

固化定型是发泡过程中的最后一步，对聚合物泡沫的最终结构和性能有着重要的影响。由于发泡过程本质上是不稳定的，泡孔成核和泡孔生长都是必要的能量耗散过程，以重新建立平衡。而聚合物从熔融态到固态的转变是一个分子链迁移率降低的过程，这使得泡孔结构得以维持。对于非晶型聚合物，发泡样品通常需要冷却到低于玻璃化转变温度（T_g）才能完全固化。对于一些非晶弹性聚合物，由于其 T_g 远低于室温，则需要泡孔内外的气压保持平衡，否则泡沫会出现明显回缩。对于结晶型聚合物，固化是通过聚合物链结晶时黏度的急剧上升来实现的。生产中一般通过空气、水或其他冷却介质直接或间接冷却泡沫来实现降温。然而，聚合物泡沫是热的不良导体，这往往导致靠近表面的泡孔已经冷却定型，而内部泡孔仍然处于高温。因此，从内部向外的热量传递可能会导致表面温度升高，破坏靠近表面的泡孔结构。同时，内部与外部的温差导致内部泡孔相对于表层有膨胀的趋势，这会导致应力集中甚至泡孔的变形和破裂。因此，固化过程对泡沫保持稳定、均匀的多孔结构至关重要。

Naguib 等[48] 采用丁烷作为发泡剂，研究了 PP 泡沫的膨胀行为，发现泡沫体积膨胀率与冷却温度有关，其变化趋势如图 1-12 所示。PP 泡沫的体积膨胀率由发泡剂的损失和聚合物基体的结晶共同决定。当温度过高时，发泡剂的高扩散速率会导致气体的快速逃逸，降低泡孔的膨胀率；当温度过低时，聚合物结晶过快，泡孔未完全膨胀而固定。

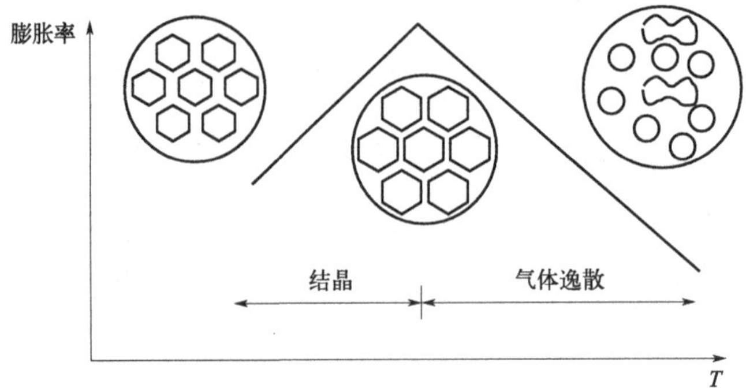

图 1-12　冷却温度对 PP 泡沫体积膨胀率和泡孔结构的影响[48]

1.4 发泡过程中泡孔结构的影响因素

泡孔结构是影响聚合物泡沫材料性能的重要因素。而泡孔结构的影响因素大致可分为两类：一类是体系中物质的物性参数，例如，聚合物的流变特性、发泡剂在聚合物基体中的溶解度及扩散速率、发泡剂与聚合物的相互作用、添加的成核剂及纳米颗粒的影响等。另一类是发泡工艺参数，例如发泡温度、饱和气体压力、降压速率、降压方式等。

1.4.1 聚合物性能对泡孔结构的影响

1.4.1.1 聚合物的流变特性

聚合物基体的流变特性对整个发泡过程有重要影响。在发泡过程中，泡孔周围的熔体受到拉伸作用，聚合物的流变特性直接影响泡孔的生长阻力。基体熔体强度较高时，泡孔的生长受到限制；当基体熔体强度过低时，泡孔容易破裂和坍塌，导致膨胀率低。

分子结构对聚合物的拉伸黏度有巨大的影响，长支链聚合物的黏度高于直链聚合物。Park 等[49] 发现，在挤出发泡中，支链 PP 泡沫的闭孔率远高于线型 PP 泡沫，这表明对于低熔体强度的线型 PP，泡孔更容易破裂。Fang 等[50] 利用 γ 辐射制备了一系列长支链 PLA 材料，并产生了双峰泡沫形态，验证了长支链结构的引入增强了复合黏度、剪切变薄以及基体的储能模量，改善了 PLA 材料的发泡性能。

在发泡过程中，聚合物基体的结晶行为对其流变性能的影响是不可忽视的。例如，PP是一种结晶聚合物，由于结晶区域的限制，它几乎不会在熔融温度以下的温度流动。然而，一旦达到熔融温度，黏度和熔体强度急剧下降，导致发泡过程中气体快速扩散和泡孔融合，难以形成完善的泡孔结构。因此，通过交联改性[51,52]、接枝改性[53,54]、共混改性[55,56]、填充纳米粒[57,58] 等方法来提高聚合物的熔体强度是提升材料发泡性能的常用方法。

1.4.1.2 发泡剂的溶解与扩散

发泡剂在聚合物中的溶解度和扩散速率是影响材料发泡性能的关键因素。一般来说，气体在熔融聚合物中的溶解度随着压力的升高而增大，随着温度的升高而减小，压力和温度对气体在聚合物中的溶解度的影响呈相反的趋势（图 1-13）。Sato 等[59] 测量了二氧化碳和氮气在熔融聚丙烯（PP）和高密度聚乙烯（HDPE）中的溶解度，实验数据与图中实线表示的溶解度变化趋势相吻合。

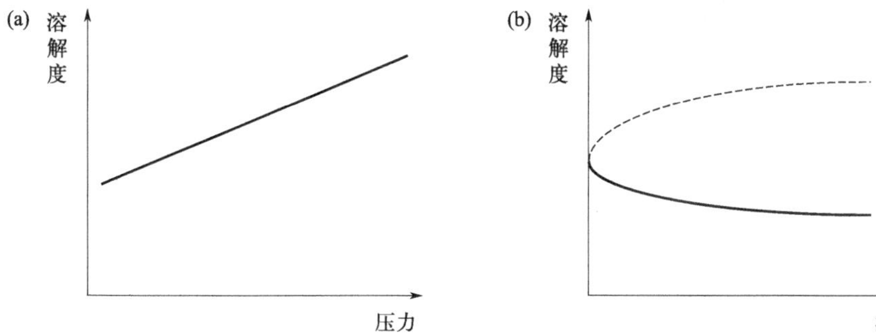

图 1-13　气体在大多数熔融聚合物中的溶解度[3,7]

（a）溶解度随压力的增加而变化；（b）溶解度随温度的增加而变化

如果溶解度代表着基体最大气体吸入量的静态测量值，扩散速率则代表着分子通过熔融聚合物的运动速率，即气体分子在基体中的质量传递能力。因此，对于工业发泡产品的大规模生产，扩散速率是更加重要的影响因素。熔融聚合物中气体扩散速率总的趋势是随着温度的升高而增大，与溶解度随温度变化的趋势恰恰相反。表面张力的降低有利于物质的扩散与混合，采用 SCF 作为发泡剂可降低气体和聚合物熔体的表面张力，提升扩散速率。Suh 和 Sato 等[59,60] 研究了熔融聚合物中的气体扩散理论，为估算气体的扩散速率提供了基础。Peng 等[61] 发现引入振动力场可以促进小分子气体在聚合物中的扩散，证明改变外力场也可以提升气体的扩散速率。

气体在熔体中的扩散方向也会影响泡沫的泡孔结构，因为发泡过程中，气体同时扩散到泡孔中以及外部环境中。Siripurapu 等[62] 发现降低气体向材料表面的扩散速率会导致更致密的泡孔结构和更小的泡孔尺寸。Mi 等[63,64] 通过引入不同的气体阻隔膜来降低 CO_2 逸出材料表面的速率，成功地在热塑性聚氨酯（TPU）和聚二氟乙烯（PVDF）发泡薄膜表面制备了细密的泡孔结构。

1.4.1.3 发泡剂与聚合物的相互作用

如上所述，发泡剂会与聚合物基体发生相互作用，从而影响聚合物的性能以及发泡行为。例如，$scCO_2$ 在聚合物基体内饱和时对熔体有塑化作用，这会提高分子链的运动能力，起到增塑效果。对于非晶型聚合物，$scCO_2$ 能够降低聚合物的 T_g 和黏度。对于结晶聚合物，$scCO_2$ 通常影响材料的结晶度、结晶温度、结晶动力学和晶体结构。Garg 等人[65] 对 SCF 的增塑作用提出了两种机制。一是加入气体后聚合物分子链缠结的缓解，二是产生额外的自由体积，增加了分子链的迁移率。

Chiou 等[66] 利用高压差示扫描量热法研究了 CO_2 对聚合物如 PMMA、PS 和聚氯乙烯（PVC）的 T_g 的影响，结果表明 CO_2 在中等压力下可以显著降低具有高 CO_2 溶解性的玻璃化聚合物的 T_g。$scCO_2$ 对聚合物 T_g 的影响可分为三个区域，如图 1-14 所示。当压力较低（区域Ⅰ）时，CO_2 的吸收引起膨胀，T_g 明显降低；随着压力的增加（区域Ⅱ），T_g 趋于稳定，受压力的影响较小；随着压力的进一步增加（区域Ⅲ），系统的自由容积减小，T_g 开始升高[67]。

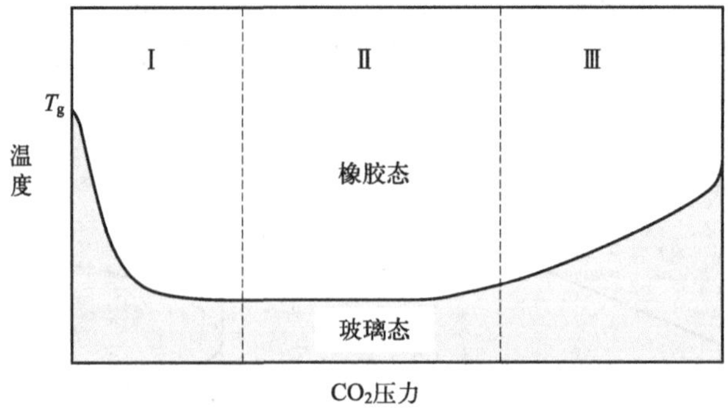

图 1-14　聚合物-CO_2 混合物玻璃-液体转变条件[67]

Zhang 等[68] 发现 $scCO_2$ 的存在可以显著提高 PP 的结晶度，结晶度随着 $scCO_2$ 压力的增加而增加。Liao 等[69] 发现 PP 中 γ 晶体的含量随着 CO_2 压力的增加而不断增加。有研究发现 CO_2 的浸泡对聚偏二氟乙烯[70]、聚对苯二甲酸乙二酯[70,71]、聚碳酸酯[72] 等聚合物的结晶动力学和形态都有显著影响。

1.4.1.4　填充材料

在熔体中引入填料是控制泡孔结构的有效方法，这主要是由于纳米填料的异相成核效应以及纳米填料对基体聚合物熔体强度的影响。根据经典成核理论，引入异相成核剂可以大大降低成核能垒，从而在成核阶段获得更多的泡核，显著提高泡孔密度。Turng[73] 和 Park[74] 研究了纳米黏土对 PE 发泡的影响，验证了纳米黏土在提高泡孔密度和泡沫性能方面的异相成核作用。Antunes 等[75] 研究了改变发泡参数和引入纳米蒙脱土（MMT）对 PP 发泡体系的影响。发现 MMT 在异相成核和提高熔体强度、减小整体泡孔尺寸和增加泡孔密度方面发挥了双重作用。

1.4.2　发泡工艺参数的影响

(1) 发泡温度

发泡温度是聚合物成型中的一个重要参数。在发泡过程中，温度会影响聚合物基体的黏度、发泡剂在熔融聚合物中的溶解度、气体扩散速率以及冷却所需时间等。发泡温度通过影响这些物理性质来影响最终的泡孔形态。

发泡温度越高，聚合物黏度越低，发泡剂的溶解度越低，扩散速率越快，这通常对应的是泡孔成核速率越低，泡孔生长越快，密度越低，泡孔尺寸越大。当温度过低，聚合物黏度过高时，泡孔将难以生长。因此，需要确定一个合适的发泡温度窗口。

Yokoyama 等[76] 研究了聚苯乙烯（PS）/聚苯乙烯全氟甲基丙烯酸酯共聚物（PFMA）共混体系的发泡行为，并根据 PS 黏度随温度的变化得到了不同的泡孔结构。当发泡温度高于 PS 的 T_g 时，可以得到微米级的泡孔；当发泡温度低于 PS 的 T_g 时，泡孔尺寸可以减小到纳米级。Goel 等[77] 研究了 $scCO_2$ 对 PMMA 的塑化作用，发现 CO_2 的溶解度随着温度的升高而降低，而熔体的表面张力和成核的自由能垒随着温度的升高而升高，从而导致成核速率和泡孔密度降低。

(2) 饱和气体压力

根据经典成核理论，饱和气体的压力对泡孔的成核有很大的影响。压力越高，聚合物吸收的气体越多，塑化效果越好。较高的压力有助于形成更多的泡核，从而提高发泡材料的泡孔密度，但通常会导致泡孔尺寸的减小。Goel 等[78,79] 以 $scCO_2$ 为发泡剂制备 PMMA 泡沫材料，发现随着压力的增加，泡孔的尺寸减小，泡孔的密度增加。Baldwin 等[80,81] 研究了依赖于压力的非晶型 PET 和结晶型 PET 的发泡过程，发现压力的增加对非晶型 PET 的影响比结晶型 PET 更显著。这是因为高压可以在非晶型 PET 中激活更均匀的成核点，而在结晶型 PET 中，结晶区域可以诱导异相成核，即使不增加压力，也会导致较高的泡孔密度。

(3) 降压速率

在高压气体的物理发泡中，泡孔的成核和生长一般是通过快速减压来实现的。由于泡孔的成核和生长几乎同时在系统中发生，它们之间明显存在竞争关系。最终的泡孔形态在很大程度上由这两个过程决定。在压力释放的瞬间，泡核开始出现在自由能垒较低的区域，随后，更多的气体分子扩散到泡孔核中，导致泡孔生长。在较低的降压速率下，压力骤降幅度较小，不利于泡孔成核，使泡孔生长时间延长。因此，更多的气体可以扩散到泡核中，形成较大的泡孔结构。相反，高降压速率通常导致高泡孔密度和较小的泡孔尺寸。Han 等[82] 研究了 PS 的连续挤出发泡行为，并通过改变模具形状来调节降压速率。他们发现了相似的趋势，并通过改变降压速率制备了不同泡孔结构的 PS 泡沫。

(4) 多级降压与多级饱和

SCF 微孔发泡中压力通常是一次性释放的。然而，在间歇发泡中，可通过控制多级饱和与多级降压的方式来调控发泡材料的泡孔结构。多级降压是指过饱和后逐步去除饱和气体压力。类似地，发泡温度和过饱和气体压力也可以逐步提升，实现多级饱和，以影响泡沫的最终泡孔结构。通常，类似的工艺能够在单一泡沫中获得具有不同泡孔大小的双峰泡孔乃至多峰泡孔结构。

具有组合大泡孔与小泡孔的双峰泡孔结构的泡沫在性能上具有一定优势。大泡孔可以减轻材料质量，小泡孔可以提供特定的性能。与传统的单一泡孔结构相比，双峰泡孔结构可使泡沫材料在吸声、隔热、生物组织工程等领域具有更好的性能。例如 Arora 等[83] 使用两步降压法制备了具有双峰泡孔结构的 PS 泡沫。Bao 等[84,85] 研究了两步降压法中影响双峰泡孔结构的因素。他们提出“保持时间”，即第一次降压后的持续时间，对双峰泡孔结构的控制很重要，因为它控制了大泡孔的生长时间。Mi 等[86] 开发了一种多级浸泡方法，在浸泡阶段，由于较高温度下气体溶解度较低，因此升高饱和气体温度，使 $scCO_2$ 在 PLA 基体中析出。而析出的 $scCO_2$ 在随后的降压步骤中形成了大泡孔。

1.5 SCF 微孔发泡方法

泡孔大小为微米级的泡沫称为微孔泡沫。与传统泡沫相比，微孔泡沫具有优越的力学性能、吸收性能和绝缘性能。因为 SCF 的低成本、可再生、化学残留与环境友好性，基于 SCF 发泡方法制备的微孔泡沫受到高度认可。在典型的 SCF 发泡过程中，首先将 SCF 注入聚合物中，形成气体饱和体系，然后快速降压使体系过饱和，诱导泡孔成核生长，最后将具有微孔结构的泡沫冷却凝固。目前，SCF 发泡方法主要包括：间歇发泡法、连续挤出发泡法和注射发泡法。

1.5.1 间歇发泡法

间歇发泡法是最早用于制造微孔泡沫的方法。第一个微孔发泡的专利于 1984 年在美国公开[87]。有两种间歇发泡方法在实践中被广泛使用。第一种是温度诱导发泡法，即温度快速上升触发泡孔成核和生长，如图 1-15 所示。在这种方法中，固体聚合物预制体被放在一个装有 $scCO_2$ 或 scN_2 的高压容器中，在低温下形成一个饱和均相体系。然后，将饱和的预制体从容器中取出，并迅速转移到热介质（即热炉和热浴）中，以迅速升高聚合物的温度至 T_g 以上，但需低于聚合物的熔点（T_m），从而使过饱和气体能够在软化的聚合物基体内形成泡孔。最后，膨胀过程结束后，降低温度，通过淬火使泡沫凝固。由于该方法需要将样品从高压环境转移到高温环境才能进行发泡，所以这种方法也被称为两步发泡法。

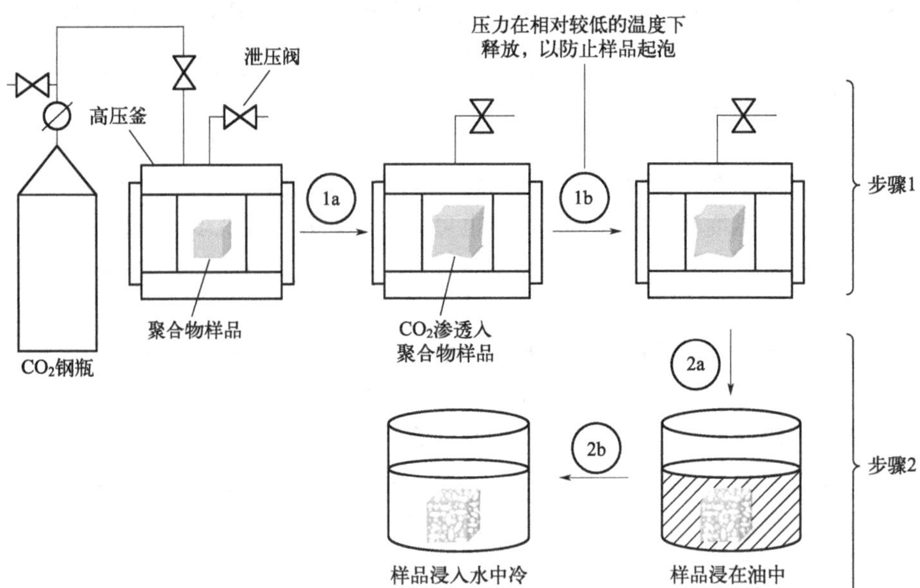

图 1-15 温度诱导两步法间歇发泡工艺[88]

第二种是压力诱导发泡法，也称为一步发泡法，在实践中使用较多。如图 1-16 所示，在压力诱导发泡中，预成型样品在较高的温度下饱和，该温度通常是 SCF 发泡温度。泡孔的成核和生长是由快速的降压触发的。随后，对膨胀试样实施冷却工艺以维持发泡样品的泡孔结构[78]。

间歇发泡法具有发泡装置简单、发泡过程易于控制、产品单元结构易于调节等优点。但间歇发泡法具有成型周期长，难以实现连续生产的缺陷。长期以来，间歇发泡法主要用于小规模的实验室研究。然而，近年来，由于新型大规模间歇发泡设备的发明，间歇发泡法越来越多地用于泡沫产品的工业生产。

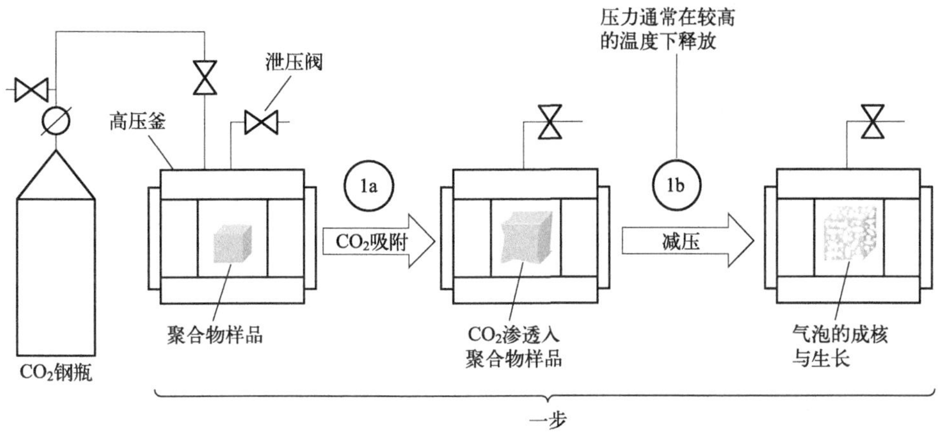

图 1-16　压力诱导一步法间歇发泡工艺[88]

1.5.2　连续挤出发泡法

连续挤出发泡法是 20 世纪 90 年代提出的微孔塑料连续挤出生产方法[89]。工业生产中，泡沫挤出线通常是串联的（如图 1-17 所示）[88]。在典型的挤出发泡过程中，聚合物通过进料斗加入挤出机中，在高温、高压、螺杆剪切的作用下，由第一级料筒内的螺杆进行压缩塑化，与注入桶内的 $scCO_2$ 混合，形成均质体系。随后，混合系统被转移到第二级料筒，进行初步冷却，并建立更高的压力以提高气体的浓度和饱和压力。为了进一步提高聚合物/气体系统的均匀性和挤出前的压力，有时会在料筒和口模之间添加静态混合器、熔体泵和热交换器。最后，当熔体通过口模时，由于快速的压降，泡孔的成核和生长迅速发生。连续挤出发泡法大大提高了生产效率，是微孔发泡产品商业化的重要方法，已广泛用于生产泡沫板材、管材和微珠。然而，由于口模几何形状的限制，连续挤出发泡法在生产形状复杂的发泡产品时有很大的局限性。

1.5.3　注射发泡法

1995 年 Axiomatics（后来改为 Trexel）开始在挤出技术的基础上发展微孔注射技术，其又称为注射发泡或泡沫注射成型，并注册了 MuCell® 商标[4]。注射发泡法的基本工艺如图 1-18 所示[88]。类似于挤出发泡法，聚合物通过漏斗加入料筒中，在螺杆的压缩和塑化作用下成为熔体。通过一个精确控制的阀门将一定量的 SCF 注入熔体中，并通过旋转螺杆与聚合物熔体混合。当聚合物/气体系统在螺杆前进行塑化和计量时，仍然保持高压状态，以

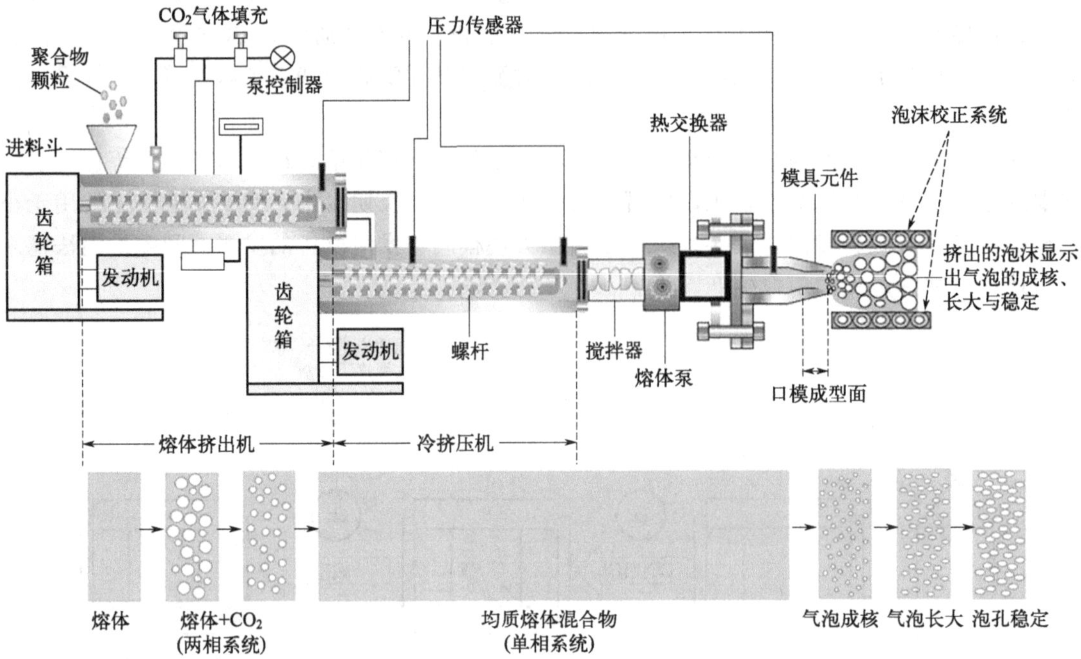

图 1-17　连续挤出发泡法示意图[88]

防止早期起泡。随后，熔体通过喷嘴被注射到模具的型腔中，由于快速的压降，熔体在填充模具型腔时开始发泡。相比传统注射成型，注射发泡成型需要去除保压阶段，以使聚合物熔体在模具中充分膨胀，实现高减质量。由于注射发泡法包括塑化、打气、储料、注射和冷却阶段，因此注射发泡件的泡孔结构受到各种参数的影响，包括加工温度、注射速度、注射压力、注射体积、模具型腔几何形状、背压、冷却温度、冷却时间、含气量、注气时间、螺杆 L/D 比等。一般来说，注射发泡法提高了发泡零件的生产效率，并允许生产具有复杂形状的发泡产品。与传统注射成型相比，泡沫注射成型具有尺寸更稳定、发泡周期更短、节约材料等优点。然而，SCF 供应系统的高成本、泡沫零件表面留下的流动痕迹以及生产中的质量波动是该技术的主要问题。

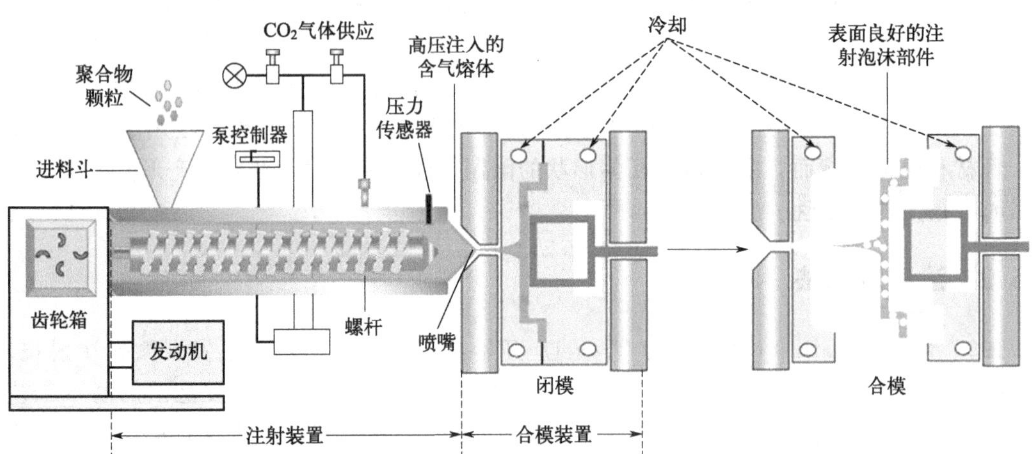

图 1-18　注射发泡法示意图[88]

1.6 功能化聚合物泡沫的先进应用

近年来，聚合物发泡技术和发泡产品越来越受到人们的关注。研究人员开始更多地关注于探索聚合物泡沫的先进应用，试图开发新时代先进领域的各种功能化聚合物泡沫的前沿技术。本节将集中叙述今年应用于创新领域的先进聚合物泡沫。功能化聚合物泡沫的制备方法主要集中在以 SCF 作为物理发泡剂的微孔发泡技术，以拓展这一绿色技术在新兴领域的应用潜力。本节内容涵盖泡沫材料的新应用，包括能量吸收和缓冲、隔热、吸声、超疏水、电磁屏蔽、组织工程支架、柔性传感器、摩擦纳米发电机。下面简要介绍聚合物泡沫在这些领域中的作用及潜在应用。

(1) 能量吸收和缓冲

泡沫材料在能量吸收和缓冲方面有着悠久的应用历史。它们被应用于各种行业，从体操、跳高、格斗等运动设备到自行车头盔、防弹背心、车辆、交通等安全领域。与金属或无机泡沫相比，聚合物泡沫有几个优点。它们提供了更大的设计灵活性，更容易加工和回收，并提供了广泛的抗压强度，从高弹性到半刚性和刚性。此外，聚合物泡沫具有质量轻、成本低、易塑形等优点，在商业应用中具有众多优势。第 2 章将介绍泡沫材料能量吸收的机理、影响聚合物泡沫能量吸收性能的因素，以及吸能聚合物泡沫的先进制备方法。

(2) 隔热

传热通过三种基本机制发生，即热传导、热对流和热辐射。隔热材料的设计目的是通过减少这些途径的热量传递来阻止热传递。隔热的有效性由材料的热导率决定，热导率越低，说明隔热性能越好。聚合物泡沫利用独特的泡孔结构，同时阻碍热传导和热对流过程。其多孔结构创造了多个内部界面，显著增强了其阻挡热辐射的能力。由于聚合物泡沫的轻质、高表面积、低导热性，它们在各种应用中已经变得必不可少。在第 3 章中，将介绍聚合物泡沫的隔热机理、结构设计、影响因素，以及先进隔热泡沫的制备方法。

(3) 吸声

噪声污染是工业环境和日常生活中的一个主要问题，长期遭受噪声污染对身心健康将产生不利影响。具有相互连通孔隙结构的多孔材料允许声波进入并在泡孔内多次反射，具备优异的吸声性能。具有复杂微孔结构的聚合物泡沫，由于其能够扭曲和散射入射和反射声波，从而提供有效的吸声能力。因此，各种聚合物泡沫，如三聚氰胺泡沫、聚苯乙烯泡沫、聚氨酯泡沫及其复合材料，在建筑、汽车、船舶和飞机的吸声中得到了广泛的应用。第 4 章将介绍聚合物泡沫的吸声机理、关键影响因素、测量方法和吸声泡沫的制备方法。

(4) 超疏水

在自然界中，在荷叶和水黾等表面上观察到的超疏水性依赖于较低的表面能和多层级的表面粗糙度。通过生物纳米技术模拟这些特性，聚合物泡沫可以转化为适合各种应用的超疏水材料，包括抗污、自清洁、选择性吸油和油水分离。与表面工程材料相比，聚合物泡沫的内部和表面的三维多孔结构增大了其粗糙度、耐用性和稳定性。第 5 章介绍了润湿理论、超疏水表面和泡沫的化学和结构设计、超疏水聚合物泡沫的制备方法及应用。

(5) 电磁屏蔽

电磁屏蔽技术对于抵御电磁干扰和辐射，确保信息安全至关重要。导电聚合物泡沫(CPFs)在微单元结构内具有多个导电界面，增加了电磁波的反射和散射，延长了电磁波的传播路径，增强了电磁波的衰减。因此，CPFs在屏蔽电磁干扰（EMI）和优异的电磁波吸收性能方面具有天然优势。第6章将介绍CPF的电磁屏蔽机制、CPF材料组成和多孔结构的影响、性能表征方法，以及制备CPF的先进方法。

(6) 组织工程支架

器官与组织移植面临显著的供需缺口，促使了近年来组织工程领域的发展。组织工程支架需要具有生物活性与可生物降解性能的三维多孔结构。聚合物泡沫因其可调节的多孔结构、力学性能和表面化学性质以及生物相容性和生物降解性，被认为是组织修复和人工器官的重要材料。多孔聚合物支架已被用于骨、软骨、皮肤、血管和神经组织等多种组织的修复。在第7章中，涵盖组织工程介绍、组织工程支架的基本要求、性能评价方法和组织工程支架的制备方法。

(7) 柔性传感器

在第四次工业革命时代，对轻便、灵活、高灵敏度、迅速响应的柔性传感器有重要需求。多孔聚合物泡沫具有质量轻、力学性能可调等特点，是柔性压力传感器的极具前景的候选材料。这些材料可以定制，通过调节泡孔微观结构、表面微观结构和导电纳米填料网络来控制压阻和灵敏度，使其能够应用于健康监测、机械分析、机器人触觉感知等领域。第8章介绍压阻传感机制、聚合物泡沫传感器微结构设计原理、压阻传感器的表征方法和多孔聚合物基柔性传感器的先进制备方法。

(8) 摩擦纳米发电机

随着移动电子和微型设备的兴起，微纳米能源受到了广泛重视。摩擦纳米发电机(TENGs)提供了一种利用不同摩擦材料产生的静电电荷将机械能转化为电能的新方法。聚合物泡沫因其粗糙的表面、高比表面积、柔韧性、耐磨性和低成本而显示出作为TENGs新型摩擦材料的良好前景。此外，其内部多孔结构提高了TENGs运行期间的电荷生成能力和电荷密度，使其成为可持续和可扩展的能源生成的重要选择。第9章将介绍TENGs的分类和作用机制，影响TENGs性能的主要因素，聚合物泡沫在TENGs中的应用，以及基于聚合物泡沫的TENGs的先进成果。

参考文献

[1] Gibson L J, Ashby M F. Cellular solids: Structure and properties. Materials Science and Technology, 2000, 16 (2): 233.

[2] Martini J, Waldman F, Suh N P. The production and analysis of microcellular thermoplastic foams. Society of Plastic Engineering Technical Papers, 1982: 28674.

[3] Martini J E. The production and analysis of microcellular foam. Massachusetts Institute of Technology, 1981.

[4] Xu J. Microcellular injection molding. John Wiley & Sons, 2011.

[5] Park C B, Behravesh A H, Venter R D. Low density microcellular foam processing in extrusion using CO_2. Polymer Engineering & Science, 1998, 38 (11): 1812-1823.

[6] Sun X, Liu H, Li G, et al. Investigationon on the cell nucleation and cell growth in microcellular foaming by means of temperature quenching. Journal of Applied Polymer Science, 2004, 93 (1): 163-171.

[7] Nalawade S P, Picchioni F, Janssen L. Supercritical carbon dioxide as a green solvent for processing polymer melts:

Processing aspects and applications. Progress in Polymer Science, 2006, 31 (1): 19-43.

[8] Wood C, Butler R, Hebb A, et al. Synthesis and processing of porous polymers using supercritical carbon dioxide. Progress in Rubber Plastics and Recycling Technology, 2002, 18 (4): 247-258.

[9] Tomasko D L, Li H, Liu D, et al. A review of CO_2 applications in the processing of polymers. Industrial & Engineering Chemistry Research, 2003, 42 (25): 6431-6456.

[10] Cha S W. A microcellular foaming/forming process performed at ambient temperature and a super-microcelluar foaming process. Massachusetts Institute of Technology, 1994.

[11] Lee S-T, Ramesh N S. Polymeric foams: Mechanisms and materials. Boca Raton: CRC press, 2004.

[12] Zhai W, Jiang J, Park C B. A review on physical foaming of thermoplastic and vulcanized elastomers. Polymer Reviews, 2022, 62 (1): 95-141.

[13] Suh N P. In impact of microcellular plastics on industrial practice and academic research. Macromolecular Symposia, 2003, 201: 187-201.

[14] Shieh Y T, Su J H, Manivannan G, et al. Interaction of supercritical carbon dioxide with polymers. I. Crystalline polymers. Journal of Applied Polymer Science, 1996, 59 (4): 695-705.

[15] Colton J. The nucleation of microcellular foams in semi crystalline thermoplastics. Material and Manufacturing Process, 1989, 4 (2): 253-262.

[16] Durrill P L, Griskey R G. Diffusion and solution of gases in thermally softened or molten polymers: Part ⅰ. Development of technique and determination of data. AIChE Journal, 1966, 12 (6): 1147-1151.

[17] Merrill E W. States of polymers ⅱ. Polymer Devolatilization. 1996, 33: 13.

[18] Naguib H E, Park C B, Song S-W. Effect of supercritical gas on crystallization of linear and branched polypropylene resins with foaming additives. Industrial & Engineering Chemistry Research, 2005, 44 (17): 6685-6691.

[19] Lee S-T, Park C B, Ramesh N S. Polymeric foams: Science and technology. Boca Raton: CRC Press, 2006.

[20] Colton J, Suh N. The nucleation of microcellular thermoplastic foam with additives: Part ⅰ: Theoretical considerations. Polymer Engineering & Science, 1987, 27 (7): 485-492.

[21] Colton J, Suh N. The nucleation of microcellular thermoplastic foam with additives: Part ⅱ: Experimental results and discussion. Polymer Engineering & Science, 1987, 27 (7): 493-499.

[22] Colton J S, Suh N P. Nucleation of microcellular foam: Theory and practice. Polymer Engineering & Science, 1987, 27 (7): 500-503.

[23] Matuana L M, Park C B, Balatinecz J J. Processing and cell morphology relationships for microcellular foamed pvc/wood-fiber composites. Polymer Engineering & Science, 1997, 37 (7): 1137-1147.

[24] Matuana L M, Park C B, Balatinecz J J. Cell morphology and property relationships of microcellular foamed pvc/wood-fiber composites. Polymer Engineering & Science, 1998, 38 (11): 1862-1872.

[25] Hall P, Stoeckli H. Adsorption of nitrogen, n-butane and neo-pentane on chloro-hydrocarbon polymers. Transactions of the Faraday Society, 1969, 65: 3334-3340.

[26] Deshpande N S, Barigou M. Performance characteristics of novel mechanical foam breakers in a stirred tank reactor. Journal of Chemical Technology & Biotechnology: International Research in Process, Environmental & Clean Technology, 1999, 74 (10): 979-987.

[27] Djelveh G, Gros J. Cornet J. Foaming process analysis for a stirred column with a narrow annular region. Chemical Engineering Science, 1998, 53 (17): 3157-3160.

[28] Hansen R H, Martin W M. Novel methods for the production of foamed polymers. Nucleation of dissolved gas by localized hot spots. Industrial & Engineering Chemistry Product Research and Development, 1964, 3 (2): 137-141.

[29] Lee S-T, Park C B. Foam extrusion: Principles and practice. Boca Raton: CRC press, 2014.

[30] Han C D, Yoo H J. Studies on structural foam processing. Ⅳ. Bubble growth during mold filling. Polymer Engineering & Science, 1981, 21 (9): 518-533.

[31] Ramesh N, Rasmussen D H, Campbell G A. Numerical and experimental studies of bubble growth during the microcellular foaming process. Polymer Engineering & Science, 1991, 31 (23): 1657-1664.

[32] Koopmans R J, den Doelder J C, Paquet A N. Modeling foam growth in thermoplastics. Advanced Materials, 2000,

12 (23): 1873-1880.

[33] Zhai W, Wang J, Chen N, et al. The orientation of carbon nanotubes in poly (ethylene-co-octene) microcellular foaming and its suppression effect on cell coalescence. Polymer Engineering & Science, 2012, 52 (10): 2078-2089.

[34] Wong A, Chu R K, Leung S N, et al. A batch foaming visualization system with extensional stress-inducing ability. Chemical Engineering Science, 2011, 66 (1): 55-63.

[35] Wong A, Park C. A visualization system for observing plastic foaming processes under shear stress. Polymer Testing, 2012, 31 (3): 417-424.

[36] Baldwin D F, Park C B, Suh N P. An extrusion system for the processing of microcellular polymer sheets: Shaping and cell growth control. Polymer Engineering & Science, 1996, 36 (10): 1425-1435.

[37] Taki K, Tabata K, Kihara S, et al. Bubble coalescence in foaming process of polymers. Polymer Engineering & Science, 2006, 46 (5): 680-690.

[38] Zhai W, Wang H, Yu J, et al. Cell coalescence suppressed by crosslinking structure in polypropylene microcellular foaming. Polymer Engineering & Science, 2008, 48 (7): 1312-1321.

[39] Park C B, Behravesh A H, Venter R D. A strategy for the suppression of cell coalescence in the extrusion of microcellular high-impact polystyrene foams. ACS Publications, 1997, 8: 115-129.

[40] Rodeheaver B A, Colton J. Open-celled microcellular thermoplastic foam. Polymer Engineering & Science, 2001, 41 (3): 380-400.

[41] Enayati M, Famili M H N, Janani H. Open-celled microcellular foaming and the formation of cellular structure by a theoretical pattern in polystyrene. Iranian Polymer Journal, 2013, 22: 417-428.

[42] Tate D D E. Processing and analysis of microcellular open-cell foams. Cambridge: Massachusetts Institute of Technology, 1994.

[43] Yu P, Mi H-Y, Huang A, et al. Effect of poly (butylenes succinate) on poly (lactic acid) foaming behavior: Formation of open cell structure. Industrial & Engineering Chemistry Research, 2015, 54 (23): 6199-6207.

[44] Park C B, Padareva V, Lee P C, et al. Extruded open-celled ldpe-based foams using non-homogeneous melt structure. Journal of Polymer Engineering, 2005, 25 (3): 239-260.

[45] Lee P C, Wang J, Park C B. Extruded open-cell foams using two semicrystalline polymers with different crystallization temperatures. Industrial & Engineering Chemistry Research, 2006, 45 (1): 175-181.

[46] Gandhi A, Asija N, Gaur K K, et al. Ultrasound assisted cyclic solid-state foaming for fabricating ultra-low density porous acrylonitrile-butadiene-styrene foams. Materials Letters, 2013, 94: 76-78.

[47] Guo G, Ma Q, Zhao B, et al. Ultrasound-assisted permeability improvement and acoustic characterization for solid-state fabricated pla foams. Ultrasonics Sonochemistry, 2013, 20 (1): 137-143.

[48] Naguib H E, Park C B, Reichelt N. Fundamental foaming mechanisms governing the volume expansion of extruded polypropylene foams. Journal of Applied Polymer Science, 2004, 91 (4): 2661-2668.

[49] Park C B, Cheung L K. A study of cell nucleation in the extrusion of polypropylene foams. Polymer Engineering & Science, 1997, 37 (1): 1-10.

[50] Fang H, Zhang Y, Bai J, et al. Bimodal architecture and rheological and foaming properties for gamma-irradiated long-chain branched polylactides. RSC Advances, 2013, 3 (23): 8783-8795.

[51] Schulze D, Trinkle S, Mülhaupt R, et al. Rheological evidence of modifications of polypropylene by β-irradiation. Rheologica Acta, 2003, 42 (3): 251-258.

[52] Nam G, Yoo J. Lee J. Effect of long-chain branches of polypropylene on rheological properties and foam-extrusion performances. Journal of Applied Polymer Science, 2005, 96 (5): 1793-1800.

[53] Bahreini E, Aghamiri S F, Wilhelm M, et al. Influence of molecular structure on the foamability of polypropylene: Linear and extensional rheological fingerprint. Journal of Cellular Plastics, 2018, 54 (3): 515-543.

[54] Xu Z, Zhang Z, Guan Y, et al. Investigation of extensional rheological behaviors of polypropylene for foaming. Journal of Cellular Plastics, 2013, 49 (4): 317-334.

[55] Doroudiani S, Park C B, Kortschot M T. Effect of the crystallinity and morphology on the microcellular foam structure of semicrystalline polymers. Polymer Engineering & Science, 1996, 36 (21): 2645-2662.

[56] Huang H-X, Wang J-K, Sun X-H. Improving of cell structure of microcellular foams based on polypropylene/high-density polyethylene blends. Journal of Cellular Plastics, 2008, 44 (1): 69-85.

[57] Guo M C, Heuzey M C, Carreau P J. Cell structure and dynamic properties of injection molded polypropylene foams. Polymer Engineering & Science, 2007, 47 (7): 1070-1081.

[58] Jiang X-L, Bao J-B, Liu T, et al. Microcellular foaming of polypropylene/clay nanocomposites with supercritical carbon dioxide. Journal of Cellular Plastics, 2009, 45 (6): 515-538.

[59] Sato Y, Fujiwara K, Takikawa T, et al. Solubilities and diffusion coefficients of carbon dioxide and nitrogen in polypropylene, high-density polyethylene, and polystyrene under high pressures and temperatures. Fluid Phase Equilibria, 1999, 162 (1-2): 261-276.

[60] Suh N. Innovation in polymer processing. in: james f. Stevenson, hanser. Cincinnati: Gardner Publications, 1996.

[61] Peng X, Qu J. Extrusion mixing characteristics of filled polymer system on vibration force field. China Plast Industry, 1999, 2: 41-43.

[62] Siripurapu S, Coughlan J A, Spontak R J, et al. Surface-constrained foaming of polymer thin films with supercritical carbon dioxide. Macromolecules, 2004, 37 (26): 9872-9879.

[63] Ni G-L, Zhu X, Mi H-Y, et al. Skinless porous films generated by supercritical CO_2 foaming for high-performance complementary shaped triboelectric nanogenerators and self-powered sensors. Nano Energy, 2021, 87: 106148.

[64] Wang L, Cui W, Mi H-Y, et al. Fabrication of skinless cellular poly (vinylidene fluoride) films by surface-constrained supercritical CO_2 foaming using elastic gas barrier layers. The Journal of Supercritical Fluids, 2022, 184: 105562.

[65] Garg A, Gulari E, Manke C W. Thermodynamics of polymer melts swollen with supercritical gases. Macromolecules, 1994, 27 (20): 5643-5653.

[66] Chiou J, Barlow J W, Paul D R. Plasticization of glassy polymers by CO_2. Journal of Applied Polymer Science, 1985, 30 (6): 2633-2642.

[67] Royee J R. Supercritical fluid assisted polymer processing: Plasticization, swelling and rheology. Raleigh: North Carolina State University, 2000.

[68] Zhang R-H, Li X-K, Cao G-P, et al. , Improved kinetic model of crystallization for isotactic polypropylene induced by supercritical CO_2: Introducing pressure and temperature dependence into the avrami equation. Industrial & Engineering Chemistry Research, 2011, 50 (18): 10509-10515.

[69] Liao R, Yu W, Zhou C, et al. The formation of γ-crystal in long-chain branched polypropylene under supercritical carbon dioxide. Journal of Polymer Science Part B: Polymer Physics, 2008, 46 (5): 441-451.

[70] Chiou J, Barlow J, Paul D. Polymer crystallization induced by sorption of CO_2 gas. Journal of Applied Polymer Science, 1985, 30 (9): 3911-3924.

[71] Lambert S, Paulaitis M. Crystallization of poly (ethylene terephthalate) induced by carbon dioxide sorption at elevated pressures. The Journal of Supercritical Fluids, 1991, 4 (1): 15-23.

[72] Beckman E, Porter R S. Crystallization of bisphenol a polycarbonate induced by supercritical carbon dioxide. Journal of Polymer Science Part B: Polymer Physics, 1987, 25 (7): 1511-1517.

[73] Lee J, Turng L-S, Kramschuster A. The microcellular injection molding of low-density polyethylene (ldpe) composites. Polymer-Plastics Technology and Engineering, 2010, 49 (13): 1339-1346.

[74] Lee Y H, Kuboki T, Park C B, et al. The effects of nanoclay on the extrusion foaming of wood fiber/polyethylene nanocomposites. Polymer Engineering & Science, 2011, 51 (5): 1014-1022.

[75] Antunes M, Velasco J I, Realinho V, et al. Study of the cellular structure heterogeneity and anisotropy of polypropylene and polypropylene nanocomposite foams. Polymer Engineering & Science, 2009, 49 (12): 2400-2413.

[76] Yokoyama B H, Li L, Nemoto T, et al. Tunable nanocellular polymeric monoliths using fluorinated block copolymer templates and supercritical carbon dioxide. Advanced Materials, 2004, 16 (17): 1542-1546.

[77] Goel S, Beckman E. Plasticization of poly (methyl methacrylate) (pmma) networks by supercritical carbon dioxide. Polymer, 1993, 34 (7): 1410-1417.

[78] Goel S K, Beckman E J. Generation of microcellular polymeric foams using supercritical carbon-dioxide . 2. cell-growth and skin formation. Polymer Engineering & Science, 1994, 34 (14): 1137-1147.

[79] Goel S K, Beckman E J. Generation of microcellular polymeric foams using supercritical carbon dioxide. Ⅱ: Cell growth and skin formation. Polymer Engineering & Science, 1994, 34 (14): 1148-1156.

[80] Baldwin D F, Park C B, Suh N P. A microcellular processing study of poly (ethylene terephthalate) in the amorphous and semicrystalline states. Part Ⅰ: Microcell nucleation. Polymer Engineering & Science, 1996, 36 (11): 1437-1445.

[81] Baldwin D F, Park C B, Suh N P. A microcellular processing study of poly (ethylene terephthalate) in the amorphous and semicrystalline states. Part Ⅱ: Cell growth and process design. Polymer Engineering & Science, 1996, 36 (11): 1446-1453.

[82] Han X, Koelling K W, Tomasko D L, et al. Continuous microcellular polystyrene foam extrusion with supercritical CO_2. Polymer Engineering & Science, 2002, 42 (11): 2094-2106.

[83] Arora K A, Lesser A J, McCarthy T J. Preparation and characterization of microcellular polystyrene foams processed in supercritical carbon dioxide. Macromolecules, 1998, 31 (14): 4614-4620.

[84] Bao J-B, Liu T, Zhao L, et al. A two-step depressurization batch process for the formation of bi-modal cell structure polystyrene foams using $scCO_2$. The Journal of Supercritical Fluids, 2011, 55 (3): 1104-1114.

[85] Bao J-B, Weng G-S, Zhao L, et al. Tensile and impact behavior of polystyrene microcellular foams with bi-modal cell morphology. Journal of Cellular Plastics, 2014, 50 (4): 381-393.

[86] Huang J-N, Jing X, Geng L-H, et al. A novel multiple soaking temperature (mst) method to prepare polylactic acid foams with bi-modal open-pore structure and their potential in tissue engineering applications. The Journal of Supercritical Fluids, 2015, 103: 28-37.

[87] Martini-Vvedensky J E, Suh N P, Waldman F A. Microcellular closed cell foams and their method of manufacture. Google Patents, 1984.

[88] Okolieocha C, Raps D, Subramaniam K, et al. Microcellular to nanocellular polymer foams: Progress (2004-2015) and future directions-a review. European Polymer Journal, 2015, 73: 500-519.

[89] Baldwin D F, Park C B, Suh N P. Microcellular sheet extrusion system process design models for shaping and cell growth control. Polymer Engineering & Science, 1998, 38 (4): 674-688.

第 2 章 聚合物吸能泡沫

聚合物泡沫的应用领域主要包括运动设备、安全产品和包装材料。与金属或无机泡沫相比，聚合物泡沫具有更大的设计灵活性、易于加工和回收性，且还提供了从高弹性到半刚性和刚性的压缩强度可调范围。本章将涵盖聚合物吸能泡沫的分类、能量吸收机理、表征方法、制备方法以及基于聚合物泡沫的吸能材料的研究进展。

2.1 吸能泡沫概述

聚合物泡沫代表一类具有众多微小泡孔分散在聚合物基体内的聚合物材料[1]。由于其高度可压缩性，它们展现出卓越的能量吸收和缓冲属性，在汽车、航空航天、建筑和包装工业等众多工业领域中的应用具有巨大优势[2-4]。与金属或无机泡沫相比，聚合物泡沫提供了优异的设计灵活性、加工和回收的便利性以及从高弹性到半刚性和刚性的更大的压缩强度可调控范围。

聚合物泡沫的显著能量吸收能力归因于泡沫内部弹性或塑性泡孔的特殊变形机制。在压缩过程中，泡孔壁经历弯曲变形，随后是泡孔的坍塌，通过泡孔壁与泡孔内气体之间的摩擦效应来耗散能量。因此，多孔结构是控制聚合物泡沫的力学性能及能量吸收性能的关键因素。此外，还必须同时考虑静态压缩力学性能与动态力学性能，因为不同的应变速率可以显著影响泡沫材料的缓冲行为[5,6]。

2.1.1 聚合物吸能泡沫的分类

聚合物泡沫可以根据泡孔的结构进行分类。开放式泡孔泡沫（开孔泡沫）由互连的泡孔单元组成，通过开孔通道相连。在这种泡沫中，基体和气相都是连续相，气相可以在泡沫中自由流动。在压缩和变形过程中，泡孔的边缘在机械响应中发挥重要作用。闭孔泡沫的泡孔彼此完全隔离，气体被封闭在泡孔内部。在压缩过程中，必须考虑泡孔内的气体压力，因为泡孔中的气体不易溢出。因此，闭孔泡沫通常具有比开孔泡沫更高的机械强度，其能量吸收能力也更为优越。

然而，聚合物泡沫可以同时具有开孔和闭孔结构，只是出现频率不同。因此，含有超过90％闭孔结构的泡沫通常被归类为闭孔泡沫，而闭孔率低于90％的泡沫被归类为开孔泡沫。

拉胀泡沫的特征是泡孔支柱形成内凹形态的发泡材料，内凹泡孔给予了泡沫负泊松比行为，表现为单轴拉伸时的横向膨胀和单轴压缩时的横向收缩。与传统泡沫相比，拉胀泡沫的负泊松比效应使其具有更强的压缩强度与吸能性能。

褶皱泡沫是一种泡孔壁存在规则间距的褶皱结构，类似于干燥的果蔬表面的褶皱。褶皱的形成通常是由泡孔内应力的释放和泡孔扩张后的快速收缩引起的。褶皱泡沫的独特褶皱结构使其能量吸收与缓冲性能显著提升。

2.1.2 聚合物泡沫力学性能的影响因素

2.1.2.1 相对密度

聚合物泡沫的内部泡孔结构是影响其力学性能的主要因素。具体而言，在受到外部负载时，低密度泡沫通常由于快速致密化和低平台应力而快速变形，而高密度泡沫在相同能量输入下表现出相对较低的变形。因此，聚合物泡沫的杨氏模量和能量耗散能力对其相对密度或体积密度高度敏感[7,8]。因此，精确控制泡沫密度对于调整其力学性能至关重要，从而可以针对特定工程应用进行泡沫结构与性能的定制化设计。泡沫材料的相对密度定义为泡沫材料与基体材料的密度之比：

$$\rho_0=\rho_f/\rho_s \tag{2-1}$$

式中，ρ_f 为泡沫材料的密度；ρ_s 为基体材料的密度，可以看到 $\rho_0\in(0,1]$。

由于相对密度或多或少地受到泡孔形状、尺寸和开孔率的影响，相对密度也与聚合物泡沫的力学性能有关。

Gibson 和 Ashby 于 1982 年提出了一个公式来描述相对密度和模量之间的关系[9,10]。该公式包括三个项，反映了支柱弯曲、膜（泡孔面）拉伸和闭孔的内部气体压力的影响。闭孔泡沫的刚度可归因于这三个贡献，如下所示[11]：

$$\frac{E^*}{E_s}\approx\phi^2\left\{\frac{\rho^*}{\rho_s}\right\}^2+(1-\phi)\frac{\rho^*}{\rho_s}+\left(\frac{\rho_0}{E_s}\right)\frac{(1-2\nu^*)}{1-\left(\frac{\rho^*}{\rho_s}\right)} \tag{2-2}$$

式中，E^* 和 E_s 分别为泡沫和固体聚合物的模量；ρ^* 和 ρ_s 分别为泡沫和固体聚合物的密度；ρ_0 为泡沫的相对密度；ϕ 为泡沫中聚合物的体积分数；ν^* 为聚合物泡沫的泊松比。根据公式，具有较高相对密度的泡沫材料比低相对密度的泡沫材料具有更大的模量，并且在冲击过程中会吸收更多的能量。

2.1.2.2 泡孔的形态特征

在聚合物泡沫中，“cell”一词通常用来指代聚合物基体内部的“孔”或“胞元”。根据其形态特征，可以定义不同类型的泡孔结构。不同泡孔结构极大地影响了最终泡沫的宏观性能和应用领域。在闭孔泡沫中，泡孔彼此完全隔离，气体被泡孔壁包围。而开孔泡沫中的空气可以通过泡孔自由流动，导致其外观更像海绵[12]。因此，对于给定的基体材料，闭孔泡沫通常具有比开孔泡沫更高的模量。

闭孔泡沫中的泡孔可以呈现不同的形态，如球形、多边形和椭圆形（图 2-1）。泡孔形状与聚合物的物理性质以及发泡过程中的参数（如发泡压力和温度）密切相关。通过调控发泡过程，可以形成特殊的多级泡孔形态。例如，在气体浸渍阶段引入超临界 CO_2 的流场可以制备具有褶皱结构的泡孔；通过水辅助发泡工艺可以形成凹角泡孔结构。具有特殊泡孔结构的泡沫有时会表现出独特的力学性能，如负泊松比特性。

为了建立一个数学模型，可以用形状因子和孔形状系数来表征泡孔的形态。公式(2-3)描述了泡孔形状接近球形的程度[13]。

$$\text{形状因子}=36\pi V^2/A^3 \tag{2-3}$$

式中，V 为泡孔的体积；A 为泡孔的表面积。根据公式，球形的形状因子等于 1，而其他形状的形状因子小于 1。当泡沫中所有泡孔的形状因子的平均值接近 1 时，表明泡沫主要由球形泡孔组成，反之则为多面体或椭球形构成。孔型系数：指泡孔在各方向的尺寸差异。其可用平均的泡孔高宽比（H/D）来表示。其他条件相同的情况下，泡

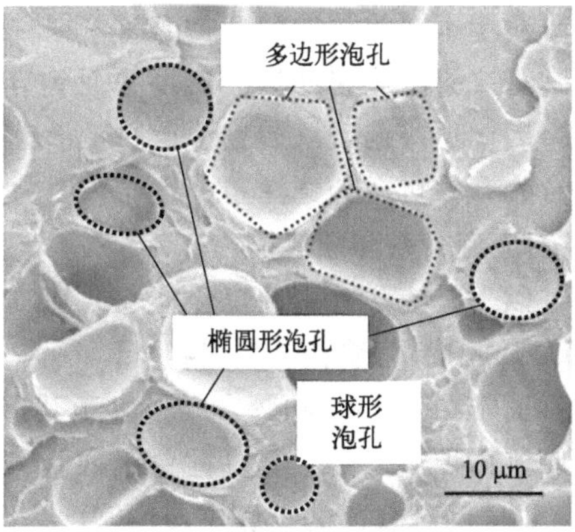

图 2-1 聚合物泡沫中的不同泡孔形态[13]

沫塑料的压缩、弯曲强度和杨氏模量随孔型系数的增大而增大，基本呈正比关系。在准静态压缩下，随着应变的增加，泡孔中的应力主要集中在泡孔边缘。受压时泡孔面积逐渐增加，椭圆体泡孔比球形泡孔和多面体泡孔更能抵抗应力，即泡沫的弹性模量和抗压强度更大，多面体泡孔的力学性能最差。与球形泡孔和多面体泡孔相比，椭圆体泡孔具有更好的压缩性能。

2.1.2.3 泡孔尺寸对力学性能的影响

泡孔的尺寸由其孔径及其孔径分布表示。孔径是指聚合物泡沫的平均泡孔直径，其有以下几种定义方法

$$d_n = \sum n_i d_i / \sum n_i \tag{2-4}$$

$$d_w = \sum n_i d_i^2 / \sum n_i d_i \tag{2-5}$$

$$d_V = \sum n_i d_i^3 / \sum n_i d_i^2 \tag{2-6}$$

式中，d_n、d_w 和 d_V 分别为泡孔数均、重均和体积平均直径。

孔径分布指泡沫体中泡孔的大小的分布情况，采用泡孔的标准偏差来表示：

$$\sigma_{\mathrm{d}} = \sqrt{\frac{1}{n-1}\sum_{i=1}^{n}(d_i - d)^2} \tag{2-7}$$

根据平均泡孔直径，泡沫可以分为以下几类：

大孔泡沫：　　泡孔尺寸＞100 μm

微孔泡沫：　　泡孔尺寸＝1～100 μm

超细孔泡沫：　　泡孔尺寸＝0.1～1 μm

纳米孔泡沫：　　泡孔尺寸＜0.1 μm

对于大多数聚合物泡沫，杨氏模量通常随着泡孔尺寸的减小而增加[14]。这是泡孔尺寸的增加导致边缘聚合物比例（φ）增大，而聚合物泡沫的力学性能主要来自边缘，因此当相对密度和壁厚保持不变时，泡孔直径的增加会导致聚合物泡沫的力学性能下降，压缩强度下降。然而，Smits 研究了聚氨酯泡沫，发现当相对密度保持不变时，压缩强度先随泡孔尺寸的增加而下降，然后增加。这是因为当泡孔尺寸增大到一定程度时，泡孔壁的聚合物比例（$1-\varphi$）显著增加，此时泡沫的压缩强度主要来自泡孔壁的贡献，因此力学强度随泡孔尺寸的增加而增加。

2.1.2.4 基体

对于不同的缓冲聚合物泡沫，材料的要求因应用而异。例如，在跳高和撑竿跳中，减震非常重要，因此缓冲垫的密度小且泡沫厚度大。相反，格斗项目需要一个安全的姿势来运动，因此这些运动（如空手道和跆拳道）中使用的垫子密度大且薄[15]。为了满足不同需求，聚合物基体材料的选择至关重要，因为泡沫的性能大部分由基体材料决定，这将影响泡沫的应力-应变关系和吸能能力。

以下是一些常用的聚合物泡沫基体材料。

① 乙烯-醋酸乙烯共聚物（EVA）泡沫：乙烯和醋酸乙烯材料的共聚物。其中醋酸乙烯含量通常在10%～40%之间。由于其透明度、柔韧性和低生产成本，正越来越多地用于包装和制药行业。由于其高能量吸收能力，也可以应用于汽车和运动设备行业。例如，承受200 kPa动态载荷的鞋底主要由密度为150～250 kg·m^{-3}的闭孔EVA泡沫支撑[16]。

② 聚氨酯泡沫：聚氨酯是一类主链上含有重复氨基甲酸酯基（—NHCOO—）的高分

子聚合物。聚氨酯泡沫占聚氨酯市场的大部分，市场份额约为68%[15]。通过改变原料的成分与比例，可以实现泡沫性质从软泡沫到硬泡沫的大范围改变，泡沫密度一般为100～250 $kg \cdot m^{-3}$，弹性模量一般为10～300 kPa。热塑性聚氨酯（TPU）弹性体是由硬、软链段嵌段共聚而成的直链聚合物。TPU具有拉伸、耐磨、耐热等物理性能，与橡胶弹性相似。TPU颗粒发泡后，体积膨胀5～8倍，气泡的直径只有30～300 μm，0.15～0.25 $g \cdot cm^{-3}$ 的密度让人几乎感觉不到它的质量，业界形象称为“爆米花”。TPU泡沫材料克服了TPU原材料质量大、硬度高、减震性能差的缺点，具有质量轻、渗透性强、回弹高、抗压缩、耐低温、环保、耐磨、高弹性、耐黄变等诸多优点。

③ 聚氯乙烯（PVC）/丁腈橡胶泡沫：PVC/丁腈橡胶材料属于热塑性弹性体。这类材料大多是线性嵌段共聚物（—AAAA—BBBB—AAAA—）结构，其中每嵌段形成一个软链段和一个硬链段，同样，这种结构材料的力学性能可以通过改变硬软链段比例来轻松改变。

④ 交联聚乙烯（PE）泡沫：PE泡沫通常具有闭孔结构。与未交联的PE泡沫相比，具有更好的耐热性。由于对其分子结构进行了修饰，在静态载荷后也具有更好的弹性，常用作缓冲垫材料。

2.1.2.5 开孔率

开孔率指泡沫塑料空气可进入体积占总泡沫塑料体积的百分比。闭孔率与开口率相反，指泡沫塑料中空气不可进入的体积占总泡沫塑料体积的百分比。泡沫的有效开孔率可以通过以下方程估算：

$$v=\frac{N_{open}+\frac{1}{2}N_{part}}{N_{open}+N_{part}+N_{pin}+N_{closed}} \tag{2-8}$$

式中，N_{open} 为开孔泡孔数；N_{closed} 为闭孔泡孔数；N_{part} 为半开孔泡孔数；N_{pin} 为针状泡孔数[7]。

受压时，闭孔泡沫的表面和边缘共同承受负载，并且泡孔壁的破裂不会对相邻边缘造成损坏，因此在相同条件下，其压缩强度高于开孔泡沫。在拉伸应力作用下，闭孔泡沫的泡孔壁容易破裂，这种破裂会加速损坏相邻边缘，从而导致相同条件下的拉伸强度和应变相对较低。因此，随着开孔率的增加，泡沫压缩强度会降低；而当相对密度相同时，拉伸强度通常随着开孔率的增加而增加。在冲击和静态压缩下，闭孔泡沫的承载能力优于开孔泡沫。

2.2 聚合物泡沫的能量吸收机理

聚合物泡沫作为优异的缓冲包装材料，主要通过泡孔壁的屈曲、塑性变形、断裂和摩擦以及内部气体的压缩来吸收、储存或耗散在冲击和振动过程中产生的能量。Gibson和Ashby提出了一种材料能量吸收图，用于评估泡沫材料的能量吸收性能[9]。泡沫材料的能量吸收和缓冲性能可以通过应力-应变曲线分析，通过对应力-应变曲线积分求得面积来表示泡沫材料的能量吸收。可由以下公式表示：

$$W = \int \sigma \mathrm{d}\varepsilon \tag{2-9}$$

2.2.1 开孔泡沫模型

聚合物泡沫的特殊变形和能量吸收机制通常包括泡孔壁的屈曲、泡孔的坍塌和密实化泡沫的压缩。在压缩负载下聚合物泡沫的变形可以分为三个区域（图 2-2）。在小应变范围内（区域Ⅰ），泡沫变形几乎是线性弹性的，曲线的斜率是泡沫材料的弹性模量。对于小于 0.05 的应变，是由泡孔壁的弯曲主导的，并且泡沫变形主要在线性弹性区域[17]。随着载荷的增加（区域Ⅱ），泡孔开始坍塌，这一阶段的应力变化很小，出现应力平台。随着载荷的继续增加（区域Ⅲ），相对的泡孔壁接触并进入密实区，此时压力水平再次急剧增加。在该区域，泡沫表现为固体聚合物材料。聚合物泡沫能量吸收能力主要由Ⅱ区域（平台阶段）提供。在这一阶段，泡沫产品可以吸收大量能量而不显著增加应力水平。如果加载过程中的变形过高并达到密实区，整个泡沫将被密实化，能量吸收主要归因于基体材料的变形。因此，具有较高弹性模量和较高密度的泡沫通常在应力-应变曲线上具有更陡峭的斜率，这表示在相同的应变下具有更大的能量吸收。

不同刚度的泡沫材料具有不同的变形机理。对于刚性较高的泡沫，通常用初始坍塌应力来表示初始压缩阶段的屈服强度，通过第一个峰值应力得到屈服强度（如图 2-3 所示），同时开始发生塑性变形。然而，典型的黏弹性泡沫通过形成其结构骨架的支柱的弯曲、扭转和屈曲的局部黏弹性过程来消散压应力。应力平台区是非线性的完全可恢复的气泡壁屈曲，导致黏弹性泡沫持续破坏而产生的。

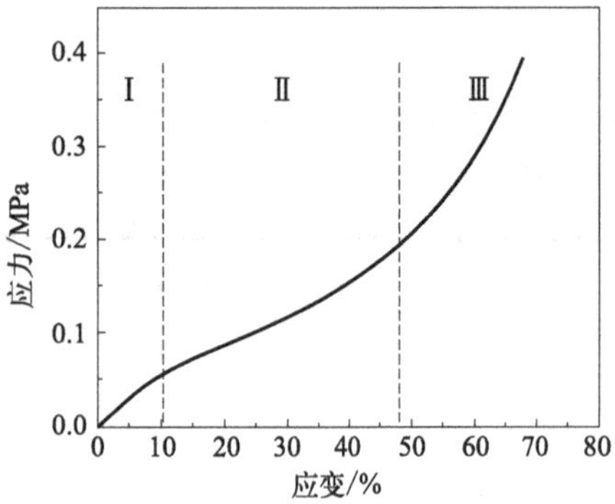

图 2-2 聚合物泡沫的典型压缩应变-应力曲线（图中Ⅰ、Ⅱ、Ⅲ为三种压缩状态）

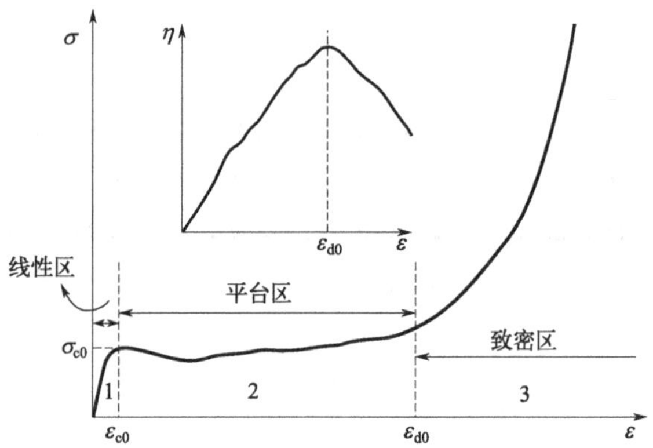

图 2-3 高刚性泡沫的典型压缩应变-应力曲线[18]

在闭孔泡沫中，除了泡孔基质结构的贡献外，气泡中气体的压缩也吸收了部分能量。泡孔表面、空气和空气-聚合物相互作用是分析泡沫力学行为的关键。当气体和聚合物在压缩过程中同时作用时，它们经历的应变与气泡和气体被压缩时相同。闭孔泡沫在单轴压缩过程中，泡孔内气体的贡献可以用方程来描述[19]：

$$\sigma_G = \frac{p_a \varepsilon f}{1-\varepsilon-R} \tag{2-10}$$

式中，p_a 是一个大气压（假定气体在未变形的泡沫泡孔中）；ε 是施加的压缩应变；f

是泡沫中气体体积；R 泡沫的相对密度。

现象学本构模型是拟合实验数据得到的应力与应变之间的数学表达式。它可以用来描述线性弹性区、高平台区、致密区等物理现象。Rusch 首先提出了一个通用模型[20]：$\sigma(\varepsilon)=\varepsilon E_f \Psi(\varepsilon)$。

$\Psi(\varepsilon)=A\varepsilon^m+B\varepsilon^n$ 是压缩应变 ε 的无量纲函数。参数 A、B、m 和 n 是 $\Psi(\varepsilon)$ 对 ε 的典型对数图的曲线拟合常数，E_f 为弹性模量，但该模型对致密区的描述不准确。随后，Avalle[21] 提出另一个模型：$\sigma(\varepsilon)=A[1-e^{-(E/A)\varepsilon(1-\varepsilon)^m}]+B\left(\frac{\varepsilon}{1-\varepsilon}\right)^n$。其中 A、E 为平台应力和弹性模量；指数 m 表示弹性区域与平台区域之间的联系，B 和 n 是描述致密区的参数。Jeong[22,23] 在 Avalle 模型[21] 中加入了一个模量函数（应变率相关），提出了泡沫介质在低应变率下的应力-应变关系的本构模型：

$$\sigma(\varepsilon)=\left[A[1-e^{-(E/A)\varepsilon(1-\varepsilon)^m}]+B\left(\frac{\varepsilon}{1-\varepsilon}\right)^n\right]M(\varepsilon,\dot{\varepsilon}) \tag{2-11}$$

式中，$M(\varepsilon,\dot{\varepsilon})$ 为形状与尺度因子：

$$M(\varepsilon,\dot{\varepsilon})=1+n(\varepsilon)\ln\left(\frac{\dot{\varepsilon}}{\dot{\varepsilon}_0}\right) \tag{2-12}$$

$$n(\varepsilon)=a_1+b_1\varepsilon \qquad \varepsilon\leqslant\varepsilon_1 \tag{2-13}$$

$$n(\varepsilon)=c_1+c_2\varepsilon+c_3\varepsilon^2+c_4\varepsilon^3 \qquad \varepsilon_1\leqslant\varepsilon\leqslant\varepsilon_2 \tag{2-14}$$

$$n(\varepsilon)=a_2+b_2\varepsilon \qquad \varepsilon_2\leqslant\varepsilon \tag{2-15}$$

初始线性区（$\varepsilon_1\leqslant\varepsilon\leqslant\varepsilon_2$）和致密区（$\varepsilon_2\leqslant\varepsilon$）采用 $n(\varepsilon)$ 线性函数。平台区应变范围为 $\varepsilon_1\leqslant\varepsilon\leqslant\varepsilon_2$。$c_1$、$c_2$、$c_3$ 和 c_4 可以通过 $\varepsilon=\varepsilon_1$ 和 $\varepsilon=\varepsilon_2$ 的边界条件得到。

Gibson 等人[10] 在 1997 年的研究中，基于立方泡孔模型描述了闭孔和开孔泡沫的力学行为。其模型和真实泡沫结构中的变形和破坏行为相似，使用这种简化的结构模型可以估算真实泡沫的基本性质。图 2-4 展示了开孔泡沫的模型，此模型由长度为 l，厚度为 t 的棱柱边组成。其相对密度和泡孔尺寸存在关系：$\frac{\rho}{\rho_0}\propto\frac{V}{V_0}\propto\left(\frac{t}{l}\right)^2$，泡孔结构的弹性模量可以通过横梁在作用于其中点负荷下发生的弹性形变计算，进一步通过横梁理论得出变形所需的形变：$\delta=\frac{Fl^3}{E_0 I}$，其中棱柱边的极惯性矩 $I\propto t^4$，因此当一个应力施加于整体泡沫时，每个棱柱边受到大小为 F 的力，从而得出泡沫的杨氏模量如下：

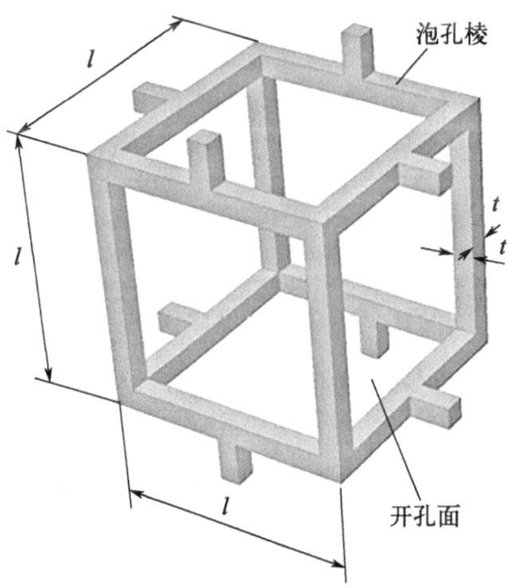

图 2-4 开孔泡沫的立方孔模型[24]

$$E=\frac{\sigma}{\varepsilon}=\frac{C_1 E_0 I}{l^4} \tag{2-16}$$

式中，C_1 作为比例系数，其包含了所有的几何常量，通过实验数据进行拟合来得到。

2.2.2 闭孔泡沫模型

1997 年，Gibson[10] 对闭孔泡沫进行了建模分析，该模型由长度为 l、厚度为 t_e 的棱柱边和厚度为 t_f 的面组成（图 2-5）。其推理出闭孔泡沫的杨氏模量来源于三个部分：①泡孔壁的弯曲；②压缩时泡孔中的气体；③由于泡孔边缘弯曲引起的泡孔面应力。由此推导出三个部分对泡沫杨氏模量贡献的公式为：

$$\frac{E}{E_0} \approx \phi^2 \left(\frac{\rho}{\rho_0}\right)^2 + (1-\phi)\frac{\rho}{\rho_0} + \frac{p(1-2\nu)}{E_0(1-\rho/\rho_0)} \tag{2-17}$$

与开孔泡沫相比，闭孔泡沫的等式中有一些附加参数。气体在闭孔中的初始压力 p 通常为大气压力；ϕ 是包含在单元边缘中的固体部分所占体积百分比；ν 是泡沫的泊松比。

开尔文泡沫模型（图 2-6）为等体积泡孔的空间填充排列，其最终的布置具有最小的表面积。用作开尔文泡沫基础单元的多面体是四开十二面体，由 14 个略微弯曲的面和 24 个顶点组成。Simone[25] 在 1998 年给出了用于计算杨氏模量和峰应力的闭孔四开十二面体泡沫的分析描述。其假设整个泡沫泡孔壁的厚度是恒定的，对于模型进行了有限元分析，其杨氏模量通过对有限元分析的多项式进行拟合得出[26]：

$$\frac{E^*}{E_s} \approx A_E\left(\frac{\rho^*}{\rho_s}\right) + B_E\left(\frac{\rho^*}{\rho_s}\right)^2 \tag{2-18}$$

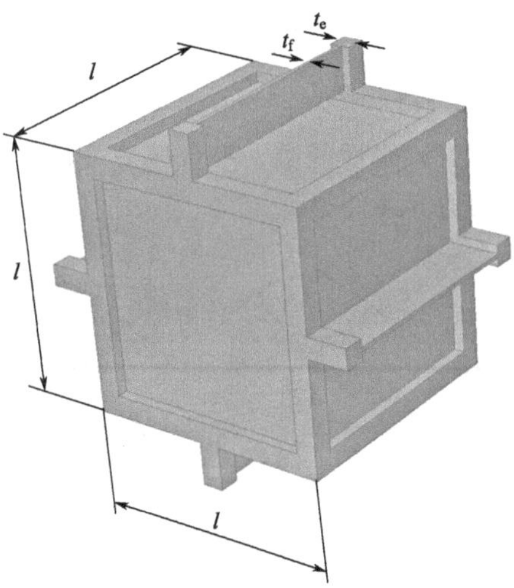

图 2-5 闭孔泡沫的立方孔模型[24]

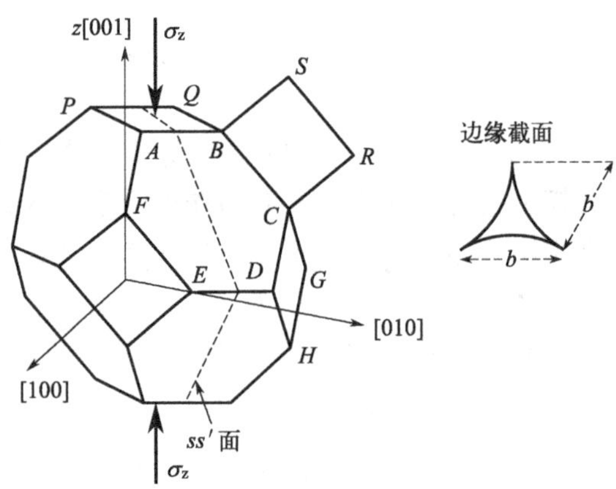

图 2-6 开尔文模型[26]

Mills[27] 在 2009 年建立闭孔聚合物泡沫在冲击压缩时的有限元微观力学模型。使用开尔文闭孔泡沫［111］方向压缩的模型，动态（显式）FEA 模型（图 2-7）表示无限层泡沫样品，在压缩方向上厚度表现为 2 或 4 孔的直径。有限的厚度减少了单元的数量和在 ABAQUS CAE 中定义单元表面的任务。每个单元都保持密封，并且所含的气团保持不变。

采用 ABAQUS 计算了空腔空气质量 M_c（通过气体分子量 M 和腔体积 V_c 表示）：$M_c = \dfrac{V_c M p_a}{R_0 T_0}$。其中 R_0 是气体常数，T_0 是热力学参考温度。通过设置边界条件和材料特

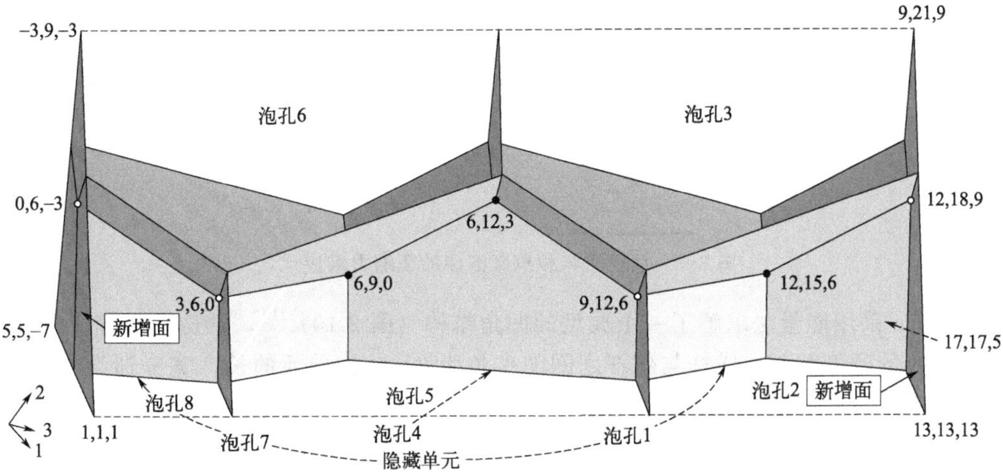

图 2-7 Mills 建立的闭孔聚合物泡沫的有限元微观力学模型[27]

性，对压缩与冲击进行建模，泡沫中的平均轴向压缩工程应变 e_c 与位移 U_1 有关：$e_c=\dfrac{U_1}{2D}$。气压贡献的模型顶部的应力 σ_{TA} 是根据单元 1-3 中的相对气压计算的。通过有限元模拟分析得出应力-应变关系与实验结果的对比证明了模型的可行性（图 2-8）。

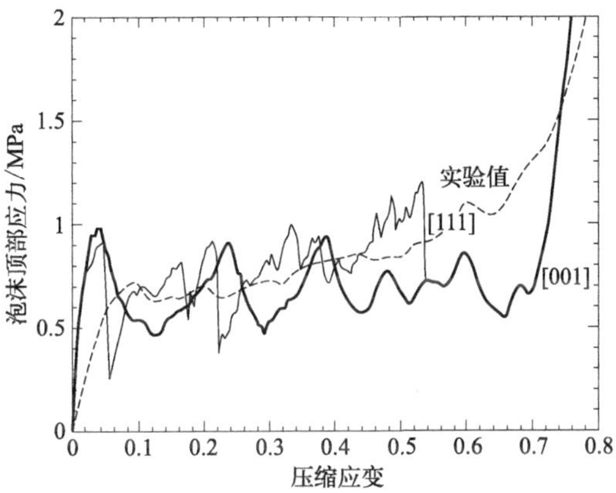

图 2-8 ［001］和［111］方向模型的应力-应变响应与实验数据对比[27]

2.2.3 其他特殊结构模型

具有负泊松比的内凹泡沫是一种在拉伸应变下体积膨胀、在压缩应变下体积收缩的泡沫材料，也称为拉胀泡沫。自 Lakes 在 1987 年制备了聚合物拉伸泡沫以来，关于凹角结构与泡沫性能之间关系的研究不断丰富[28]。而负泊松比泡沫的概念首次由 Evans 在 1991 年提出[29]。与传统泡沫材料不同，负泊松比泡沫在压缩载荷下会发生横向收缩，从而增加材料密度并改善压缩能力和能量吸收。负泊松比泡沫的主要变形机制是通过泡孔棱柱的弯曲来实现的，因此，常通过将普通泡沫的凸多面体形泡孔转变为凹面和具有卷曲多孔结构的方式来获得负泊松比泡沫。图 2-9 对比了常规泡沫和负泊松比拉胀泡沫的压缩力响应机制。常规泡沫会将材料推离作用力，而拉胀泡沫则会将材料向作用力收缩。由于负泊松比泡沫结构的复杂性和较差的规律性，目前的研究主要集中在单一结构或规则结构的性能。

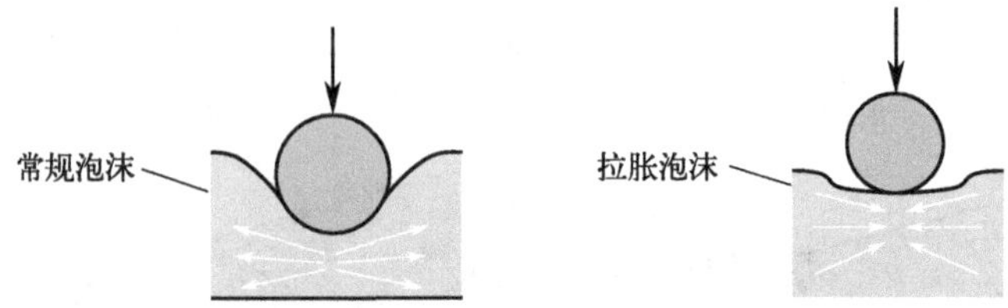

图 2-9　常规泡沫和拉胀泡沫的压缩力响应[30]

Li 和 Du 采用能量法求解了一个典型的凹角结构（图 2-10）[31]，结构中所有杆的截面均为半径为 R 的圆形截面，横杆与斜杆之间的夹角为 θ。结构单元的长、宽分别为 $2l$、l，材料的弹性模量为 E，剪切弹性模量为 g。在承受轴向载荷（F）时，通过对结构的整体分析，1、2、3、4 杆被拉伸，5、6、7、8 杆被压缩、弯曲、剪切。

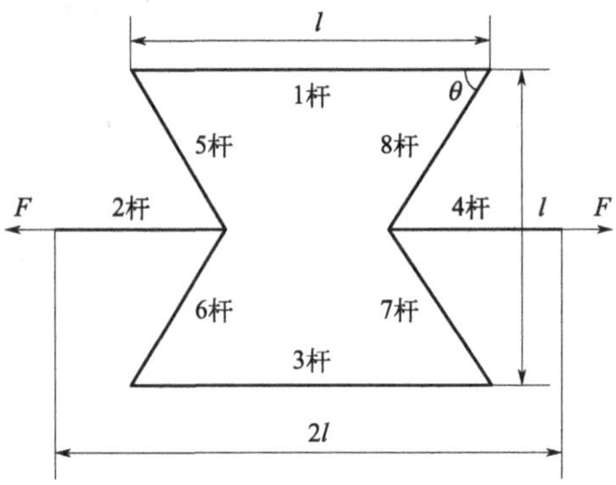

图 2-10　内凹六边形的设计

施加轴向单位力荷载时，各杆的内力，3 杆的弯矩方程、剪切方程分别为：

$$\vec{F}_{Ni}=1(i=2,4) \tag{2-19}$$

$$\vec{F}_{Ni}=\frac{1}{2}(i=1,3) \tag{2-20}$$

$$\vec{F}_{Ni}=-\frac{1}{2}\cos\theta(i=5,6,7,8) \tag{2-21}$$

$$\vec{M}_i(x)=\frac{1}{2}x\sin\theta-\frac{1}{8}l(i=5,6,7,8) \tag{2-22}$$

$$\vec{F}_{si}=\frac{1}{2}\sin\theta(i=5,6,7,8) \tag{2-23}$$

根据摩尔定律公式

$$\Delta=\int\frac{\vec{F}_N F_N}{EA}\mathrm{d}x+\int\frac{\vec{M}(x)M(x)}{EI}\mathrm{d}x+\int\frac{k\vec{F}_s F_s}{GA}\mathrm{d}x \tag{2-24}$$

泊松比数值模型为

$$\nu=-\frac{\dfrac{4l^2}{3R^2E\sin\theta\tan\theta}+\dfrac{32\cos\theta}{27G}-\dfrac{\cos\theta}{E}}{\dfrac{1}{E}\left(2+\dfrac{1}{\tan\theta}+\dfrac{\cos\theta}{2\tan\theta}\right)+\dfrac{l^2}{96R^2E\sin\theta}+\dfrac{16\sin\theta}{27G}} \tag{2-25}$$

Liu 等人[32] 通过在蜂窝凹结构中插入尖端凹角，提出了几种改进的泊松比可调的星蜂窝（ISSH）泡孔。对于二维解析模型，利用能量法推导了其平面内弹性特性，包括有效杨氏模量和有效泊松比。根据 Cassiar 第二定理，通过建立四分之一模型的等效边界条件，建立解析模型，如图 2-11 所示。杆 A_1C_1 受 x 方向的约束只能在 y 方向移动，杆 A_2C_2 受限制在 y 方向相似，在 x 方向变形。

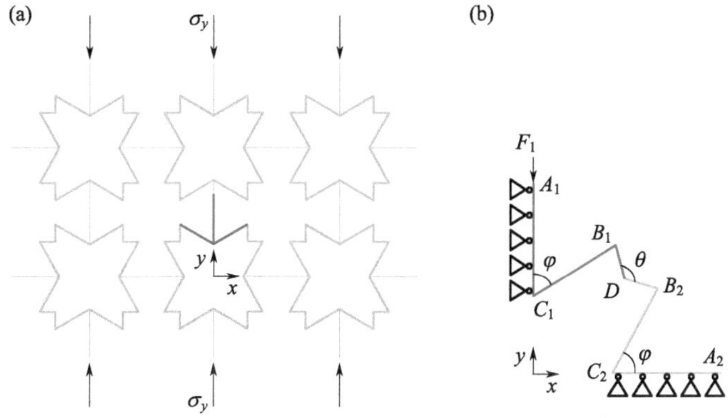

图 2-11 凹角结构模型[32]

(a) 二维几何模型；(b) 四分之一等效对称模型

对四分之一简化模型分析发现杆 C_1B_1 在弯曲时承受向下的力矩和剪切力。杆 B_1D 和 B_2D 承受不同的弯矩和轴向力，它们在弯曲程度和压缩变形方面不一致。自杆 B_1D 承受比杆 B_2D 更严重的弯曲，尖端重入角 $\angle B_1DB_2$ 持续增加。逆时针力矩施加到杆 B_2C_2 上，这导致水平外角的不断膨胀（图 2-12）。

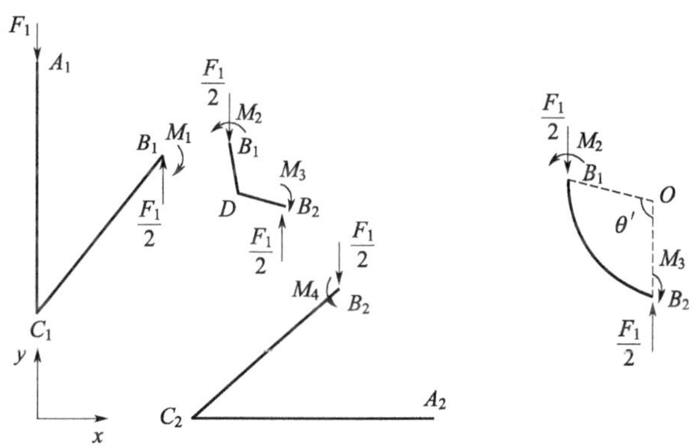

图 2-12 力和力矩分析的四分之一等效对称模型[32]

由归一化的杨氏模量得出

$$\frac{E_y}{E_s}=80\alpha^2(\mu+1)/[5\mu^3\zeta_1(\theta)+15\sqrt{2}\mu^2\zeta_2(\mu,\theta)+60\mu\zeta_3(\varphi,\theta)+$$

$$24\sqrt{2}\alpha^2(\mu\zeta_4(\theta)+4\nu_5+17/3)+40\sqrt{2}\zeta_5(\theta)] \qquad (2\text{-}26)$$

式中，$\zeta_1(\theta)$、$\zeta_2(\mu,\theta)$、$\zeta_3(\varphi,\theta)$、$\zeta_4(\theta)$、$\zeta_5(\theta)$ 是和角度 φ 和 θ 有关的函数。

2.2.4 聚合物泡沫的能量耗散机制

聚合物泡沫作为一种缓冲材料，其主要功能是减少施加在产品上的力，从而有效地保护物体。当对材料施加压缩载荷时，材料结构发生变形，在这一阶段，部分能量被储存，部分能量通过摩擦等方式被耗散。通过对聚合物泡沫施加循环应力，加载和卸载过程中的应力-应变曲线出现一定的相移，得到如图 2-13 所示的迟滞曲线。加载和卸载曲线之间的滞后可以解释为机械能耗散的测量。每条曲线的滞后量可以用加载期间所做的功来归一化，并标记为定义的耗能比：

$$R=\frac{E_1}{E_1+E_2} \tag{2-27}$$

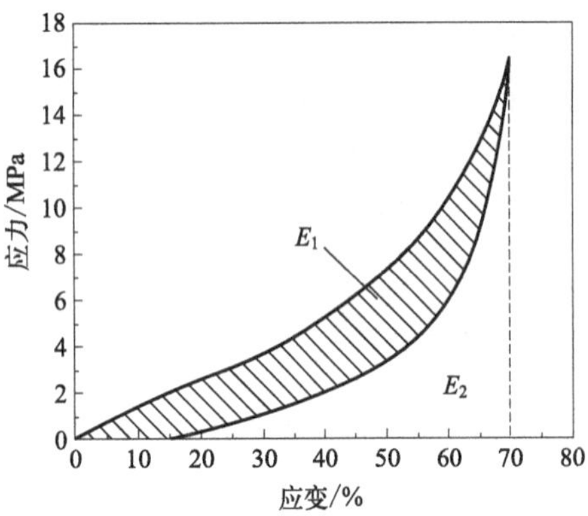

图 2-13 聚合物泡沫的典型循环压缩曲线

加载和卸载曲线的滞后量用 E_1 表示，卸载曲线下面积用 E_2 表示。在压缩过程中，系统总是倾向于寻找能量耗散的方法，以达到稳定。因此，这一过程中的能量耗散主要包括以下途径：

① 聚合物链引起的能量耗散。这包括聚合物链弛豫和介观旋转对能量的耗散[15]。虽然现有的研究表明，这与加载速率和温度有关，但聚合物泡沫的变形速率与温度和能量耗散的直接关系尚不明确。

② 在加载和卸载过程中，会有一部分动能转化为热能。即使在没有能量耗散的纯弹性变形中，压缩过程中也不可避免地会产生热量（结构变形产生的摩擦、孔隙内气体的压缩等）。从根本上说，这是一个可逆的过程，如果去除负载，温度就会恢复到原来的值。然而，当应力场梯度和相应的温度分布梯度存在时，将导致热区和冷区之间的热流。当应力在负载荷循环后期被消除时，温度分布不再与加载引起的温度分布相同。因此，压缩后的泡沫不可能再局部恢复到原来的状态，从而导致能量的耗散。

③ 泡沫材料形状恢复的影响。例如，与刚性聚合物泡沫相比，使用软泡沫的优势在于它可以承受形状恢复造成的反复机械损伤，黏弹性松弛机制有助于增强能量耗散。然而，这些机制也可能削弱它们在环境条件下快速恢复形状的能力，从而降低在后续冲击中的能量耗散率。

当泡沫材料受到冲击载荷时，结构产生的动能和弹性势能通过各种物理过程转化为其他形式的能量，造成振动过程中的能量损失，即阻尼。阻尼大小通常用阻尼因子或阻尼比表示。无外载荷的阻尼系统的运动方程为[21,22]：

$$m\ddot{u}+c\dot{u}+ku=0 \tag{2-28}$$

除以质量 m 来标准化方程

$$\ddot{u}+2\zeta\omega_0\dot{u}+\omega_0^2u=0 \tag{2-29}$$

式中，ω_0 为无阻尼时的固有频率；ζ 为阻尼比，其范围为 $0\leqslant\zeta<1$。自由振动的幅度将随之衰减。

$$e^{-\zeta\omega_0 t}=e^{\frac{-2\pi\zeta t}{T_0}} \tag{2-30}$$

式中，T_0 是无阻尼振动时的周期。

为了更好地表示材料在加载、卸载过程中的能量损耗，假设材料属性是复数值。当应力-应变关系为线性弹性时，复数值应力-应变关系可以写为

$$\dot{\sigma}=\dot{E}\dot{\varepsilon}=(E'+\mathrm{i}E'')\dot{\varepsilon} \tag{2-31}$$

式中，将杨氏模量的实部称为存能模量，虚部称为损耗模量。损耗模量通常用损耗因子 η 来描述，即

$$\dot{E}=E(1+\mathrm{i}\eta) \tag{2-32}$$

损耗因子还可以通过能量的方式来标示出，假设在一个循环过程中能量耗散为

$$D=\pi E''\varepsilon_{\mathrm{a}}^{2} \tag{2-33}$$

式中，ε_{a} 是应变振幅。循环中的最大弹性势能为：

$$W_{\mathrm{s}}=\frac{1}{2}E'\varepsilon_{\mathrm{a}}^{2} \tag{2-34}$$

由此损耗因子可以用能量表示为

$$\eta=\frac{D}{2\pi W_{\mathrm{s}}} \tag{2-35}$$

只要可以确定两个能量的值，就可以使用基于耗散能量的描述，而不需要考虑迟滞曲线的形状。

2.2.5 基体材料的影响

聚合物泡沫的基体材料也是影响能量吸收性能的关键因素。例如：无规聚丙烯（APP）由于无法结晶表现为黏性或弹性状态，而等规聚丙烯（iPP）由于结晶度较高，具有一定的韧性和硬度。聚合物非晶区在不同状态下的力学性能有明显差异，玻璃态下的模量差异较小。当非晶区处于橡胶态时，聚合物的模量会随着结晶度的增加而增加，从而使结晶度高的聚合物的模量可以提高几个数量级。一般来说，在玻璃化转变温度（T_{g}）以上，随着结晶度的增加，分子间作用力增强，拉伸强度提升。同时，微晶起到物理交联的作用，能够减少分子链滑移，从而降低蠕变，缓解应力松弛现象。在 T_{g} 以下，聚合物随着结晶度的增加而变脆，拉伸强度通常降低。基体模量随结晶度的变化规律适用于不同基质材料制备的聚合物泡沫[33,34]。

弹性聚合物材料，如凝胶和橡胶等，在低应力下可发生大变形，并在应力释放后能够恢复其原始形状。为了实现高弹性，弹性体分子链需要有足够的运动能力使聚合物分子链在力的作用下发生构象转变，而且能够储存弹性势能，使其在外力释放后得以恢复。交联弹性体的断裂伸长率一般与构成弹性体的聚合物链的交联点之间的分子量的一半成正比。通过增加交联密度来提升弹性模量时，弹性体的断裂伸长率往往迅速降低。通常情况下，传统的交联结构弹性体的延展性和弹性存在权衡关系，使得提高弹性体的韧性较难，导致能量耗散较差。因此，利用弹性聚合物制备的聚合物泡沫通常具有较高的弹性和可恢复性，但其吸能性能往往不佳，因而需要较大的泡沫厚度。

弹性体的聚合物链紧密地排列在一起，聚合物链之间的摩擦力就产生了黏性，而聚合物之间的黏性也会产生能量耗散。因此，弹性体除了具有交联结构钩状弹性的链状成分所表现出的弹性行为外，还具有黏性。由具有黏性的非晶聚合物组成的弹性体在变形加载过程中表现出不

同的应力行为，在卸载过程中表现出不同的应力路径，即滞后。典型的弹性体通过施加应变来储存能量，但由于储存的能量是在没有应变的情况下释放的，所以没有表现出滞后。迟滞的起源是由于黏性材料的性质造成的能量损失，迟滞的存在增加了弹性体的断裂能。

对于高韧性的弹性材料，除了传统的交联结构外，还可以构建含有可逆化学键的三维交联聚合物，通过可逆化学键的裂解可以有效地耗散能量。氢键、配位键和离子键等可逆化学键通常被用来创建这些超分子结构（图 2-14）。传统稳定的交联结构具有保持弹性材料弹性和形状的作用，即使弹性材料发生变形，交联结构也不会发生变化。另外，可逆化学键会因为弹性变形而发生反复的解离，形成交联结构。换句话说，当引入可逆的交联结构时，由于弹性材料的变形，能量会耗散，使得弹性材料具有很高的韧性。此外，在高应力速率下，弹性材料的应力-应变曲线发生明显变化，表现出应变增韧机制[35]。

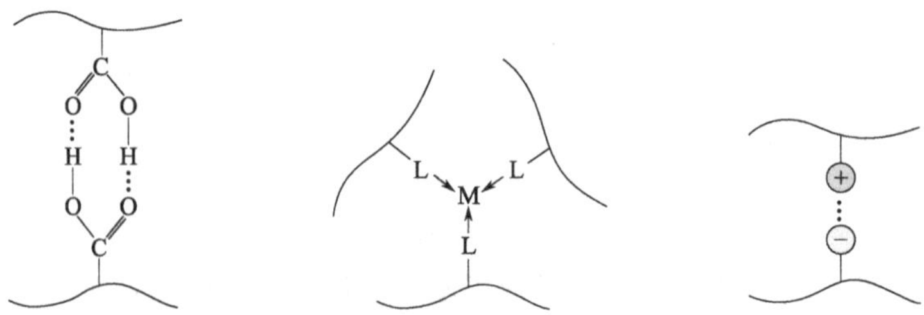

图 2-14　聚合物链之间可逆键的形成-解离图[35]

2.3　吸能泡沫的测试与表征

2.3.1　形貌表征

聚合物泡沫的泡孔结构是影响其力学性能的关键因素。通过研究泡沫孔隙率、孔隙拓扑结构和孔径大小等基本参数，有助于理解变形和能量吸收机制。扫描电子显微镜（SEM）是介于透射电子显微镜和光学显微镜之间的一种观察方法。它使用一个狭窄的、聚焦的高能电子束来扫描样品，并通过电子束和材料之间的相互作用来收集、放大和重新成像各种物理信息。通过扫描电镜图像可以分析泡孔形貌，获得泡孔大小、泡孔密度等参数（图 2-15）。

泡孔大小或泡孔直径可以使用图像分析软件（例如 Image J 和 Image Pro Plus）从 SEM 图像直接测量。

泡孔密度 N_f 可使用下式计算[36]：

$$N_f=\left(\frac{nM^2}{A}\right)^{3/2} \tag{2-36}$$

式中，N_f 为样品的泡孔密度，cm^{-3}；M 为放大倍率；n 为显微图像内的泡孔数；A 为其面积，cm^2。

数字图像（DIC）相关方法利用试件变形前后的两幅数字图像，通过计算相关性得到感

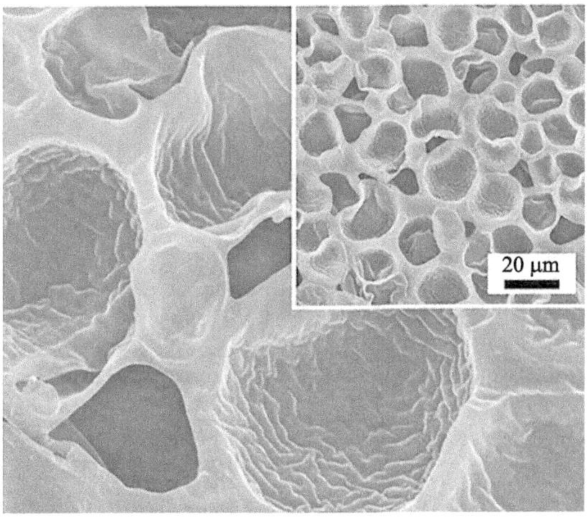

图 2-15　SEM 表征泡孔大小和泡孔密度[36]

兴趣区域的变形信息。在高应变率下，DIC 技术与高速摄像机相结合，可以更准确地表征泡沫材料的中尺度变形行为，并获得弹性模量、泊松比等参数。基本原理如图 2-16 所示，通过对比泡沫变形前后的图像，识别并比较泡沫各子区域的变化，可以得到泡沫的位移和应变[37]。

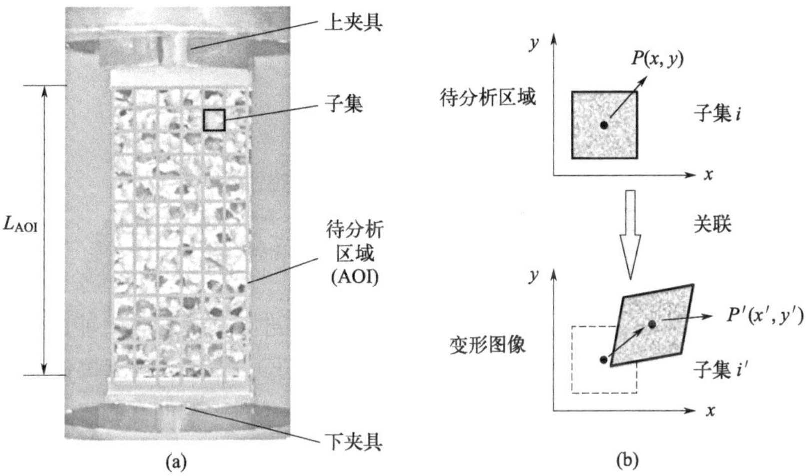

图 2-16　DIC 计算方法的原理图[37]

由于微观应变分量在泡沫表面的复杂分布，很难获得宏观应变值与微观应变值之间的相关性。如图 2-17 所示，为了方便直接比较宏观和微观应变值，使用以下方程来确定有效的微观 von Mises 应变[38]：

$$\varepsilon_{eff}(x,y,t)=\left\{\frac{2}{3}\left[\varepsilon_{xx}^{2}(x,y,t)+\varepsilon_{yy}^{2}(x,y,t)+2\varepsilon_{xy}^{2}(x,y,t)\right]\right\}^{1/2} \tag{2-37}$$

采用 X 射线显微计算机断层扫描（μ-CT）能够在不损伤泡沫的情况下获得泡沫内部结构的三维模型，适用于研究泡沫在固定形状下的变形和破坏机制。由于泡沫的 X 射线吸收率较低，低分辨率和高分辨率 CT 可以直接测量代表性的微观结构，包括泡沫材料的变形行为（弯曲、屈曲等）。这种建模技术的优点是它可以捕捉泡沫的所有微观结构特征，如局部密度、孔

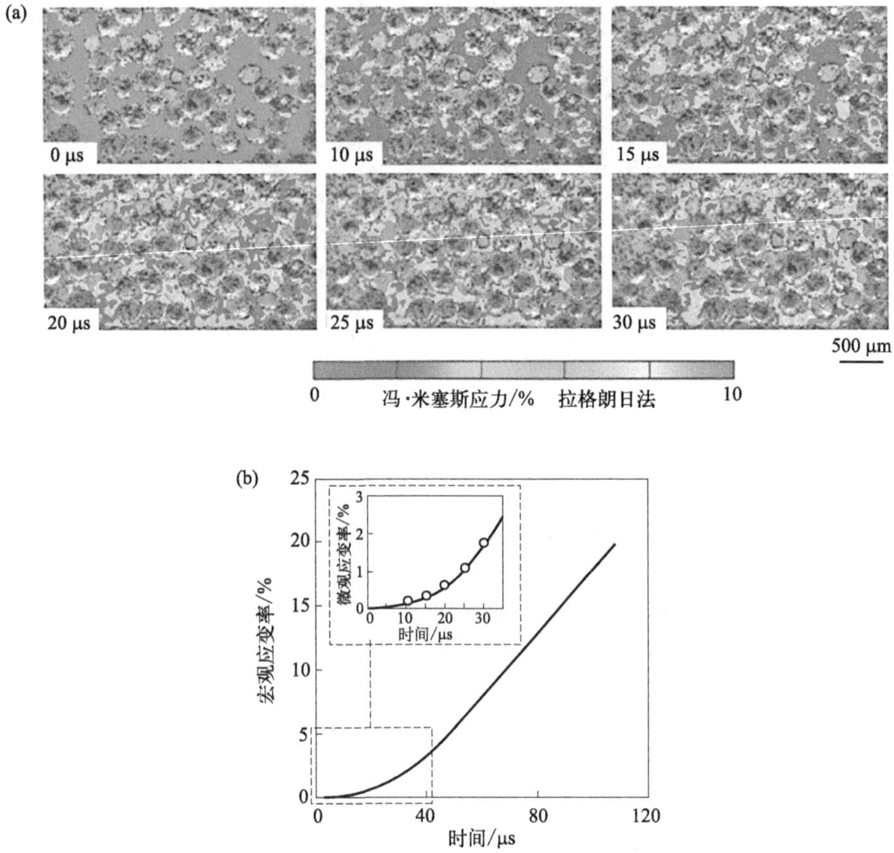

图 2-17　闭孔聚氨酯泡沫压缩特性[38]

（a）加载过程中不同时间微观应变（von Mises 有效应变）的变化；

（b）微观应变率与宏观应变率比较

径和形状分布以及孔壁厚度。也可以与仿真软件相结合，进行泡沫材料性能的模拟和预测。例如，Fabrizio Scarpa 等利用 μ-CT 获得三维实体有限元（FE）模型来研究拉伸泡沫内部的变形机制，其结果与拉伸和压缩加载条件下的实验结果具有良好的一致性（图 2-18）[39]。

2.3.2　准静态压缩试验

泡沫材料的应力-应变关系可以分为线性、平台和致密三个区域，泡沫吸收或耗散的能量大致等于其应力-应变曲线下的面积。考虑到时间尺度的不同，根据宏观加载速率将泡沫材料的宏观压缩分为准静态压缩和动态压缩。准静态压缩试验通常采用万能材料试验机。

通过对应力-应变曲线积分，可以得到单位体积吸收的能量[40]：

$$W=\int_0^{\varepsilon}\sigma(\varepsilon)\mathrm{d}\varepsilon \tag{2-38}$$

ε_d 表示达到致密化阶段的应变，当 $\varepsilon=\varepsilon_d$ 时，单位体积吸收的能量达到最大。

能量吸收效率是泡沫吸收的能量与相应面积的比值，即应力-应变曲线所包围的面积与相应应力的比值（图 2-19）[41]。

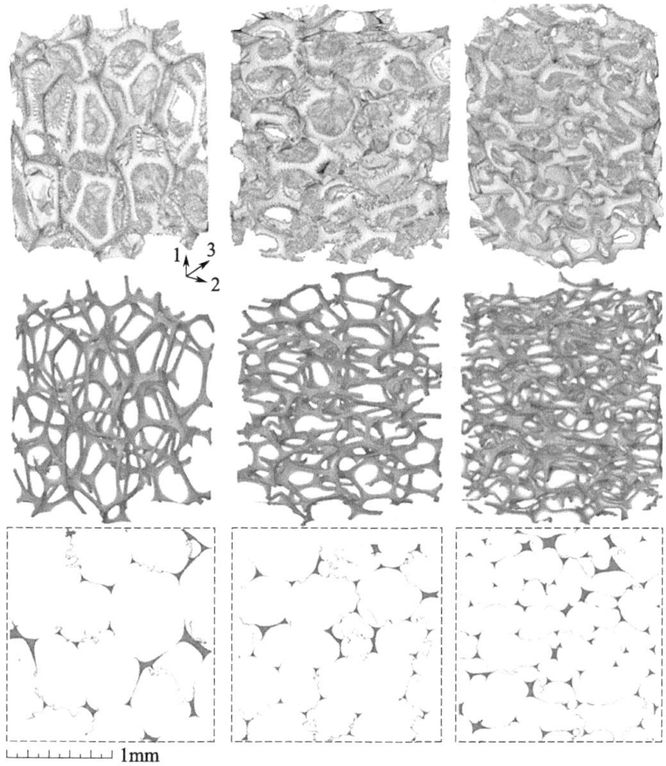

图 2-18　利用 μ-CT 重建原始和拉伸泡沫模型[39]

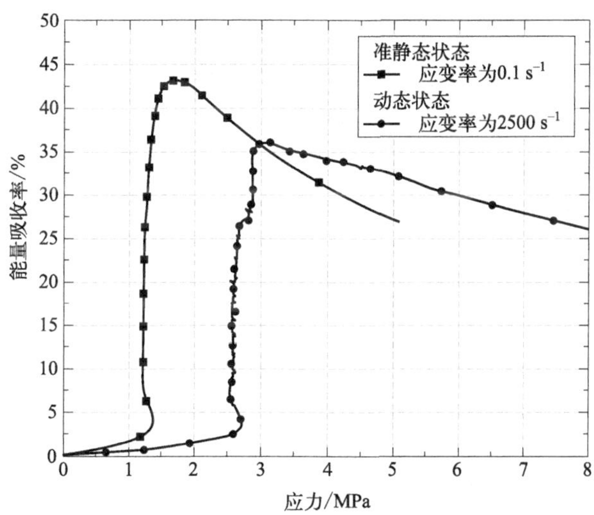

图 2-19　不同应变率下聚合物泡沫的能量吸收效率图[41]

2.3.3 动态压缩试验

泡沫材料的动态压缩试验主要用于评估其在高速冲击下的能量吸收和缓冲能力。泡沫材料的动态压缩特性对于其在能量吸收、弹道减缓和爆炸/冲击防护方面的应用至关重要。

落锤冲击试验的原理是将一个具有给定质量和几何形状的重物从给定高度抛到试样上

(图 2-20)。通过选择更大的质量或更大的落差，可以增加冲击能量。当锤体从高度 H 下落时，锤体下方加速度计的输出电信号为 a-t 曲线。x-t 曲线可以通过对 a-t 曲线的二重积分得到。

如果忽略冲击过程中的机械能损失，则冲击-卸载过程中消耗的能量等于锤体反弹的能量：

$$E = Mg(H - H_f) = Ah\left[\int_0^{\varepsilon_f}\sigma d\varepsilon + \int_{\varepsilon_f}^{\varepsilon_{max}}(\sigma - \sigma_r)d\varepsilon\right] \tag{2-39}$$

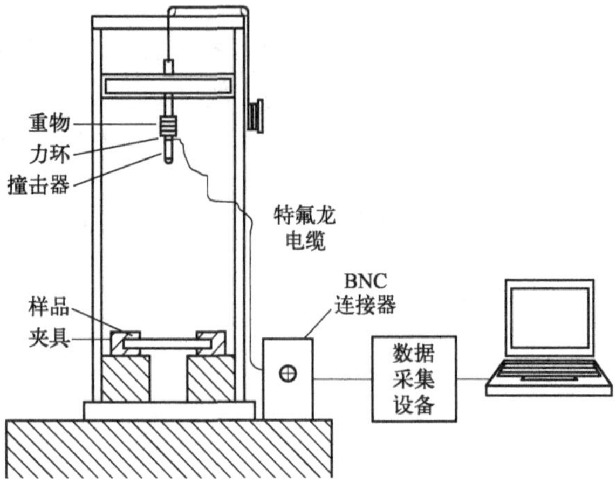

图 2-20 落锤冲击试验装置示意图[42]

分离式霍普金森压力棒（SHPB）是一种用于测量冲击载荷下材料应力-应变关系的实验装置。Hopkinson 压力棒的概念最初是 Hopkinson 在 1914 年提出的，用于测量冲击载荷下的脉冲波形。1949 年，Kolsky 改进了装置，将压力棒分为两部分，将试样置于两部分之间，这样就可以测量材料在冲击载荷下的应力-应变关系。该技术的理论基础是一维应力波理论，通过测量压力棒上的应变得到试样的应力-应变关系（图 2-21）。该技术的主要优点是：①避免了同时测量随时间变化的试样同一位置的应力和应变的困难；②SHPB 试验所涉及的应变率范围包括流变应力随应变率（100～10000 s^{-1}）变化的应变率；③入射脉冲波形易于控制，通过改变冲击速度和冲击物的形状可调节入射脉冲波形。

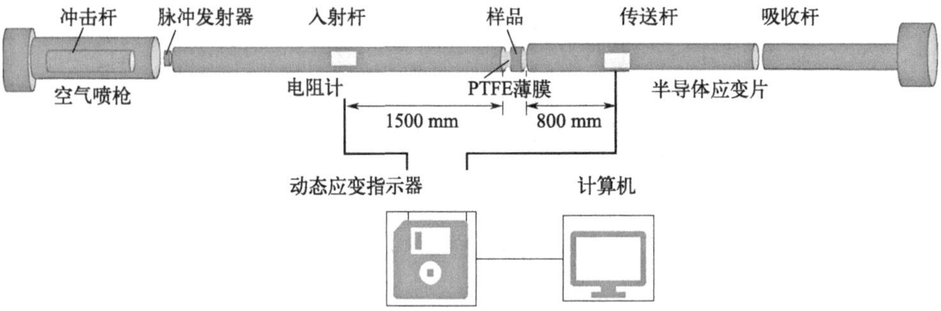

图 2-21 SHPB 实验装置示意图[41]

理想的入射脉冲必须在恒定的应变率下产生动态样品平衡和近似恒定的反射脉冲。采用圆形橡胶脉冲成型器来增加加载波的持续时间，以确保样品内部发生多次反射，以达到应力平衡。由于从样品传递到传输棒的应力波非常小，所以使用半导体应变片来记录微弱的传输波。应力-应变曲线由固定在入射杆和传送杆上的应变片所记录的应变历史得到，公式如下：

$$\dot{\varepsilon}=-\frac{2c_0}{l_s}\varepsilon_r \tag{2-40}$$

$$\varepsilon=\int_0^t \dot{\varepsilon}\,dt=\int_0^t \frac{2c_0}{l_s}\varepsilon_r\,dt \tag{2-41}$$

$$\sigma=\frac{A_0}{A_s}E\varepsilon_t \tag{2-42}$$

式中，l_s 和 A_s 分别表示原始样品长度和横截面积；E、c_0 和 A_0 分别表示杨氏模量、弹性条形的波速度和横截面积；ε_r 和 ε_t 分别表示在棒材表面上测得的反射信号和传输的应变信号。

2.3.4 回弹性能和滞后测试

泡沫材料的回弹性能对于缓冲和运动领域具有重要意义。理想弹性材料在压缩时，在外力作用下发生变形，外力所做的功以势能的形式储存起来。当压力释放时，势能转化回动能，材料恢复了原来的形状和大小。然而，压缩和恢复过程中的应力-应变曲线并不重叠，说明压缩过程中消耗的功不等于材料在恢复过程中所做的功，从而造成能量的损失，即滞后损失。能量损失可以通过以下两种测试方法来反映。

在回弹性能的测量中，常采用落球冲击法，将规定直径和质量的钢球从规定的高度自由落体到聚合物泡沫上，计算钢球回弹的最大高度与下落高度的百分比（即回弹比），作为聚合物泡沫回弹性能的指标。

滞后损失能充分反映材料在受力后吸收能量的能力。泡沫滞后现象越严重，滞后损失越大，对机械能的阻滞效果越好。滞后损失的测试原理是使用压缩法（压头面积大于样品面积）或压痕法（压头面积小于样品面积）使样品产生标准规定的变形，并立即让样品恢复。在这一过程中损失的功与加载功的比值被定义为滞后损失。所需的主要仪器通常包括一台试验机、一个支撑板和一个压头。A方法（压缩法）要求边长为（50±2）mm，厚度为（25±2）mm；B方法（压痕法）要求边长为（380±20）mm，厚度为（50±2）mm。实验基本方法如下：

方法A（压缩法），压头以（250±25）$mm\cdot min^{-1}$ 的速度预压试样两次，压至试样初始厚度的75%~80%达到这个偏量后，以相同的速率卸载压力。然后让试样恢复（6+1）min。以（50+5）$mm\cdot min^{-1}$ 的速度压缩试样，压至试样初始厚度的（75±5)%，立即再以同样的速度卸载至基本完全复原。按定义和公式计算滞后损失。

方法B（压痕法），压头以（100±20）$mm\cdot min^{-1}$ 的速度预压试样，压入试样初始厚度的（75±2.5)%，以相同的速率卸载压力，然后让试样恢复（4±1）min。以（100±20）$mm\cdot min^{-1}$ 的速度压陷试样，压入试样初始厚度的（75±2.5)%，立即再以同样的速度卸载至基本完全复原，同时记录负荷-位移曲线，加载结束与卸载开始的时间间隔不超过2 s。

$$H_{loss}=\frac{E_0-E_r}{E_0}\times 100\% \tag{2-43}$$

式中，H_{loss} 为滞后损失；E_0 为加载功；E_r 为卸载功。

2.4 吸能泡沫制备与性能研究进展

聚合物泡沫是一种重要的高分子材料，其聚合物基体内部含有大量微小的泡孔，也称为多孔高分子材料。与实体的高分子材料相比，聚合物泡沫具有密度低、隔热性好、隔声效果好、比强度高、耐腐蚀等优点。聚合物泡沫是使用机械、物理和化学发泡从聚合物制备的。聚合物的发泡过程可以分为三个阶段：泡孔成核、泡孔生长和泡孔固定。

泡孔成核：在一定条件下，将发泡剂（或气体）添加到熔融聚合物中，然后通过一系列化学反应（或加入气体）产生大量气体，形成聚合物/气体溶液。当气体的量逐渐增加时，溶液变得过饱和，气体从溶液中逸出。逸出的气体通过成核形成泡孔核。

泡孔生长：泡孔成核后，泡孔内气体的压力与泡孔半径成反比。因此，泡孔越小，泡孔内部的压力就越大。当两个不同大小的泡孔彼此靠近时，气体会从小泡孔扩散到大泡孔，两个泡孔合并在一起。由于成核作用，泡孔数量增加，泡孔的直径扩大，表现为泡沫材料的体积膨胀。

泡孔固定：由于大量泡孔的形成和生长，泡沫系统的表面积和体积不断增加，泡孔壁变薄。因此，泡沫系统变得不稳定。通常需要通过冷却降温来固定泡孔结构。

2.4.1 开孔泡沫的制备与性能

优秀的缓冲材料能够在相同负载下吸收更多能量或在较低负载下吸收相同能量。B. J. Ramirez 和 V. Gupta 对比了具有相近表观密度的聚脲泡沫与常用的乙烯-醋酸乙烯酯（EVA）和热塑性聚氨酯（TPU）泡沫[43]。他们使用改性二苯基二异氰酸酯及低分子量二胺来产生 PU 泡沫，通过高速搅拌器混合提升泡孔率，随后于 80 ℃真空下固化制备 PU 泡沫。与 TPU 和 EVA 泡沫相比，PU 泡沫在准静态压缩下的缓冲效率提高了 5%，能量吸收提高了 30%（图 2-22）。在冲击测试中，与相同厚度（20 mm）的 EVA 和 TPU 泡沫相比，PU 泡沫在 5 J 和 7 J 时的峰值传输冲击力分别降低了 28.6%和 36.9%。

利用 3D 打印技术，可以制作出具有均匀有序微结构的晶格泡沫。F. N. Habib[44] 利用 Multi Jet Fusion(MJF) 技术研究了具有不同晶胞拓扑结构和变形行为但相对密度相同的六种不同聚合物晶格结构的准静态能量吸收性能（图 2-23）。结果表明，通过调控晶格的微观拓扑结构，可以调节晶格的整体能量吸收性能。

2.4.2 闭孔泡沫的制备与性能

与热固性基体相比，热塑性聚合物具有较高的熔体强度和熔体弹性，其物理发泡常导致闭孔泡沫。Wang[45] 等提出了两种 scCO_2 发泡方式，即加热发泡（h-发泡）法和冷却发泡（c-发泡）法，研究了 TPU 的发泡行为，制备了具有力学性能可调的 TPU 泡沫。研究发现，采用 c-发泡法制备的 TPU 泡沫塑料具有更好的强度和回弹性，泡孔尺寸较大的 TPU 泡沫比泡孔尺寸

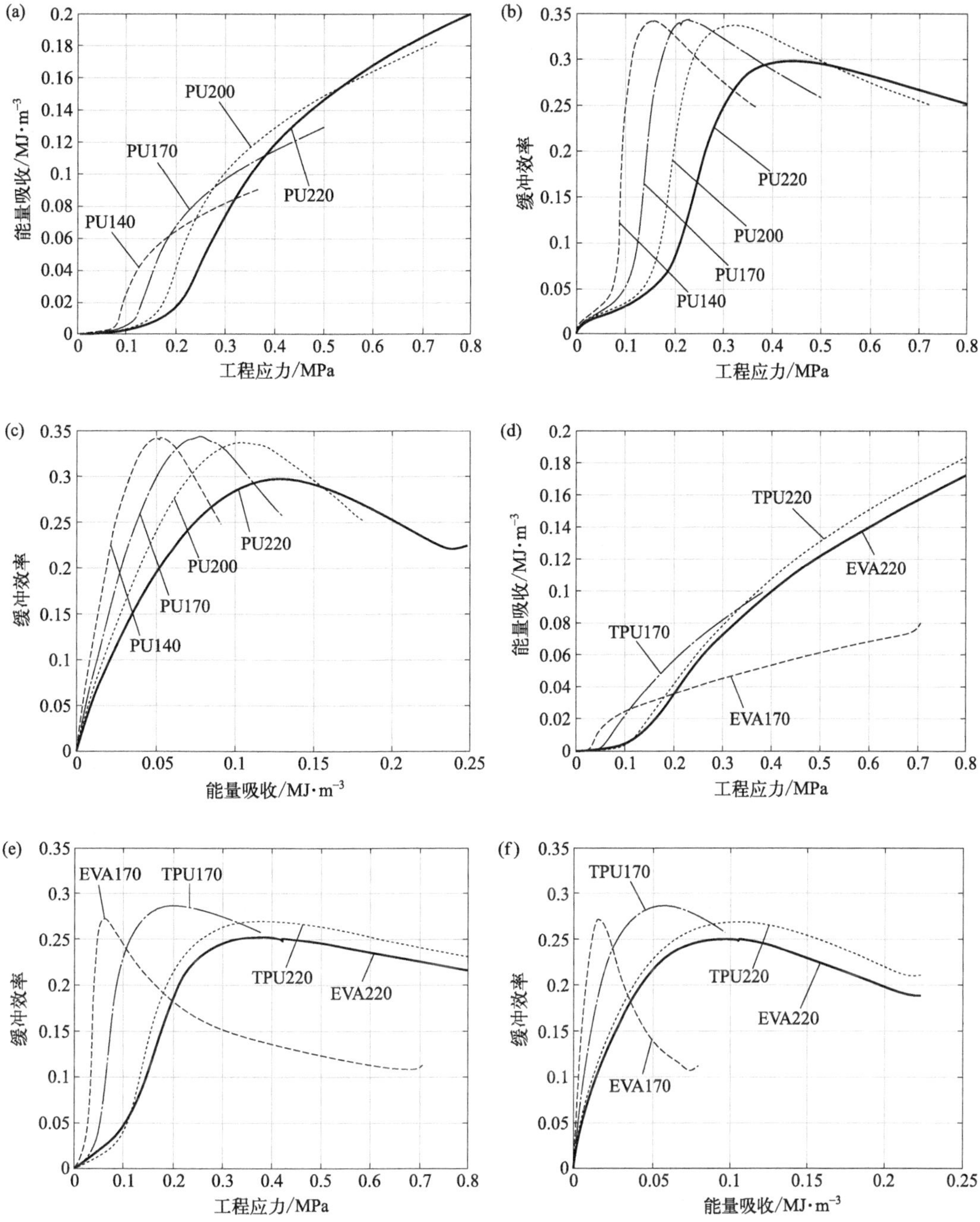

图 2-22 PU 泡沫缓冲性能[43]

(a) 能量吸收随应力的变化；(b) 缓冲效率作为应力的函数；(c) 缓冲效率作为能量吸收的函数，TPU 和 EVA 泡沫的准静态（0.04 s^{-1}）缓冲性能；(d) 能量吸收随应力的变化；(e) 缓冲效率作为应力的函数；(f) 缓冲效率作为能量吸收的函数

较小的 TPU 泡沫材料具有更好的弹性和强度（图 2-24）。低 CO_2 压力（7.59 MPa）制备的 TPU 泡沫膨胀率高于高 CO_2 压力（15.17 MPa）制备的 TPU 泡沫。在低 CO_2 压力下，泡孔密度约为 1×10^7 cm^{-3}，而在高 CO_2 压力下，泡孔密度增加至 1×10^{10} cm^{-3}。

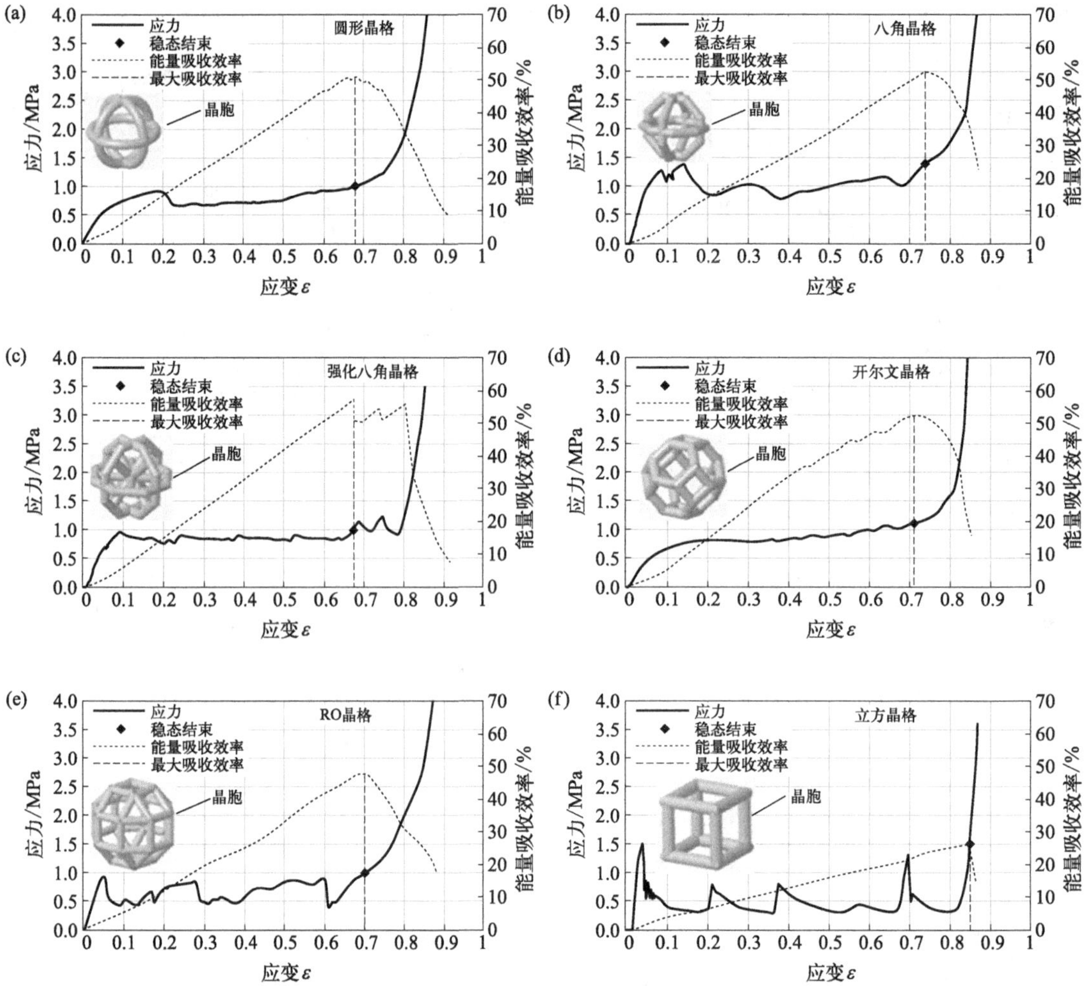

图 2-23 不同结构的能量吸收特性[44]

(a) 圆形晶格；(b) 八角晶格；(c) 强化八角晶格；(d) 开尔文晶格；(e) RO 晶格；(f) 立方晶格

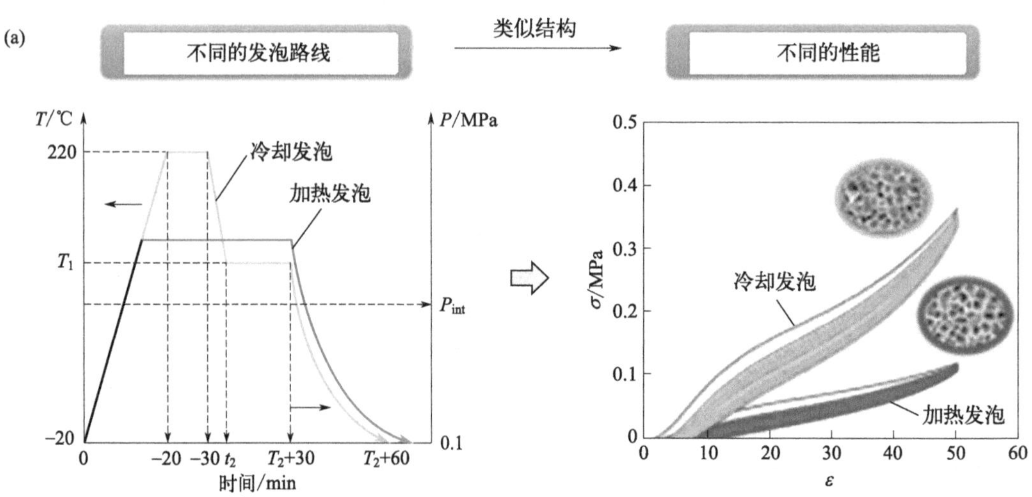

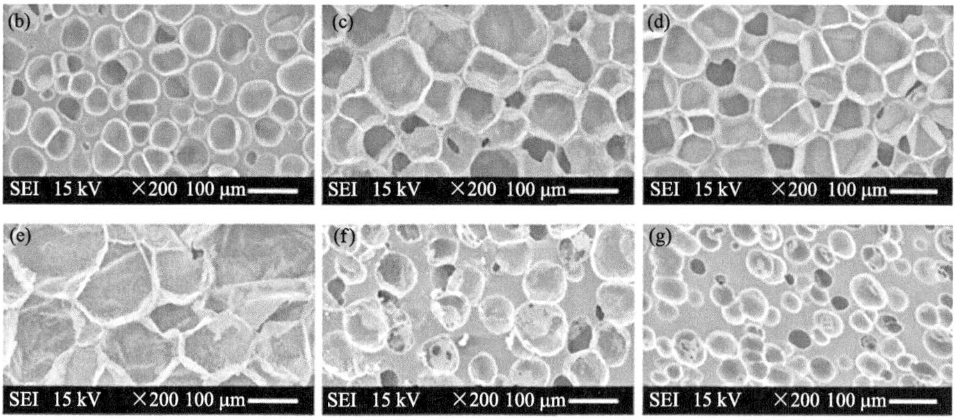

图 2-24 TPU 泡沫材料发泡工艺条件及力学性能（a），90 ℃（b），100 ℃（c），105 ℃（d），110 ℃（e），120 ℃（f）和 130 ℃（g）下通过 c-发泡法在 7.59 MPa 下制备的 TPU 泡沫的泡孔形态[45]

泡沫的随机孔隙结构会导致孔壁以弯曲为主的变形，进而导致强度和刚度随着孔隙率的增加而迅速降低。相反，有序晶格型结构具有挠屈效应，从而提供更高的力学强度。Zhai 等[46] 结合 3D 打印和 $scCO_2$ 固态发泡方法制备了具有闭孔结构和高能量吸收性能的蜂窝结构 TPU 泡沫（图 2-25）。他们使用熔融沉积建模（FDM）制备了具有均匀和梯度结构的六边形 TPU 蜂窝，然后使用 $scCO_2$ 发泡方法在低温下对预制体进行发泡。蜂窝型 TPU 泡沫由于具有空间连通性和周期性孔隙结构，与相同单位孔厚度的常规 TPU 泡沫相比，气体溶解速率更高，饱和时间更短。蜂窝型 TPU 泡沫的硬度和模量降低，但其弹性恢复率高于未发泡的蜂窝型 TPU。此外，与不含泡沫的 TPU 相比，它们具有更高的能量吸收效率、更好的弹性和回收率。

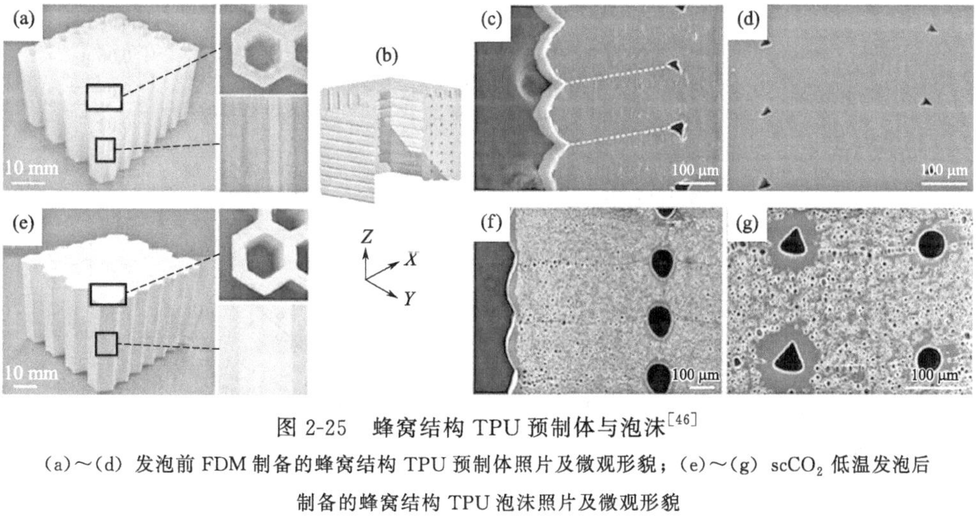

图 2-25 蜂窝结构 TPU 预制体与泡沫[46]

（a）～（d）发泡前 FDM 制备的蜂窝结构 TPU 预制体照片及微观形貌；（e）～（g）$scCO_2$ 低温发泡后制备的蜂窝结构 TPU 泡沫照片及微观形貌

2.4.3 复合泡沫的制备与性能

在聚合物基体中引入第二相或填充组分是改变聚合物泡沫力学性能的有效方法。例如，软质 PU 泡沫具有柔性，但吸收冲击能量的性能较差，而硬质 PU 泡沫虽然具有相对较高的能量吸收能力，但在变形的早期阶段有塑性坍塌的风险[47]。Linul 等[48] 提出了在聚合物基质中使用铝超细纤维来获得增强的半刚性聚氨酯泡沫的方法。他们发现在泡沫中加入铝超细纤维可以改善增强的半刚性 PU 泡沫的弹性和抗压强度。当添加 1.5％的铝超细纤维时，抗压强度和能量吸收分别提高了 61.81％和 71.29％（图 2-26）。

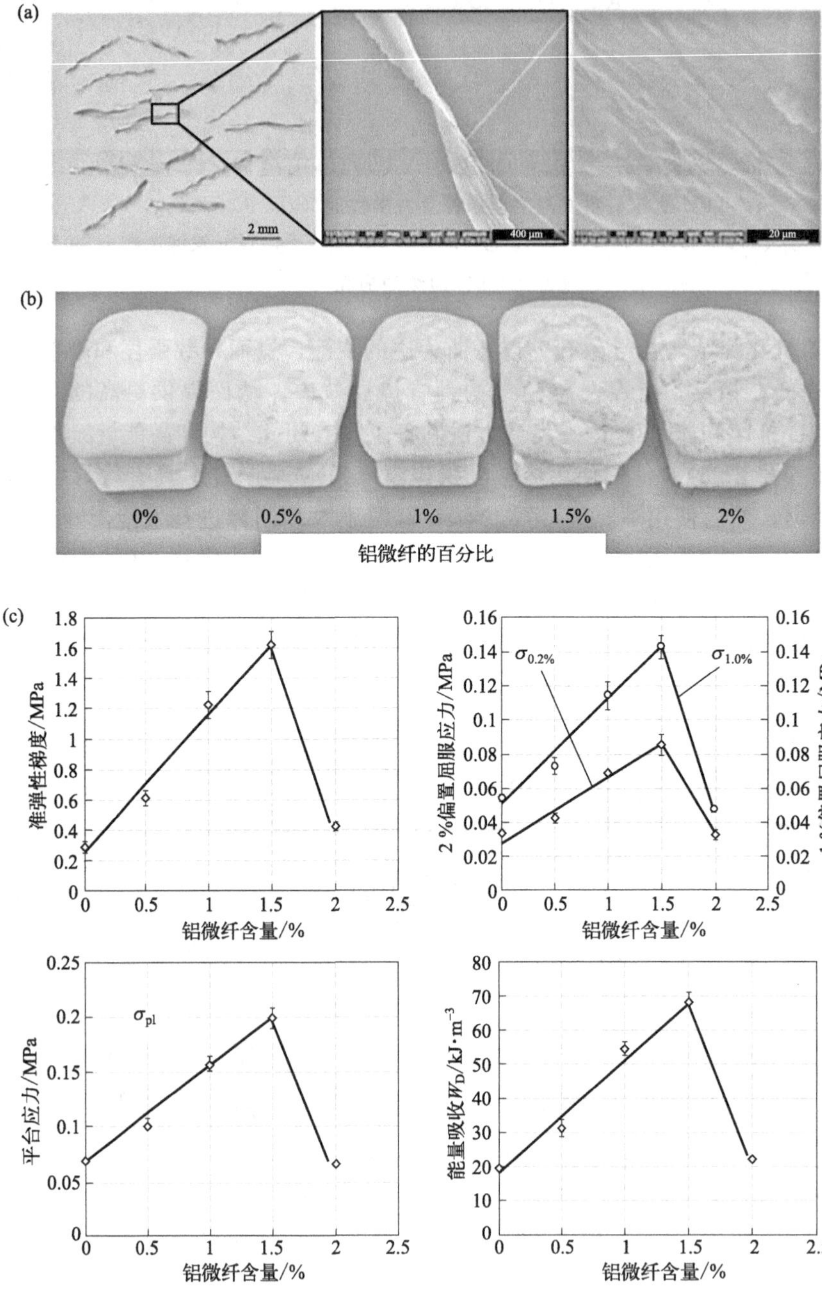

图 2-26　铝超细纤维（AM）复合泡沫[48]

（a）AM 的光学和扫描电镜图像；（b）制备的不同 AM 含量的半刚性 PU 泡沫；

（c）复合泡沫的力学性能：准弹性梯度、0.2％和 1.0％的偏置屈服应力、平台应力、致密应变时的能量吸收

Mi 等[49] 提出了一种新的动态 $scCO_2$ 发泡方法来制备含氧化石墨烯（GO）纳米填料的 TPU 泡沫。在 TPU 基体中加入氧化石墨烯（GO）会产生氢键和物理交联点。动态 $scCO_2$ 发泡方法在 $scCO_2$ 流场引入 TPU 分子，产生分子内应力，导致随后的应力释放分子内应力，并在泡孔表面形成微米尺寸的褶皱（图 2-27）。有褶皱的 TPU/GO 泡沫的压缩性能高于无褶皱的 TPU/GO 泡沫。此外，随着 GO 含量的增加，其力学性能显著增强，具有优良的压缩性能和能量吸收特性。

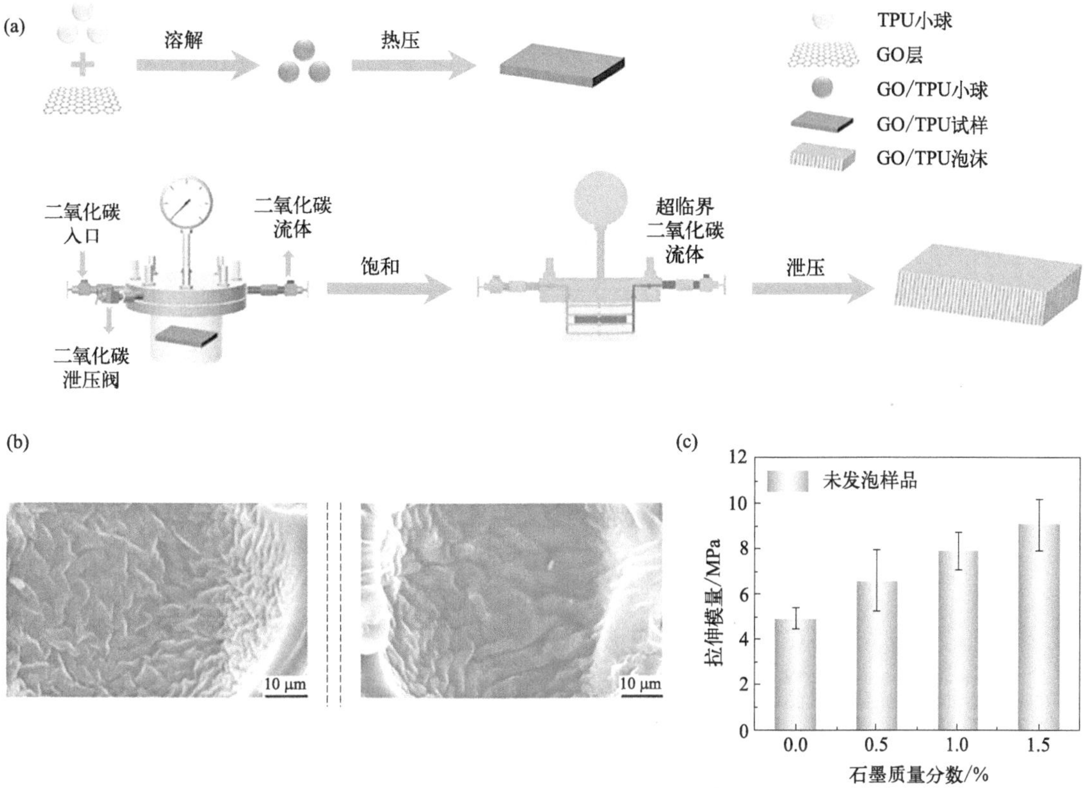

图 2-27　TPU/GO 纳米复合泡沫[49]

（a）制备流程示意图；（b）加入 GO 前后泡孔的 SEM 形貌；

（c）无发泡 TPU 和 TPU/GO 复合材料的拉伸模量

2.4.4 特殊结构泡沫的制备与性能

具有内凹泡孔结构的聚合物泡沫拥有负泊松比，是一种在拉伸应变下体积膨胀，在压缩应变下体积收缩的泡沫材料[28,30]。在压缩载荷作用下，泡孔结构向内收缩，导致材料密度增加，从而提高抗压强度和能量吸收[30]。

Tang 等[50] 提出了一种利用水基相变剂和 $scCO_2$ 发泡剂直接从聚合物树脂中制备凹角泡沫的新方法。如图 2-28 所示，在发泡过程中，$scCO_2$ 和水的相变使基质膨胀，膨胀后水蒸气的液化引起泡孔收缩，形成凹角结构的泡孔。制备的凹角泡沫具有良好的拉伸循环稳定性和能量吸收性能。该方法利用发泡过程中水和 $scCO_2$ 之间的渗透性差异的协同作用，实现了凹角泡沫的可控制备。

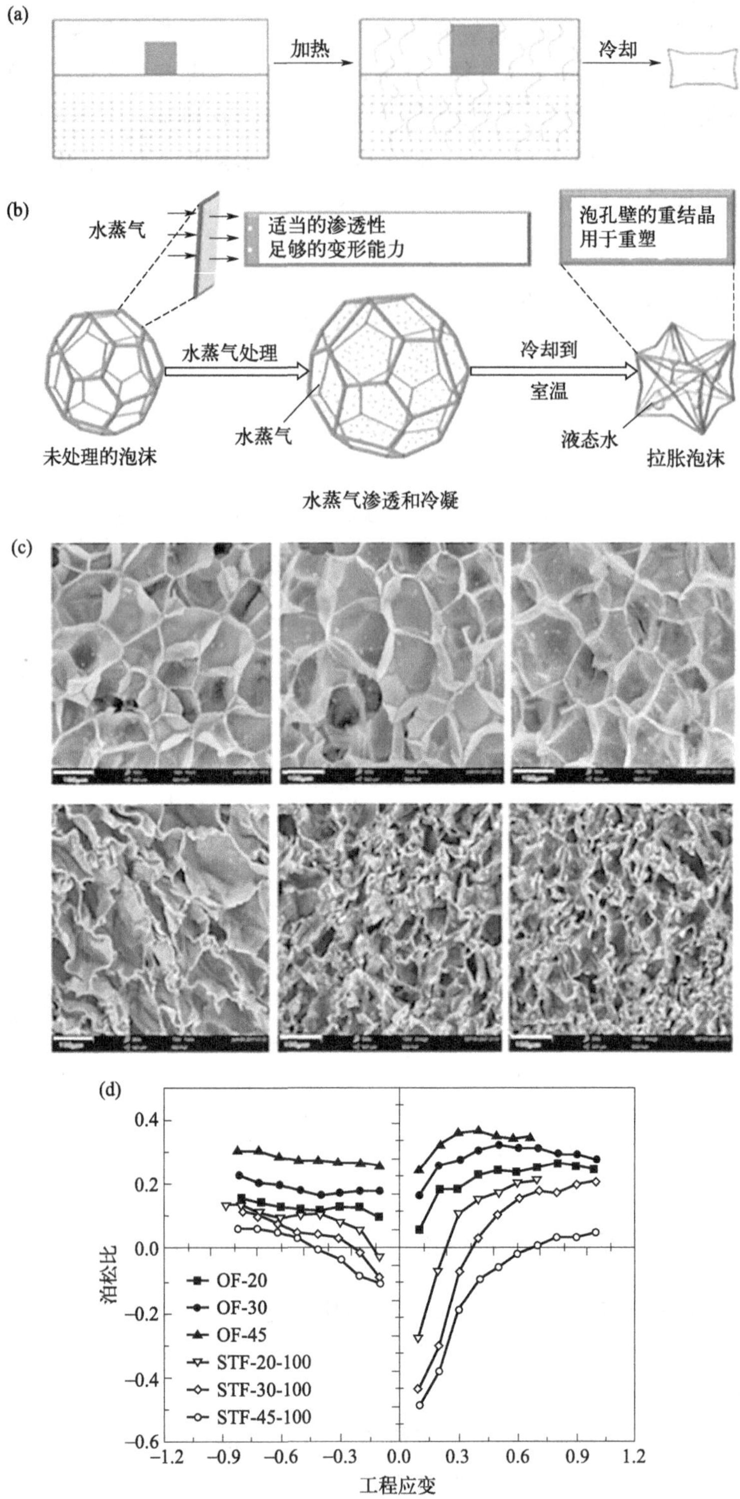

图 2-28 负泊松比 PE 泡沫[50]

(a) 制备负泊松比泡沫的方法；(b) 闭孔泡沫内凹结构的形成机制示意图；(c) PE 泡沫试样蒸汽处理前后 SEM 图像；(d) 不同处理温度下 PE 泡沫试件泊松比与应变的关系

Mi 等[51] 开发了一种溶剂辅助气体反压发泡法，通过增塑剂与 $scCO_2$ 物理发泡剂的协同作用，在聚合物发泡膨胀后，先用真空处理进一步提升泡沫的膨胀率，然后引入气体反压，一方面通过大气压力从外部压缩材料，另一方面通过泡孔内部增塑剂小分子的液化相变提供内部负压，从而促进发泡材料泡孔结构的凹角转化，进而获得具有凹角结构的负泊松比泡沫（图 2-29），制备的凹角泡沫材料的压缩强度与能量吸收性能显著提升。与传统泡沫相比，其 50%应变时的压缩强度由 0.33 MPa 提升至 2.35 MPa。落锤冲击试验中，凹角泡沫的冲击力为无泡沫时的 4.8%，其能量吸收效率相较传统泡沫提升了 17.2%。

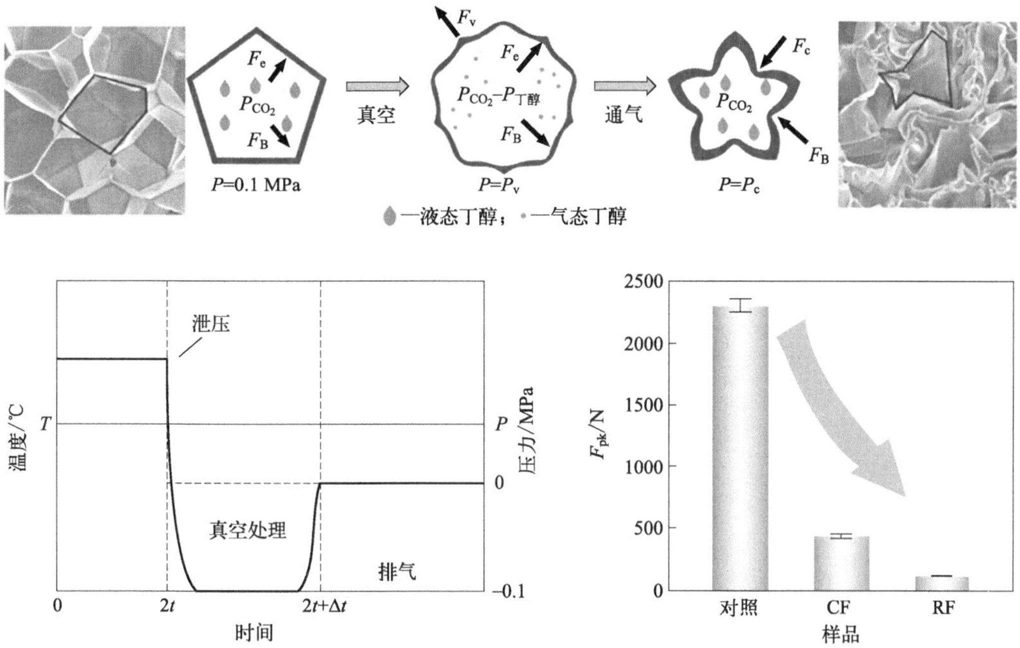

图 2-29　溶剂辅助气体反压发泡法制备的凹角结构 PP 泡沫，及其落球冲击力测试结果

Mi 等[36] 还开发了一种气体冷却辅助 $scCO_2$ 发泡方法，该方法在泡沫膨胀后利用 $scCO_2$ 气流快速降低泡沫温度，使泡孔内的气体温度降低，压强下降，从而通过外部高压作用形成特殊的褶皱泡孔结构（图 2-30）。泡沫的快速冷却导致 TPU 的分子内应力释放，并形成微细的迷宫状褶皱。循环压缩性能表明，褶皱泡沫的性能高于传统泡沫。泡沫的能量吸收率提高了 147.0%，这表明致密的褶皱结构在保持低能量损失的同时提高了能量吸收率。

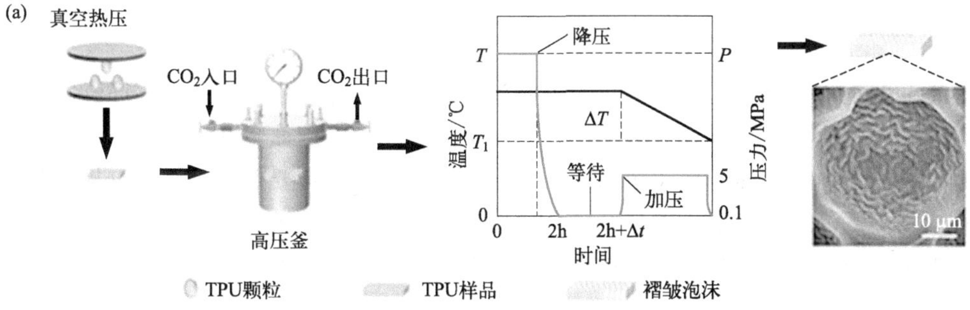

图 2-30

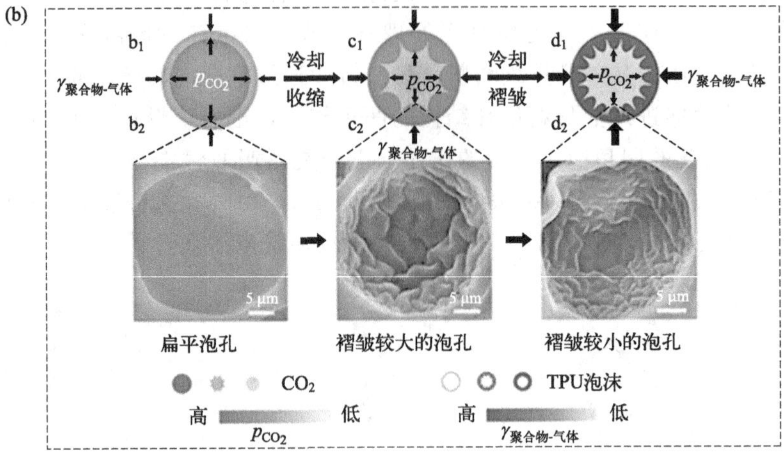

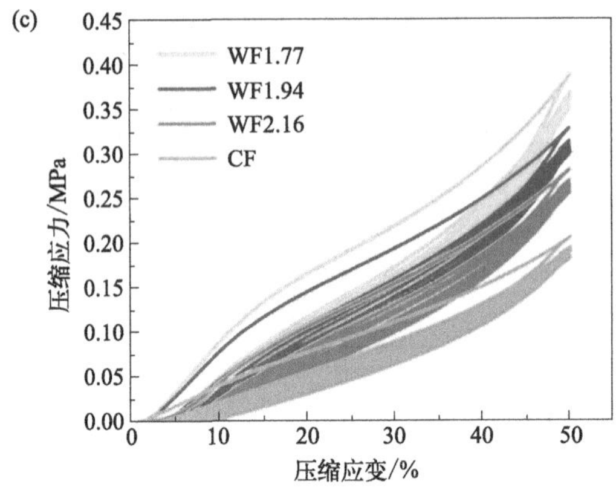

图 2-30 褶皱 TPU 泡沫[36]

（a）制备流程示意图；（b）TPU 泡沫中起皱结构形成机理示意图；（c）恒压应变为 50%时的应力-应变曲线

2.5 聚合物吸能泡沫的应用

2.5.1 运动领域

运动和安全行业是利用吸能泡沫的主要领域。在运动防护中，往往将不同性能的泡沫材料组合在一起，制成层压复合泡沫垫，以实现所需的性能。例如，抑制着陆的运动垫主要用于体操、跳高、撑竿跳高和格斗运动。在格斗运动中，垫子需要足够坚硬，以提供复杂动作的最佳表面。此外，还要求垫子具有较高的冲击阻尼能力，使运动员受到的负荷不会达到损害健康的风险极限，并且当运动员在垫子上行走或跳跃时，垫子不能下沉，以防止踝关节损伤（图 2-31）。

由于与人体皮肤长期接触，健身垫要求无毒环保，符合可持续发展的要求。同时，还需要考虑优良的压缩性能和长期使用的不塌陷。近年来，通过物理发泡剂如 $scCO_2$ 和 scN_2 制备的热塑性聚合物泡沫越来越多地用于吸收能量的应用中，以取代不可回收和可能释放挥发性有机化合物（VOC）的传统热固性聚氨酯泡沫。同时，以 $scCO_2$ 为发泡剂，采用批量发泡或挤出发泡的 EVA 泡沫广泛应用于幼儿园儿童爬行垫等户外垫。

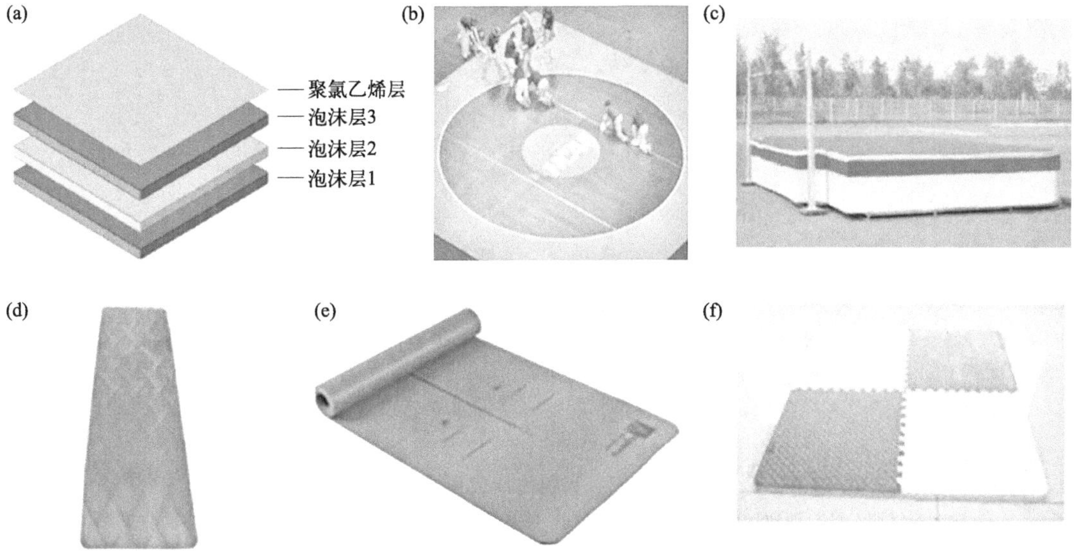

图 2-31　吸能泡沫应用（1）

（a）泡沫垫复合材料结构缓冲示意图；（b）格斗运动垫；（c）跳高运动垫；（d）室内运动垫；（e）室内瑜伽垫；（f）儿童户外运动保护垫

与运动垫类似，用于冬季运动的聚合物泡沫产品也具有保护功能。它们出现在运动员的头盔和各种防护服上。吸收能量的衣服的结构类似于赛车运动中使用的保护器，通常是由更硬的热塑性聚合物外层和更软的聚合物泡沫内层组成的三明治结构（图 2-32）。这些产品的工作原理是较硬的热塑性聚合物层对防护装备上的力起消散作用，体积较大的软泡沫层起到吸收能量的作用，提高了产品的冲击阻尼效率[52]。头盔必须将载荷分布在颅骨的一大片区域上，并消散施加在人头上的冲击能量。在头盔的辅助下，可以延长打击接触时间，降低峰值力。同时，泡沫材料不能爆裂成碎片。自行车头盔中最常用的泡沫是膨胀聚苯乙烯（EPS）。聚丙烯泡沫（EPPs）价格更高，但在一定的抗压强度下密度更大，具有更好的多重冲击性能。类似的还有球类运动的护膝，可以更好地保护关节，防止关节被击中时骨折[图 2-32(e)]。拳击头套需要双面保护，既保护被击打者的头部，也保护击打者的手。

在运动鞋领域，聚合物泡沫塑料是鞋底的重要组成部分。近年来，超临界流体发泡塑性聚合物越来越多地被用于替代传统的热固性聚合物泡沫，这是由于 SCF 发泡制备的发泡材料具备闭合微孔结构，实现了优异的弹性和可调的力学性能。

2.5.2 家庭和家具领域

家用电器通过使用缓冲包装材料防止产品被损坏。常用的缓冲包装材料主要有三种：EPS 泡沫板、聚乙烯泡沫 EPE 和聚氨酯泡沫（图 2-33）。EPS 泡沫板通常称为泡沫板或泡沫塑料，具有良好的缓冲性能，抗压强度高，吸水性能差，耐油性强，造型简单，价格低廉。但压缩后易产生塑性变形，耐候性差，质地脆，易碎裂成尘埃。聚乙烯泡沫俗称珍珠棉，具有密度低、柔韧性好、回收率高等优点。其抗冲击性能优于聚苯乙烯塑料，广泛应用于高级家具、家用电器、仪器仪表、工艺礼品等。聚氨酯泡沫具有良好的回弹性和缓冲性能，使用温度范围广，主要用于防霉、防腐、防虫、隔声、隔热等方面，广泛应用于家具中。

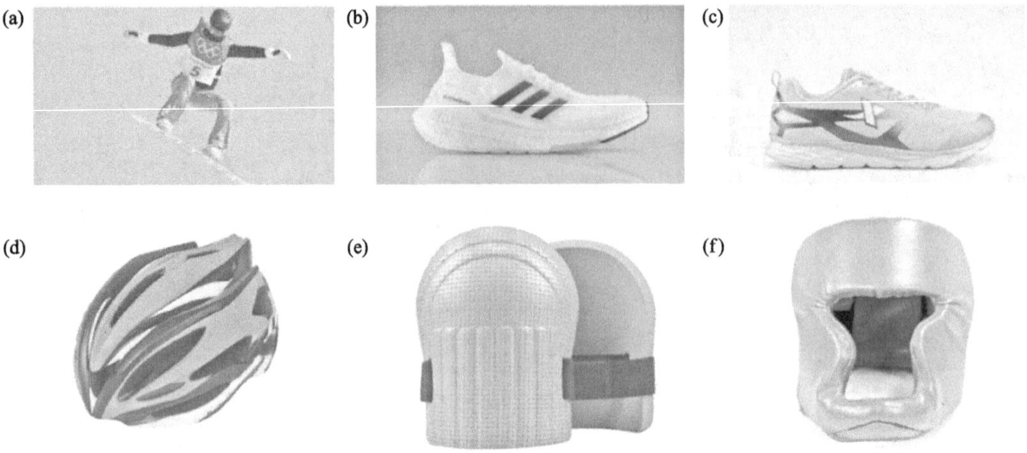

图 2-32 吸能泡沫应用（2）

（a）跳台滑雪服；（b）阿迪达斯的 boost 系列；（c）特步的 Power Nest X 跑鞋；（d）自行车的防护头盔；（e）球类运动使用的护膝；（f）拳击用的防护头盔

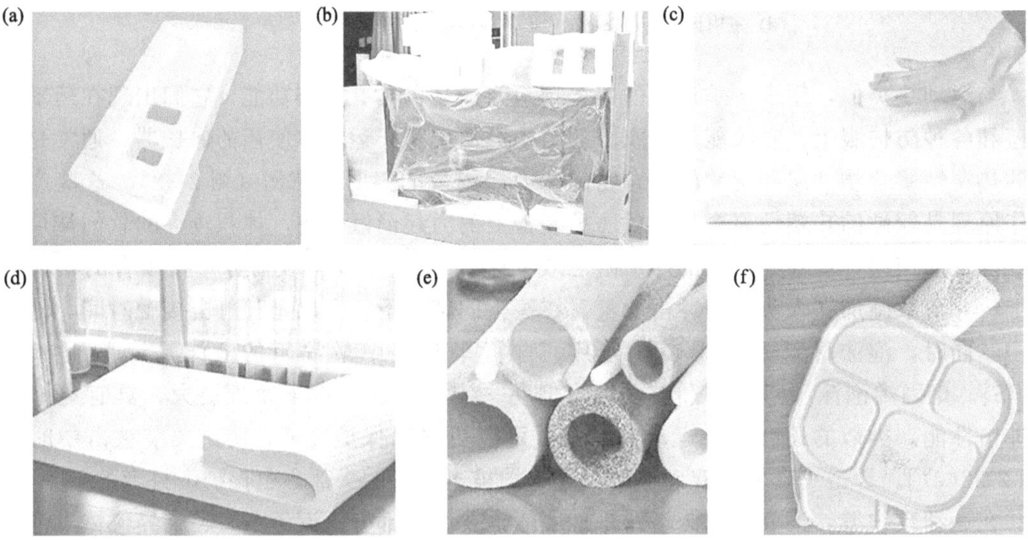

图 2-33 吸能泡沫应用（3）

（a）家用电器用的 EPS 泡沫；（b）电视包装泡沫；（c）慢回弹 TPU 泡沫枕；（d）形状记忆床垫；（e）水管包装用泡沫；（f）淀粉基泡沫食品容器

此外，慢回弹聚氨酯泡沫被广泛用于枕头和床垫［图 2-33(c) 和 (d)］，具有记忆效果。慢回弹聚氨酯泡沫是指泡沫在外力作用下变形后，慢慢恢复到原来的形状。慢回弹聚氨酯泡沫具有很低的回弹性，因此其对外界压力的排斥力很小，可以大大降低接触点的压力，增加人体的舒适度。

聚合物泡沫也用于家用水管的包装［图 2-33(e)］，既能隔热、隔声，又能防止管道受到撞击时开裂。生物可降解聚合物泡沫也被用作食品包装材料，以取代基于石油的不可降解食品包装材料。

2.5.3 交通和航空航天领域

聚合物泡沫因其优异的缓冲吸能性能和轻质的结构而广泛应用于汽车、船舶、铁路等交通领域。

汽车泡沫市场一般按类型［聚氨酯（PU）泡沫、聚烯烃（PO）泡沫、其他］、应用（座椅、门板、保险杠系统、其他）、最终用途（汽车、轻型商用车、重型商用车）进行分类。根据市场研究未来（MRFR）的一份综合研究报告，预计 2021～2028 年汽车泡沫材料的复合年增长率为 10.23%。2021 年市场规模为 386.1 亿美元，2028 年为 802.7 亿美元。

高速铁路是指运行速度超过 200 km/h 的铁路系统。法国国家铁路公司（SNCF）认为，对于未来的 TGV 高铁列车［图 2-34(c)］，需要进一步降低车身质量，对采用碳纤维和玻璃纤维增强环氧树脂涂层泡沫蜂窝材料芯制造的双层挂车进行了线路运行试验，研究了其耐火、抗冲击等性能。结果表明泡沫聚合物复合材料车体具有抗振动、隔声、隔热等优点，能够提高乘客的舒适度，在高速列车中有广阔应用前景。

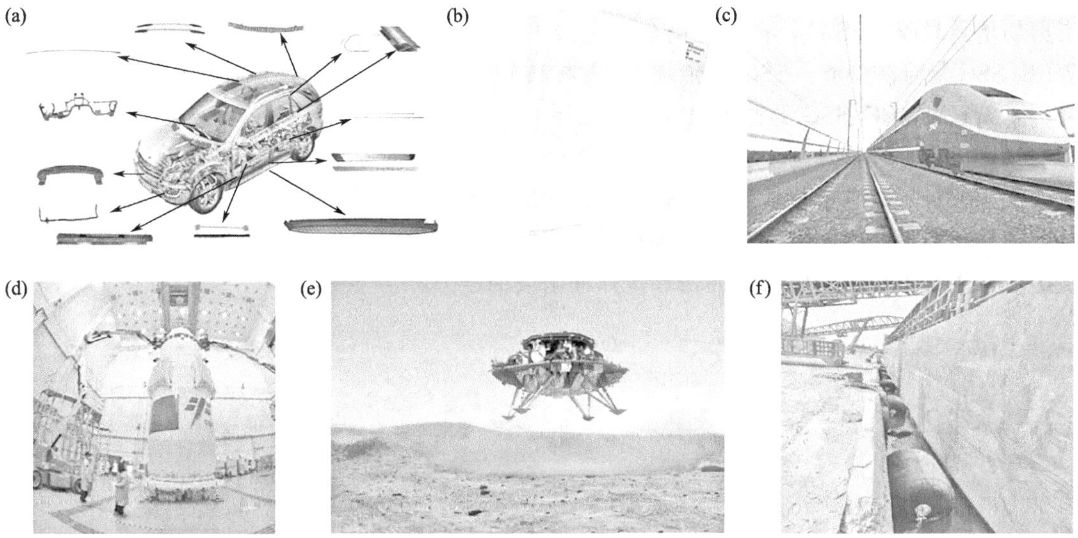

图 2-34　吸能泡沫应用（4）

（a）汽车用泡沫部件；（b）用于电池组包装的 TPU 泡沫；（c）法国 TGV 高速列车；（d）中国航天器整流罩；（e）天问一号火星着陆器；（f）船舶护舷

在船舶领域，聚合物泡沫也是不可或缺的。泡沫护舷是一种利用轻质弹性泡沫作为缓冲介质来吸收冲击能量的浮动护舷。它由一个封闭的 EVA 芯和一个外部的聚氨酯外壳［图 2-34(f)］组成。外层足够坚固，可以抵抗摩擦，内部封闭的泡孔可以防止任何水渗透到挡泥板上。作为可充气橡胶挡泥板的替代品，泡沫填充挡泥板非常耐用。

在极端条件下也需要高性能的聚合物泡沫。中国航天科技股份有限公司设计的直径为 4.2 m 的运载火箭上的全波透明火箭整流罩采用了聚合物泡沫［图 2-34(d)］。在这个全透明的火箭整流罩方案中，前锥的主要材料是一种神奇的“泡沫”，称为聚甲基丙烯酰亚胺(PMI)。PMI泡沫在相同密度条件下具有优于其他泡沫材料的拉伸、压缩、剪切、弯曲等强度和模量指标。用于火星着陆器整流罩的PMI泡沫芯材料保温夹层具有轻质、高刚性、高导热性、膨胀率低等固有优势。它不仅实现了整流罩的大幅减重和发动机的稳定运行，还实现了受到严重着陆冲击时的隔热和降噪，提高了系统的可靠性。

2.5.4 安全和军事领域

针对恐怖主义袭击对世界人民带来的灾难，保护人员和建筑物免受爆炸波的破坏性影响变得至关重要。据美国国务院报告，2014年全球共发生13400多起恐怖袭击，造成3.27万人死亡，3.47万人受伤。Venkataramana等[53] 提出了一种使用浸渍的开孔聚合物泡沫来减轻爆炸影响的方法。实验过程是使覆盖水泡沫的低碳钢板承受自由场空气的冲击载荷[图2-35(a)]。研究发现，采用提出的保护方法，钢板的整体变形显著降低，这表明了这种爆炸缓解技术在保护车辆、船舶等民用和军事基础设施免受意外爆炸及恐怖袭击方面有潜在应用。

防弹衣作为一种个人防护装备，通过吸收子弹的冲击能量，有效地保护人体免受枪弹损伤。子弹的冲击能量难以被防弹衣充分吸收，使部分冲击能量传递到人体，造成钝性损伤。为了提高防弹衣的防护性能，最可行的方法是在防弹板背面添加缓冲材料，进一步削弱防弹衣受到的冲击强度。Guo等[54] 创新性地利用防弹衣缓冲板，通过形成具有优异柔韧性的冲击剪切增强凝胶（SSG），再与超高分子量聚乙烯（UHMWPE）防弹板结合，形成UHMWPE/SSG复合防弹衣。SSG比传统EVA材料分散和吸收更多的弹道冲击能量，从而大大降低了UHMWPE/SSG的冲击力和鼓包变形。

排爆服是一种特殊的防护服，可以在爆炸后保护排爆专家免受超压、碎片和冲击波的伤害[图2-35(c)]。它由覆盖层、保护层和内衬层组成。覆盖层具有阻燃、防静电、防水的功能，还能减弱爆炸引起的冲击力；保护层由多层凯夫拉材料和内嵌闭孔、线状泡沫的防弹钢板组成，主要抵抗爆炸碎片的冲击和爆炸冲击波的压力。

(a) (b) (c)

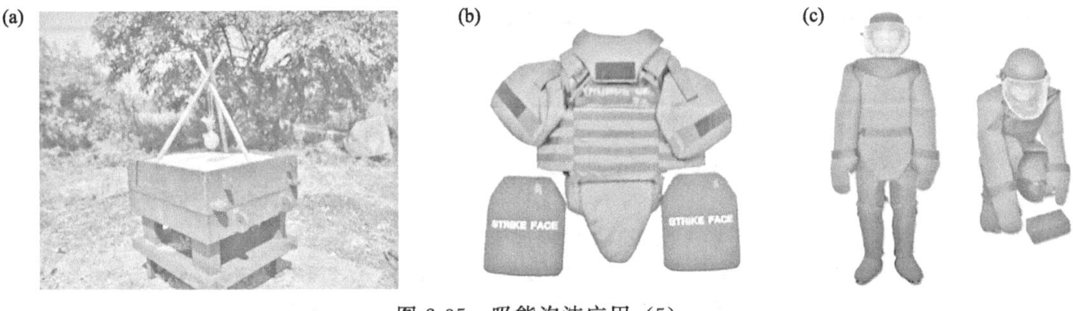

图2-35 吸能泡沫应用（5）

(a) 聚合物泡沫爆炸缓解实验装置[53]；(b) 防弹衣；(c) 排爆防护设备

参考文献

[1] Jun L, Qin Z, Mi H Y, et al. Fabrication of thermoplastic polyurethane foams with wrinkled pores and superior energy absorption properties by CO_2 foaming and fast chilling. Macromolecular Materials and Engineering, 2021, 307(1): 2100600.

[2] Holder K M, Cain A A, Plummer M G, et al. Macromol. Mater. Eng. 6/2016. Macromolecular Materials and Engi-

neering, 2016, 301 (6): 641.
[3] Kohlhoff D, Ohshima M. Open cell microcellular foams of polylactic acid (pla) -based blends with semi-interpenetrating polymer networks. Macromolecular Materials and Engineering, 2011, 296 (8): 770-777.
[4] Faruk O, Błędzki A K, Matuana L M. Microcellular foamed wood-plastic composites by different processes: A review. Macromolecular Materials and Engineering, 2007, 292: 113-127.
[5] Zhao H, Elnasri I, Abdennadher S. An experimental study on the behaviour under impact loading of metallic cellular materials. International Journal of Mechanical Sciences, 2005, 47 (4): 757-774.
[6] Koohbor B, Ravindran S, Kidane A. In situ deformation characterization of density-graded foams in quasi-static and impact loading conditions. International Journal of Impact Engineering, 2021, 150: 103820.
[7] Avalle M, Belingardi G, Montanini R. Characterization of polymeric structural foams under compressive impact loading by means of energy-absorption diagram. International Journal of Impact Engineering, 2001, 25 (5): 455-472.
[8] Chou C C, Zhao Y, Chai L, et al. Development of foam models as applications to vehicle interior. SAE Transactions, 1995, 39: 335-348.
[9] Gibson L J, Ashby M F. The mechanics of three-dimensional cellular materials. Proceedings of the Royal Society of London. A. Mathematical and Physical Sciences, 1982, 382: 43-59.
[10] Gibson L J, Ashby M F. Cellular solids: Structure & properties. 2nd ed. Oxford: Pergamon press, 1997.
[11] Mills N. Polymer foams handbook: Engineering and biomechanics applications and design guide. Engineering Materials Science, 2007: 221159996.
[12] Ley A, Altschuh P, Thom V, et al. Characterization of a macro porous polymer membrane at micron-scale by confocal-laser-scanning microscopy and 3d image analysis. Journal of Membrane Science, 2018, 564: 543-551.
[13] Zhu Y, Luo G, Zhang R, et al. Numerical simulation of static mechanical properties of pmma microcellular foams. Composites Science and Technology, 2020, 192: 108110.
[14] Yasunaga K, Neff R A, Zhang X D, et al. Study of cell opening in flexible polyurethane foam. Journal of Cellular Plastics, 1996, 32: 427-448.
[15] Tomin M, Kmetty Á. Polymer foams as advanced energy absorbing materials for sports applications—a review. Journal of Applied Polymer Science, 2022, 139 (9): 51714.
[16] Mills N J, Fitzgerald C, Gilchrist A, et al. Polymer foams for personal protection: Cushions, shoes and helmets. Composites Science and Technology, 2003, 63 (16): 2389-2400.
[17] Rusch K. Load-compression behavior of brittle foams. Journal of Applied Polymer Science, 2003, 14: 1263-1276.
[18] Sun Y, Amirrasouli B, Razavi S B, et al. The variation in elastic modulus throughout the compression of foam materials. Acta Materialia, 2016, 110: 161-174.
[19] Sun Y, Li Q M. Dynamic compressive behaviour of cellular materials: A review of phenomenon, mechanism and modelling. International Journal of Impact Engineering, 2018, 112: 74-115.
[20] Rusch K C. Energy-absorbing characteristics of foamed polymers. Journal of Applied Polymer Science, 1970, 14 (6): 1433-1447.
[21] Avalle M, Belingardi G, Ibba A. Mechanical models of cellular solids: Parameters identification from experimental tests. International Journal of Impact Engineering, 2007, 34 (1): 3-27.
[22] Jeong K Y, Cheon S S, Munshi M B. A constitutive model for polyurethane foam with strain rate sensitivity. Journal of Mechanical Science and Technology, 2012, 26 (7): 2033-2038.
[23] Jeong K Y. Constitutive modeling of polymeric foams having a four-parameter modulus function with strain rate sensitivity. Journal of Mechanical Science and Technology, 2016, 30: 683-688.
[24] Hössinger-Kalteis A, Reiter M, Jerabek M, et al. Overview and comparison of modelling methods for foams. Journal of Cellular Plastics, 2020, 57: 951-1001.
[25] Simone A E, Gibson L J. The effects of cell face curvature and corrugations on the stiffness and strength of metallic foams. Acta Materialia, 1998, 46 (11): 3929-3935.
[26] Mills N J, Zhu H X. The high strain compression of closed-cell polymer foams. Journal of the Mechanics and Physics of Solids, 1999, 47 (3): 669-695.

[27] Mills N J, Stämpfli R, Marone F, et al. Finite element micromechanics model of impact compression of closed-cell polymer foams. International Journal of Solids and Structures, 2009, 46 (3): 677-697.
[28] Lakes R S. Foam structures with a negative poisson's ratio. Science, 1987, 235: 1038-1040.
[29] Evans K E, Nkansah M A, Hutchinson I J, et al. Molecular network design. Nature, 1991, 353 (6340): 124.
[30] Evans K E, Alderson A. Auxetic materials: Functional materials and structures from lateral thinking! Advanced Materials, 2000, 12 (9): 617-628.
[31] 李功明，杜家政．内凹六边形结构负泊松比的理论解及数值验证．北京力学会第二十八届学术年会论文集（上），2022.
[32] Liu H-T, Wang L. Design 3d improved star-shaped honeycomb with different tip angles from 2d analytical star-shaped model. Composite Structures, 2022, 283: 115154.
[33] Qin Z, Yang Y, Tian Q, et al. Strain-hardening, impact protective and self-healing supramolecular polyurethane nanocomposites enabled by quadruple h-bonding, disulfide bonds and nanoparticles. Chemical Engineering Journal, 2023, 467: 143434.
[34] Tong Z, Zhou J, Wang R-Y, et al. Interplay of microphase separation, crystallization and liquid crystalline ordering in crystalline/liquid crystalline block copolymers. Polymer, 2017, 130: 1-9.
[35] Takeoka Y, Liu S, Asai F. Improvement of mechanical properties of elastic materials by chemical methods. Science and Technology of Advanced Materials, 2020, 21 (1): 817-832.
[36] Hu J, Gu R, Mi H-Y, et al. Self-reinforced thermoplastic polyurethane wrinkled foams with high energy absorption realized by gas cooling assisted supercritical CO_2 foaming. Industrial & Engineering Chemistry Research, 2022, 61 (14): 4832-4841.
[37] 习会峰，姚一鸣，刘逸平，等．泡沫金属中高速拉伸的试验数据处理与材料力学性能测量．实验力学，2020，35 (6): 978-984.
[38] Koohbor B, Ravindran S, Kidane A. Effects of cell-wall instability and local failure on the response of closed-cell polymeric foams subjected to dynamic loading. Mechanics of Materials, 2017, 116: 67-76.
[39] Zhang Q, Lu W, Scarpa F, et al. Topological characteristics and mechanical properties of uniaxially thermoformed auxetic foam. Materials & Design, 2021, 211: 110139.
[40] Linul E, Şerban D A, Marsavina L, et al. Assessment of collapse diagrams of rigid polyurethane foams under dynamic loading conditions. Archives of Civil and Mechanical Engineering, 2017, 17 (3): 457-466.
[41] Xiao Y, Yin J, Zhang X, et al. Mechanical performance and cushioning energy absorption characteristics of rigid polyurethane foam at low and high strain rates. Polymer Testing, 2022, 109: 107531.
[42] Yapici A. Effect of low velocity impact damage on buckling properties. Engineering, 2009, 01: 161-166.
[43] Ramirez B J, Gupta V. Energy absorption and low velocity impact response of open-cell polyurea foams. Journal of Dynamic Behavior of Materials, 2019, 5 (2): 132-142.
[44] Habib F N, Iovenitti P, Masood S H, et al. Fabrication of polymeric lattice structures for optimum energy absorption using multi jet fusion technology. Materials & Design, 2018, 155: 86-98.
[45] Wang G, Wan G, Chai J, et al. Structure-tunable thermoplastic polyurethane foams fabricated by supercritical carbon dioxide foaming and their compressive mechanical properties. The Journal of Supercritical Fluids, 2019, 149: 127-137.
[46] Hu B, Li M, Jiang J, et al. Development of microcellular thermoplastic polyurethane honeycombs with tailored elasticity and energy absorption via CO_2 foaming. International Journal of Mechanical Sciences, 2021, 197: 106324.
[47] Wang Y, Li J, Xie Y, et al. Fabrication of wrinkled thermoplastic polyurethane foams by dynamic supercritical carbon dioxide foaming. The Journal of Supercritical Fluids, 2022, 180: 105429.
[48] Linul E, Vălean C, Linul P-A. Compressive behavior of aluminum microfibers reinforced semi-rigid polyurethane foams. Polymers, 2018, 10: 1298.
[49] Zhu X, Li X, Mi H-Y, et al. Graphene oxide/thermoplastic polyurethane wrinkled foams with enhanced compression performance fabricated by dynamic supercritical CO_2 foaming. Journal of Applied Polymer Science, 2022, 139 (27): e52485.

[50] Fan D, Shi Z, Li N, et al. Novel method for preparing a high-performance auxetic foam directly from polymer resin by a one-pot CO_2 foaming process. ACS Applied Materials & Interfaces, 2020, 12 (42): 48040-48048.

[51] Zhong W, Hu J, Mi H-Y, et al. Polypropylene re-entrant foams with high energy absorption realized by vacuum-counter pressure-assisted supercritical CO_2 foaming. The Journal of Supercritical Fluids, 2024, 209: 106229.

[52] Nasim M, Brasca M, Khosroshahi S F, et al. Understanding the impact properties of polymeric sandwich structures used for motorcyclists' back protectors. Polymer Testing, 2017, 61: 249-257.

[53] Venkataramana K, Singh R K, Deb A, et al. Blast protection of infrastructure with fluid filled cellular polymer foam. Procedia Engineering, 2017, 173: 547-554.

[54] Tang F, Dong C, Yang Z, et al. Protective performance and dynamic behavior of composite body armor with shear stiffening gel as buffer material under ballistic impact. Composites Science and Technology, 2022, 218: 109190.

第 3 章
隔热聚合物泡沫

隔热材料的设计是为了阻止热量的传递，热量的传递主要通过传导、对流和辐射三种机制实现。聚合物泡沫利用独特的泡孔结构同时阻碍传导和对流过程，并且可以通过将聚合物基体与纳米填料混合来调节红外辐射。因此，聚合物泡沫具有优异的隔热性能。本章将介绍高分子泡沫材料的隔热机理、结构设计、影响因素以及前沿隔热泡沫材料的制备方法。

3.1 隔热材料概述

化石能源的大量消耗带来了环境污染、全球变暖、能源短缺、生物多样性丧失等严重的全球性问题。隔热材料的热导率一般小于或等于 0.12 $W \cdot m^{-1} \cdot K^{-1}$，可应用于建筑材料（墙体和地板保温、管道保温）、货物运输（冷冻食品和特定设备）等领域。最常见的隔热材料有挤压或膨胀聚苯乙烯、矿棉、轻质混凝土、酚醛泡沫等。与无机隔热材料如矿棉相比，聚合物泡沫因其易于加工、成本低、保温性能好，在实际使用中需求量与日俱增。

聚合物泡沫中气体体积较大且气体热导率显著低于固体材料，因此其隔热保温性能较为优异。表征隔热能力的参数主要是热导率，热导率是指物体传导热量的能力，其定义为单位温度梯度在单位时间内经单位导热面所传递的热量。

聚合物发泡材料具有疏松多孔的结构，通过较少的原料消耗即能生产成型，成本较低。聚合物发泡材料可以是刚性的，也可以是柔性的。通常开孔泡沫强度较闭孔泡沫低。通过设计独特的泡孔结构，能够降低空气对流以减少能量交换，可以获得隔热效果良好的发泡材料[1]。闭孔泡沫通常可简化为堆叠的球形泡孔结构，如图 3-1 所示，材料中固相和气相分别对应于相Ⅰ和相Ⅱ，相Ⅲ为固相与气相的界面相，一般为固体壁。固相Ⅰ可以是单组分聚合物也可以是多组分聚合物。

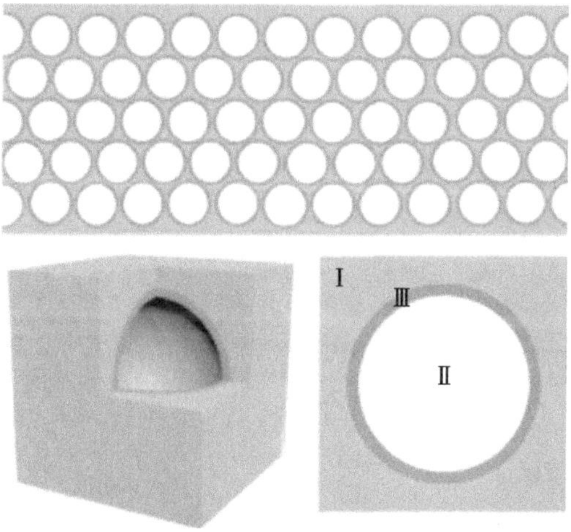

图 3-1　由固相、气相和界面相组成的泡孔结构示意图[2]

相Ⅰ表示热传导过程中的连续组分；相Ⅱ为气体相；界面相Ⅲ连接相Ⅰ和相Ⅱ

在开孔的聚合物泡沫中，气体是可互换的，很容易逃逸或与空气交换能量，这可能导致隔热性能严重下降。此外，孔的密度和孔的尺寸是影响泡沫导热性的关键参数。根据泡孔大小和密度，泡沫可分为以下几类（表 3-1）。一般来说，小孔尺寸和高孔密度的泡沫具有较低的热导率[3]。

表 3-1 根据泡孔尺寸与密度分类的发泡材料[3]

性质	传统常规聚合物	细孔聚合物泡沫	微孔聚合物泡沫	纳米孔聚合物泡沫
泡孔尺寸/μm	>100	1～100	0.1～1	0.001<0.1
泡孔密度/cm^{-3}	<10^6	10^6～10^9	10^9～10^{12}	>10^{12}

3.2 隔热原理

经典的传热理论认为固相传热、泡孔热对流（影响较小）、气相辐射传热（对低密度多孔塑料影响较大）为发泡材料传热的三种基本方式，其微观机理包括：泡孔边界声子振动、泡孔内气体分子运动及薄壁干扰导致的辐射传热（图 3-2）[4]。固相传热就是热量从高温部分向低温部分转移的过程，不存在材料的混合或交互。热对流是指热量通过流动介质传递的过程，通常伴有介质的混合而转移热量。在自然对流中，热对流的原因是冷热流体存在着密度差。在人为的对流过程中，一般需要机械搅拌或外部施加压力作用。热辐射是指具有温度的物体辐射电磁波的现象。一切温度高于热力学零度的物体都会产生热辐射，温度越高，辐射出的总能量越大。一般的热辐射主要靠波长较长的可见光和红外线传播，在真空中，热辐射是唯一的传热方式。

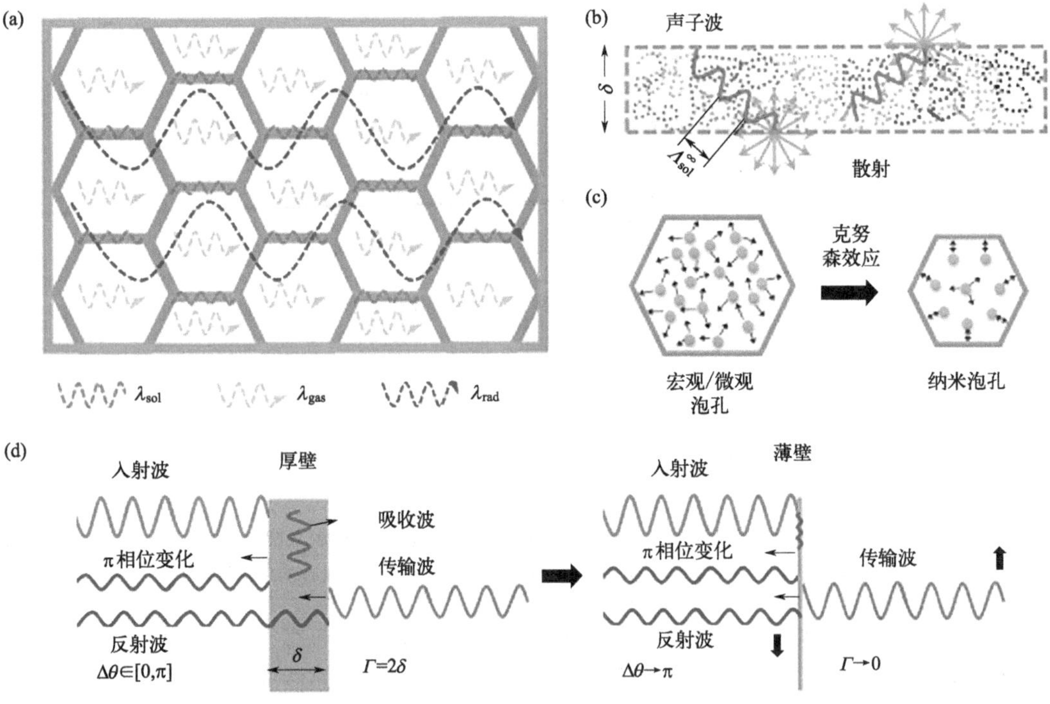

图 3-2 热导率影响机制[4]

(a) 各种因素对热导率的影响示意图；(b) 泡孔边界声子振动；

(c) 泡孔内气体分子运动示意图；(d) 薄壁干扰导致更强的透射波频率

对于聚合物泡沫，Kuhn[5] 等人研究了沿泡沫厚度方向的近似线性温度曲线，他们忽略了热传导和热辐射之间的相互作用。因此，聚合物泡沫的有效热导率可以通过线性的方式得到不同项的叠加，其总热导率 λ_{tot} 可表示为

$$\lambda_{tot}=\lambda_{gas}+\lambda_{sol}+\lambda_{rad}+\lambda_{con} \tag{3-1}$$

式中，λ_{gas}、λ_{sol}、λ_{rad}、λ_{con} 分别表示气相、固相、热辐射和热对流对热导率的贡献，即泡沫材料导热受气相、固相、热辐射和热对流的影响。固体中的热传导主要来自固体分子在其平衡位置的晶格振动，气体分子的热传导主要来自气体分子的碰撞。固体和气体中的热传导很大程度上依赖于聚合物泡沫的中空结构，后者也在整个热传导作用中起重要作用。

3.2.1 热对流

只有当格拉晓夫 Grashof 数（Gr）高于 1000 时才可能发生热对流，Grashof 数的表达式描述了热对流的驱动力与对流的黏性力之比[2]。

$$Gr=\frac{g\alpha\Delta Td^{3}\rho_{g}}{\eta^{3}} \tag{3-2}$$

式中，g 为重力加速度常数，9.81 $m\cdot s^{-2}$；α 为气体的体胀系数；ΔT 为单个泡孔的温差；d 为泡孔直径（假设为球体）；ρ_g 和 η 分别为气体的密度和黏度。当压力为大气压（1 atm）时，即常压下，只有当泡孔直径大于 10 mm 时，$Gr\geqslant1000$。因此，对于泡孔直径为几微米或更小的聚合物泡沫而言，热对流基本不会发生，对热导率的影响可忽略。该机理还可以用克努森效应说明，对于多孔材料，当其孔径接近气体的平均自由程时，气体的热导率减少。

3.2.2 气固相传导

模拟聚合物泡沫的热传导可以使用立方体泡沫模型来表示，立方体泡沫模型的最小重复单位是单个立方体单元。将单个立方体单元以平行串联的方式划分，相应的等效传热图在图 3-3 中给出。有效热导率的上限 $\lambda_{con,w}^{up}$ 的表达式为

$$\lambda_{con,w}^{up}=[R_{con,w}^{low}(\delta_c+\delta_w)]^{-1} \tag{3-3}$$

式中，δ_c 与 δ_w 分别表示泡孔尺寸和泡孔壁厚度；$R_{con,w}^{low}$ 表示有效热阻的下限，可以由公式表示为：

$$R_{con,w}^{low}=\left(\frac{1}{R_{s1}}-\frac{1}{R_{g}}\right)^{-1}+R_{s2} \tag{3-4}$$

式中，R_{s1} 和 R_{s2} 分别为图 3-3(c) 中的方回路实体元件中顶部、底部元件的热阻；R_g 是泡孔中气体的热阻，各热阻的计算公式为

$$R_g=(k_{gas}^{eff}\delta_c)^{-1} \tag{3-5}$$

$$R_{s1}=\frac{\delta_c}{k_{sol}^{eff}(2\delta_c\delta_w+\delta_w^2)} \tag{3-6}$$

$$R_{s2}=\frac{1}{k_{sol}^{eff}\delta_w} \tag{3-7}$$

结合式(3-3)～式(3-7) 以及 $k_{gas}^{eff}\leqslant k_{sol}^{eff}$，可得到热导率上限的方程

$$\lambda_{con,w}^{up}=\alpha_{up}k_{sol}^{eff}+\beta_{up}k_{gas}^{eff} \tag{3-8}$$

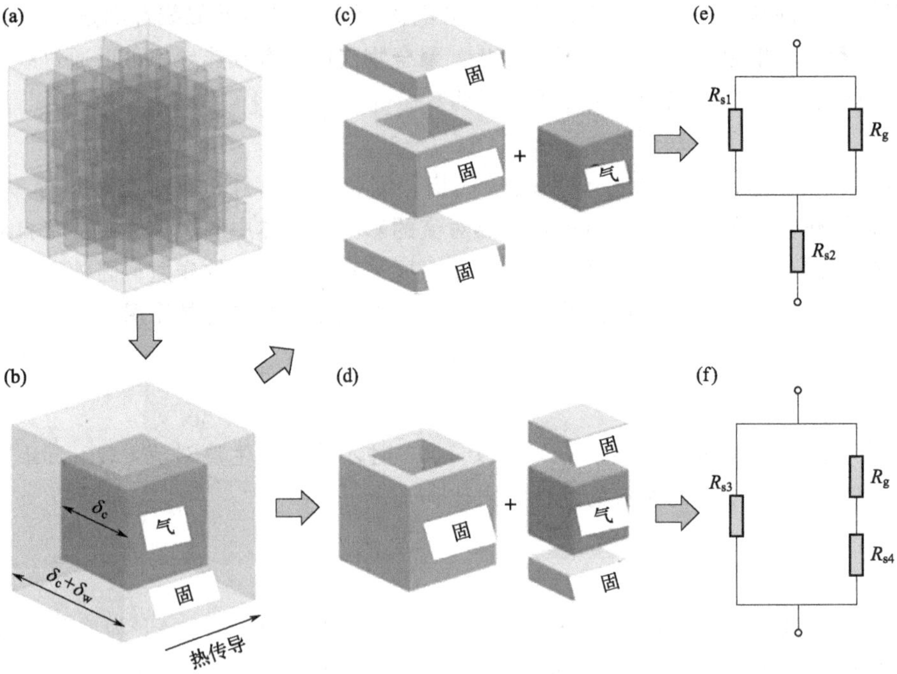

图 3-3 闭孔泡沫导热图[4]

(a) 立方体泡沫模型；(b) 从模型中提取的单元示意图；(c) 垂直于传热方向平面的平面串联模型（热导率上限）；(d) 垂直于传热方向的零热导率串并联模型；(e) 并联-串联模型传热图；(f) 串-并联模型传热图

其中，$\alpha_{up}=1-\dfrac{\delta_c^3}{(\delta_c+\delta_w)^3-\delta_c^2\delta_w}$，$\beta_{up}=\dfrac{\delta_c^3+\delta_c^2\delta_w}{(\delta_c+\delta_w)^3-\delta_c^2\delta_w}$

式中，k_{gas}^{eff} 和 k_{sol}^{eff} 分别为有效气体热导率和有效固体热导率。

假设垂直于传热方向的热导率为 0，即为热导率下限的情况，采用串并联对泡孔进行分析，图 3-3(f) 即为相应的等效传热图。有效热导率的下限 $\lambda_{con,w}^{low}$ 可以表示为

$$\lambda_{con,w}^{low}=[R_{con,w}^{up}(\delta_c+\delta_w)]^{-1} \tag{3-9}$$

式中，$R_{con,w}^{up}$ 是有效热阻的上限，可以表示为

$$R_{con,w}^{up}=\left(\frac{1}{R_{s3}}+\frac{1}{R_{s4}+R_g}\right)^{-1} \tag{3-10}$$

式中，R_{s3} 和 R_{s4} 分别表示图 3-3(f) 中的固体热阻，可以由下式表示

$$R_{s3}=\frac{\delta_c+\delta_w}{k_{sol}^{eff}(2\delta_c\delta_w+\delta_w^2)} \tag{3-11}$$

$$R_{s4}=\frac{\delta_w}{k_{sol}^{eff}\delta_c^2} \tag{3-12}$$

联立式(3-5)、式(3-9)～式(3-12)，且考虑到 $k_{gas}^{eff}\leqslant k_{sol}^{eff}$，可得到

$$\lambda_{con,w}^{low}=\alpha_{low}k_{sol}^{eff}+\beta_{low}k_{gas}^{eff} \tag{3-13}$$

其中，$\alpha_{low}=1-\dfrac{\delta_c^2}{(\delta_c+\delta_w)^2}$，$\beta_{low}=\dfrac{\delta_c^3+\delta_w(\delta_c+\delta_w)^2}{\delta_c(\delta_c+\delta_w)^2}$

上述模型将泡孔壁和其中的固体当作膜来考虑，忽略了泡孔支柱在热传导中的作用，而

对于开孔泡沫其泡孔为连通结构，其泡孔壁可看作支柱型结构。

为此，研究者构建了完全由支柱组成的立方体泡沫结构。同样假设垂直于传热方向的平面热传导无限大和热传导为零，图 3-4(b) 中的立方体单元可分为两种方式，如图 3-4(c) 和图 3-4(d) 所示。其相对应的传热回路如图 3-4(e) 和图 3-4(f) 所示，由此推导热导率上、下限可表示为：

$$\lambda_{con,s}^{up}=\frac{(2\delta_c+\delta_s)\delta_s^3(k_{sol}^{eff})^2+2\delta_c\delta_s(\delta_c^2+3\delta_c\delta_s+\delta_s^2)k_{sol}^{eff}k_{gas}^{eff}+\delta_c^3(\delta_c+2\delta_s)(k_{gas}^{eff})^2}{(2\delta_c^3\delta_s+3\delta_c^2\delta_s^2+2\delta_c\delta_s^3+\delta_s^4)k_{sol}^{eff}+(\delta_c^4+2\delta_c^3\delta_s+3\delta_c^2\delta_s^2+2\delta_c\delta_s^3)k_{gas}^{eff}} \tag{3-14}$$

$$\lambda_{con,s}^{low}=\frac{\delta_c\delta_s^2(k_{sol}^{eff})^2+(\delta_c^3+2\delta_c^2\delta_s+2\delta_c\delta_s^2+\delta_s^3)k_{sol}^{eff}k_{gas}^{eff}+(\delta_c^2\delta_s)(k_{gas}^{eff})^2}{\delta_c(\delta_c+\delta_s)^2k_{sol}^{eff}+\delta_s(\delta_c+\delta_s)k_{gas}^{eff}} \tag{3-15}$$

式中，δ_s 是泡孔支柱的厚度，可以得到泡孔壁和泡孔支柱的热导率上下限分别为：

$$\lambda_{con,s}^{up}=(1-f_s)\lambda_{con,w}^{up}+f_s\lambda_{con,s}^{up} \tag{3-16}$$

$$\lambda_{con}^{low}=(1-f_s)\lambda_{con,w}^{low}+f_s\lambda_{con,s}^{low} \tag{3-17}$$

式中，f_s 为泡孔中泡孔支柱占整个固体的体积分数。可以看出完全由支柱组成的泡孔模型的热导率上下限差距不大。

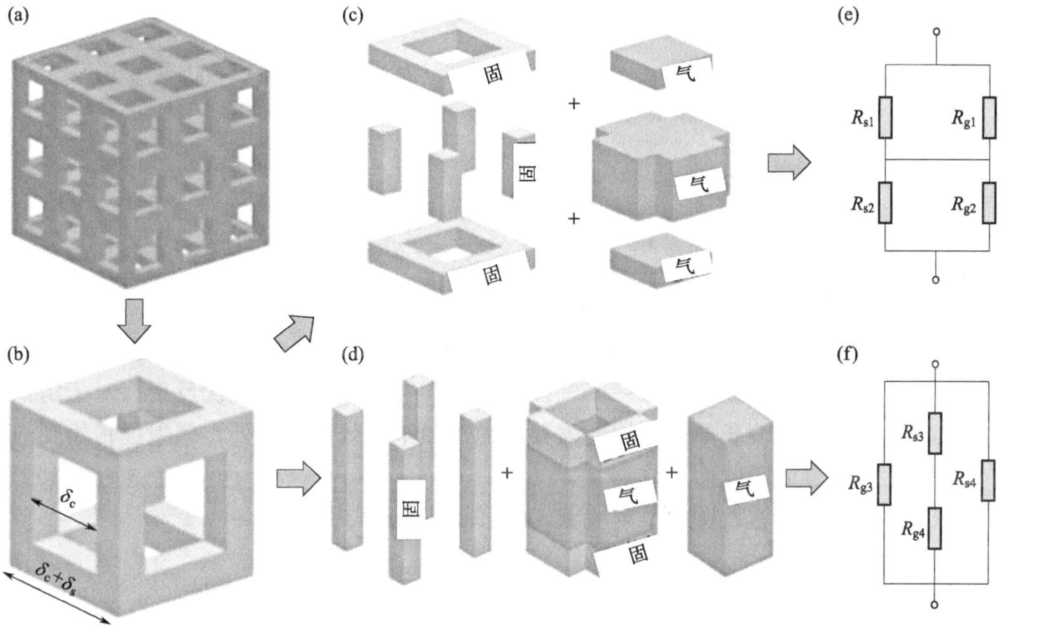

图 3-4 完全由泡孔支柱组成的热传导模型[4]

(a) 完全由支柱组成的重建泡沫模型；(b) 泡孔单元图；(c) 垂直于传热方向平面的并联-串联模型；(d) 垂直于传热方向平面的串-并联模型；(e) 并联-串联模型的传热图；(f) 串-并联模型传热图

3.2.3 热辐射

聚合物泡沫第三种传热方式是热辐射，主要以电磁波为载体传热。考虑到电磁波可以在聚合物泡沫的大量界面中散射，最终被周围的泡孔壁吸收，辐射可以贡献高达 40% 的总热导率[6-9]。在微观层面上，入射电磁波在界面处被部分吸收，在穿过每个泡孔壁时被部分吸收，在固气界面处发生反射。

由于泡孔表面的反射和泡孔壁的吸收，辐射通过泡沫时会发生衰减，能够降低热导率。在热辐射的传输中，可以用均匀壁厚的立方泡沫的简化模型来描述（图 3-5）[4]。立方体泡沫由三组平行的板块组合而成，其中反射和吸收平板垂直于传热方向，可以通过反射和吸收阻断辐射。吸收平板与传热方向平行，只能吸收辐射而不能反射。这里将重点讨论辐射对单个泡孔的作用。上述三个平板都可以吸收辐射波，对于光学厚度的泡沫，由于米氏散射，辐射波在其中是扩散传递。通过三个板的辐射波总量一样，且吸收的量相当。

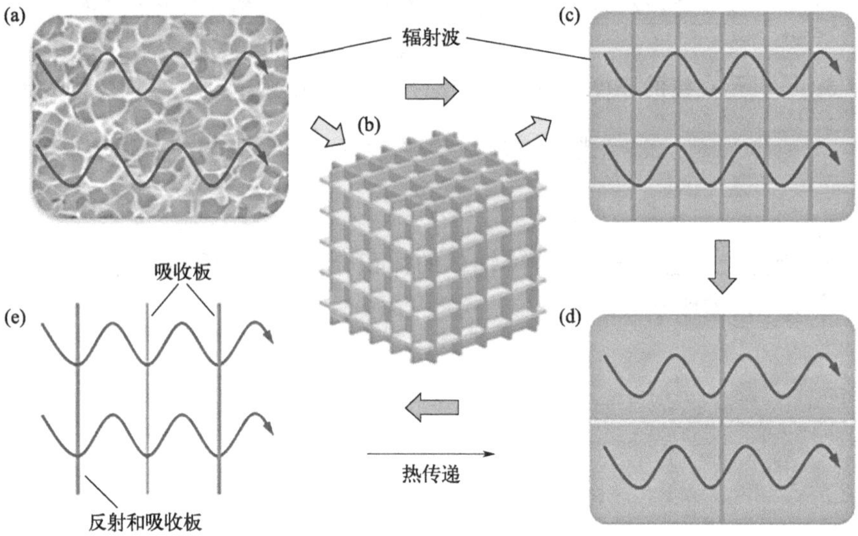

图 3-5　通过聚合物泡沫的热辐射模型[4]

(a) 聚合物泡沫的真实孔结构；(b) 重构的三维立方体泡沫；(c) 重构的二维立方体泡沫；(d) 提取的单元格由三个垂直相交的平面组成；(e) 基本分析模型由三个平行板组成：一个反射和吸收板、两个吸收板

对于单个板的吸收行为［图 3-6(a)］，当入射波从气体进入到泡孔壁时会在气固界面处发生反射，折射波从泡孔壁进入另一个气体相中时会在气固界面处再次反射。对于纳米尺寸泡沫，其泡孔壁比辐射波长要短，因此需要考虑薄膜干涉效应。此外，辐射波传输到泡孔壁时，辐射波的强度会因吸收而衰减。

考虑干涉的存在，泡孔壁的反射率 R_f 可由菲涅耳公式表示：

$$R_f=\frac{\rho_{gs}^2 e^{4\pi k_s\delta_w\cos\theta_2/\lambda}+\rho_{gs}^2 e^{-4\pi k_s\delta_w\cos\theta_2/\lambda}+2\rho_{gs}\rho_{sg}\cos\omega_1}{e^{4\pi k_s\delta_w\cos\theta_2/\lambda}+\rho_{gs}^2 e^{-4\pi k_s\delta_w\cos\theta_2/\lambda}+2\rho_{gs}\rho_{sg}\cos\omega_2} \tag{3-18}$$

其中，$\omega_1=\phi_{sg}-\phi_{gs}+4\pi n_s\delta_w\cos\theta_2/\lambda$，$\omega_2=\phi_{sg}+\phi_{gs}+4\pi n_s\delta_w\cos\theta_2/\lambda$

式中，ρ_{gs} 和 ρ_{sg} 分别为电磁波在气体-聚合物界面反射系数和聚合物-气体界面反射系数；n_s 和 k_s 分别为实际聚合物折射率和理论折射率；ϕ_{gs} 和 ϕ_{sg} 分别为电磁波经过气体-聚合物界面反射波的相位变化和聚合物-气体界面反射波的相位变化；λ 表示波长；θ_2 表示气体-固体界面的折射角，可以表示为

$$\theta_2=\sin^{-1}(n_g\sin\theta_1/n_s) \tag{3-19}$$

式中，n_g 是气体的折射率；θ_1 是辐射波的入射角。为确定 ρ_{gs}、ρ_{sg}、ϕ_{sg}、ϕ_{gs}，需要考

虑垂直于或平行于入射平面的辐射。

对于垂直于入射平面的辐射，这些变量可以表示为：

$$\rho_{sg}=-\rho_{gs}=\sqrt{\frac{(n_g\cos\theta_1-n_s\cos\theta_2)^2+k_s^2\cos^2\theta_2}{(n_g\cos\theta_1+n_s\cos\theta_2)^2+k_s^2\cos^2\theta_2}} \tag{3-20}$$

$$\phi_{sg}=\phi_{gs}=\tan^{-1}\frac{2n_gk_s\cos\theta_1\cos\theta_2}{(n_s^2+k_s^2)\cos^2\theta_2-n_g^2\cos^2\theta_1} \tag{3-21}$$

对于平行于入射平面的辐射，可以改写上式为：

$$\rho_{sg}=-\rho_{gs}=\sqrt{\frac{[(n_s^2-k_s^2)\cos\theta_1-n_gn_s\cos\theta_2]^2+(2n_gk_s\cos\theta_1-n_gk_s\cos\theta_2)^2}{[(n_s^2-k_s^2)\cos\theta_1+n_gn_s\cos\theta_2]^2+(2n_gk_s\cos\theta_1+n_gk_s\cos\theta_2)^2}} \tag{3-22}$$

$$\phi_{sg}=\phi_{gs}=\tan^{-1}\frac{2n_gk_s\cos\theta_1\cos\theta_2}{(n_s^2+k_s^2)\cos^2\theta_1-n_g^2\cos^2\theta_2} \tag{3-23}$$

对于透光率 Γ_f，需要考虑干涉效应，使用菲涅耳公式计算

$$\Gamma_f=\frac{\tau_{gs}^2\tau_{sg}^2e^{-4\pi k_s\delta_w\cos\theta_2/\lambda}}{1+\rho_{gs}^2\rho_{sg}^2e^{-8\pi k_s\delta_w\cos\theta_2/\lambda}+2\rho_{gs}\rho_{sg}e^{-4\pi k_s\delta_w\cos\theta_2/\lambda}\cos\varpi_2} \tag{3-24}$$

式中，τ_{gs} 和 τ_{sg} 分别为电磁波在气体-聚合物界面透射系数和聚合物-气体界面透射系数。需要分别考虑垂直于或平行于入射平面的辐射。

对于垂直的情况，可以表示为：

$$\tau_{gs}=\frac{2n_g\cos\theta_1}{\sqrt{(n_g\cos\theta_1+n_s\cos\theta_2)^2+k_s^2\cos^2\theta_2}} \tag{3-25}$$

$$\tau_{sg}=\frac{2\sqrt{n_s^2+k_s^2}\cos\theta_2}{\sqrt{(n_g\cos\theta_1+n_s\cos\theta_2)^2+k_s^2\cos^2\theta_2}} \tag{3-26}$$

对于平行的情况，可以表示为：

$$\tau_{gs}=\frac{2(n_s^2+k_s^2)\cos\theta_1}{\sqrt{[(n_s^2-k_s^2)\cos\theta_1+n_sn_g\cos\theta_2]^2+(2n_gk_s\cos\theta_1+n_gk_s\cos\theta_2)^2}} \tag{3-27}$$

$$\tau_{sg}=\frac{2n_g^2\sqrt{n_s^2+k_s^2}\cos\theta_2}{\sqrt{[(n_s^2-k_s^2)\cos\theta_1+n_sn_g\cos\theta_2]^2+(2n_gk_s\cos\theta_1+n_gk_s\cos\theta_2)^2}} \tag{3-28}$$

热辐射遵循普朗克定律，在入射角为 $0\sim\pi/2$ 上均匀分布，波长的平均反射率和透过率可表示为：

$$\overline{R}_f=\frac{1}{\int_{\lambda_{min}}^{\lambda_{max}}f(\lambda)d\lambda}\int_0^{\pi/2}\int_{\lambda_{min}}^{\lambda_{max}}2f(\lambda)R_f\sin\theta_1\cos\theta_1 d\lambda d\theta_1 \tag{3-29}$$

$$\overline{\Gamma}_f=\frac{1}{\int_{\lambda_{min}}^{\lambda_{max}}f(\lambda)d\lambda}\int_0^{\pi/2}\int_{\lambda_{min}}^{\lambda_{max}}2f(\lambda)\Gamma_f\sin\theta_1\cos\theta_1 d\lambda d\theta_1 \tag{3-30}$$

式中，$f(\lambda)$ 为普朗克光谱分布，表达式为：

$$f(\lambda)=\frac{2c^2\pi h}{\lambda^5\exp(hc/\lambda k_B)} \tag{3-31}$$

式中，c 是光速；h 是普朗克常数；k_B 是玻耳兹曼常数。因此，泡孔壁的平均吸光度

$\overline{A}_f$ 可以表示为

$$\overline{A}_f=1-\overline{R}_f-\overline{\Gamma}_f \tag{3-32}$$

如图 3-6(b) 所示，入射辐射波会被吸收板吸收和反射，对应的反射率和吸光度分别为 $\overline{R}_f$ 与 $\overline{A}_f$，每块平板吸收的辐射能一半向前反射，一半向后反射，考虑到反复反射、吸收与再反射，通过三个板的辐射能可以表示为：

$$\Gamma_{net}^{unit}=\frac{(1+\overline{\Gamma}_f-\overline{R}_f)(\overline{\Gamma}_f+\overline{R}_f)}{2-(1-\overline{\Gamma}_f+\overline{R}_f)(1-\overline{\Gamma}_f-\overline{R}_f)} \tag{3-33}$$

反射的辐射能量为：

$$R_{net}^{unit}=1-\Gamma_{net}^{unit}=\frac{(1-\overline{\Gamma}_f+\overline{R}_f)}{2}+\frac{(1+\overline{\Gamma}_f-\overline{R}_f)(\overline{\Gamma}_f-\overline{R}_f)}{2-(1-\overline{\Gamma}_f+\overline{R}_f)(1-\overline{\Gamma}_f-\overline{R}_f)} \tag{3-34}$$

假设由 n 个三板单元组成的聚合物泡沫被夹在两个温度为 T_h 和 T_l 的黑色表面之间[图 3-6(c)]，通过泡沫传输的净辐射热通量可以表示为：

$$Q_{rad}=\frac{\sigma_{SB}(T_h^4-T_l^4)}{1+n(1/\Gamma_{net}^{unit}-1)}\approx\frac{4\sigma_{SB}\overline{T}^3\Delta T}{1+n(1/\Gamma_{net}^{unit}-1)} \tag{3-35}$$

式中，$\overline{T}=\frac{T_h+T_l}{2}$ 表示平均温度，温差 $\Delta T=T_h-T_l$，σ_{SB} 为 Stefan-Boltzmann 常数，因此有效辐射热导率 λ_{rad} 可由傅里叶定律得到：

$$\lambda_{rad}=\frac{4\sigma_{SB}\overline{T}^3L}{1+\frac{L}{\delta_c+\sigma_w}(1/\Gamma_{net}^{unit}-1)} \tag{3-36}$$

式中，L 为泡沫的厚度。

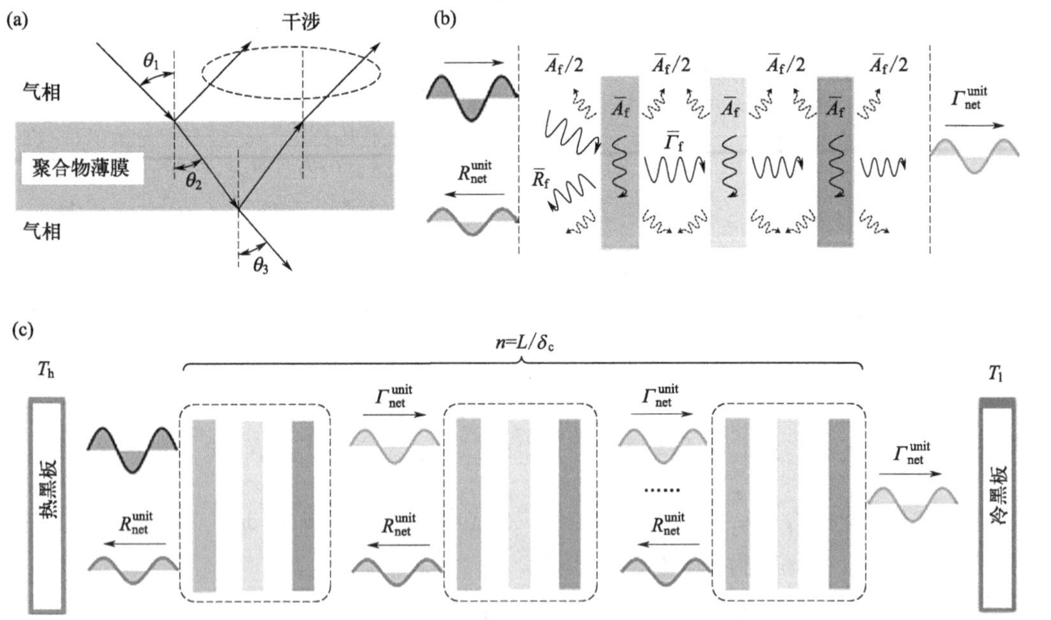

图 3-6 热辐射波在多层材料中的传播特性[4]

(a) 泡孔壁辐射示意图，由于泡孔壁的厚度远小于辐射波长，强烈的薄膜干涉效应可显著降低反射率；(b) 由一块反射吸收板和两块纯吸收板组成的单元辐射图；(c) 一组夹在热黑板和冷黑板之间的三板单元

3.3 隔热泡沫性能表征及影响因素

3.3.1 多孔材料的性能参数与测试方法

(1) 热导率测量

热导率测量有几种方法，包括稳态和非稳态方法。非稳态方法可以直接确定热扩散系数，而稳态方法更适合于测量干燥材料的热导率。防护热板（GHP），又称 Poensgen 仪器，是测量绝缘材料热导率最有效、最常用的方法。该装置由冷却面板、加热面板、保护加热系统和保温层组成。加热板是电加热的，而冷却板是 Pelter 冷却器或液冷散热器。结构对称放置，两侧放置防护热板，如图 3-7 所示[10]。

在加热板和冷却板之间放置相同厚度的均匀试样，选择合适的温差，在整个系统达到热平衡时测量面积为 A 的加热板的输出功率。热导率可由下式表示：

$$k_{\mathrm{eff}}=\frac{Q}{2}\times\frac{\Delta x}{A\Delta T} \tag{3-37}$$

式中，Q 是电加热器的功率；Δx 为样品厚度；ΔT 为加热板温度与冷却板温度之差；A 为传热面积。

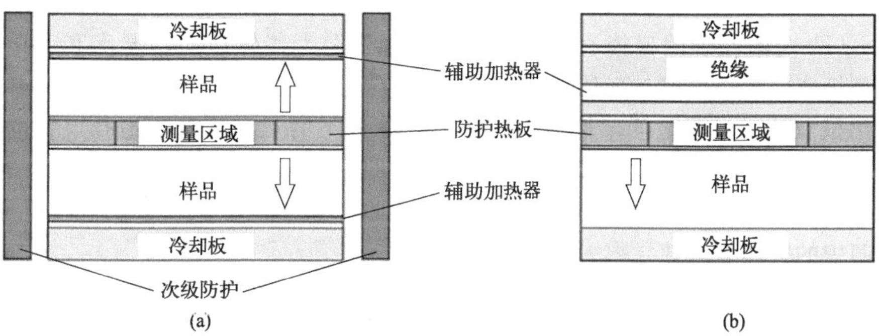

图 3-7 GHP 装置图[10]

(a) 双样品测试示意图；(b) 单样品测试示意图

(2) 聚合物泡沫的孔隙率 (ω) 测量

孔隙率 ω 即材料中空气的体积分数，一般由下式计算：

$$\omega=1-\frac{1}{\phi} \tag{3-38}$$

式中，ϕ 为膨胀率，即固体与泡沫的密度之比，可使用 ASTM D792-00 位移法将固体材料密度除以泡沫材料密度来获得。

$$\phi=\frac{\rho_{\mathrm{s}}}{\rho_{\mathrm{f}}} \tag{3-39}$$

式中，ρ_s 和 ρ_f 分别为固体材料和泡沫材料的测量密度。

(3) 热变形测量

材料的热变形可通过热膨胀系数（CTE）来表征。固体热膨胀是指固体中相邻原子的动能和平均距离增加，随着温度的升高而发生热膨胀的现象。

常用的测试方法是热膨胀和收缩法。一般是将线材固定在测量装置上，置于恒温箱中，在不同温度下测量其长度，并计算线胀系数。线胀系数（α）可以用公式表示：

$$\alpha=\frac{\Delta L}{L\Delta T} \tag{3-40}$$

式中，L 为长度；$\frac{\Delta L}{\Delta T}$为每摄氏度变化所导致的长度变化。

3.3.2 热导率的影响因素

3.3.2.1 孔径及孔隙率的影响

聚合物泡沫中气体对热导率的贡献来自泡孔中气体分子的碰撞，即相Ⅱ和界面相Ⅲ中气体分子与固体壁的碰撞。碰撞可以用动力学理论模型描述：

$$k_{s,0}=\frac{1}{3}C_{g,0}\nu_{g,0}\Lambda_{g,0}\varepsilon \tag{3-41}$$

式中，$C_{g,0}$、$\nu_{g,0}$、$\Lambda_{g,0}$ 分别表示气体的比热容、气体分子速度的均方根、气体分子平均自由程；ε 是用动力学模型确定的描述黏度和热导率影响的修正系数。根据动力学理论，气体分子平均自由程为：

$$\Lambda_{g,0}=\frac{k_B T}{\sqrt{2}\pi p l^2} \tag{3-42}$$

式中，l 为气体分子的碰撞直径，p、T、k_B 分别为气体压力、温度和 Boltzmann 常数。在理想气体中，热导率与气体压力无关，因为比热容 $C_{g,0}$ 与压力成正比，平均自由程 $\Lambda_{g,0}$ 与压力成反比。相比之下，聚合物泡沫中气体分子的运动受到了泡孔尺寸的限制，当泡孔尺寸小于 $\Lambda_{g,0}$ 时，由于气体分子与固体基体的碰撞，减少了平均自由程，即平均自由程受到了空间约束效应的影响，此时需要使用表观平均自由程 Λ_{eff} 来描述相应的热导率，即密闭空间中的气体有效热导率 $k_{g,eff}$ 可以表示为

$$k_{g,eff}=\frac{1}{3}C_{g,0}\nu_{g,0}\Lambda_{g,eff}\varepsilon \tag{3-43}$$

$\Lambda_{g,eff}$ 可由 Mattiesson 规则确定，即

$$\frac{1}{\Lambda_{g,eff}}=\frac{1}{\Lambda_{g,0}}+\frac{1}{d} \tag{3-44}$$

式中，d 为泡孔尺寸，结合式（3-41）～式（3-44）可以推导出泡孔尺寸为 d 的有效热导率为

$$k_{g,eff}=\frac{C_{g,0}\nu_{g,0}\varepsilon}{3}\left(\frac{\sqrt{2}\pi p l^2}{k_B T}+\frac{1}{d}\right)^{-1} \text{或} k_{g,eff}=\frac{k_{g,0}}{1+\Lambda_{g,0}/d} \tag{3-45}$$

式中，$\Lambda_{g,0}/d$ 称为克努森数（Kn），用于评估泡孔尺寸小于 $\Lambda_{g,0}$ 时气体热导率变化的影响。可以看出，有效热导率随着 Kn 值的增大而减小。因此，增加相应体积气体分子的平

均自由程或者降低泡孔尺寸可以有效增加克努森数，有效降低泡孔中气体热导率。保持高孔隙率和较小泡孔尺寸的泡孔可以同时降低气相和固相的热导率，这使得聚合物泡沫成为一类独特的隔热材料，与相应的固体材料相比，其隔热特性显著提升[4,11,12]。

对于气体热导率，增加气体分子的平均自由程、降低泡孔尺寸和提升孔隙率是提高聚合物泡沫隔热性能的首选手段。由于聚合物泡沫中较高密度的泡孔破坏了聚合物基体的连续性和连续的传热方式，气体分子的碰撞和聚合物基体中固体分子的震动会很大程度上减弱热传递。例如，聚醚酰亚胺（PEI）泡沫的热导率可以达到 0.015 $W \cdot m^{-1} \cdot K^{-1}$，当泡孔尺寸减小到 100 nm 左右时，其热导率比空气的热导率要低，因为小的泡孔可以有效限制气体分子的运动和碰撞[12]。这一现象首先由 Notario 等人在聚甲基丙烯酸甲酯（PMMA）泡沫中证明，表明限制在一个小空间内的气体传热明显减少[13]。

固体热传导主要依赖材料中的分子振动。与气体分子的自由运动不同，固体分子在热激发下只能在其平衡位置周围振动，且能量是量子化和离散化的。声子是最小的能量振动单元，用来描述晶格的简谐振动，其在固体中的传输特性决定了材料的热导率。固体的热导率可以用动力学模型描述：

$$k_{s,0}=\frac{1}{3}C_{s,0}v_{ph,0}\Lambda_{s,0} \tag{3-46}$$

式中，$C_{s,0}$、$v_{ph,0}$ 以及 $\Lambda_{s,0}$ 分别表示固体的比热容、声子在固体中的速度的均方根以及声子在固体中的平均自由程。天然聚合物材料通常具有较短的声子平均自由程，因此表现出较差的导热性。对于纳米多孔聚合物泡沫，泡孔壁和支柱的边界散射对声子传输和热导率起着重要作用。

当声子的平均自由程与固体的特征尺寸相当时，声子的散射会对热导率产生影响，固体的特征尺寸由泡孔尺寸 d 和尺寸参数 δ 来决定。与气体分子的空间约束对热导率的影响类似，固体的尺寸效应也可以用声子的有效平均自由程 $\Lambda_{s,eff}$ 来描述。

$$\frac{1}{\Lambda_{s,eff}}=\frac{1}{\Lambda_{s,0}}+\frac{2}{d+\delta} \tag{3-47}$$

结合上式，即声子的平均自由程与固体的特征尺寸相当的固体热导率为

$$k_{s,eff}=\frac{1}{3}C_{s,0}v_{ph,0}\left(\frac{1}{\Lambda_{s,0}}+\frac{2}{d+\delta}\right)^{-1} \text{或} k_{s,eff}=k_{s,0}\left(1+\frac{2\Lambda_{s,0}}{d+\delta}\right)^{-1} \tag{3-48}$$

式中，$k_{s,0}$ 为固体本身具有的热导率。当泡孔尺寸远大于固体中声子的本征平均自由程时，泡沫固体的热传输机制近似于固体本身的机制。由于固体只占聚合物泡沫的一部分，固体材料对聚合物泡沫的固体热导率可以表示为

$$k_s=(1-\Pi)k_{s,eff}=(1-\Pi)k_{s,0}\left(1+\frac{2\Lambda_{s,0}}{d+\delta}\right)^{-1} \tag{3-49}$$

因此，当孔隙率一定时，减小泡孔尺寸、提升平均自由程可以降低固体热导率。而令泡孔尺寸和平均自由程一定，增大孔隙率可以获得更低的固体热导率，获得更为优良的隔热能力。

例如：Sundarram 等人[12] 报道 85%孔隙率下，当 PMMA 泡沫的泡孔尺寸从 10 μm 降低到 10 nm 时，热导率从 0.25 $W \cdot m^{-1} \cdot K^{-1}$ 降低到了 0.008 $W \cdot m^{-1} \cdot K^{-1}$。他们还发现泡沫总体孔隙率的增加有利于热导率的降低，但受到泡孔尺寸的影响，泡孔尺寸越大，孔隙率增加造成的热导率降低幅度下降。有研究报道，热导率 λ 随着孔隙率增加而减小的趋势并不

是线性的，Sonntag 等人[14] 计算发现：当 PS 泡沫的泡孔密度处于 0.1～0.2 g·cm^{-3} 时，其热导率最低；对于泡孔尺寸也有类似趋势［图 3-8(a)］。

Wang[15] 和 Tsuda[16] 等人通过建立纳米多孔泡沫模型研究了孔隙率对热导率的影响。他们发现，声子传播受到阻碍，热导率随孔隙率增加、泡孔尺寸降低和泡孔壁数目增加而降低，当泡孔壁数目增加达到阈值时，泡孔壁变得很薄，无法吸收红外辐射，这使得辐射热导率 λ_{rad} 占主导，继续提升泡孔壁数目会导致总体热导率增加［图 3-8(b)］[4]。

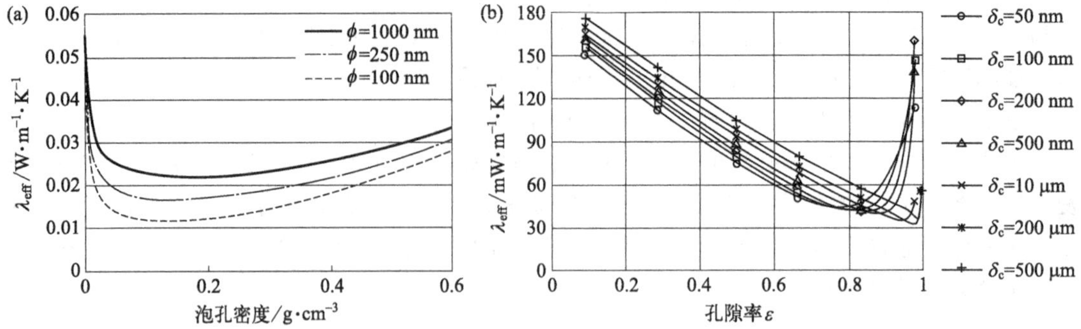

图 3-8　泡孔尺寸 Φ 和密度对热导率的影响 (a)[14] 和不同泡孔尺寸下，热导率随孔隙率的变化趋势 (b)[4]

3.3.2.2　温度的影响

测试温度是影响绝缘材料导热性能的重要因素。Yu[17] 等测量了 PMMA 泡沫在不同温度下的热导率[17]。如图 3-9 所示，当孔隙率固定在 0.8 时，温度越高，总热导率、气固相热导率和辐射热导率越高。一般来说，泡孔尺寸对热辐射的影响大于热传导，温度对热辐射影响也更大。

3.3.2.3　材料折射率的影响

聚合物材料的折射率一般在 1.4～2.0 之间，这也会影响多孔聚合物的导热性能。Yu[17] 等根据实验测量和 Tsuda 定理选择了折射率为 1.50、1.75、2.00、2.25 和 2.50 的模型，在温度 $T=300$ K，孔隙率 $\omega=0.80$，其他条件不变，纯固体选择 PMMA，热导率为 0.19 W·m^{-1}·K^{-1} 的条件下开展了仿真研究。他们发现当孔径 $\delta\leqslant30$ nm 时，总热导率和辐射热导率均随折射率增加而增大（图 3-10）。根据菲涅耳反射方程，当孔径 $\delta\geqslant100$ nm，

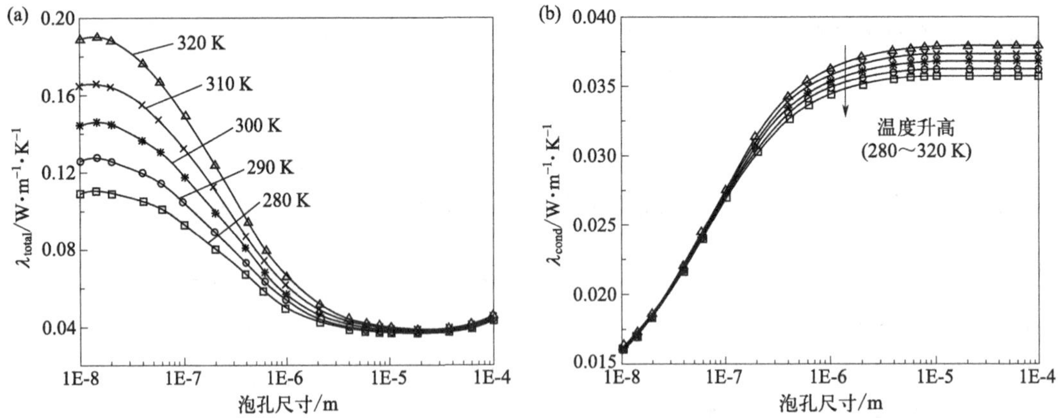

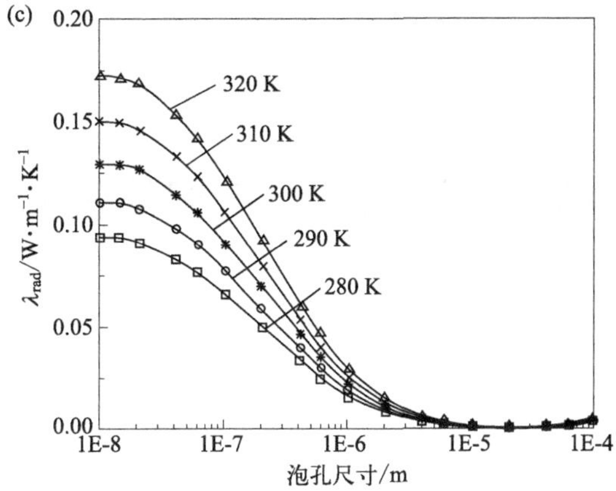

图 3-9　PMMA 泡沫在不同温度下的热导率随孔径的变化[17]

(a) 总热导率；(b) 气固相热导率；(c) 辐射热导率

热导率随折射率的增加而减小。当泡孔尺寸较大时，能量通量以传播波（propagating wave）为主，增大了热导率。此外，折射率对气固相热导率 λ_{cond} 影响较小，且不同样品曲线有重叠。因此对于气固相热导率来说，减小泡孔尺寸是获得良好保温效果的有效途径，而适当降低孔隙率则可以降低热导率。

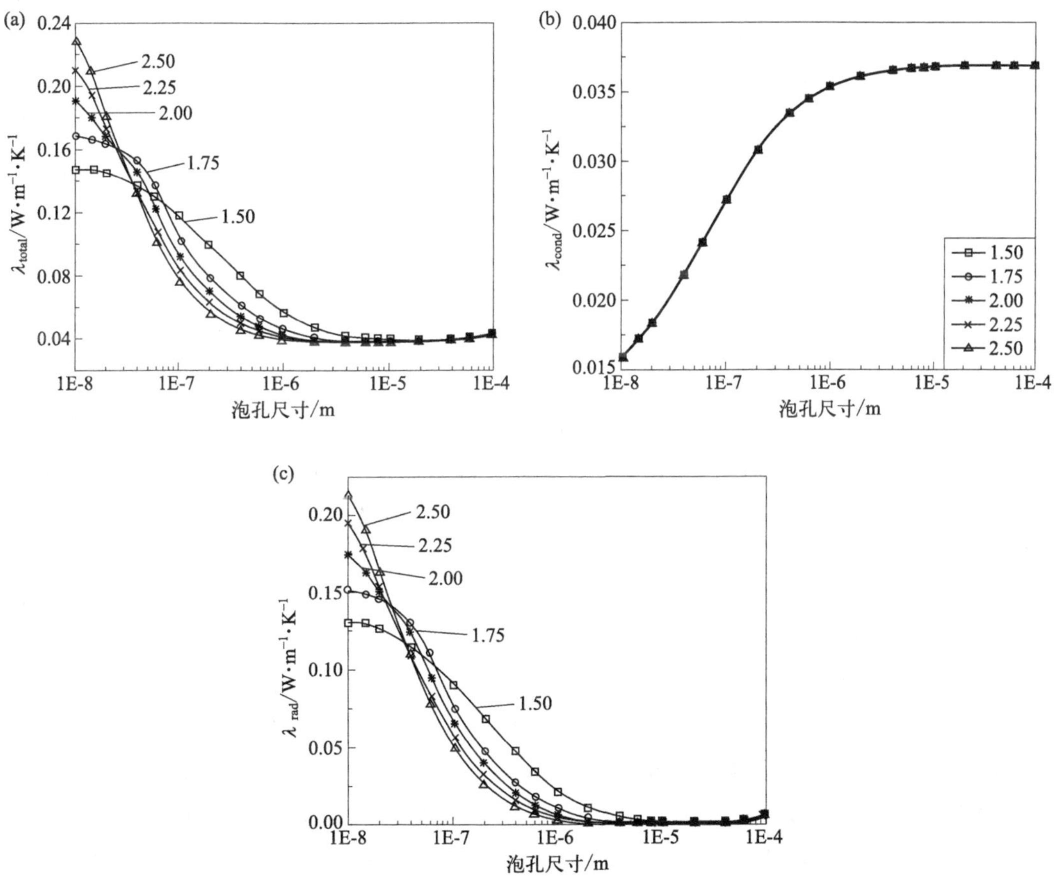

图 3-10　不同折射率下 PMMA 泡沫的热导率随孔径的变化[17]

(a) 总热导率；(b) 气固相热传导；(c) 辐射热传导

3.4 聚合物隔热泡沫基体与结构的优化

3.4.1 复合聚合物基体

气体热导率（λ_{gas}）是孔隙率、泡孔尺寸和主体气体热导率的函数；固体热导率（λ_{solid}）是孔隙率和主体固体热导率的函数；辐射热导率（λ_{rad}）由 Rosseland 消光系数决定，与泡孔壁厚和反射指数有关。增加孔隙率一般有两种途径：降低固体的体积分数或者在保持泡孔尺寸的情况下增加泡孔壁数量。增加泡孔壁数量，可以使得热传导不连续，降低热导率。

提高材料的隔热性能可以从泡沫形态、气体性质和聚合物基体三个方面着手。用具有更大平均自由程的气体填充聚合物泡沫也会降低气体的热导率。然而，一些气体可能对基体材料具有腐蚀性或对环境和人体健康有害。醇类和其他烷烃气体作为发泡剂，虽然可以降低泡沫的导热性，但具有可燃性的缺点，因此，CO_2 更多地被用于制备隔热聚合物泡沫。

由于固体的热导率一般是气体热导率的 10 倍，降低热导率的另一个有效途径就是减少聚合物泡沫中固体基体材料的体积分数，也就是增加孔隙率。对于聚合物基体材料的选择，一般而言，使用较低热导率的聚合物作为基体材料可以减小聚合物泡沫的固体热导率。例如，室温下，纯聚丙烯的热导率为 0.33 $W \cdot m^{-1} \cdot K^{-1}$，纯聚氨酯的热导率为 0.18 $W \cdot m^{-1} \cdot K^{-1}$，相同泡孔尺寸和孔隙率的聚氨酯泡沫比聚丙烯泡沫的热导率更低。

通过改变基体的主要结构和添加填料形成复合材料，可以改变基体性能，从而影响其导热性和热膨胀性能[18]。其中的关键问题是提升基体与填料间的界面相容性。通常可通过热处理、物理及化学改性等工艺降低填料的表面能，提高其与聚合物基体的界面相容性。

填料的尺寸、用量、类型等都会显著影响材料的性能，Romesberg[19] 等在聚苯乙烯（PS）泡沫中加入 10%的炭黑颗粒，使发泡材料热导率有所降低。Gong[20] 等人通过加入具有高红外吸收率的纳米填料，如碳纳米管（CNT），将 PS 泡沫的热导率 λ 降低至 0.030 $W \cdot m^{-1} \cdot K^{-1}$。只要添加剂具有足够高的红外吸收率，即使非常少量也能够实现降低热导率的效果。例如，Zhang[21] 等人在 PS 泡沫中添加 0.1%（质量分数）的石墨薄片，使得 PS 材料的热导率从 0.0357 $W \cdot m^{-1} \cdot K^{-1}$ 降低到 0.033 $W \cdot m^{-1} \cdot K^{-1}$。这是因为当聚合物形成泡沫时，随着泡沫内部孔隙数量和尺寸的增加，聚合物基体中的纳米填料彼此之间的距离越来越近，并压缩了孔隙壁内的纳米填料（图 3-11）[22]。在这种情况下，分散在固体基体中的纳米颗粒可以有效地屏蔽红外辐射。这一效应在电磁屏蔽领域中同样发挥着重要作用[21,23]。使用纳米填料降低热导率的另一个原因是：固体颗粒可以降低填料-聚合物界面泡孔成核的自由能激活势垒，有利于形成更小的孔隙，从而获得更高的孔隙密度，更好地控制泡孔直径的均匀性。

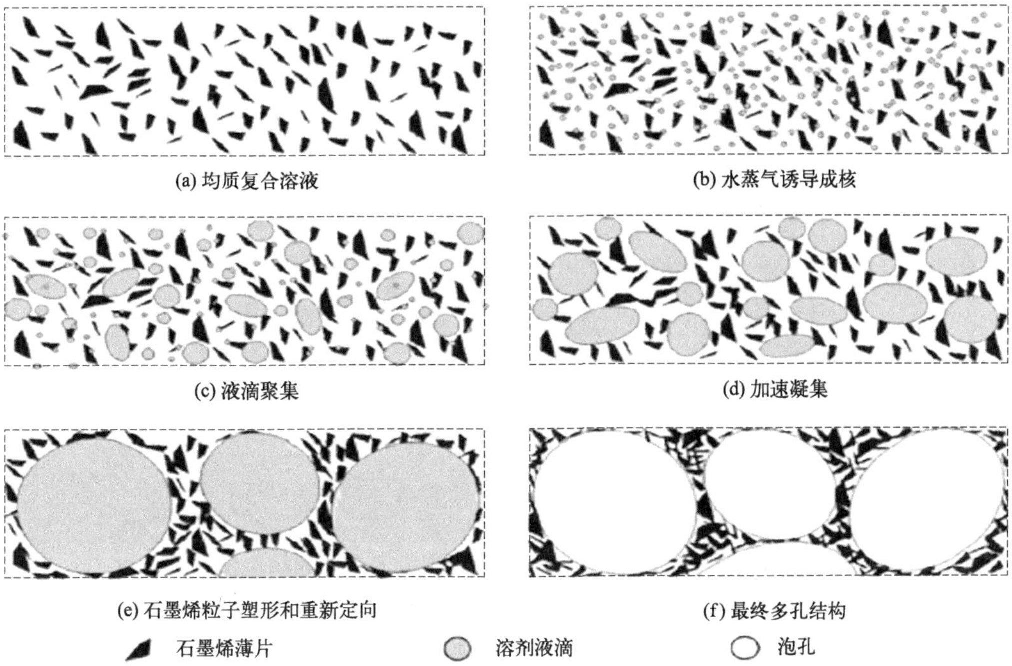

图 3-11　固态纳米填料泡沫[22]

早在 20 世纪 60 年代，Hansen 和 Martin[24] 首次使用无机/金属颗粒促进异相泡孔成核，显著提升了泡孔密度。Thomassinet[25] 等人表明 MWCNTs 可以作为成核剂，将 PMMA/MWCNTs 泡沫中的泡孔密度提高 1～2 个数量级。Zhao[26] 等人发现，在聚丙烯（PP）泡沫中加入 5%(质量分数) 聚四氟乙烯（PTFE）纳米纤维可以通过增加 PP 泡沫的膨胀比来提高隔热性能。聚四氟乙烯纳米纤维使 PP 的泡孔尺寸减小了一个数量级，并使孔隙的膨胀率增加了 3 倍，从而使其热导率从 0.060 $W \cdot m^{-1} \cdot K^{-1}$ 降低到 0.0365 $W \cdot m^{-1} \cdot K^{-1}$。此外，二氧化硅纳米颗粒是聚合物基复合材料的常用填料[27]，与聚合物基体具有较强的相容性，有利于形成均一的泡孔结构，获得良好的隔热性能[28]。

纳米填料对发泡过程的形态结果的影响取决于两个参数：填料的尺寸和填料的表面化学性质。Goren[29] 等人对 PMMA 泡沫进行了研究，发现与未填充的 PMMA 相比，减小纳米填料的尺寸可使泡孔密度增加 20%～30%。Sergeeva[30] 等人将不同尺寸（70 μm 和 250 μm）的填料颗粒加入 PU 中，发现复合 PU 泡沫相比于未填充的 PU 泡沫，其孔径减小了 35%～50%，但填料尺寸和孔径减小没有明显关系。Goren[29] 研究了填料的表面化学性质对 PMMA 泡沫形态的影响。他们将氟烷烃功能化二氧化硅纳米颗粒加入 PMMA 中进行超临界 CO_2 发泡，验证了具有低表面能的功能化纳米颗粒能够显著降低泡孔尺寸。Vancso[31] 等人也报道了类似的结论，他们使用核壳结构的二氧化硅-聚二甲基硅氧烷（PDMS）纳米颗粒作为成核剂，以 PMMA 作为基体，制备了孔径为 400 nm 的纳米孔泡沫。小孔径的获得是因为 PDMS 降低了泡孔的成核能垒（图 3-12）。

3.4.2　双峰泡孔发泡材料

双峰泡孔结构聚合物是指材料具有两种不同孔径及孔径分布的发泡材料。由于具有双峰

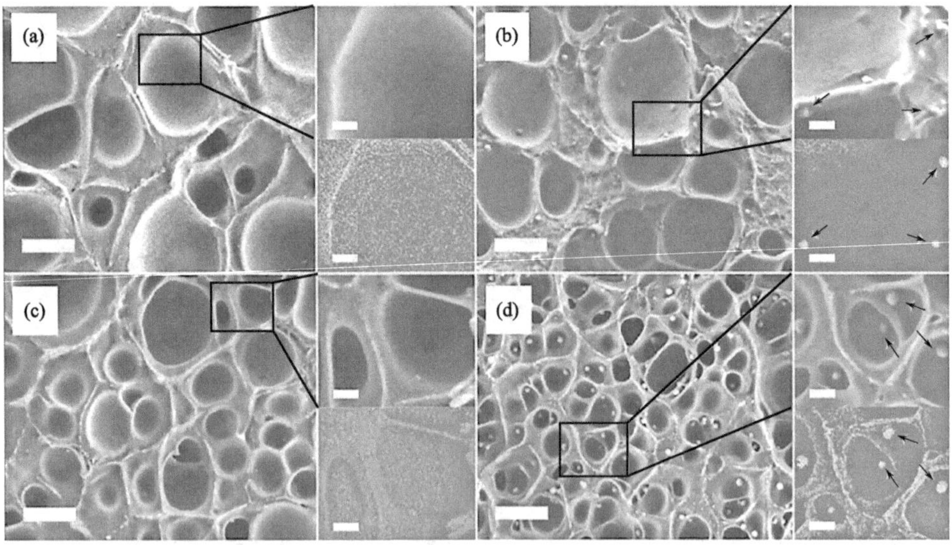

图 3-12 纳米颗粒直径为 20nm（a）、80nm（b）的 SiO_2 纳米颗粒和直径为 20nm（c）、80nm（d）的 SiO_2-PDMS 核壳纳米颗粒的 PMMA 复合泡沫的 SEM 照片[31]

泡孔结构的多孔聚合物的孔径呈双峰分布，该类材料通常具备良好的阻隔性能、优异的吸收和穿透性能，能够实现特种过滤、吸声和衬垫等方面的应用，其在隔热方面也展现出了独特的优异性能。

为了制备具有双峰结构的聚合物泡沫，研究人员开发了多种方法。例如，Zhang[32] 等人利用 CO_2 和水作为共发泡剂，并添加纳米黏土及活性炭作为成核剂制备了具有双峰泡孔结构的聚苯乙烯（PS）发泡材料。他们发现：纳米黏土的添加提高了 CO_2 的成核速率，而活性炭的添加则有效减少了水的发泡时间，导致 CO_2 形成尺寸较小的泡孔，而水蒸气形成尺寸较大的泡孔（图 3-13）。与传统多边形结构 PS 泡沫相比，双峰泡孔结构发泡材料表现出更好的压缩性能和隔热性能。

Mi[34] 等人开发了一种多温度浸泡发泡法制备具有双峰泡孔结构的聚乳酸（PLA）泡沫。如图 3-14 所示，在超临界 CO_2($scCO_2$）发泡中，由于 $scCO_2$ 在聚合物基体中的溶解度随着温度的升高而降低，饱和的 $scCO_2$ 会在温度升高过程中析出。因此，通过设置低温浸泡阶段和高温浸泡阶段，使 PLA 基体中溶解的 CO_2 部分析出，从而形成较大泡孔，而仍溶解在 PLA 中的 CO_2 则在快速卸压过程中形成小泡孔。具有双峰泡孔结构的 PLA 泡沫具备更低的密度和更高的孔隙率。

在聚合物共混物体系中，利用不同聚合物相的相容性或发泡性质，也能制备出具有双峰结构的泡沫。Wang[33] 等人通过 $scCO_2$ 发泡制备了一种双峰 PP/PS 共混泡沫。由于 CO_2 在 PP 和 PS 中的溶解度和基体熔体强度的差异，大泡孔主要形成于 PS 相中，而小泡孔主要形成于 PP 相中。$scCO_2$ 倾向于从 PP 相扩散到 PS 相，导致 PS 相的成核能力增加，从而促进泡孔生长。因此，发泡过程中，PS 相的泡孔更容易长大，而 PP 相中的小泡孔生长受到限制，最终导致双峰泡孔结构的形成。Qu[35] 等人使用熔融共混和固体间歇发泡制备了 PS/TPU 双峰型泡沫，TPU 在 PS 基体中呈现海岛结构。PS/TPU 共混物中双峰结构的形成取决于聚合物共混物的黏度、形态以及 CO_2 的溶解度和扩散率。他们发现 TPU 的引入会导致更低的热导率。Luo[36] 等人利用 $scCO_2$ 发泡制备了 PMMA/SiO_2 双峰泡沫。与纯

PMMA 泡沫相比，PMMA/SiO_2 泡沫的泡孔结构更均匀，泡孔尺寸更小，泡孔密度更高。当 SiO_2 质量分数为 0.5%时，PMMA 的热导率较纯 PMMA 降低了 62.7%。

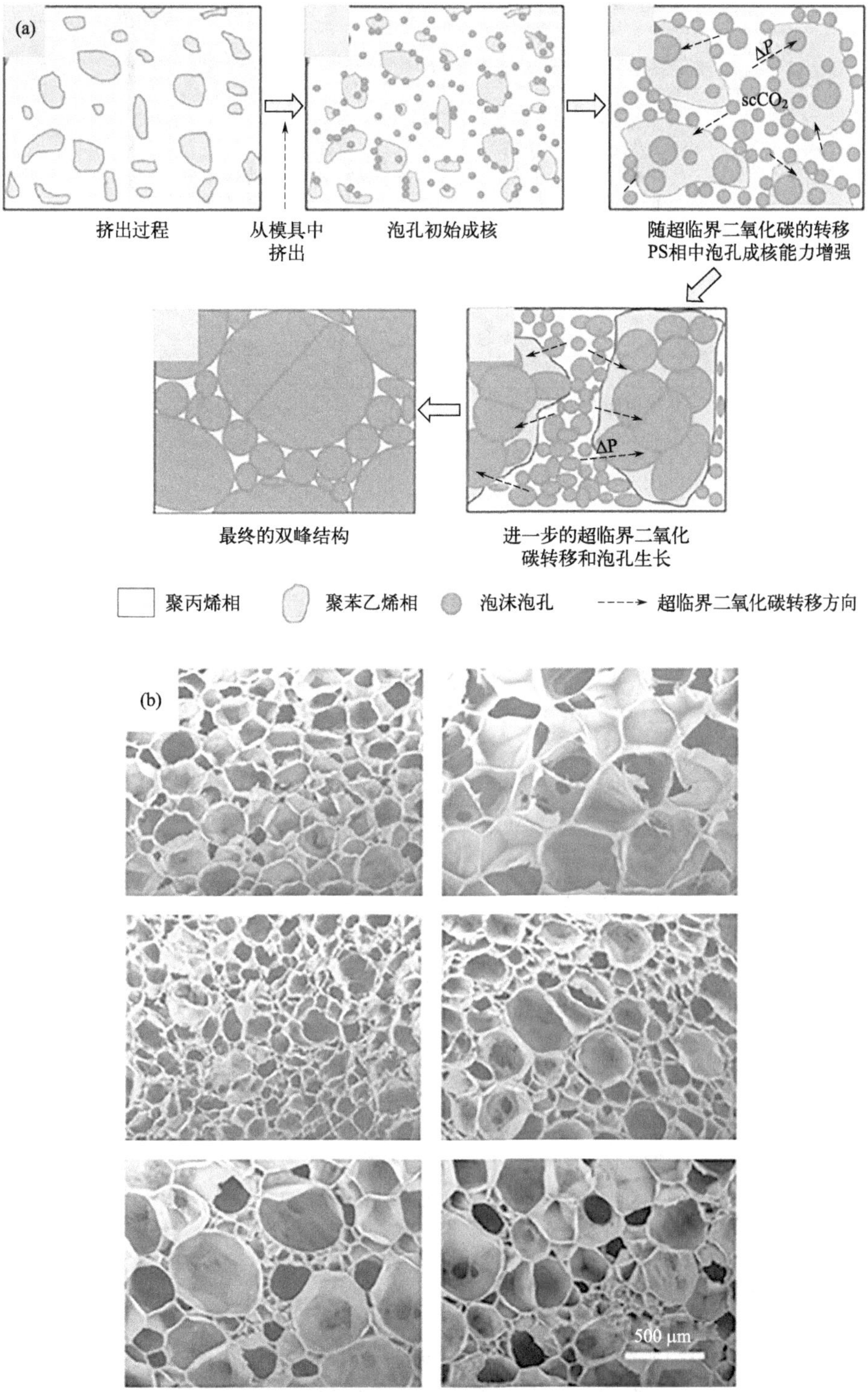

图 3-13 PP/PS 双峰泡沫[33]

(a) 双峰结构形成原理示意图；(b) 双峰泡沫的 SEM 照片

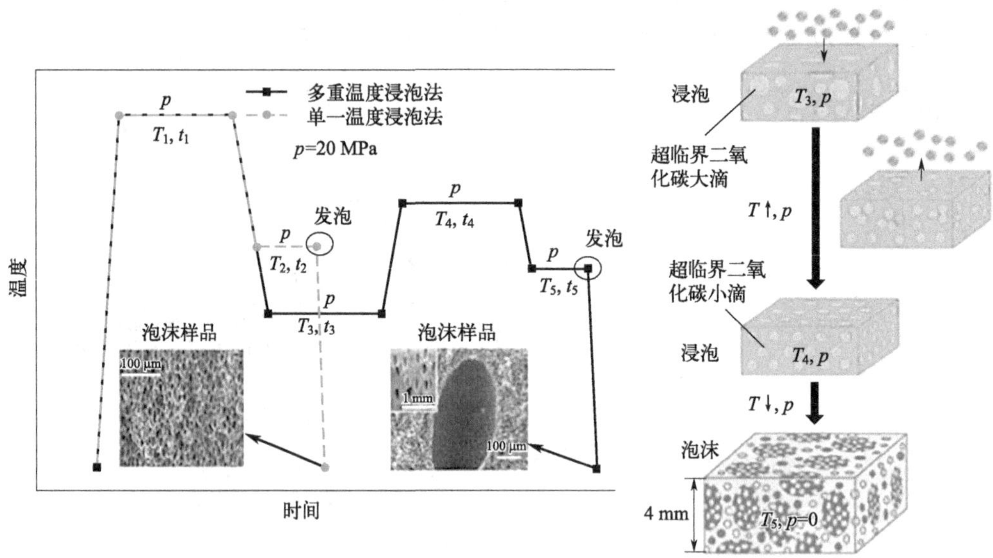

(a)

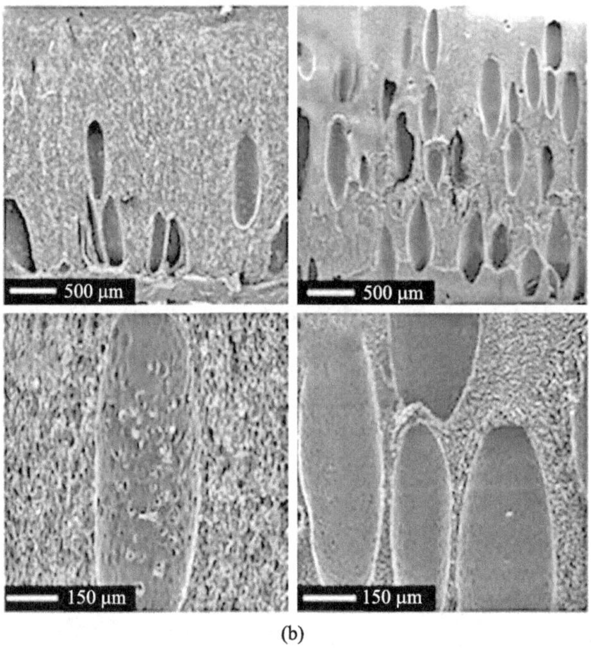

(b)

图 3-14　多重浸泡温度（MST）法制备双峰 PLA 泡沫的机理示意图（a）以及制备的 PLA 泡沫的泡孔结构（b）[34]

3.4.3　闭孔结构发泡材料

采用物理发泡法制备的聚合物发泡材料多为闭孔结构，适用于图 3-3 所描述的闭孔泡沫模型，隔热聚合物泡沫中该类泡沫材料占大多数。为了预测闭孔结构发泡材料的热导率，Cai[37]等人提出了一种多尺度模型来预测闭孔隔热材料（酚醛树脂）内部结构对动态传热的影响。他们使用 Boltzmann 方法分析了多个结构参数与有效透射系数之间的关系。将 SEM 照片基于

QSGS 方法和 Voronoi 图进行构建，黑色区域表示固体相，白色区域表示泡孔，描述了多孔闭孔单元；通过公式(3-50) 计算了孔隙率为 85%泡沫的有效热导率（图 3-15)。

$$\rho_m c_m \frac{\partial T}{\partial t}=\frac{\partial}{\partial X}\left(K_{eff}\frac{\partial T}{\partial X}+L_v\delta_v\frac{\partial(\varphi P_{v,sat})}{\partial X}\right)-\left(K_{eff}\frac{\partial T}{\partial X}+L_v\delta_v\frac{\partial(\varphi P_{v,sat})}{\partial X}\right)$$
$$=h_{surf}(T_\infty-T_{surf})+L_v h_m(P_{v,\infty}-P_{v,surf}) \tag{3-50}$$

式中，ρ_m 是材料密度，$kg\cdot m^{-3}$；c_m 表示比热容，$J\cdot kg^{-1}\cdot K^{-1}$；$\lambda_{eff}$ 表示有效热导率，$W\cdot m^{-1}\cdot K^{-1}$；$h_{surf}$ 表示对流传热系数，$W\cdot m^{-2}\cdot K^{-1}$；$L_v$ 表示蒸发潜热；$P_{v,sat}$ 表示饱和蒸气压。

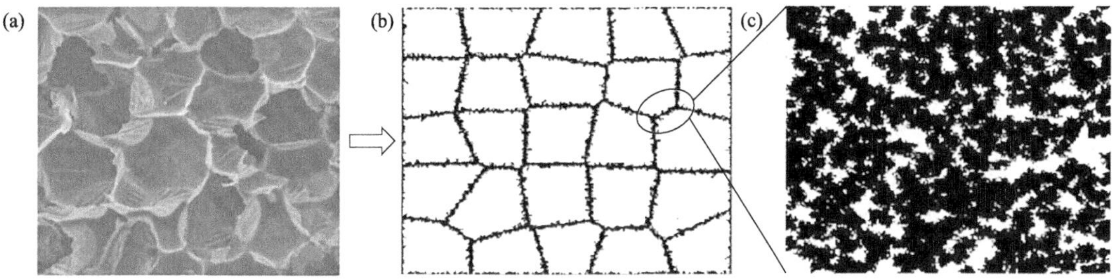

图 3-15　闭孔隔热的泡孔结构模型重建[37]

(a) 酚醛泡沫的 SEM 照片；(b) 使用 Voronoi 图分割法重建单元；(c) 使用 QSGS 方法重建骨架

Zhao[38] 等人通过使用间歇发泡方法制备了具有特定微孔结构、超低介电系数和低热导率即 0.027 $W\cdot m^{-1}\cdot K^{-1}$ 的闭孔聚偏氟乙烯（PVDF）泡沫。PVDF 泡沫低密度和多孔结构扩大了传热的比表面积，闭孔泡沫使得孔内气体分子难以交互，阻碍了气体分子之间的能量交换，从而获得了良好的隔热性能。

3.4.4　蜂窝结构发泡材料

蜂窝结构多应用于金属热防护系统，可以实现高温热防护并能够承受气动力的影响。与金属蜂窝结构材料相比，聚合物蜂窝结构具有更低的热导率，是良好的隔热保温材料。在蜂窝结构泡沫中，泡孔的泡壁与泡棱形成了闭孔结构，且闭孔率较高，泡孔之间相互独立，可以有效反射、吸收各种能量，具有良好保温效果。

对于半结晶 PP 泡沫，Yang[39] 等人使用 β-NAs 为成核剂，通过 $scCO_2$ 发泡制备了机械强度高、保温性能好的可回收 PP 泡沫，制备的 PP 泡沫具有蜂窝结构，膨胀率高，热导率较低（26.4 $mW\cdot m^{-1}\cdot K^{-1}$），抗拉、抗压强度高。通过引入 β-NAs 成核剂，PP 结晶变快，晶体尺寸减小，黏弹性增加，同时蜂窝结构大大增加了传热的路径长度，降低了传热效率（图 3-16)。

3.4.5　微/纳米孔结构发泡材料

微孔发泡材料泡孔直径小，泡孔密度高，不仅可以减少材料损耗，还能达到良好的绝热和吸声效果，以及较低的介电常数。微孔注射成型或注射发泡是一种生产具有复杂或明确几何形状的聚合物泡沫的技术。其中，开模注射发泡技术能够在聚合物和气体注入模具型腔以及保压阶段后，通过微开模具来诱发气泡成核生长。在开模注射发泡过程中，发泡和填充过程是完全独立的，发泡温度与熔体温度不同，很大程度上是由模具温度决定的，因而能够获得更高的成核密度及更细密的泡孔结构[40]。

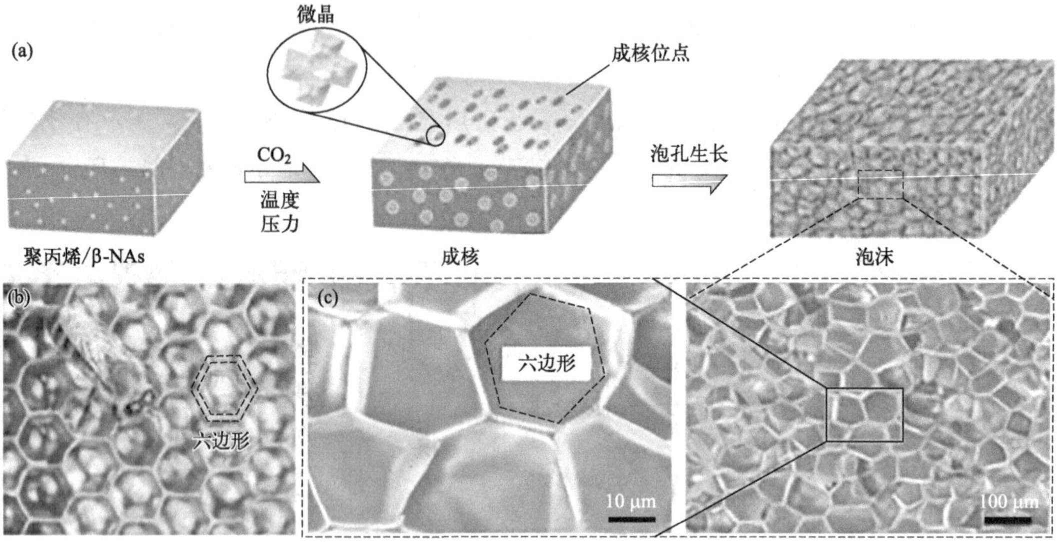

图 3-16　蜂窝结构形成示意图及相应的微观结构[39]

Wang[41] 等采用开模注射发泡制备了轻质、隔热、低介电常数的高抗冲聚苯乙烯（HIPS）发泡材料。通过控制保压时间、冷却时间、模温、开模距离，在较大范围内调整了泡孔结构，制备出的微孔 HIPS 泡沫减重率高达 60%。如图 3-17 所示，制备的泡沫呈均匀的泡孔结构，泡孔大小为数十微米。泡沫具有 60 $mW \cdot m^{-1} \cdot K^{-1}$ 的低热导率。

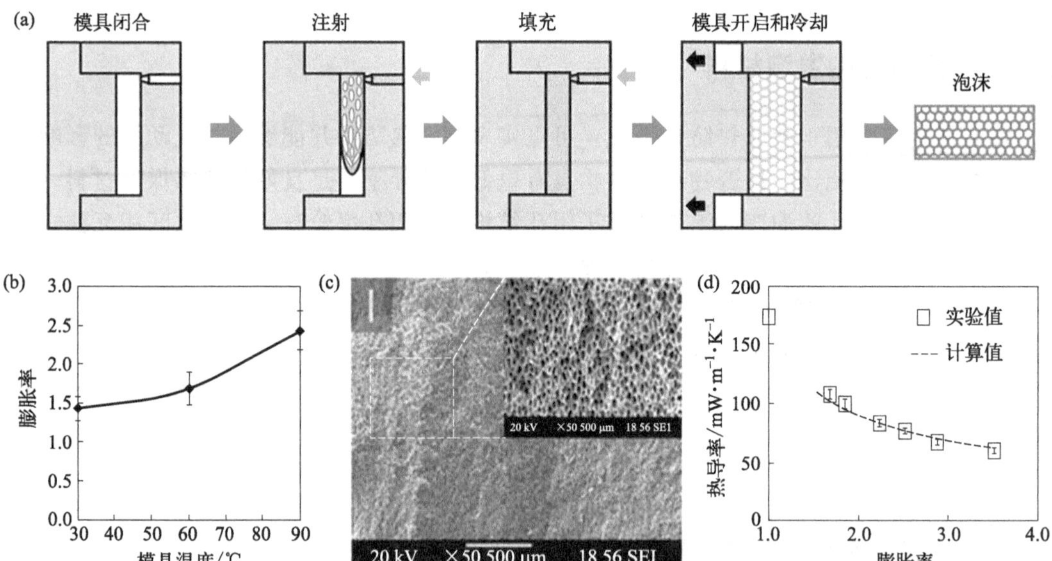

图 3-17　开模注射发泡过程与发泡原理示意图（a）；膨胀率对模具温度的依赖性结果（b）；所制备的 HIPS 泡沫结构（c）以及不同膨胀率的泡沫的热导率结果（d）[41]

Wang[40] 等人采用类似工艺制备了含有聚四氟乙烯（PTFE）纳米纤维网络的 PP/PTFE 纳米复合发泡材料。PTFE 微粒在剪切混合中在 PP 基体内原位形成直径在 200～600 nm 的纤维网络。如图 3-18 所示，PTFE 纤维网络诱导形成了更小的结晶区域，增强了熔体强度，并作为异相成核点，使制备的 PP/PTFE 纳米复合泡沫具备泡孔尺寸小于 500 nm 的纳米泡孔形态。

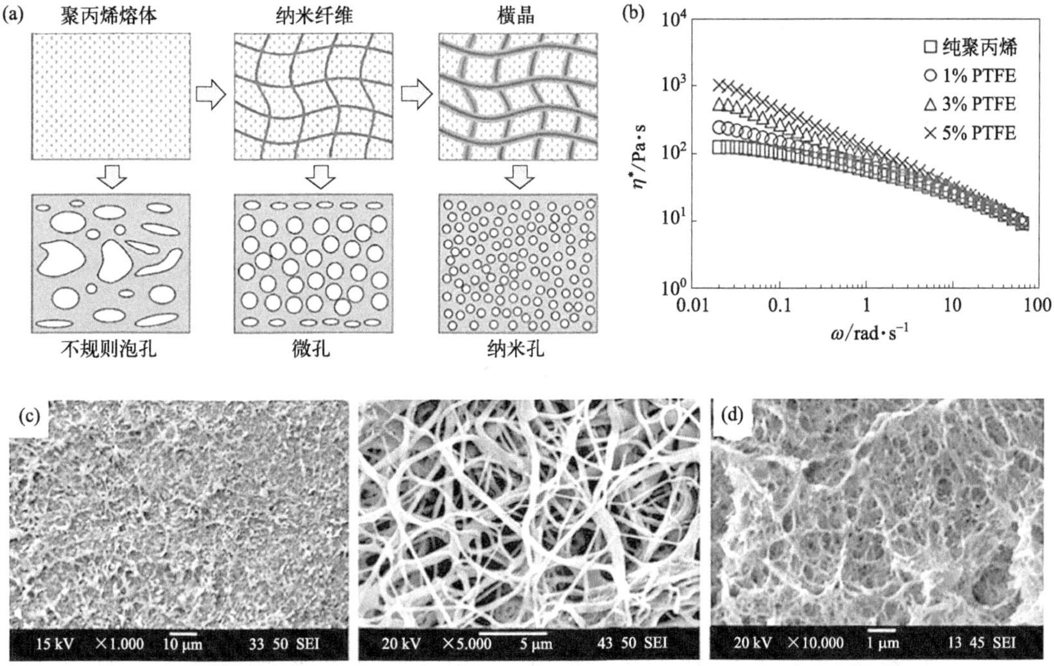

图 3-18 PP/PTFE 纳米复合泡沫形成机理（a）；黏度测试结果（b）；PTFE 纤维网络在 PP 基体中的形貌（c）以及 PP/PTFE 纳米复合泡沫的泡孔形态（d）[40]

间歇发泡同样可以制备具有细密泡孔结构的聚合物泡沫。在间歇发泡中，由于高压气体在聚合物基体中溶解度的快速变化，气体热力学不稳定条件会触发泡孔成核，气泡生长。间歇发泡法主要有两种，即一步发泡法和两步发泡法。一步发泡法又称压力诱导发泡法，是在聚合物和发泡气体完全饱和后，在高温下快速降压诱导发泡，引起热力学不稳定，从而诱导泡孔成核和气泡生长，基本发泡原理如图 3-19 所示[42]。

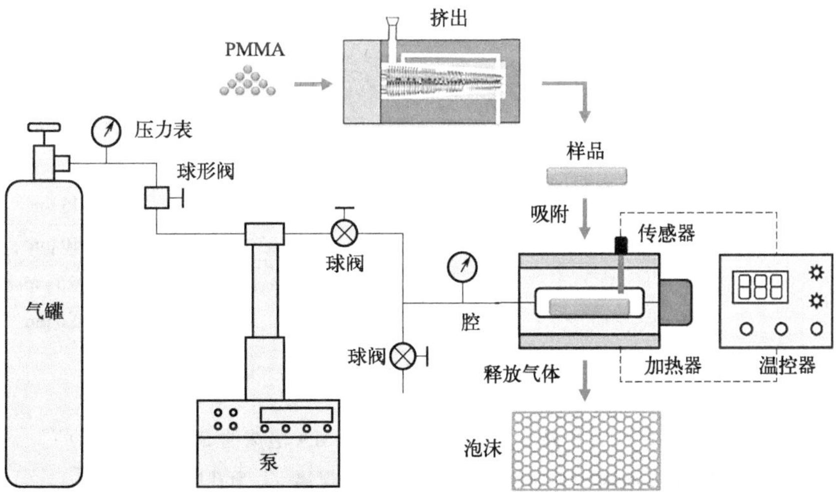

图 3-19 一步法间歇发泡工艺实验装置[42]

两步发泡法又称温度诱导发泡法。在两步发泡法中，样品在相对较低的温度下浸泡发泡至气体饱和，然后将样品转移到高温环境中，如热油浴和热烘箱，使聚合物基体软化，从而触发发泡。Wang 等人[42] 通过一步 $scCO_2$ 发泡工艺制备了孔隙率为 95.6%、平均泡孔尺寸为 4.5 μm 的 PMMA 泡沫。如图 3-20 所示，PMMA 泡沫具有相对均匀的泡孔分布和泡孔大小。在较低的发泡温度（135 ℃）下可获得闭孔结构，在较高的发泡温度（247.5 ℃）下可获得开孔结构。泡沫的导热性主要由固相主导。随着泡沫孔隙率的增加，固相含量呈线性下降，从而导致热导率呈线性下降。随着孔隙率的进一步增加，最终热导率会随着孔隙率的增加而增加，因为此时以辐射传热为主。通过优化泡孔结构，获得了 29.9 $mW \cdot m^{-1} \cdot K^{-1}$ 的超低热导率。

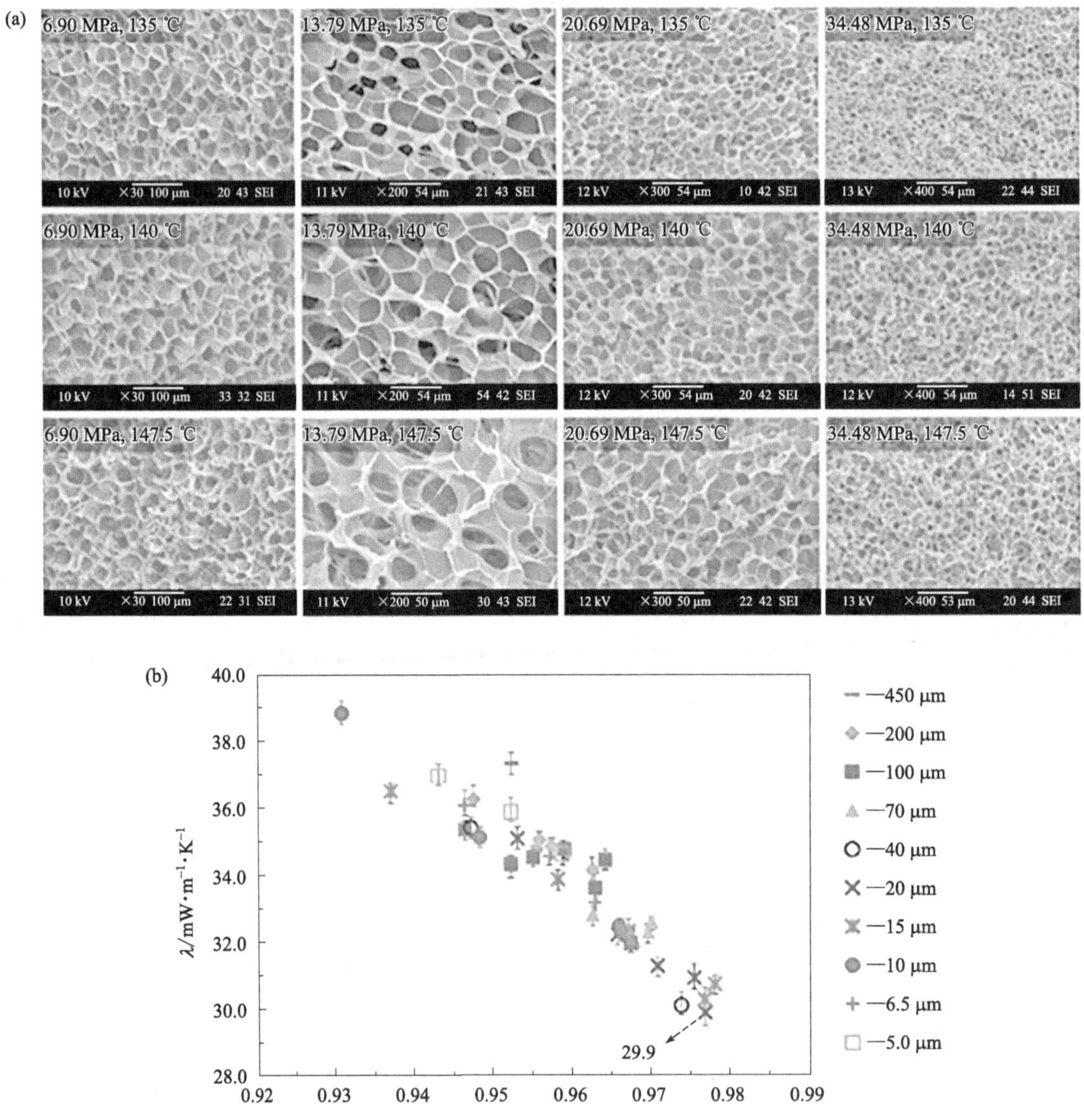

图 3-20 不同压力和温度条件下制备的 PMMA 泡沫的 SEM 照片（a）以及 PMMA 泡沫的热导率与孔隙率的变化规律（ε 为孔隙率）（b）[42]

此外，Wang[43] 等人还通过一步发泡法和两步发泡法制备了可调节的纳米多孔 PMMA/TPU 泡沫。TPU 和 PMMA 基体中的纳米泡孔结构提高了分子链的运动能力，使泡沫材料的拉伸韧性和冲击韧性显著提高。研究发现，平均孔径为 205 nm、膨胀率为 8 倍的纳米孔 PMMA/TPU 发泡材料，由于 PMMA 基体具有较强的红外吸收能力和较低的辐射导热性，其热导率为 24.8 $mW \cdot m^{-1} \cdot K^{-1}$。

3.5 其他隔热聚合物泡沫

3.5.1 微孔聚酰亚胺(PI)泡沫

聚酰亚胺（PI）是一种高性能聚合物，具有优异的力学、热学、化学性能。由于这些突出的特点，PI 在航空航天、电子、先进战舰、轨道交通等高科技领域得到了广泛的应用[44-46]。近期开发的 PI 泡沫和 PI 气凝胶被越来越多地应用于严苛的极端环境中。例如，飞机发动机外壳需要能够承受 300 ℃以上高温的泡沫来隔热和减少噪声。

聚酰亚胺泡沫（PIF）除了具有 PI 分子结构中的酰亚胺环，还通过孔隙结构的引入赋予了 PIF 轻质、绝缘、阻燃、耐腐蚀、耐辐射、化学稳定性等优异特性[47]。Mi 等人[48] 通过可控 $scCO_2$ 发泡制备了一种具有均匀和可控泡孔结构的 PIF。如图 3-21 所示，他们以邻苯二甲酸二酐（PMDA）为二酐试剂，聚醚胺 Jeffamine D230 为脂肪族二胺试剂，通过溶液聚合的方法，用聚胺酸（PAA）和聚酯铵盐（PEAS）前体溶液合成了 PI 聚合物，然后通过 $scCO_2$ 发泡制备了 PIF。研究发现，热亚胺化温度为 200 ℃时，合成的 PIF 泡孔直径为 123.8 μm，高温高压下应变为 10%时的抗压强度为 0.4 MPa。

3.5.2 酚醛泡沫冷水管道

酒店的中央空调一般采用水冷式，其冷水管道通常会出现冷凝水回流的问题。中央空调中冷水系统最关键的部位是保温层，沿管道的气压差会不断造成水分渗入保温层，使管道更容易腐蚀。具有闭孔结构的酚醛泡沫可以有效阻止水分的浸入，已用于冷冻水管道。如果闭孔结构损坏，水分只会渗透到受损区域，使得水分渗透系数接近 0。低的水分渗透系数对于保温层保持低的导热性是必不可少的。

通常，酚醛泡沫由酚醛树脂和表面活性剂、发泡剂、乳化剂等经过混合、发泡、固化而成。将酚醛泡沫保温部分与防潮隔汽层黏在一起，然后运到现场安装。除了冷冻水管道，酚醛泡沫也被用于热水系统的保温，以防止热量损失。

由于传统的酚醛泡沫保温层在生产中使用表面活性剂和化学发泡剂，对环境安全存在隐患。通过环保的物理发泡方法生产的泡沫，如 PP、PS、PE，正在越来越多地应用于保温系统。

3.5.3 喷涂聚氨酯泡沫

硬质聚氨酯（PU）泡沫是一种具有闭孔结构的低密度微孔泡沫材料，热导率小，性能优异，被认为是隔热、冷保温领域的一种重要泡沫材料。相比于其他隔热材料，PU具有密度小、热导率小、吸水率低、耐油、耐碱、耐酸等特点，PU泡沫能够实现现场快速喷涂发泡，在建筑、装修、冰箱、电动汽车等领域应用极为广泛。

PU泡沫的保温性能主要取决于泡沫的泡孔结构、孔隙率和基体材料。硬质PU泡沫通常具有封闭的泡孔结构、细小的泡孔尺寸和均匀的泡孔分布，使其具备较高的隔热性能。此外，喷涂PU泡沫在许多应用中被要求阻燃，以管理火灾风险。因此，阻燃剂常被添加到PU泡沫的前体试剂中。

然而，喷涂PU泡沫同样面临着溶剂、小分子残留以及化学发泡剂使用的环境与健康安全问题，同时还存在着热固性发泡材料无法回收再利用的问题。因此，采用物理发泡热塑性聚合物来替代硬质PU泡沫是未来硬质隔热材料的一个发展方向。

3.5.4 隔热气凝胶

在航空航天领域，地外空间的极端环境对宇航员的生存构成了诸多威胁，需要配置多种个人防护物来保护宇航员的安全。为了防止太空碎片和太阳辐射的损害，阿波罗时代的宇航员使用了由凯夫拉（Kevlar）纤维和诺梅克斯（Nomex）等各种材料制成的宇航服。Kevlar具有较高的机械极限拉伸强度和模量，能够提供防弹和穿刺保护[49]。Nomex提供最低限度的防弹保护，但它具有很高的耐热性，可以保护宇航员免受太空中极端温差的影响[50,51]。Nomex的隔热性能来自它的亚芳香基、旋转的聚合物主链，这种结构抑制了聚合物的堆积，并导致在纤维内部沿着无序键的声子热传输速度缓慢[51]。

相比于纤维材料，气凝胶材料由于其极高的孔隙率与细密的泡孔结构具备更强的隔热性能。近年来多种有机或无机气凝胶材料被应用于隔热领域。例如：Chen等[52]研究了加入二氧化硅（SiO_2）气凝胶颗粒对聚合物泡沫隔热性能的影响。他们将4种不同粒径的SiO_2气凝胶引入到聚合物泡沫中制备了气凝胶复合发泡材料（GFAR）。研究发现，在相同含量下，粒径较大的气凝胶颗粒表现出更好的隔热性能，GFAR最佳热导率为0.133 $mW \cdot m^{-1} \cdot K^{-1}$。这主要是由于，较大的气凝胶颗粒更有可能暴露在GFAR的泡孔表面（图3-22）。

PI气凝胶是一类重要的高温隔热聚合物材料。不同于化学或物理发泡方法，PI气凝胶往往通过PI前体溶液的相分离形成溶剂相和聚合物相分离的凝胶体，进一步通过冷冻干燥或$scCO_2$干燥去除溶剂相，从而获得多孔结构气凝胶。例如，Zheng等人[53]通过冷冻干燥和热亚胺化制备了以对苯二胺（PDA）、联苯四羧基二氢化物（BPDA）和六氨基三苯烯（HMT）为交联剂，具有高度交联网络结构的PI气凝胶。制备的气凝胶具有较高的孔隙结构，密度仅为0.069 $g \cdot cm^{-3}$，体积收缩率为10%，热导率为25 $mW \cdot m^{-1} \cdot K^{-1}$（图3-23）。

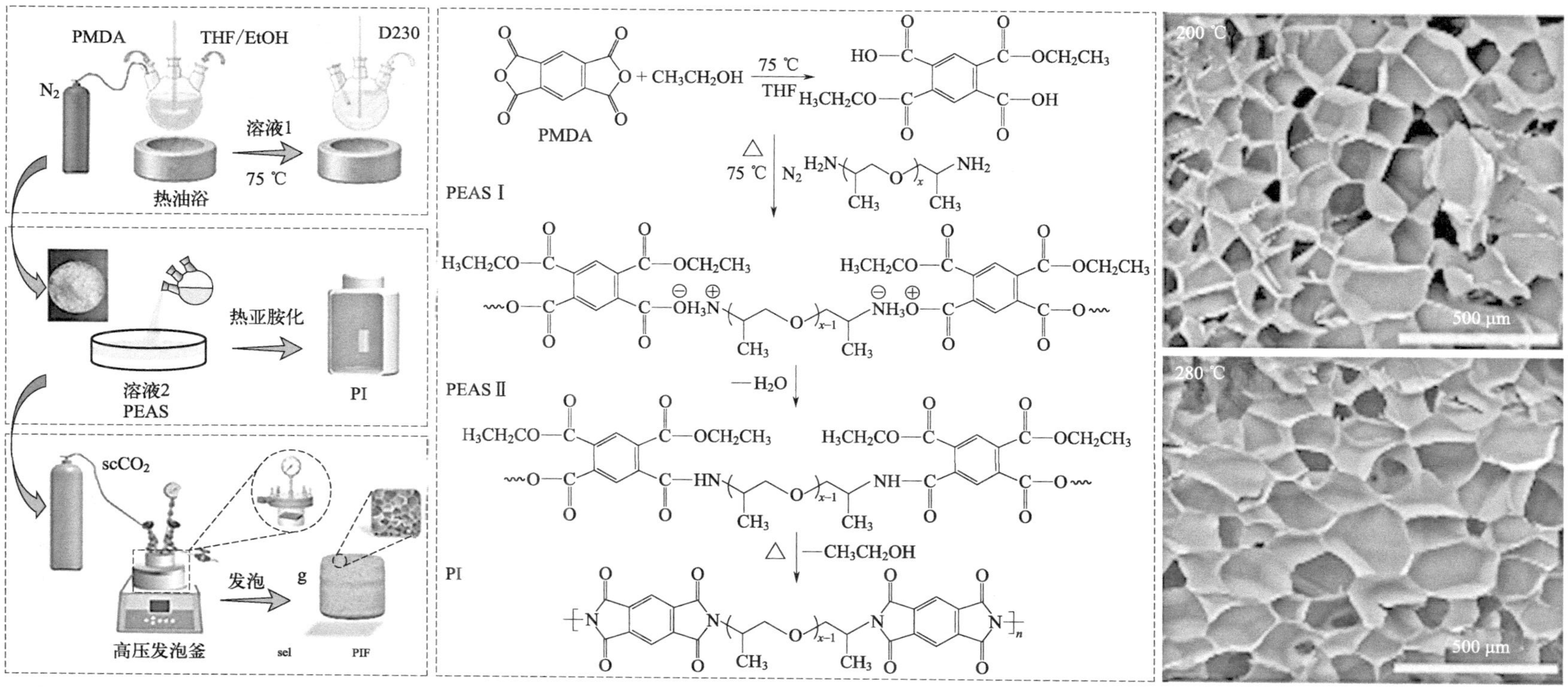

图 3-21　PI 泡沫合成示意图与化学结构式，$scCO_2$ 发泡制备的 PIF 的微观结构[48]

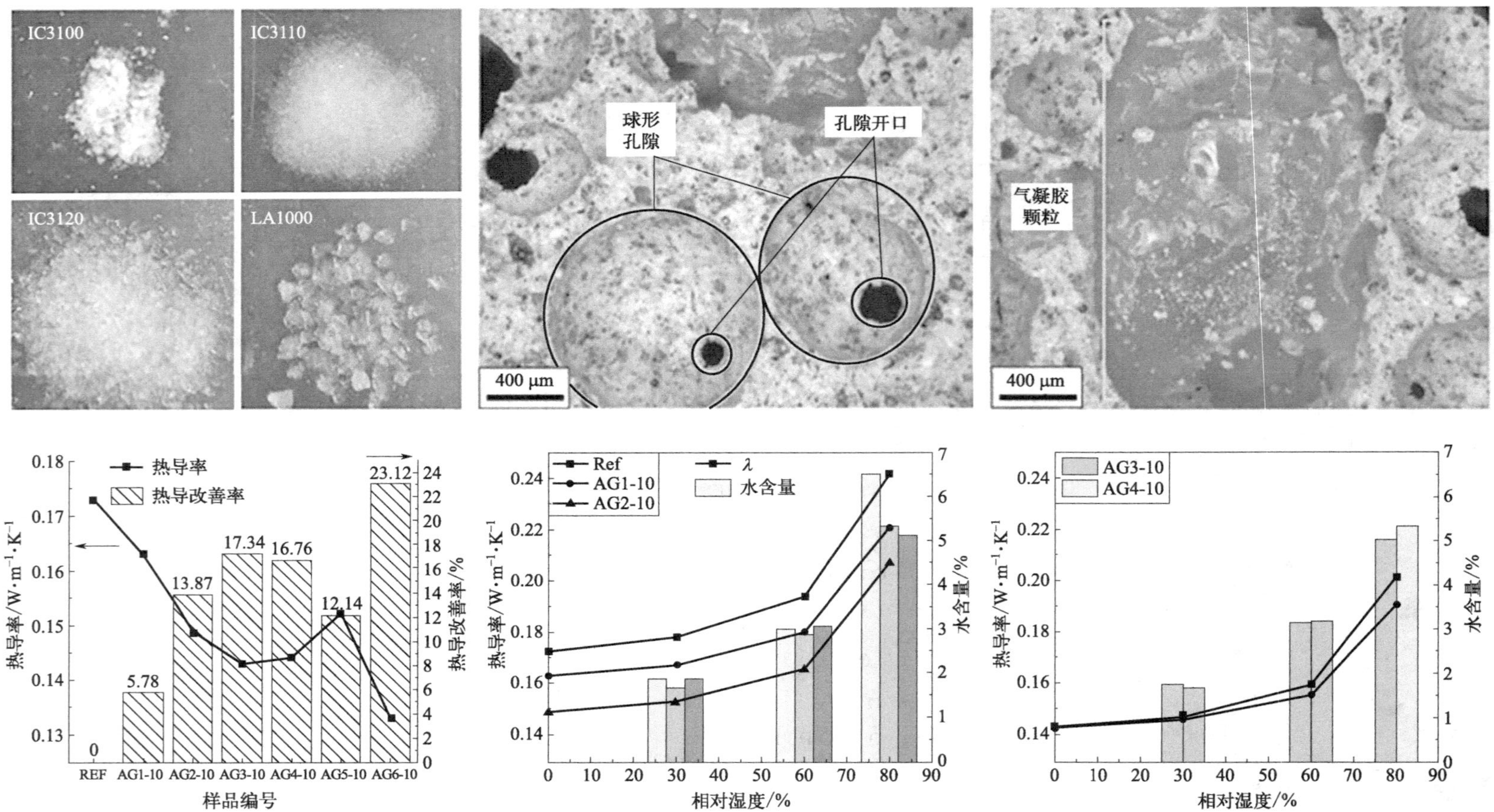

图 3-22 GFAR 中加入的 4 种不同尺寸的气凝胶颗粒；GFAR 的多孔结构和暴露于泡孔表面的气凝胶颗粒微观结构；不同发泡材料的热导率及其对相对湿度的依赖性[52]

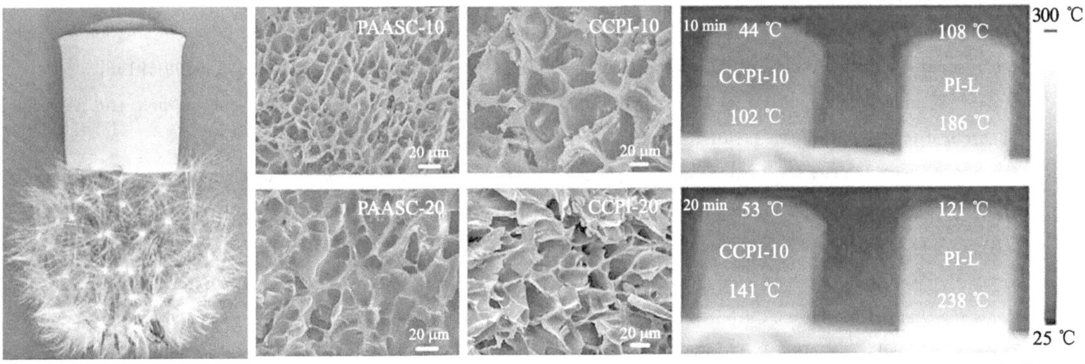

图 3-23　通过冷冻干燥和热亚胺化制备的 PI 气凝胶的照片和微观泡孔结构，以及其隔热性能[53]

参考文献

[1] Azdast T，Hasanzadeh R. Increasing cell density/decreasing cell size to produce microcellular and nanocellular thermoplastic foams：A review. Journal of Cellular Plastics，2021，57 (5)：769-797.

[2] Hu F，Wu S，Sun Y. Hollow-structured materials for thermal insulation. Advanced Materials，2019，31 (38)：1801001.

[3] Pradeep S A. An investigation of bimodal cellular distributions via supercritical fluid assisted (scf) foam injection molding. Clemson：Clemson University，2016.

[4] Wang G，Wang C，Zhao J，et al. Modelling of thermal transport through a nanocellular polymer foam：Toward the generation of a new superinsulating material. Nanoscale，2017，9 (18)：5996-6009.

[5] Kuhn J，Ebert H-P，Arduini-Schuster M，et al. Thermal transport in polystyrene and polyurethane foam insulations. International Journal of Heat and Mass Transfer，1992，35 (7)：1795-1801.

[6] Chavan P V，Rathod P V，Lee J，et al. Active and passive modulation of solar light transmittance in a uniquely multifunctional dual-band single molecule for smart window applications. Journal of Energy Chemistry，2024，88：293-305.

[7] Zaharescu T，Marius B，Nicolescu C M，Blanco I. The contribution of silica nanoparticles to the stability of styrene-isoprene-styrene triblock copolymer (sis). Ⅱ. Energetic peculiarities. Radiation Physics and Chemistry，2024，215：111318.

[8] Vafaei B，Ghahremaninezhad A. Investigating the effect of hydrogel characteristics on the self-healing of cementitious materials. Materials and Structures，2023，56 (10)：177.

[9] Hoang T，Truong H，Han J，et al. Room temperature roll-to-roll additive manufacturing of polydimethylsiloxane-based centrifugal microfluidic device for on-site isolation of ribonucleic acid from whole blood. Materials Today Bio，2023，23：100838.

[10] Yüksel N. The review of some commonly used methods and techniques to measure the thermal conductivity of insulation materials. In Insulation materials in context of sustainability，IntechOpen：2016.

[11] Xie X，Yang K，Li D，et al. High and low thermal conductivity of amorphous macromolecules. Physical Review B，2017，95 (3)：035406.

[12] Sundarram S S，Li W. On thermal conductivity of micro-and nanocellular polymer foams. Polymer Engineering & Science，2013，53 (9)：1901-1909.

[13] Notario B，Pinto J，Solorzano E，et al. Experimental validation of the knudsen effect in nanocellular polymeric foams. Polymer，2015，56：57-67.

[14] Forest C，Chaumont P，Cassagnau P，et al. Polymer nano-foams for insulating applications prepared from CO_2 foaming. Progress In Polymer Science，2015，41：122-145.

[15] Wang G，Wang L，Mark L H，et al. Ultralow-threshold and lightweight biodegradable porous pla/mwcnt with segregated conductive networks for high-performance thermal insulation and electromagnetic interference shielding

applications. ACS Applied Materials & Interfaces, 2018, 10 (1): 1195-1203.

[16] Tsuda S a, Yamaguchi S a, Kanamori Y b, Yugami H a. Spectral and angular shaping of infrared radiation in a polymer resonator with molecular vibrational modes (article) . Optics Express, 2018, 26 (6): 6899-6915.

[17] Yu H, Zhang H, Buahom P, et al. Prediction of thermal conductivity of micro/nano porous dielectric materials: Theoretical model and impact factors. Energy, 2021, 233: 121140.

[18] Zhang A, Chai J, Yang C, et al. Fibrosis mechanism, crystallization behavior and mechanical properties of in-situ fibrillary ptfe reinforced pp composites. Materials & Design, 2021, 211: 110157.

[19] E R F, A D M Polystyrene foam containing carbon black: China: EP19890121845 [P]. 1989.

[20] Gong P, Wang G, Tran M, et al. Advanced bimodal polystyrene/multi-walled carbon nanotube nanocomposite foams for thermal insulation. Carbon. 2017, 120: 43475.

[21] Zhang C, Zhu B, Lee L J. Extrusion foaming of Polystyrene/carbon particles using carbon dioxide and water as co-blowing agents. Polymer-London. 2011, 52 (8): 1847-1855.

[22] Ling J, Zhai W, Feng W, et al. Facile preparation of lightweight microcellular polyetherimide/graphene composite foams for electromagnetic interference shielding. Acs Applied Materials & Interfaces, 2013, 5 (7): 2677-2684.

[23] Yang Y, Gupta M C, Dudley K L, Lawrence R W. Novel carbon nanotube-polystyrene foam composites for electromagnetic interference shielding. Nano Letters, 2005, 5 (11): 2131-2134.

[24] Hansen R H, Martin W M. Novel methods for the production of foamed polymers ii. Nucleation of dissolved gas by finely-divided metals. Journal of Polymer Science Part B: Polymer letters, 1965, 3 (4B): 325-330.

[25] Raquez J-M, Park C B, Jerome C, et al. CO_2-blown microcellular non-isocyanate polyurethane (nipu) foams: From bio-and CO_2-sourced monomers to potentially thermal insulating materials (article). Green Chemistry. 2016, 18 (7): 2206-2215.

[26] Zhao J, C, Zhao Q, Wang C, et al. High thermal insulation and compressive strength polypropylene foams fabricated by high-pressure foam injection molding and mold opening of nano-fibrillar composites. Materials & Design. 2017, 131: 1-11.

[27] Kaya G G, Deveci H. Synergistic effects of silica aerogels/xerogels on properties of polymer composites: A review. Journal of Industrial and Engineering Chemistry, 2020, 89: 13-27.

[28] Faghihian H, Nourmoradi H, Shokouhi M. Removal of copper (ⅱ) and nickel (ⅱ) from aqueous media using silica aerogel modified with amino propyl triethoxysilane as an adsorbent: Equilibrium, kinetic, and isotherms study. Desalination and Water Treatment, 2014, 52 (1-3): 305-313.

[29] Goren K, Chen L, Schadler L S, Ozisik R. Influence of nanoparticle surface chemistry and size on supercritical carbon dioxide processed nanocomposite foam morphology. Journal of Supercritical Fluids, 2010, 51 (3): 420-427.

[30] Krishnamurthi B, Bharadwaj-Somaskandan S, Sergeeva T, Shutov F. Effect of wood flour fillers on density and mechanical properties of polyurethane foams. Cellular Polymers, 2003, 22 (6): 371-381.

[31] Liu S, Eijkelenkamp R, Duvigneau J, Vancso G J. Silica-assisted nucleation of polymer foam cells with nanoscopic dimensions: Impact of particle size, line tension, and surface functionality. Acs Applied Materials & Interfaces, 2017, 9 (43): 37929-37940.

[32] Zhang C, Zhu B, Li D, Lee L J. Extruded polystyrene foams with bimodal cell morphology. Polymer, 2012, 53 (12): 2435-2442.

[33] Wang K, Pang Y, Wu F, et al. Cell nucleation in dominating formation of bimodal cell structure in polypropylene/polystyrene blend foams prepared via continuous extrusion with supercritical CO_2. Journal of Supercritical Fluids, 2016, 110: 65-74.

[34] Huang J-N, Jing X, Geng L-H, et al. A novel multiple soaking temperature (mst) method to prepare polylactic acid foams with bi-modal open-pore structure and their potential in tissue engineering applications. The Journal of Supercritical Fluids, 2015, 103: 28-37.

[35] Qu Z J, Mi J G, Jiao Y, et al. Microcellular morphology evolution of polystyrene/ thermoplastic polyurethane blends in the presence of supercritical CO_2. Cellular Polymers, 2019, 38 (3-4): 68-85.

[36] Luo G Q, Gu X L, Zhang J, et al. Microstructural, mechanical, and thermal-insulation properties of poly (methyl

methacrylate) /silica aerogel bimodal cellular foams. Journal of Applied Polymer Science, 2017, 134 (6): 44434.

[37] Cai S, Xia L, Xu H, et al. Effect of internal structure on dynamically coupled heat and moisture transfer in closed-cell thermal insulation. International Journal of Heat and Mass Transfer, 2022, 185: 122391.

[38] Zhao B, Zhao C X, Wang C D, Park C B. Poly (vinylidene fluoride) foams: A promising low-k dielectric and heat-insulating material. Journal of Materials Chemistry C, 2018, 6 (12): 3065-3073.

[39] Yang C, Zhang Q, Zhang W, et al. High thermal insulation and compressive strength polypropylene microcellular foams with honeycomb structure. Polymer Degradation and Stability, 2021, 183: 109406.

[40] Wang G, Zhao G, Zhang L, et al. Lightweight and tough nanocellular pp/ptfe nanocomposite foams with defect-free surfaces obtained using in situ nanofibrillation and nanocellular injection molding. Chemical Engineering Journal, 2018, 350: 1-11.

[41] Wang G, Zhao G, Dong G, et al. Lightweight, thermally insulating, and low dielectric microcellular high-impact polystyrene (hips) foams fabricated by high-pressure foam injection molding with mold opening. Journal of Materials Chemistry C, 2018, 6 (45): 12294-12305.

[42] Wang G, Zhao J, Wang G, et al. Low-density and structure-tunable microcellular pmma foams with improved thermal-insulation and compressive mechanical properties. European Polymer Journal, 2017, 95: 382-393.

[43] Wang G, Zhao J, Mark L H, et al. Ultra-tough and super thermal-insulation nanocellular PMMA/TPU. Chemical Engineering Journal, 2017, 325: 632-646.

[44] Wang L, Hu A, Fan L, Yang S. Approach to produce rigid closed-cell polyimide foams. High Performance Polymers, 2013, 25 (8): 956-965.

[45] Li J, Zhang G, Li J, et al. Preparation and properties of polyimide/chopped carbon fiber composite foams. Polymers for Advanced Technologies, 2017, 28 (1): 28-34.

[46] Zhang H, Fan X, Chen W, et al. A simple and green strategy for preparing flexible thermoplastic polyimide foams with exceptional mechanical, thermal-insulating properties, and temperature resistance for high-temperature lightweight composite sandwich structures. Composites Part B: Engineering, 2022, 228: 109405.

[47] Yun S, Sheng X, Wang S, et al. Preparation and properties of high-temperature-resistant, lightweight, flexible polyimide foams with different diamine structures. Polymers, 2023, 15 (12): 2609.

[48] Liu H, Wang X, Mi H-Y, et al. Synthesis and fabrication of lightweight microcellular thermoplastic polyimide foams using supercritical CO_2 foaming. Polymer, 2024, 290: 126548.

[49] Tanner D, Fitzgerald J A. Phillips B R. The keviar story—an advanced materials case study. Advanced Materials, 1989, 1 (5): 151-156.

[50] Gonzalez G M, Ward J, Song J, et al. Para-aramid fiber sheets for simultaneous mechanical and thermal protection in extreme environments. Matter, 2020, 3 (3): 742-758.

[51] Chae H G, Kumar S. Rigid-rod polymeric fibers. Journal of Applied Polymer Science, 2006, 100 (1): 791-802.

[52] Chen Y X, Klima K M, Brouwers H J H, Yu Q. Effect of silica aerogel on thermal insulation and acoustic absorption of geopolymer foam composites: The role of aerogel particle size. Composites Part B: Engineering, 2022, 242: 110048.

[53] Zheng S, Jiang L, Chang F, et al. Mechanically strong and thermally stable chemical cross-linked polyimide aerogels for thermal insulator. ACS Applied Materials & Interfaces, 2022, 14 (44): 50129-50141.

第 4 章 吸声聚合物泡沫

噪声污染已成为工业企业和人们日常生活中关注的主要问题之一。长期接触噪声会影响人的身心健康。多孔材料被认为是最有效的被动吸声材料。聚合物泡沫由于其高度多孔结构和黏弹性特性，能够对入射和反射声波产生吸收和散射，因而具备优异的吸声性能。多种聚合物泡沫，如三聚氰胺泡沫、聚氨酯（PU）泡沫、聚苯乙烯（PS）泡沫和聚丙烯（PP）泡沫以及它们的复合泡沫，已被广泛用作不同场景中的吸声材料。开发高吸声性能的聚合物泡沫材料是该领域的研究热点。本章将重点介绍吸声聚合物泡沫的理论基础、关键影响因素、表征方法、常见的吸声泡沫以及先进的制造方法。

4.1 吸声降噪泡沫概述

噪声是一系列不同频率和强度的声音，这些声音不规则地组合在一起，可能引起焦虑、过度紧张及危害健康。噪声污染一直被认为是最严重的环境问题之一。长期暴露于噪声污染中可能导致心理和生理疾病，通常表现为易怒、急躁、睡眠差和其他神经系统疾病[1]。控制噪声的手段主要包括声源结构减振和声波传播抑制（如隔声和吸声），即主动控制识别噪声源并对传播路径采取措施，如包裹吸声材料[2]。

吸声材料通过传递声波能量并将其转化为热能来降低噪声。通常，吸声材料可分为多孔吸声材料和共振吸声材料。多孔吸声材料是一种具有空腔和通道的高度多孔结构的固体材料。多孔材料在遇到高频声波时会发生绝热过程，声波在不规则孔隙中传播时，由于摩擦而产生热量损失。在遇到低频声波时，多孔弹性材料通过热交换引起的能量损失来吸收声音，该过程是一个等温过程。

多孔吸声材料主要包括吸声纤维材料、吸声颗粒材料和吸声泡沫。根据泡孔的开闭状态，吸声泡沫可分为开孔泡沫和闭孔泡沫。由固相和气相组成的聚合物泡沫因其密度小、成本低和易于制造，特别是优异的吸声性能，近年来在工业领域得到了广泛的应用。物理发泡制备的聚合物泡沫主要通过压缩气体的膨胀、液体挥发或致孔剂溶解来制备，是常用的聚合物泡沫绿色制备方法[3]。

4.2 泡沫塑料的吸声原理

4.2.1 声波的传播和吸收

降噪方法可分为被动降噪和主动降噪。被动降噪与主动降噪之间的差异取决于降噪过程中是否需要施加外部能量[4]。如图 4-1 所示，主动噪声控制可有效降低低频声波，而被动噪声控制可有效衰减高频声波[5]。在实践中，被动噪声控制由于不需要任何电源，更具成本和能量效率优势。吸声聚合物泡沫通常是被动降噪材料，它通过传递能量并将其转化为热量来降低噪声。因此，对吸声材料的研究主要集中在被动吸声泡沫上。如图 4-1 所示，声音具有波的传播特性，当声音入射到物质表面时有四种类型的波，包括：入射波、反射波、衍射波和透射波[6]。

当声波冲击聚合物泡沫时，由于空气在孔和固体孔壁中的阻尼，产生部分能量损失并转化为热量。声波在传播过程中的损失主要有三种方式，即黏性吸收、热传导吸收和分子弛豫吸收。

黏性吸收主要发生在相邻介质中，粒子运动状态产生速度梯度变化，导致粒子之间不断摩擦，从而将声能转化为热能。热传导是指在介质中分布的不均匀颗粒存在温度梯度，从而引起相邻颗粒之间的热交换的过程；而热吸收是指在热交换过程中部分能量转化为热量的现象。粒子振动与声波在介质中的传播周期不同，两者之间的相位差会导致声能的损失，这个过程称为分子弛豫吸收。

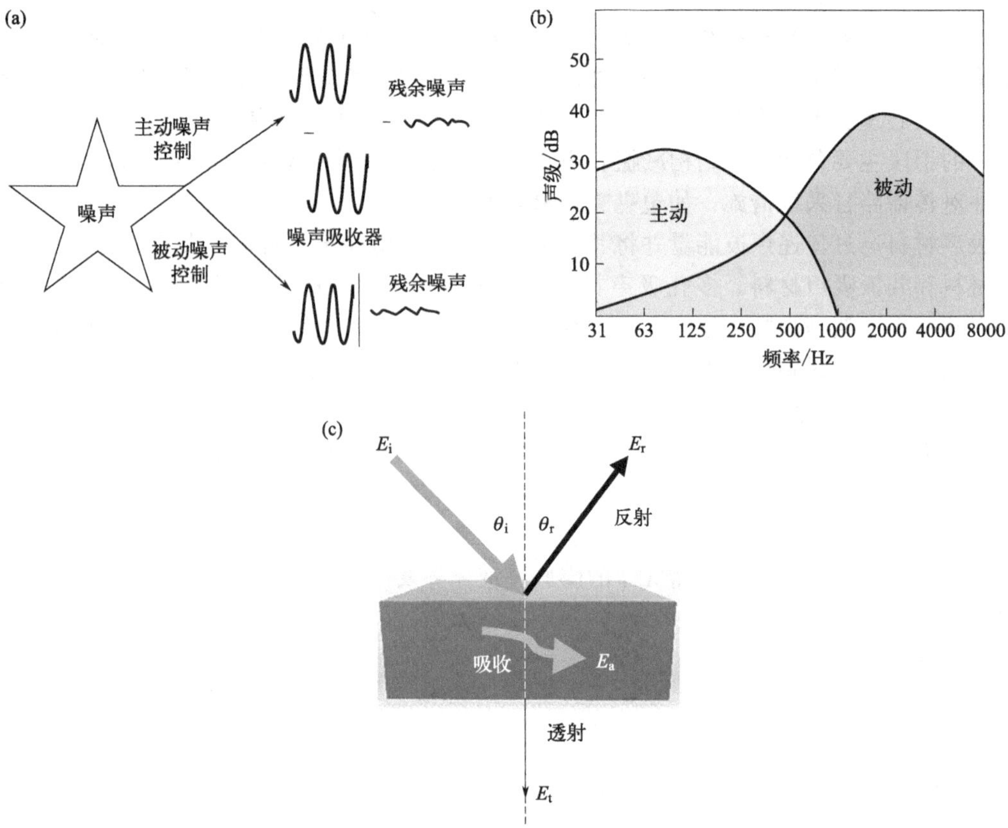

图 4-1　噪声控制机制[5]

(a) 主动与被动噪声控制机制；(b) 主动与被动噪声控制方法的频率响应区域；(c) 被动吸声过程示意图

在声波的交变力作用下，掺有压电粒子的材料在内部会产生交变电压，从而使声波的能量更高效地转化为电能。对于具有阻尼和吸声特性的聚合物泡沫，在交变声波作用下，应变的变化滞后于应力的变化，在应力作用下会产生迟滞和永久变形，从而造成能量消耗（图 4-2）[7]。

4.2.2　吸声原理及模型

吸收的声能与入射到材料表面的声能之比称为吸声系数（α），它是吸声材料最重要的和常用的声学特性之一。通常，材料的 α 在 0 和 1 之间。该系数越大，材料的吸声性能越好。Rahimabady 等人证明聚偏氟乙烯（PVDF）/单壁碳纳米管（SWCNT）复合泡沫的吸声系数可以通过增加 SWCNT 的含量而提高，并且在高频率处 α 更高［图 4-3(a)］[7]。聚合物泡沫由充满空气的微孔和作为孔壁和支柱的固体基质组成。聚合物泡沫的外表面是其与外界环境接触的界面如图 4-3(b) 所示，当声波入射到聚合物泡沫时，声波可通过微孔进入泡沫内部，引起泡孔内的空气发生振动。泡沫内部泡孔结构具有多种几何形状，既可以是闭孔的，也可以是开孔的。虽然聚合物泡沫的结构可能不同，但其吸声机理相似。

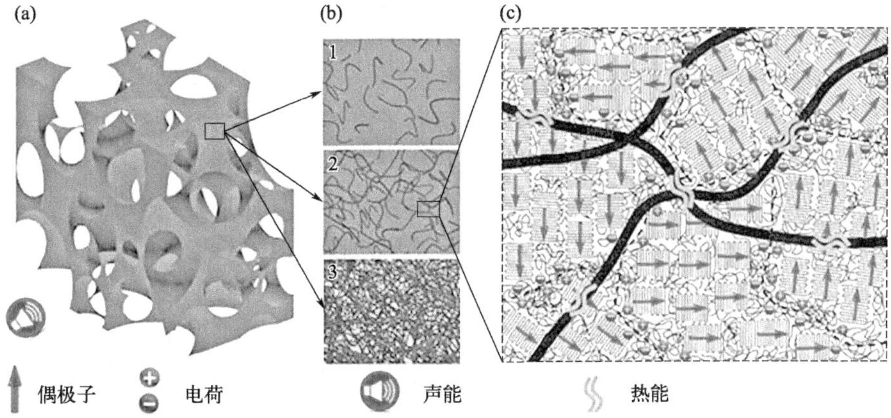

图 4-2 交变声波下的能量消耗[7]

(a)，(b) 具有不同纳米填料含量的压电-导体杂化泡沫的示意图；(c) 利用局部压电效应将声能转化为电能和电阻损耗下电能转化为热能的机理

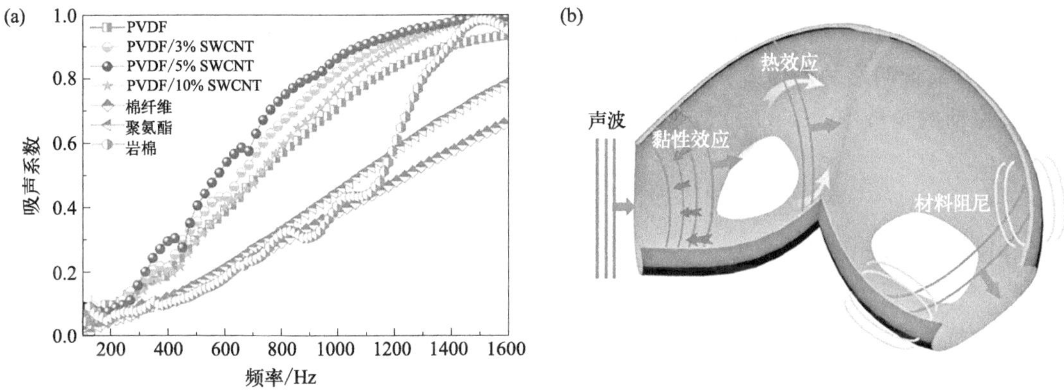

图 4-3 不同材料吸声性能及吸声机理[7]

(a) 不同 SWCNT 含量 PVDF/SWCNT 压电-导体杂化泡沫的吸声系数；(b) 多孔吸声材料中常见的声能耗散机制示意图

泡沫对声波的吸收主要通过以下三方面作用：①空气在泡孔内流动并与泡孔壁产生摩擦，使声能转换为热能而耗散；②声波作用下泡孔中的空气被间歇地压缩和释放，通过能量转换过程能量减少；③声能通过泡孔壁的共振转化为机械能和热能。因此，吸声聚合物泡沫通常具有两种消声功能，即流体域（如空气）中的结构阻尼和固体域（如聚合物基体）中的材料阻尼。

对于结构阻尼，由于微尺度多孔结构的复杂性，声波在多孔介质中主要以相互连通的孔隙间的黏性摩擦和固-气界面热交换的形式耗散。就材料阻尼而言，从空气传播到固体的声波通过分子摩擦以振动形式衰减[8]。结构阻尼和材料阻尼有时分别称为“黏性惯性和热阻尼”与“黏弹性框架阻尼”。黏性惯性，也称为黏性耗散，用黏性系数表示。阻尼通常是指材料在受到振动变形时失去振动能量的能力。阻尼越大，短时间内输入系统的能量损失就越多，这意味着系统从激发振动中恢复的时间越短[9]。

研究发现，吸声聚合物泡沫的泡孔尺寸、泡孔密度、孔隙率、厚度和气流阻力是影响其吸声性能的重要因素。为了调控聚合物泡沫的吸声性能，需要建立准确的吸声模型，以实现聚合物泡沫多孔结构的合理设计。

目前，多孔材料的吸声模型分为理论吸声模型、经验吸声模型和半经验吸声模型[10]。理论吸声模型解释了声波在多孔材料中耗散的物理过程。通过研究声波在圆柱形通孔中的传播过程，并在圆柱形通孔的基础上考虑空气黏性和热传导效应，结合孔隙率、平均孔径和材料厚度提出了吸声圆管模型。

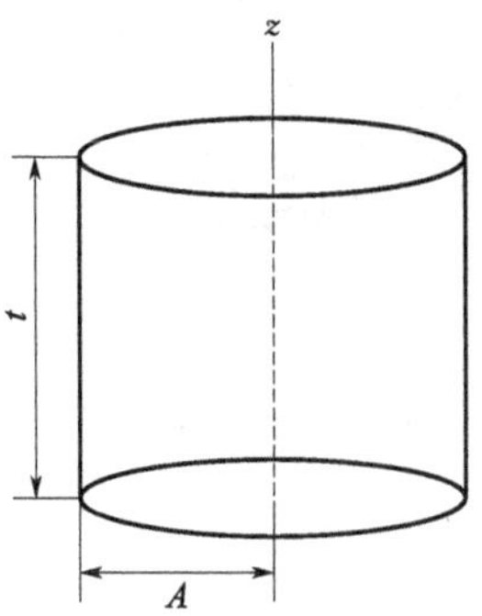

图 4-4　吸声圆管模型示意图

在吸声圆管模型中，将圆管的半径设为 A，长度设为 t，两者都远小于声波的波长。如图 4-4 所示，在圆柱坐标系中，管轴为 z 轴，管中某一点到轴的距离是直径坐标 r。管中的空气被认为是大量圆柱层的堆叠[11]。

根据欧拉运动方程和连续性方程，可以得到管内空气的运动方程为：

$$j\omega\rho_0 u-\frac{\eta}{r}\frac{\partial}{\partial r}\left(r\frac{\partial u}{\partial x}\right)=\frac{\Delta p}{t} \tag{4-1}$$

式中，η 为 15 ℃下空气的黏度系数，数值为 $1.85\times10^{-5}\ \mathrm{kg\cdot s^{-1}\cdot m^{-1}}$；$\rho_0$ 为空气密度；Δp 为微管两端的声压差；u 是空气沿轴向的粒子速度；r 是径向直径；t 是管长度；ω 为声波振动的角频率，$\omega=2\pi f$。管内声波的复值密度可表示如下，其中 k 为波数。

$$\rho=\rho_0\left[1+\left(3^2+\frac{k^2}{2}\right)^{-\frac{1}{2}}+\frac{8\eta}{j\omega\rho_0 A^2}\left(1+\frac{k^2}{32}\right)^{\frac{1}{2}}\right] \tag{4-2}$$

在圆管中，上式可简化为

$$\rho=\rho_0 X \tag{4-3}$$

声阻抗率：

$$Z=\sqrt{K_{\mathrm{T}}\rho}=\rho_0 c_0 X^{\frac{1}{2}}\left[\gamma-(\gamma-1)\frac{1}{X}\right]^{-\frac{1}{2}} \tag{4-4}$$

压缩模量：

$$K_{\mathrm{T}}=\rho_0\left(1-\frac{\gamma-1}{\gamma}\frac{1}{X}\right)^{-1} \tag{4-5}$$

声速：

$$c=\sqrt{K_{\mathrm{T}}/\rho}=c_0(\gamma X-\gamma-1)^{-\frac{1}{2}} \tag{4-6}$$

在公式中

$$k=d\sqrt{\frac{\omega\rho_0}{4\eta}} \tag{4-7}$$

吸声圆管模型假设泡沫中的孔为管状孔。然而，在聚合物泡沫中存在大量具有球形或多边形泡孔结构的开孔和闭孔。因此，在吸声圆管模型中引入结构因子进行修正。结构因子是由泡沫中泡孔的微观形态决定的参数，能够提升修正模型的准确性[12]。

典型的经验模型是通过对不同密度的羊毛样品进行大量试验总结而建立的 Delany-

Bazley 模型。该模型的基本原理是幂律关系，特性阻抗 $Z_c(\omega)$ 和传播常数 γ 与多孔材料的静态气流阻力有关，其表达式如下[13]：

$$Z_c(\omega)=\rho_0 c_0[1+0.0571(\rho_0 f/\sigma)^{-0.754}-i0.087(\rho_0 f/\sigma)^{-0.732}] \tag{4-8}$$

$$\gamma=\frac{\omega}{c_0}[1+0.098(\rho_0 f/\sigma)^{-0.7}-i0.189(\rho_0 f/\sigma)^{-0.595}] \tag{4-9}$$

$$z_s=z_c\cot(-ik_c l_s) \tag{4-10}$$

式中，ρ_0 为空气密度；ω 为角频率；c_0 是多孔环境中的声速；f 是频率；σ 为静态气流阻力。经验模型通常从宏观角度考虑多孔材料，因此忽略了波在孔隙中的传播特性。然而，引入 Z_c 和 γ 值可以提供精确到数量级的预测，因此经验模型仍被广泛使用。

半经验吸声模型结合了理论模型和经验模型的优点。由 Zwikker 和 Kosten 提出的理论吸声模型与实验相结合能够计算有效密度 $[\rho(\omega)]$ 和体积模量 $[K(\omega)]$[9,14]。刚性多孔材料的 Johnson Champoux Allard(JCA) 模型是经典的半经验吸声模型。通过定义与材料微观几何结构、流体运动和热传导相关的宏观声学参数，给出了计算多孔材料 $\rho(\omega)$ 和 $K(\omega)$ 的公式[14,15]。

$$\rho_e(\omega)=\frac{\alpha_\infty \rho_0}{\phi}(1+\frac{\sigma\phi}{i\omega\rho_0\alpha_\infty}\sqrt{1+\frac{4i\alpha_\infty^2\eta\rho_0\omega}{\sigma^2\Lambda^2\phi^2}}) \tag{4-11}$$

$$K_e(\omega)=\frac{\gamma p_0}{\phi}\left[\gamma-(\gamma-1)\left(1+\frac{8\eta}{i\Lambda'^2 N_{pr}\omega\rho_0}\sqrt{1+\frac{i\rho_0\omega N_{pr}\Lambda'^2}{16\eta}}\right)^{-1}\right]^{-1} \tag{4-12}$$

式中，η 为空气黏度；ρ_0 为空气密度；γ 为比热容比；ω 为角频率；N_{pr} 为普朗特数；p_0 为大气压；α_∞ 为曲折度；Λ 和 Λ' 分别为黏性特征长度和热特征长度。

特性阻抗 Z_c、波数 k 和相应的表面阻抗 Z_s 确定为：

$$Z_c=\sqrt{K_e(\omega)\rho_e(\omega)} \tag{4-13}$$

$$k=\omega\sqrt{\rho_e/K_e} \tag{4-14}$$

$$Z_s=-jZ_c\cot k_c d \tag{4-15}$$

式中，d 为板厚；Z_s 为表面阻抗。因此，吸声系数可按式(4-15) 计算。

$$\alpha=1-\left|\frac{Z_s-\rho_0 c_0}{Z_s+\rho_0 c_0}\right|^2 \tag{4-16}$$

式中，c_0 表示空气阻抗。

JCA 模型可以描述具有任意形状孔隙的多孔材料的声学黏度和热反射特性。该模型因其在声学特性预测方面的准确性而被广泛应用于声学研究和工程中。

基于 JCA 等效流体模型，Park 等人研究了由聚乳酸（PLA）和聚乙二醇（PEG）制备的双峰泡沫的吸声性能，并采用 JCA 模型和阻抗管理论，基于特征长度模拟了法向入射吸声系数。结果表明，模拟结果与直接测量法向入射吸声系数的结果高度一致，验证了模型的有效性（图 4-5）[16]。

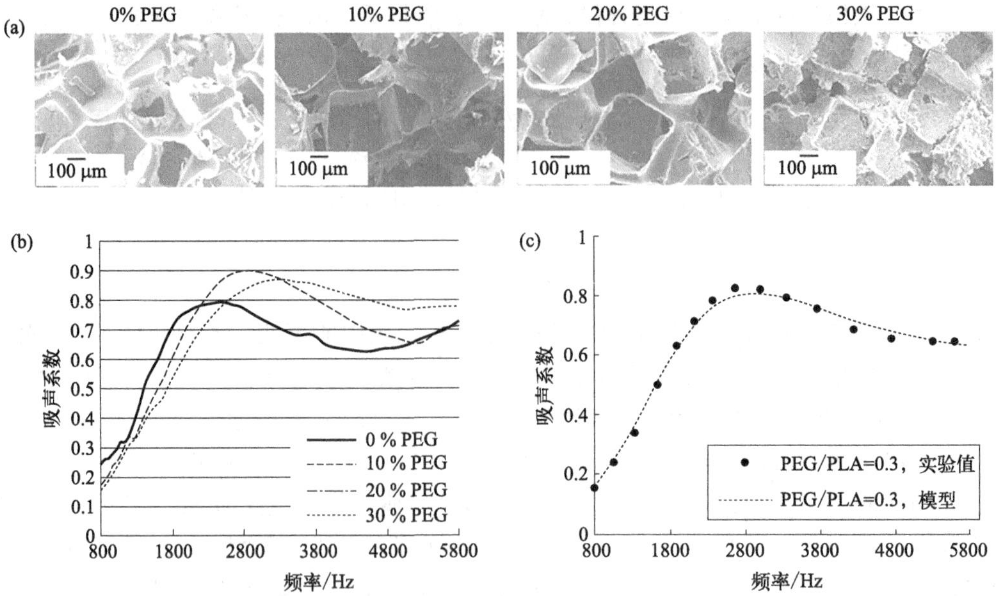

图 4-5 PLA/PEG 泡沫

(a) 具有不同百分比 PEG 的 PLA 泡沫的 SEM 显微照片；(b) 不同泡沫的吸声系数与频率的关系；(c) PLA/PEG 泡沫的声学模拟结果

4.3 吸声性能表征及影响因素

4.3.1 吸声性能表征

(1) 吸声系数 (α)

吸声系数 (α) 是吸声材料最重要的特性参数。当声波撞击材料表面时，总声能可表示为：

$$E_i = E_r + E_a + E_t \tag{4-17}$$

式中，E_i 是总入射声能；E_r 是反射声能；E_a 是吸收声能；E_t 是透射声能。

α 可用材料表面的 E_a 与 E_i 的比值表示

$$\alpha = \frac{E_a}{E_i} \tag{4-18}$$

声压由靠近样品的两个不同位置处的两个麦克风测量。然后根据 ASTM E1050-12 或 ISO 10534，通过调用基于两个麦克风位置之间的压差的传递函数来计算 α[17]。如图 4-6 所示，在吸声系数测量中，材料通常在 125 Hz、250 Hz、500 Hz、1000 Hz、2000 Hz 和 4000 Hz 的音频下进行测试，平均吸声系数 (α) 为吸声系数的算术平均值。一般而言，α 在 0.2 以上的材料被认为是吸声材料，α 大于 0.5 的材料称为高效吸声材料，被认为是理想的吸声材料。

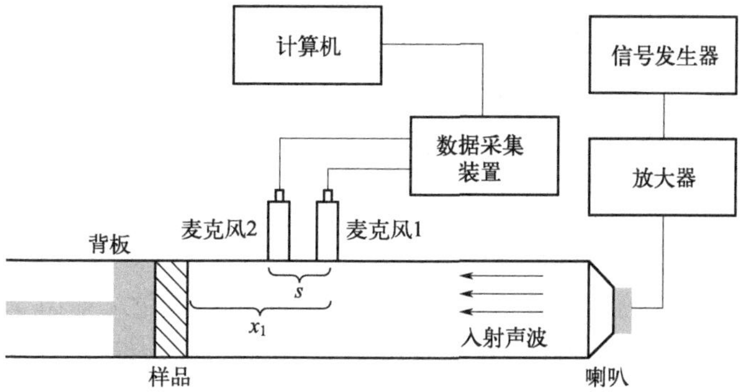

图 4-6 吸声系数测量系统原理图[17]

由于不同频段的吸声系数可能存在显著差异，因此通常采用单独测量的在特定吸收频段的 α 来准确反映特定情况下的吸声特性。基于入射声与反射声在样品表面关系的阻抗管法被广泛用于测量声学材料的吸声系数，其为频率的函数。有时，也称平均吸声系数为降噪系数(NRC)，其是在所有频率处的吸声系数的平均值。

(2) 孔隙率

孔隙率是多孔材料的孔隙体积所占材料体积或质量的比例。通常用以下公式计算：

$$V_f = 1 - \frac{\rho_f}{\rho_s} \tag{4-19}$$

式中，V_f 为泡沫的孔隙率；ρ_f 为泡沫的体积密度；ρ_s 为聚合物基体的固体密度。V_f 通常取至少三次测量的平均值。

(3) 泡孔直径、泡孔密度和开孔率

泡孔直径和密度是用于描述泡孔形态的统计学基本参数。通常从 SEM 图像中测量泡孔直径，并且平均值通常需要来自至少 50 个不同区域的泡孔。可使用以下公式从单位面积中的泡孔数量计算泡孔密度。

$$泡孔密度 = \left(\frac{n}{A}\right)^{3/2} \tag{4-20}$$

式中，n 为 SEM 图像中的泡孔数量；A 为 SEM 图像面积，即固体材料与泡沫样品的密度之比。

通常用 SEM 图像测量泡沫中开孔率，并通过开孔占图像中泡孔总量的百分比来计算。此外，泡沫的开孔率可以按照 ASTM：D6226-10 使用气体体积计测量。

(4) 曲折度 α_∞

曲折度（α_∞）是决定材料吸声性能的重要参数。如图 4-7 所示，其表征了声波在多孔材料内传播的迂回曲折程度，可理解为孔隙通道的伸长。它可以定义为孔隙的实际长度（L）与材料的主体长度（l）的平方之比，如式(4-21) 所示。

$$\alpha_\infty = \frac{L}{l^2} \tag{4-21}$$

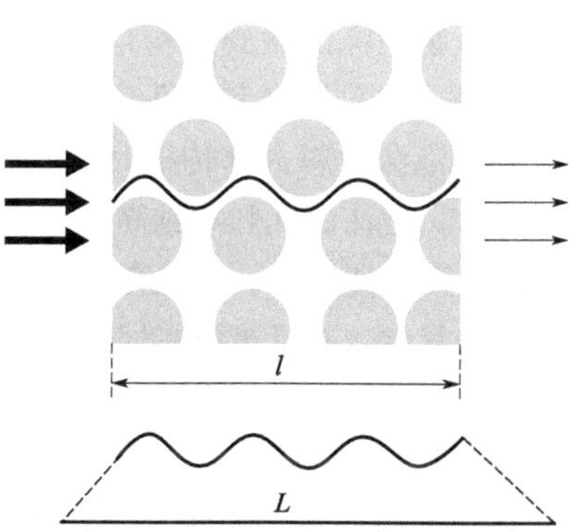

图 4-7 曲折度对声音传播的影响示意图

Allard[14] 利用超声波测速推导出多孔介质中声波的相速度 c_b 与空气中声速 c_0 之间的解析关系，可简写为：

$$\alpha_{\infty}^{2}=\left(\frac{c_0}{c_b}\right)^2(1-2\varphi) \tag{4-22}$$

式中，φ 是损耗角，可根据脉冲阻尼确定。

(5) 气流阻力

气流阻力用于评价空气通过被测试多孔材料的能力，其对材料的吸声性能有重要影响。通常采用水箱法的流阻仪测试系统通过直流（DC）法进行测量。如图 4-8 所示，在控制单向流通过圆柱管的传输时间的条件下，测量试样表面上方和下方的压差水平[18]。气流阻力（R）的单位用 $Pa \cdot s \cdot m^{-3}$ 表示，其计算公式如下：

$$R=\Delta p/q_V \tag{4-23}$$

式中，Δp 是试样两侧的压差；q_V 是通过试样的气流体积速度。

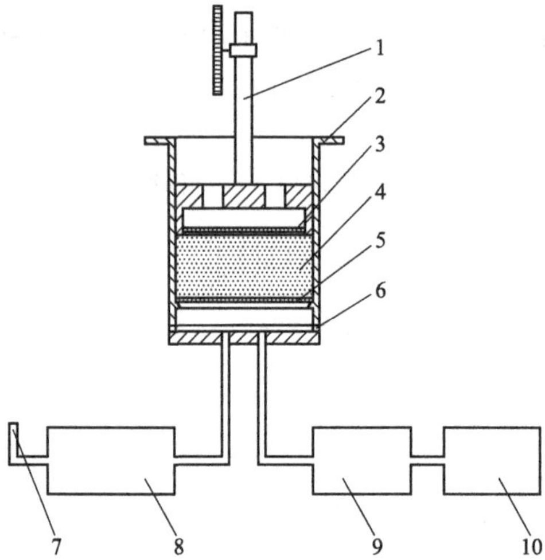

图 4-8　气流阻力测量设备示意图[18]

1—带厚度指示器的活塞；2—测量样品缸筒；3—格栅或穿孔板；4—测试样品；
5—用于支撑试样的格栅或穿孔板；6—密封圈；7—向大气开放；8—压差测量设备；9—流量计；10—供气装置

4.3.2 影响吸声性能的因素

(1) 泡孔形态

聚合物泡沫的微观结构是影响吸声性能的主要因素。表征泡孔形态的参数包括孔隙率、泡孔直径、泡孔密度和开孔率。孔隙率是多孔材料的孔隙体积所占材料体积或质量的比例。当声波在泡沫材料内部传播时，孔隙率是影响声波吸收的重要因素。

通常，泡沫的孔隙率越高，比表面积越大，空气与孔壁之间的摩擦效应越强，其消声效果越好，吸声性能越好。在泡孔尺寸一定的情况下，增加聚合物泡沫的孔隙率，泡沫的三维多孔结构更加复杂，并且声波在通过泡沫的过程中会有复杂的反射，这有利于声能的耗散。然而，研究孔隙率的影响时，需要同时考虑泡孔直径和泡孔形态，因为具有大泡孔尺寸和高孔隙率的泡沫具有低的气流阻力，这意味着透过泡沫的声能（E_t）越高，吸收的声能（E_a）越低。

其他结构因素如泡孔大小、开孔率和泡孔密度起主要作用。泡沫表面大量的开孔结构有利于声波进入多孔材料内部，以最大限度耗散能量[19]。Mosanenzadeh 等人[20] 制备了具有不同孔隙率和开孔率的PP和PLA泡沫，发现具有约93%的高开孔率的泡沫显示出最高的吸声系数。他们还发现，在1000 Hz左右的频率下，吸收率很低；当泡沫厚度限制在大约15 mm时，吸收率较低，同时也验证了JCA模型在吸声性能仿真中的有效性。

Chen等人[21] 在理想条件下，使用周期单孔（PUCs）模型模拟了孔隙率的影响。他们将PUCs模拟为在泡孔壁中具有不同数量孔洞的十四面体。实验结果和模拟结果表明，PU泡沫的吸声性能受泡孔壁上孔洞数量的影响，孔数越多吸声性能越好（图4-9）。这是由于泡孔壁上的孔数越多，越有利于提高气流阻力、曲折度和特征长度。

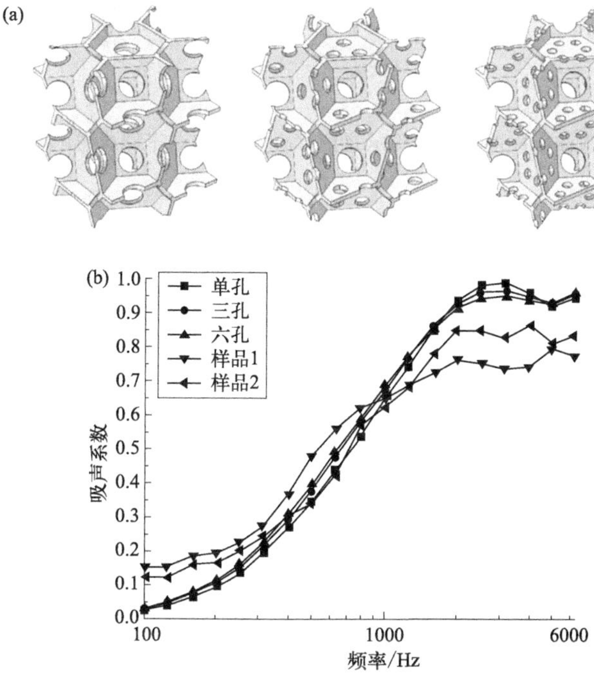

图4-9 PUCs模型模拟[21]

（a）在泡孔壁中具有不同孔数的PUCs模型（如：单孔PUCs模型、三孔PUCs模型和六孔PUCs模型）；（b）样品和模型的吸声系数曲线

（2）聚合物泡沫的几何结构

聚合物泡沫的几何结构对其吸声性能有重要影响。Beranek研究了作为消声器内部装饰的五种不同结构的吸声性能，即：①层状结构；②毯层结构；③填充和半刚性金字塔结构；④楔形结构；⑤锥形金字塔[22]。研究发现，提升吸声性能最有效的结构是楔形结构，其所需的吸收器深度最小，而且能够吸收99%的入射声能[23]。

楔形结构包括：凹型结构和凸型结构。可根据需要改变楔的长度和几何排列。在楔形平面顶部，吸声主体很小，其余为空气，声阻抗从近空气阻抗到多孔材料阻抗逐渐增大，相对变化不明显。根据梯度原理，声波更易于传输到楔形结构中并在较宽范围内被有效吸收[24]。对于凸型结构，吸声系数可能因麦克风的位置而异，因此，在实际应用中，减小凸楔的尺寸能够弱化其影响作用（图4-10）[25]。

Sun等人[26] 研究了聚酰亚胺（PI）泡沫的尖孔对吸声性能的影响。如图4-11所示，与没有楔形空腔结构的泡沫材料相比，凹型楔形空腔结构显著增加了材料吸收声波的比例。这主要是由于声波在楔形结构PI泡沫中的渐变传播使得空气声学介质和吸声材料的阻抗匹配良好，减少了声波的反射，提升了吸声性能。他们还发现，对于具有高孔距的楔形结构 PI 泡沫，从 900 Hz 到 6300 Hz 的吸声系数达到 0.9 左右，几乎消除了共振吸声特性，确保了泡沫的高效吸声行为。

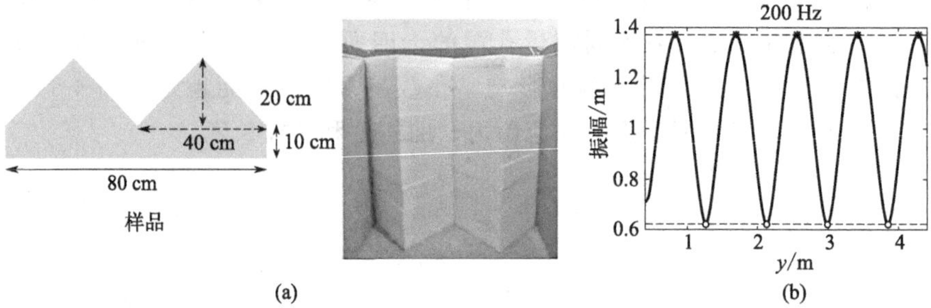

图 4-10 由聚合物泡沫制成的楔形结构示意图（a）和沿泡沫不同位置的吸声系数（b）[25]

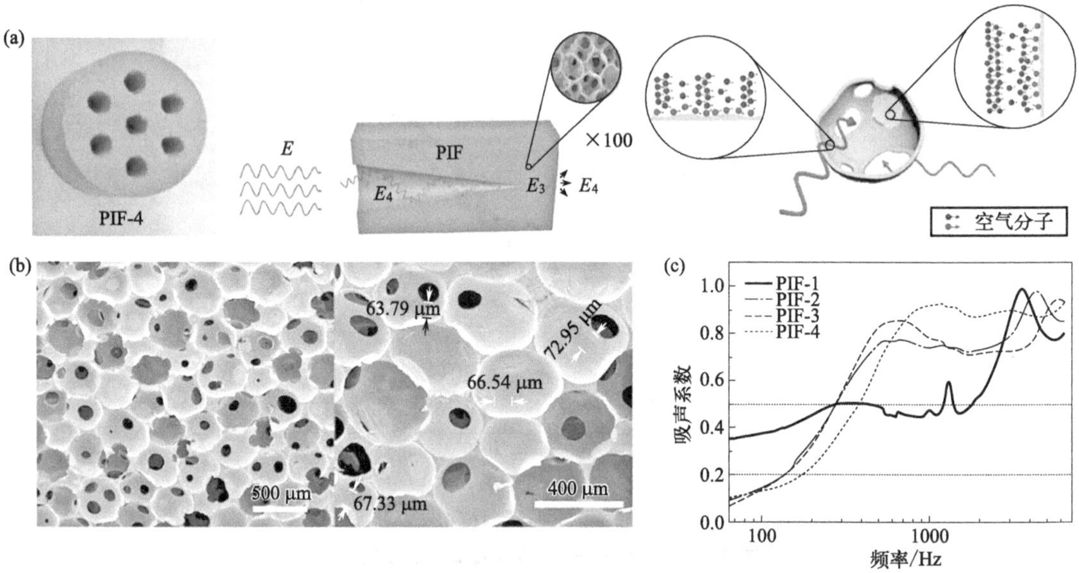

图 4-11 由高孔隙率 PI 泡沫制成的楔形结构吸声机理（a）、PI 泡沫的微观结构（b），以及不同孔距 PI 泡沫的吸声系数（c）[26]

Tang 等人[27] 开发了一种具有深亚波长尺度的超稀疏卷曲声学表面，以实现宽频带吸声。如图 4-12（a）所示，卷曲腔可作为空气背景中的声学完美匹配层。通过独立调节输入通道的狭缝宽度和相邻吸收器之间的周期长度，卷曲腔结构在 226～304 Hz 的宽频带内获得了 93%的平均吸收率。研究通过耦合模式理论（CMT）验证了实验结果。此外，所提出的吸波器设计对声波的入射角不敏感［图 4-12(b)］。

(3) 气流阻力

气流阻力表示通过泡沫材料的稳态气流阻力，其受泡孔尺寸、泡孔密度、孔隙率和开孔率的影响。材料的吸声性能可通过气流阻力来评价。当气流阻力较低时，声波通过泡沫材料时速度并不减慢，内摩擦和黏滞力较低，因此，声能损失较小，这对应于低吸声。在气流阻力较大的情况下，声波进入泡沫材料的能力降低，它们或者从材料反射回来或者被迫进入结构内[28]。由于气流阻力对吸声性能影响很大，要获得具有良好吸声性能的泡沫材料，应在合理的范围内选择泡沫材料的气流阻力。

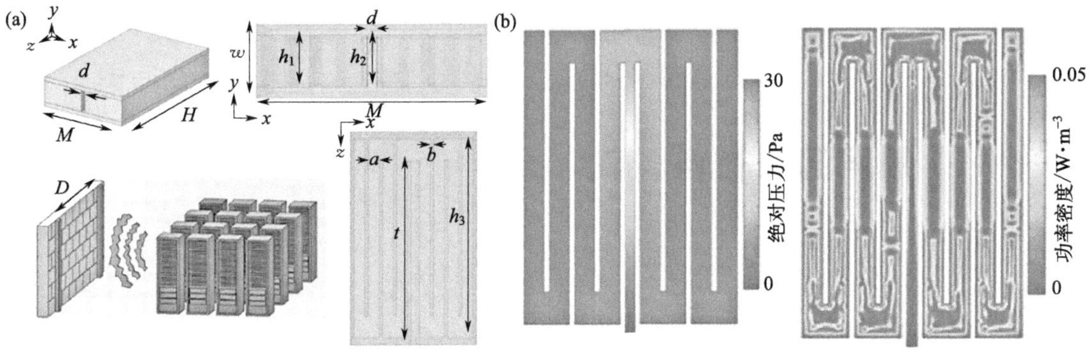

图 4-12　卷曲腔结构[27]

(a) 卷曲腔结构示意图；(b) 卷曲腔的绝对压力场和热损失功率密度

(4) 曲折度

曲折度是描述声波通过泡沫材料时的弯曲流体路径的无量纲量，一般为泡沫材料的实际路径长度与线性路径长度的比率，其范围从 1（低密度纤维材料）到 10（部分网状泡沫）。曲折度越大，声音衰减越大，吸声性能越好。Oh 等人利用二维褶皱氧化石墨烯（GO）制备了基于三维负泊松比泡沫的高效吸声减震器。研究发现，研制的褶皱 GO 包覆的负泊松比聚氨酯泡沫（AGPUF）在 2236 Hz 的频率下达到 99.7%的优良吸声系数。其优良的吸声性能主要归因于高曲折度的三维负泊松比结构，能够通过扭曲的通道以及入射波和反射波的多重散射大大提高吸声性能。此外，所有负泊松比泡沫的吸声系数均远高于纯 PU 泡沫（图 4-13）[29]。

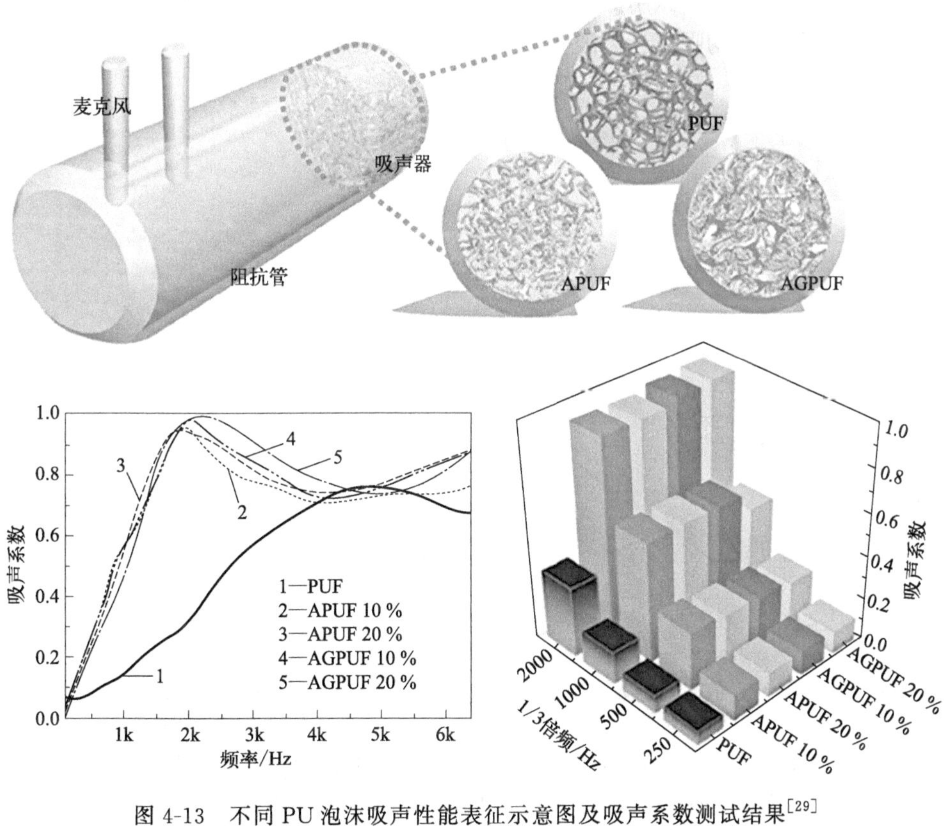

图 4-13　不同 PU 泡沫吸声性能表征示意图及吸声系数测试结果[29]

4.4 吸声泡沫材料

4.4.1 吸声陶瓷

陶瓷泡沫是一类多孔无机材料，其性能不仅与材料的组成有关，还与孔隙率、孔结构、孔径和孔分布密切相关。陶瓷泡沫通常具有低成本、无毒、无味、不可燃、防水、抗腐蚀、高硬度和高强度的优点，这使得它们非常适合在极端条件下降低噪声。此外，许多陶瓷泡沫在用作吸声材料的同时，还可以用作结构材料和隔热材料，具有多功能特性。

在陶瓷泡沫的制备中，多孔网络通常在低温合成过程中形成，经煅烧后易分解气化的部分被去除，从而形成多孔网络陶瓷泡沫的骨架以及孔隙结构。陶瓷泡沫的泡孔可以从纳米孔、介孔到微孔，陶瓷前驱体中的泡孔通常使用发泡剂、机械搅拌或致孔剂来产生[30]。Liu 等人[31]将天然沸石粉末与黏合剂、添加剂和致孔剂混合，通过模塑、干燥和烧结制备陶瓷泡沫。他们研究了孔隙大小对吸声性能的影响。将不同尺寸（例如 4～5 mm 和 1～2 mm）的致孔剂与天然沸石粉末混合，得到孔隙大小不同的陶瓷泡沫［图 4-14(a)］。研究发现，在孔隙率大致相同的情况下，孔隙较大的陶瓷泡沫制品的吸声性能优于孔隙较小的陶瓷泡沫制品。对于具有相同孔隙大小的陶瓷泡沫，平均吸声系数随孔隙率的增加而增加［图 4-14(b)］。

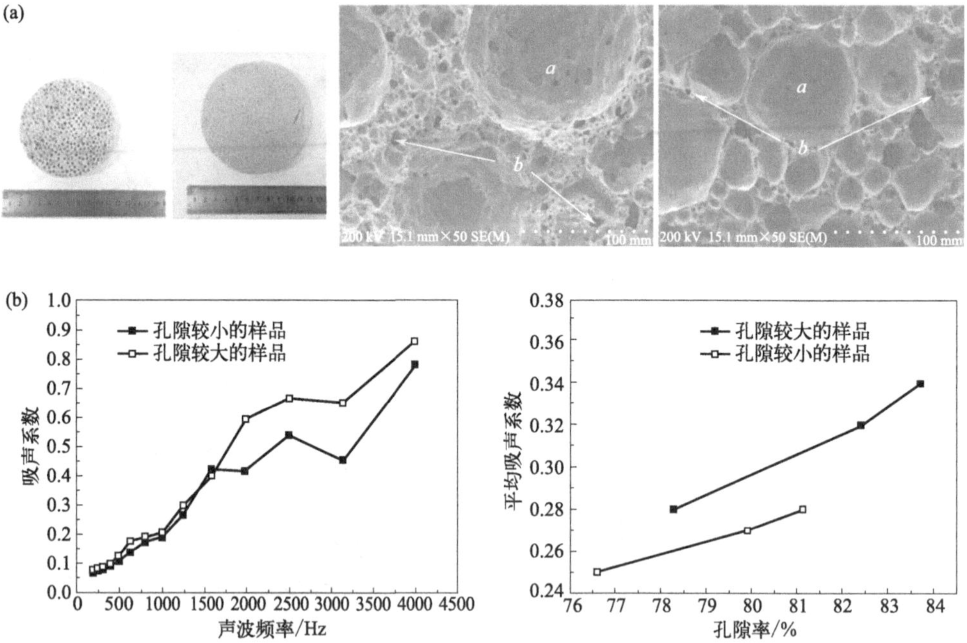

图 4-14 陶瓷泡沫不同孔隙大小及孔隙率对吸声性能的影响[31]

(a) 不同烧结温度下制备的具有较大和较小孔隙的陶瓷泡沫样品的数码照片和 SEM 照片，a、b 分别指形成的大孔和小孔；(b) 孔隙率和孔隙大小对陶瓷泡沫平均吸声系数的影响

Du 等人[32] 制备了具有不同孔隙率、孔径和厚度的氮化硅（Si_3N_4）陶瓷泡沫。他们研究了结构参数对高孔隙率 Si_3N_4 陶瓷泡沫吸声性能的影响。陶瓷泡沫具有均匀的泡孔结构，泡孔表面由微型晶体组成［图 4-15(a)］。研究发现，孔隙率相对较高、孔径较小的陶瓷泡沫在几乎整个频率范围内都具有较高的吸声性能。Si_3N_4 陶瓷泡沫的吸声系数随着孔隙率的增加和孔径的减小而增大［图 4-15(b) 和 (c)］。此外，较厚的样品通过将吸声峰值移动到较低的频率来增加低频吸声系数。进一步在陶瓷泡沫中引入孔隙实现了低频或中频声波的选择性吸收。

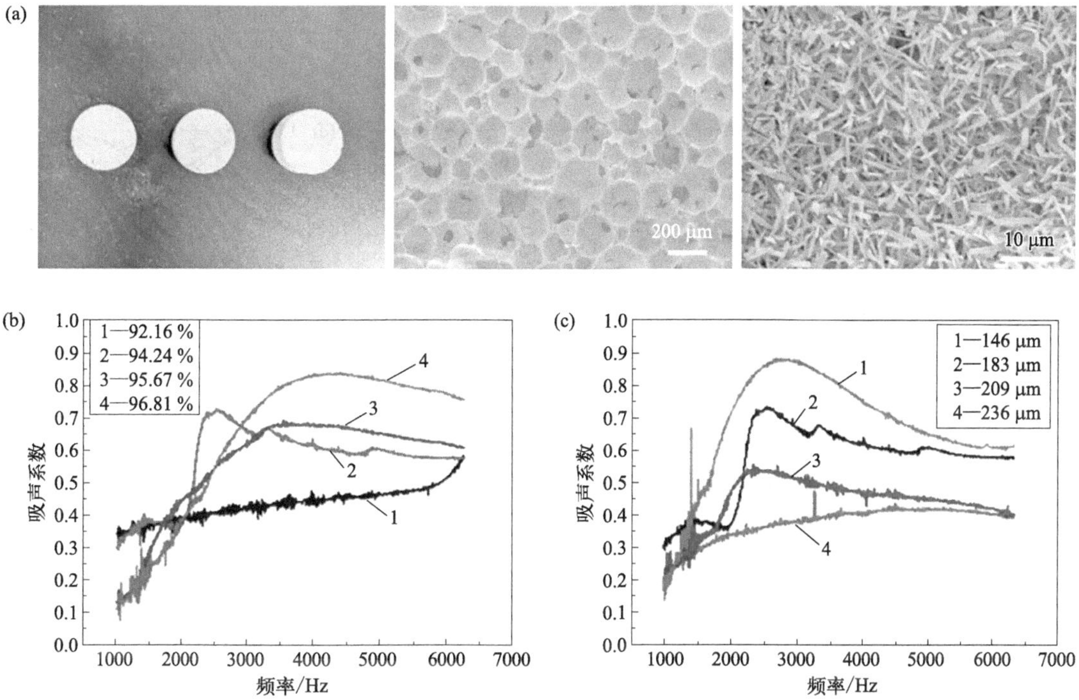

图 4-15 Si_3N_4 陶瓷泡沫[32]

(a) Si_3N_4 陶瓷泡沫的照片和 SEM 图像；(b) 不同孔隙率陶瓷泡沫的吸声系数；(c) 不同孔径陶瓷泡沫的吸声系数

4.4.2 吸声金属泡沫

具有开孔或半开孔的金属泡沫也可用作吸声材料。由于金属泡沫具有很高的导电性，因此在作为吸声材料的同时，也经常用作电磁干扰（EMI）屏蔽材料。与弹性泡沫相比，金属骨架相对较大的刚度限制了金属本身对声波的直接机械阻尼。因此，金属泡沫的吸声性能一般是通过以下三种模式实现的：①压力波抽吸空腔中空气时的黏性损失；②热弹性阻尼；③亥姆霍兹型谐振器[33]。

Yu 等人[34] 通过模板法使用开孔 PU 泡沫作为模板由 Inconel625 高温合金制成功能梯度泡沫。他们利用多种泡孔尺寸的 PU 泡沫制备了具有不同泡孔尺寸的合金泡沫，并以多种方式将这些泡沫组合以研究泡沫排列对吸声性能的影响规律。如图 4-16(a) 和 (b) 所示，制备的金属泡沫显示出高度多孔结构，泡沫骨架上存在微凸起。研究发现，将孔径较小的泡沫层放置在靠近声源的位置有利于通过类共振效应提高吸声系数，并且可以通过改变不同孔径泡沫的排列来调节吸声性能［图 4-16(c)］。在类共振效应的作用下，功能梯度泡沫的低频吸声性能得到明显提高，这与数学模型的模拟结果保持一致［图 4-16(d)］。

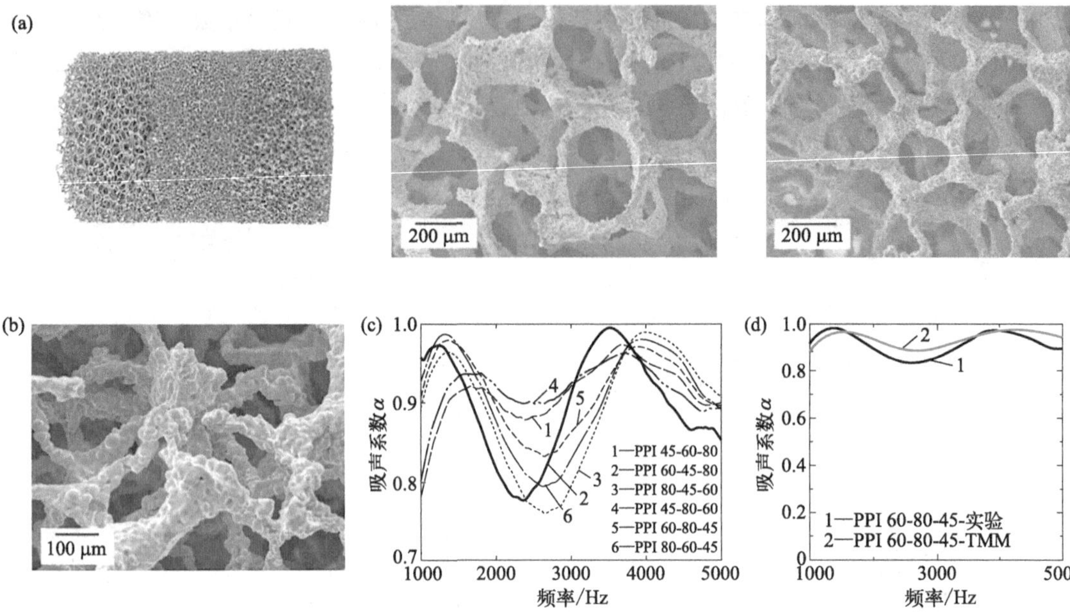

图 4-16 功能梯度泡沫[34]

(a) 和 (b) 功能梯度泡沫样品和具有不同孔径的金属泡沫的 SEM 图像；(c) 厚度为 60 mm 的功能梯度金属泡沫的吸声系数分布，其中金属泡沫在 45、60 和 80 的各层的厚度为 20 mm；(d) 金属泡沫的实验和模拟吸声系数曲线

为了增强声波的机械阻尼，Cops 等人[35] 将 PU 泡沫嵌入开孔金属泡沫中，以构建双网络复合泡沫。如图 4-17(a) 所示，由于复合泡沫中填充了孔径较小的 PU 泡沫，与原始金属泡沫相比，复合泡沫的吸声系数显著增加。双网络虽然降低了空气的体积分数，但增加了边界层的热损失和黏性损失，从而增加了吸声系数。与原始金属泡沫相比，复合泡沫在低频范围内将吸声系数从 0.1 提高到 0.6，在较宽频率中将平均吸声系数从 0.2 提高到 0.4［图 4-17(b)］，其吸声机制包括了孔隙界面处的热黏性效应、泡沫弹性导致的结构阻尼效应和耦合效应。

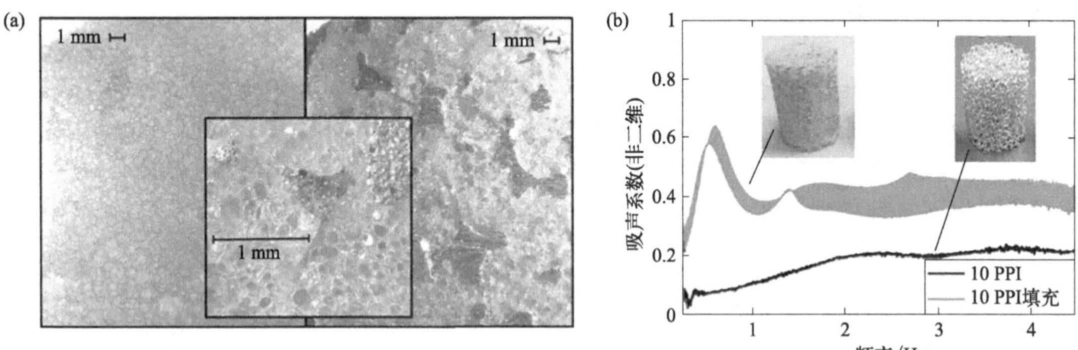

图 4-17 双网络复合泡沫[35]

(a) 纯柔性泡沫和填充有柔性泡沫的复合泡沫的光学显微镜图像；(b) 金属泡沫和 PU 填充复合泡沫的吸声系数测试结果

4.4.3 吸声聚合物泡沫

聚合物泡沫具有密度低、成本低、微孔结构可控、弹性好等优点，在降噪领域得到了广泛应用。如前文介绍，聚合物泡沫的吸声性能在很大程度上与其微观结构有关。因此，多数研究集中在通过调控聚合物泡沫的结构来优化泡沫的吸声性能。

例如，Naguib 等人[36] 使用不同尺寸的盐颗粒作为致孔剂制备多孔 PLA 泡沫，并控制 PLA 与盐的质量比为 1∶9，以确保高度多孔的开孔结构和恒定孔隙率［图 4-18(a)］。气流阻力结果表明，具有细孔和分级孔的 PLA 泡沫的气流阻力最高，而具有大孔的泡沫气流阻力最低，这是由于大孔泡沫的曲折度较低［图 4-18(b)］。与均匀孔尺寸的 PLA 泡沫相比，通过优化的分级结构 PLA 泡沫的最大吸声系数能够提高 20%，平均吸声系数能够提高 9%。

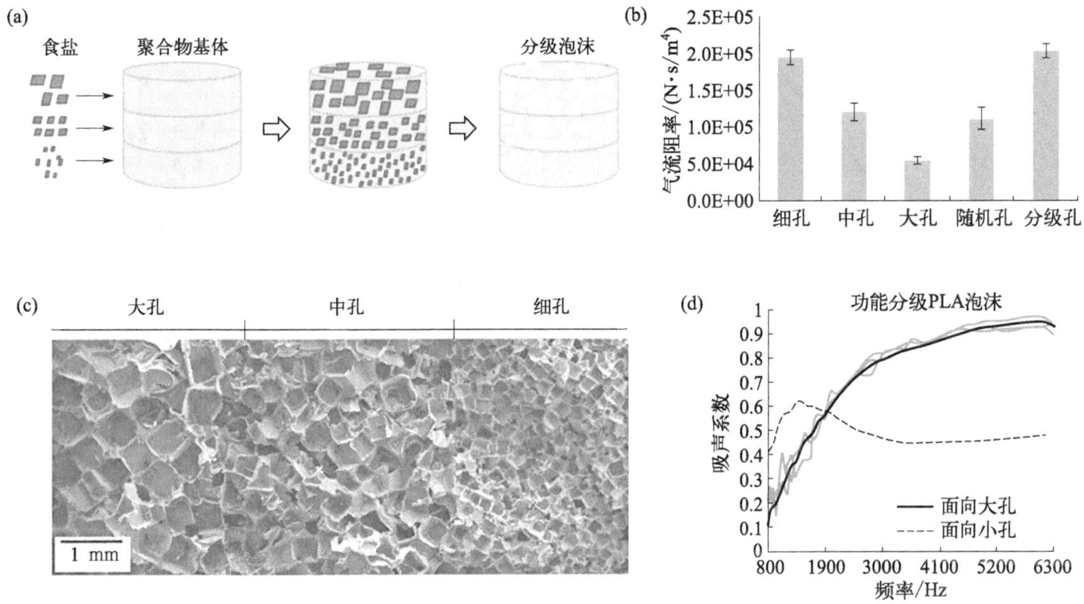

图 4-18 PLA 泡沫[36]

(a) 粒子沥滤技术制备 PLA 多孔泡沫示意图；(b) PLA 泡沫的气流阻力结果；

(c) 梯度 PLA 泡沫的 SEM 照片；(d) 梯度 PLA 泡沫的吸声系数与频率的关系

考虑到聚合物泡沫基吸声材料的机械强度和减震性能较低，Oh 等人[37] 通过非溶剂诱导相分离，开发出一种多用途的负泊松比泡沫材料，泡沫表面具有高度有序的蜂窝状凹面花纹。图 4-19(a) 为负泊松比泡沫的制造过程和相应的微观结构。研究发现，通过改变非溶剂比可以控制凹面微图案的尺寸，并且所构建的凹面微图案大大提高了泡沫的机械强度和能量吸收。研制的泡沫还表现出显著增强的吸声性能，平均吸声系数提高了 37.5%，而影响吸声性能的主要因素包括了曲折度、孔隙率、表观密度和总孔面积。在所有泡沫中，使用 15%改性溶液制备的负泊松比泡沫具备最高的曲折度（3.72）和较高的平均吸声系数（SAC=0.712）［图 4-19(b)～(d)］。

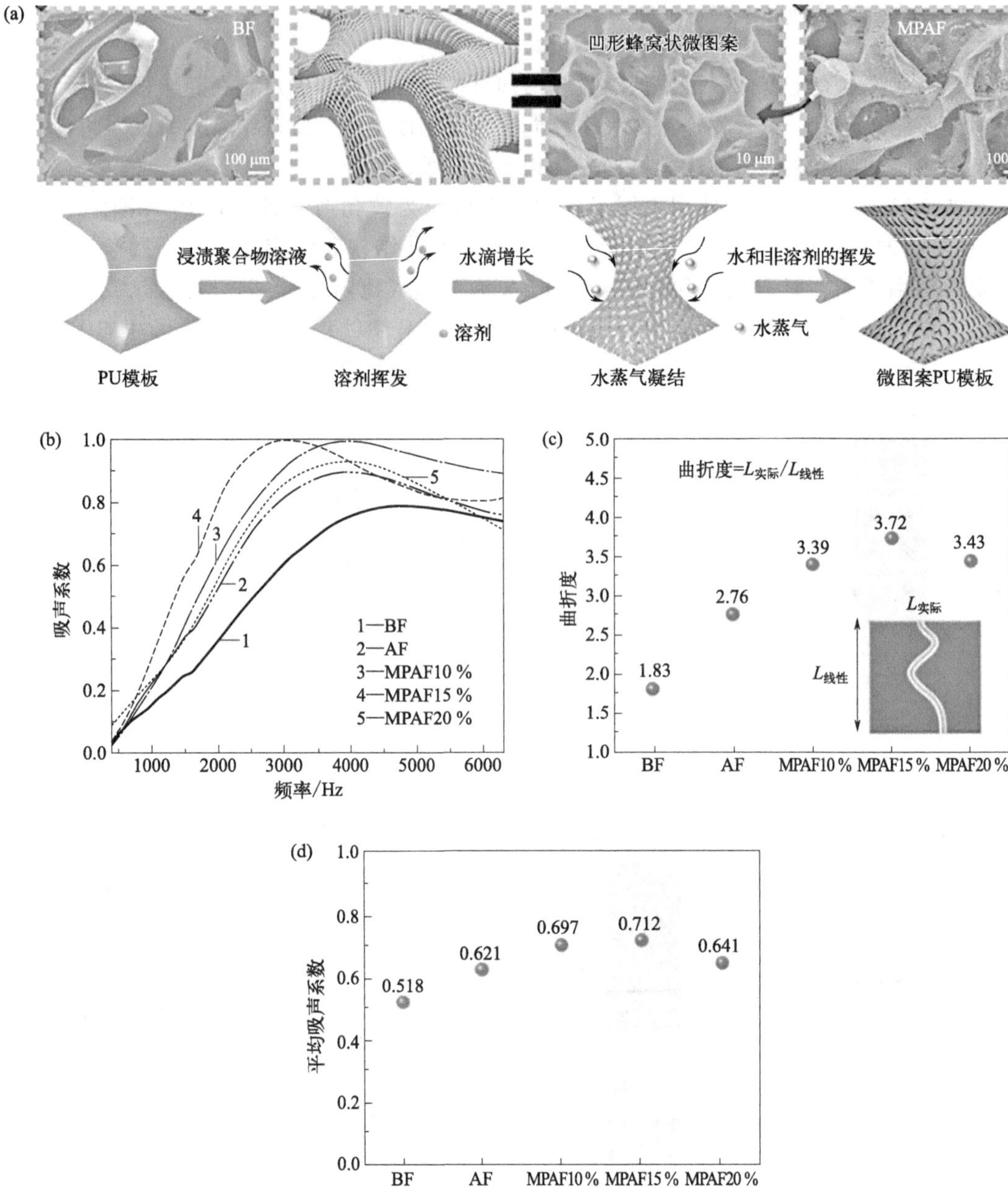

图 4-19 负泊松比泡沫[37]

(a) 微图案负泊松比泡沫的制备过程示意图和对应的 SEM 照片；(b) 125～6400 Hz 频率对应的吸声系数测量值；(c) 不同样品的平均曲折度；(d) 不同样品的 SAC

4.4.4 吸声聚合物复合泡沫

构建聚合物复合材料是整合材料中不同组分优势的有效途径。在吸声聚合物泡沫的制备过程中，通过向聚合物基体中引入不同的聚合物相或添加剂来改变泡沫的微观结构，这能够有效提升泡沫的吸声性能。例如，Yao 等人[38] 将 PU、PVDF 和多壁碳纳米管（MWCNT）结合开发了一种复合泡沫。研究发现，PVDF 在 PU 支架上形成独立的不相容相，在声波入射时复杂的表面多相结构能够产生界面阻尼和局部压电阻尼效应。而 MWCNT 的引入进一步促进了由局部压电效应产生的电荷耗散。当 PU/PVDF/MWCNT 的组成为 83∶15∶2 时，复合泡沫在 1 kHz 时达到最大吸声系数（0.85），显著高于 PU 泡沫。类似地，Kim 等人[39] 发现，向 PU 泡沫中加入油酸处理的 $CaCO_3$ 填料能够降低泡沫的开孔率，从而提升气流阻力，获得较高的吸声系数。

低频声波吸收对于被动吸声聚合物泡沫来说是一个挑战，因为在低频区域材料的耗散较弱[40]。Kim 等人[41] 开发了一种由石墨烯泡沫（GF）、碳纳米管（CNT）和聚二甲基硅氧烷（PDMS）组成的复合泡沫，以增强对低频声波的吸收。图 4-20(a) 为采用模板定向化学气相沉积（CVD）法制备蜂窝状 GF 的方法示意图。用镍泡沫作为骨架，通过 CVD 法制备石墨烯层，最后将溶剂稀释的 PDMS（含和不含 MWCNT）渗透到 GF 的多孔结构中制备复合材料。研究发现，GF/PDMS 复合泡沫的吸声系数远高于纯 PDMS 泡沫［图 4-20(b)］。GF/CNT/PDMF 复合泡沫呈现出高度多孔结构，且 CNT 纳米颗粒出现在支柱表面［图 4-20(c)］。此外，复合泡沫的孔隙率对吸声性能有显著影响。孔隙率为 51.5%，厚度为 1.6 mm 的泡沫具有最高的吸声系数，在 100～200 Hz 的低频范围内，吸声系数最高达 70%［图 4-20(d)］。

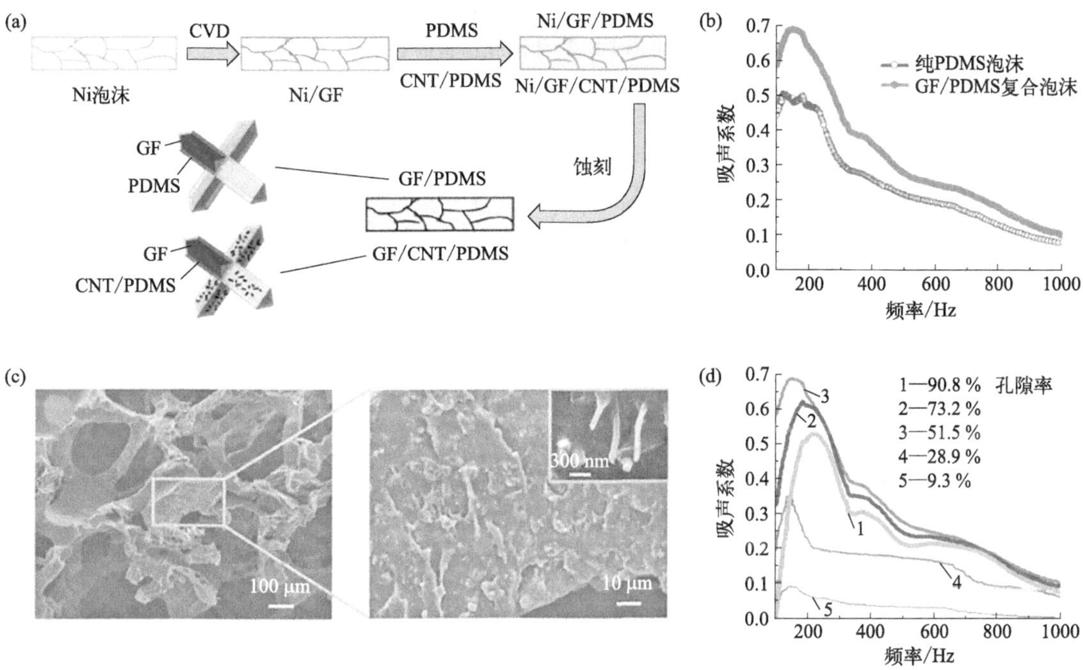

图 4-20 GF/CNT/PDMF 复合泡沫[41]

(a) 复合泡沫的制备工艺；(b) GF/PDMS 复合泡沫和纯 PDMS 泡沫的吸声系数；
(c) GF/CNT/PDMF 复合泡沫的 SEM 图像；(d) 具有不同孔隙率的 GF/CNT/PDMF 复合泡沫的吸声系数

为有效吸收低频声波，Katbab 等人[42] 开发了一种基于乙烯-丙烯二聚体（EPDM）橡胶弹性体的 MWCNT 填充纳米复合泡沫。研究发现，MWCNT 添加量为 0.1%时，橡胶复合泡沫在 500～1000 Hz 频率范围内吸声系数较高，其尖锐的吸声系数峰值可达 0.98。其吸声性能主要源于柔性孔壁的振动和变形对声波能量的耗散。此外，引入 MWCNT 纳米粒子后，具有精细的网状蜂窝结构的高弹基体、高孔隙率和气流电阻率导致声音衰减指数达到

27～33 dB（图 4-21）。MWCNT 纳米粒子的加入还增加了泡沫结构中的泡孔数量，提升了曲折度和声阻尼，从而导致声波传播路径增大，促进了声能向热能的转化[43]。

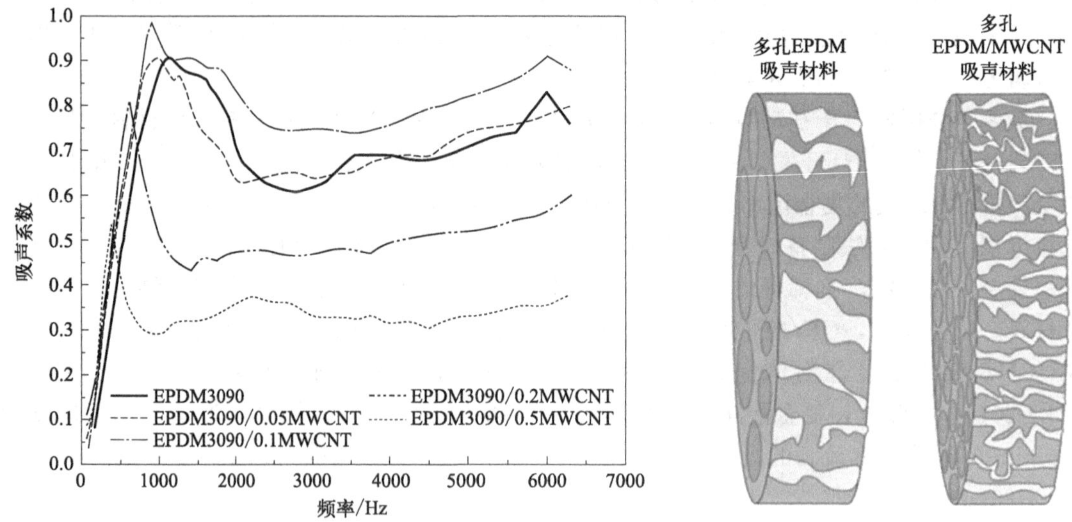

图 4-21　不同 EPDM/MWCNT 复合泡沫的吸声系数与频率的关系，以及 MWCNT 对 EPDM 泡沫泡孔结构的影响示意图[42]

Yu 等人[44] 研究了二氧化硅气凝胶尺寸对矿物聚合物泡沫气凝胶（GFAR）隔热和吸声性能的影响。他们发现，较大的二氧化硅气凝胶颗粒更有利于吸声和隔热，而较小的气凝胶颗粒对隔热性能的影响较小。具有适当数量的小于 700 μm 的小孔的复合泡沫获得了 0.51 的平均吸声系数、715.2 $kg \cdot m^{-3}$ 的较低密度，该多孔结构有利于空气分子与孔壁的振动的相互作用并促进声能向热能的转化。

4.5　吸声聚合物泡沫的制备方法

4.5.1　化学发泡

化学发泡是在聚合物基体中通过化学反应产生泡孔的发泡方法。产生气体的化学反应可以是发泡剂的热分解或产生气体的缩聚反应，例如 PU 泡沫的原位化学发泡。使用化学发泡剂的发泡方法具有适用性广、装置简单的优点，但存在着诸如发泡温度窗口窄和有毒挥发物排放等缺点。

在聚合反应发泡中，由于聚合物在发泡过程或固化过程中逐渐硬化和固化，需要随反应基质的黏度变化对发泡过程进行精确控制。为了平衡基体聚合和泡孔膨胀过程，通常需要加入少量的催化剂和泡沫稳定剂（或表面活性剂）。聚合反应发泡中有时也会添加发泡剂、水和挥发性试剂等，以提高泡沫膨胀倍率或控制开孔率。该方法常用于合成 PU 泡沫、三聚氰胺泡沫、PI 泡沫、硅橡胶泡沫和其他橡胶泡沫。它的缺点是聚合物选择有限，使用有机溶剂，催化剂和未反应单体残留，且反应过程复杂，控制难度大。

目前，化学发泡在吸声聚合物泡沫生产中仍然占有很大的比重，许多研究课题依然针对化学发泡聚合物泡沫开展。例如，Guo 等人[45] 将天然丝瓜籽油（LSO）引入 PU 泡沫合成中，制备了一种新型 LSO 改性 PU 黏弹性泡沫材料（LSVF）[图 4-22(a)]。制备的 LSVF 呈高度多孔结构，部分开孔 [图 4-22(b)]，随着 LSO 含量从 0 增加至 40%，由于发泡过程中泡孔膨胀时间延长，LSVF 的泡孔直径从 0.33 mm 增加至 0.58 mm，孔隙率从 50.68%增加至 87.69% [图 4-22(c)]。LSO 的引入也使 LSVF 具有粗糙的泡孔表面，从而显著提升了其吸声性能。LSO 含量为 30%的 LSVF 在 2000～5000 Hz 频率范围内具有优异的吸声性能。与未添加 LSO 的泡沫（MPVF）相比，吸声性能平均提高了约 100% [图 4-22(d)]。

Kim 等人[46] 采用化学发泡制备了含有聚硅氧烷丙烯酸填料颗粒的 PU 复合泡沫。如图 4-23(a) 和 (b) 所示，填料含量对泡孔开孔率和泡孔尺寸有较大影响。添加剂颗粒在发泡过程中充当成核位点，当填料含量在 2%以内时，复合泡沫的泡孔尺寸明显减小。但当填料含量超过 2%时，颗粒团聚导致泡孔尺寸增大。当填料含量为 2%时，部分开孔的 PU 泡沫开孔率达到最大值，同时具备了最优的吸声性能。由于其理想的部分开孔结构，在该填料含量下，声学活性和降噪系数均达到最大值 [图 4-23(d) 和 (e)]。

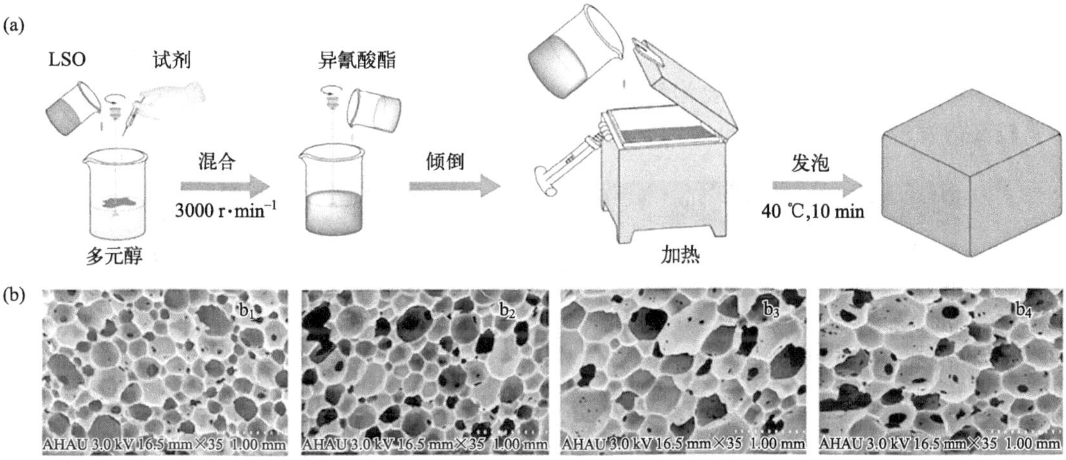

(c)

LSVF和MPVF的表观密度、孔隙率和泡孔直径

泡沫样品	LSO添加量/%	泡孔直径/mm	表观密度/kg·m^{-3}	孔隙率/%
MPVF	—	0.30±0.12	51.10±0.97	53.43±2.92
LSVF-0	0	0.33±0.13	52.98±1.84	50.68±4.67
LSVF-5	5	0.39±0.14	50.48±2.75	57.09±5.95
LSVF-10	10	0.43±0.18	49.54±2.86	63.40±5.36
LSVF-15	15	0.44±0.16	48.16±2.43	70.15±1.66
LSVF-20	20	0.46±0.14	47.50±4.76	72.49±1.45
LSVF-30	30	0.51±0.16	46.03±3.87	77.90±5.65
LSVF-40	40	0.58±0.16	45.37±3.49	87.69±4.22

图 4-22

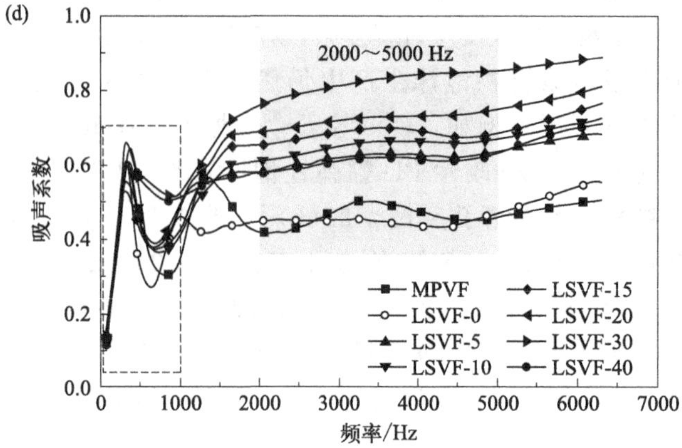

图 4-22 LSO 改性的 PU 黏弹性泡沫[45]

(a) 丝瓜籽油改性 PU 黏弹性泡沫的合成方案；(b) 不同 LSVF 的 SEM 图像和泡孔直径分布；(c) LSVF 和未添加 LSO 的泡沫的表观密度、孔隙率和泡孔直径；(d) LSVF 和未添加 LSO 泡沫的吸声性能

4.5.2 超临界 CO_2 发泡

超临界 CO_2（$scCO_2$）发泡是利用 CO_2 作为物理发泡剂制备内部具有高度多孔结构的聚合物泡沫的方法。与其他物理发泡如机械发泡和挥发性烷烃气体发泡相比，$scCO_2$ 发泡具有危险性低、可重复性高、泡孔尺寸小、综合性能优越的优点。另一种惰性气体 N_2 作为绿色发泡剂也被广泛应用于聚合物泡沫的制备。但由于其在聚合物基体中的溶解度较低，通常需要较高的发泡压力和较长的饱和时间。实际生产中，有时会同时使用超临界 N_2（scN_2）

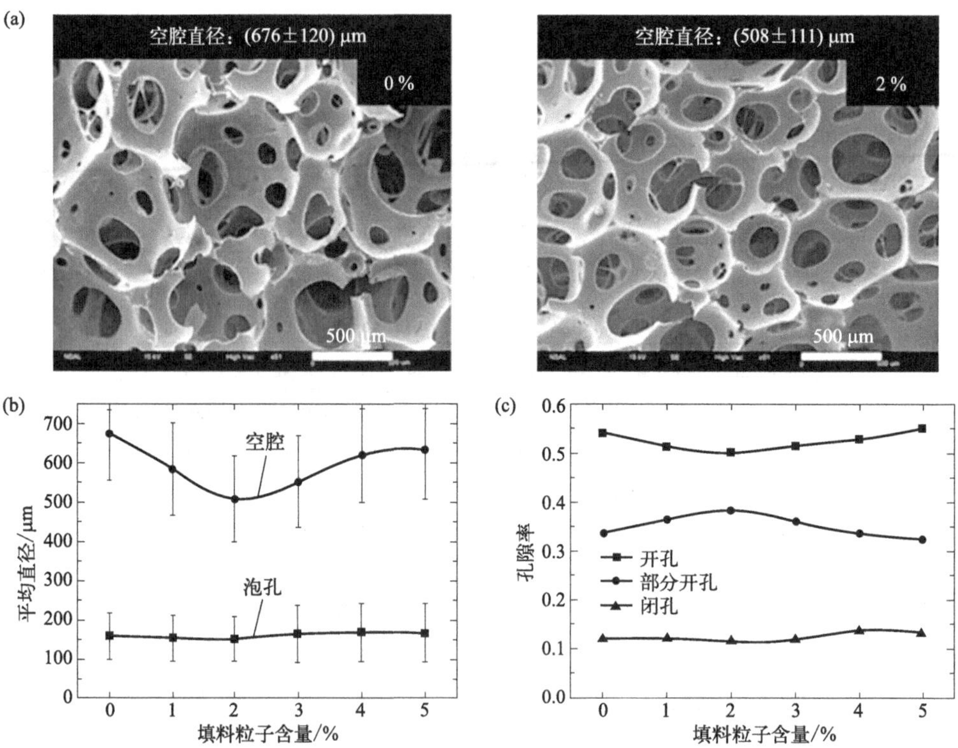

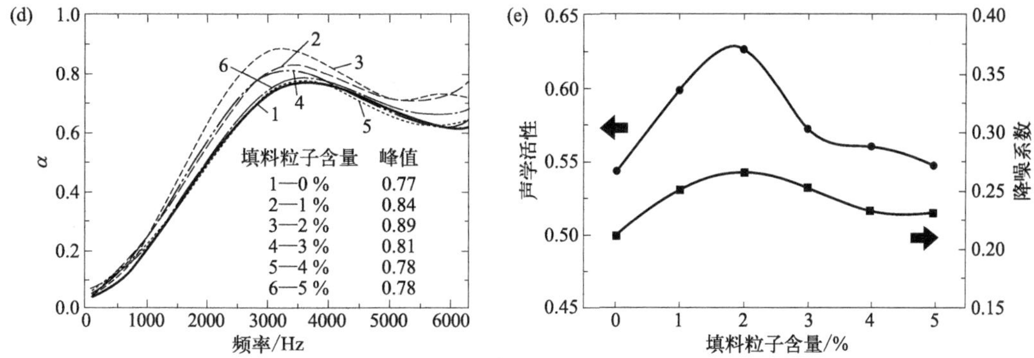

图 4-23 PU 复合泡沫[46]

(a) 具有不同结构的 PU 复合泡沫的形貌；(b) 泡孔和空腔的平均直径；(c) PU 复合泡沫的孔隙率随填料粒子含量的变化；(d) PU 复合泡沫的吸声系数 α；(e) PU 复合泡沫的声学活性和降噪系数随填料粒子含量的变化

与 $scCO_2$ 作为共发泡剂，以生产具有优异性能的聚合物泡沫体。如第 1 章所述，$scCO_2$ 发泡过程主要包括气体溶解、泡孔成核、泡孔生长和固化四个阶段。聚合物泡沫的形态一般可以通过调节发泡过程中的关键参数来控制，包括：饱和温度、发泡温度、气体压力、降压速率、冷却速率，甚至模腔结构。近年来，$scCO_2$ 发泡制备的聚合物泡沫由于其孔隙率高、泡孔尺寸小等优点，在吸声领域得到了越来越多的应用。

Park 等人[47] 开发了一种与传统泡沫注塑机配套的开模技术，以生产 PP 开孔吸声泡沫。在此过程中，采用气体反压技术延缓了聚合物熔体的发泡，有利于改善泡孔形态的均匀性和最终制品的表面质量。当开模距离为 4.5 mm 时，成功制备了开孔率为 67%，发泡倍率为 4.6 的 PP 发泡材料。当开模距离进一步增加时，由于表皮区域的固化和样品中心出现的泡孔裂纹，在泡沫中间形成了空腔结构 [图 4-24(a)]。值得注意的是，具有空腔和高开孔率的泡沫表现出显著的声学性能，并且吸声系数随着空腔深度的增加而增加。在 950～1200 Hz 频率范围内，优化后的中心空腔泡沫的峰值吸声系数为 0.65～0.95，最大传输损耗约为 41 dB [图 4-24(c)]。

类似地，Wang 等人[48] 结合了聚四氟乙烯（PTFE）原位原纤化技术与微孔注射成型（MIM）技术，使用 $scCO_2$ 作为物理发泡剂制备了 PP/PTFE 复合泡沫。在熔融共混过程中，PTFE 组分在 PP 聚合物基体中形成纳米级网络结构，促进了 PP 基体的结晶并提高了其熔体强度，增强了 PP 在 MIM 工艺中的发泡能力。制备的 PP/PTFE 泡沫具有高达 98.3%的开孔率、20.2 的发泡倍率和 $10^8 cm^{-3}$ 的泡孔密度。该泡沫通过降低阻抗和增强黏性耗散实现了高气流阻隔和隔声性能，其平均吸声系数超过 0.5，传输损耗高达 50 dB。

Jian 等人[49] 报道了一种轻质的吸声复合泡沫，其在宽频率带内具有稳定的吸声性能。如图 4-25(a) 所示，采用分离回收的 $scCO_2$ 作为物理发泡剂，通过扭转挤出发泡，成功制备了具有均匀泡孔结构的含有生物基石墨的 PS 复合泡沫。良好的螺杆混合和热管理设计，使得复合泡沫具有可控的泡孔尺寸和泡孔密度 [图 4-25(b)]。生物基石墨的存在改变了 PS 闭孔泡沫的吸声特性，使其从纯 PS 闭孔泡沫共振的吸声特性转变为稳定的吸声特性，同时维持了泡沫的闭孔结构。如图 4-25(c) 所示，检测纯 PS 泡沫在 4.3 kHz($\alpha=0.64$) 和 6 kHz($\alpha=0.46$) 处有两个附加峰，吸声系数随频率的变化表现出典型的共振吸声器行为。PS/生物基石墨复合泡沫的稳定的声学性能归因于其高度剥离的纳米层状生物基石墨的成核作用和发泡材料的闭孔结构。

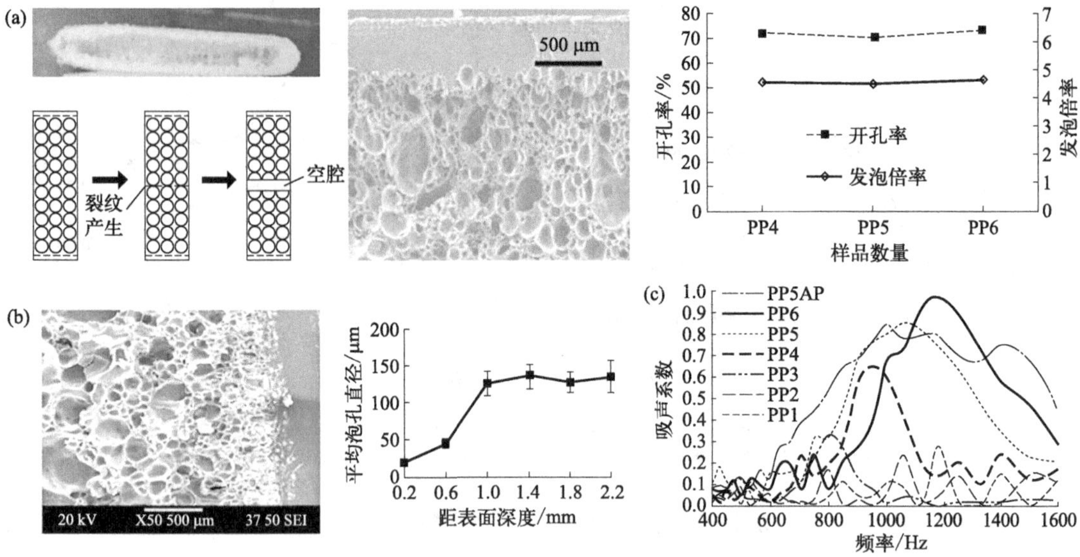

图 4-24 PP 开孔吸声泡沫[47]

(a) 开模发泡过程中的样品开裂行为：PP 样品照片和 SEM 图像以及开孔率和发泡倍率结果；(b) PP 泡沫样品厚度方向的 SEM 照片和泡孔尺寸分布；(c) 不同 PP 泡沫的吸声系数结果

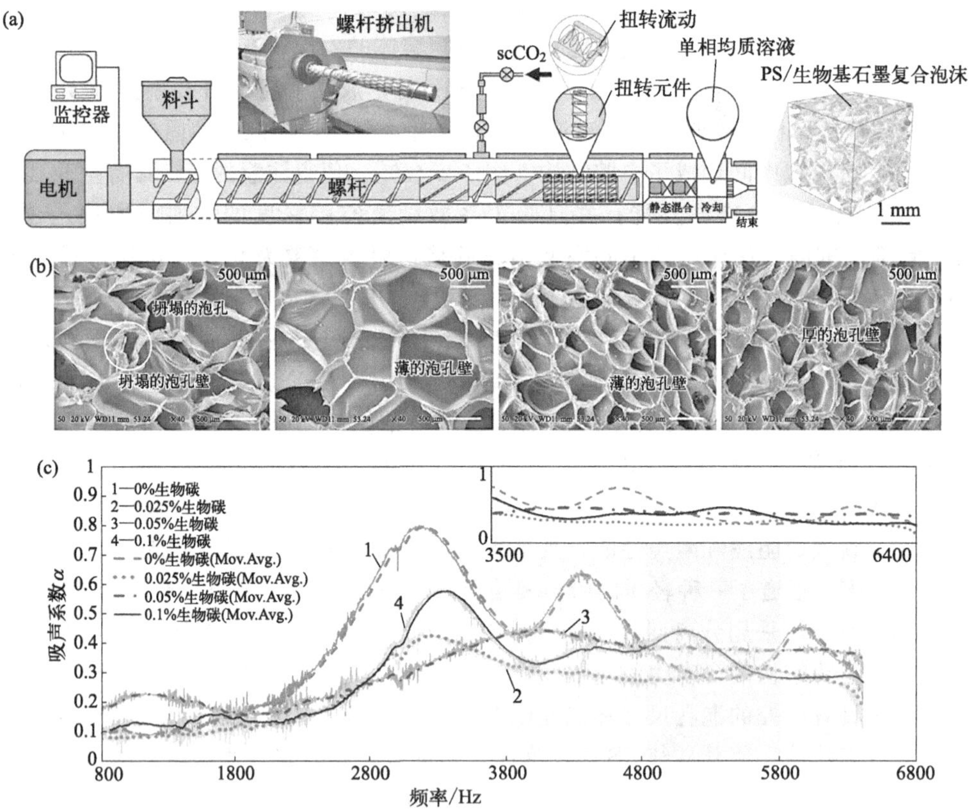

图 4-25 扭转挤出发泡制备的 PS/生物基石墨复合泡沫[49]

(a) 扭转挤出发泡工艺示意图；(b) 具有不同生物基石墨含量的 PS/生物基石墨复合泡沫的 SEM 图像；(c) 不同复合泡沫的吸声系数

4.5.3 泡沫骨架涂覆

在商用泡沫的骨架表面进行功能涂层涂覆是赋予泡沫材料功能化特性的重要手段。PU泡沫和三聚氰胺泡沫是最常用的骨架泡沫材料。溶液辅助涂覆（如：浸涂或喷涂）可以便捷地调节原始泡沫的多孔结构以提升其吸声性能。例如：Jung等人[50] 通过逐步真空辅助渗透和干燥工艺在开孔PU泡沫上涂覆GO层。GO层的引入增加了泡沫的气流阻力和曲折度，显著增强了泡沫的吸声性能。通过浸渍15%的GO，平均吸声系数提高了4倍以上。另外，可通过控制GO浸渍密度将最大吸声系数调节到特定的频率范围。Chen等人[51] 通过在三聚氰胺泡沫骨架涂覆GO和CNT，制备了一个半开孔结构的蜂窝网络复合泡沫。与原始三聚氰胺泡沫相比，复合泡沫由于优化的气流阻力和曲折度、更小的黏性特征长度、内部反射和界面阻尼的协同作用，在250～1600 Hz的频率范围内的吸声系数提高了约100%。

近期研究中，Gao等人[52] 通过水增塑发泡（HPF）方法将自支撑式超薄石墨烯鼓结构与蜂窝状聚合物微框架结合，开发出一种新型石墨烯吸声体（PFGA）。如图4-26(a) 所示，其工艺步骤包括：在聚合物泡沫骨架上涂覆氧化石墨烯（GO）薄片；使用N_2H_4/H_2O处理的HPF工艺诱导微发泡并还原GO为石墨烯片。在原子层面上，2D石墨烯片表现出优异的面内刚度和较大的面外弹性，这使其具有较强的机械共振行为［图4-26(c)］。包覆在泡沫骨架上的石墨烯形成石墨烯鼓结构，在较宽的频率范围内表现出强烈的共振和高效消散声波的特性［图4-26(d)］，吸声系数随着GO含量的增加大幅提高，尤其在高频范围内。在200～6000 Hz的宽频率范围内，复合泡沫的平均吸声系数提高约320%。随着泡沫厚度从5 mm增加到30 mm，吸声性能也得到显著改善［图4-26(e) 和 (f)］。

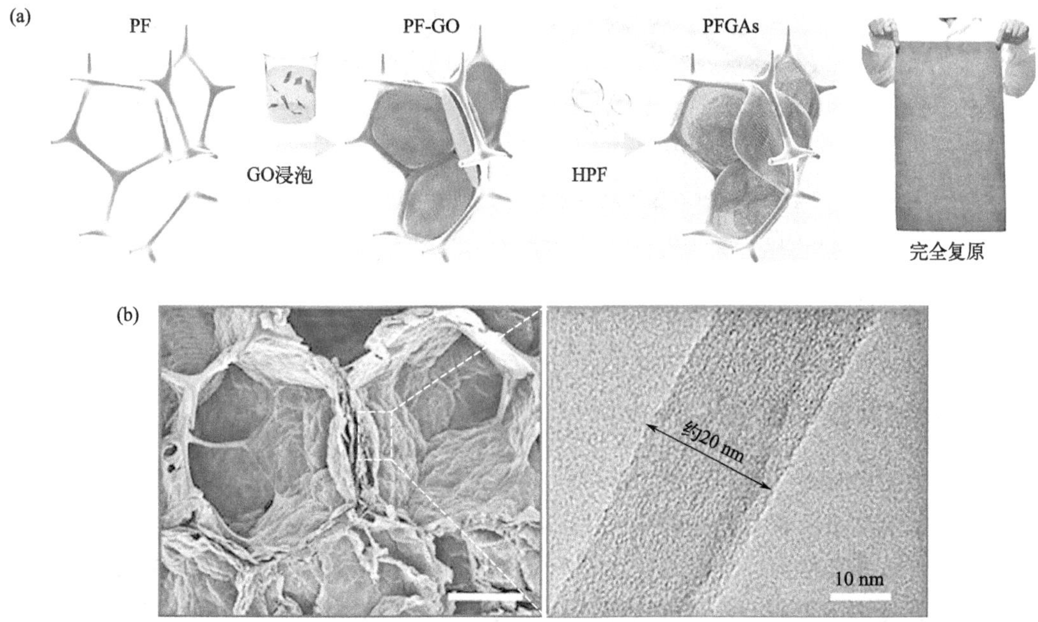

图4-26

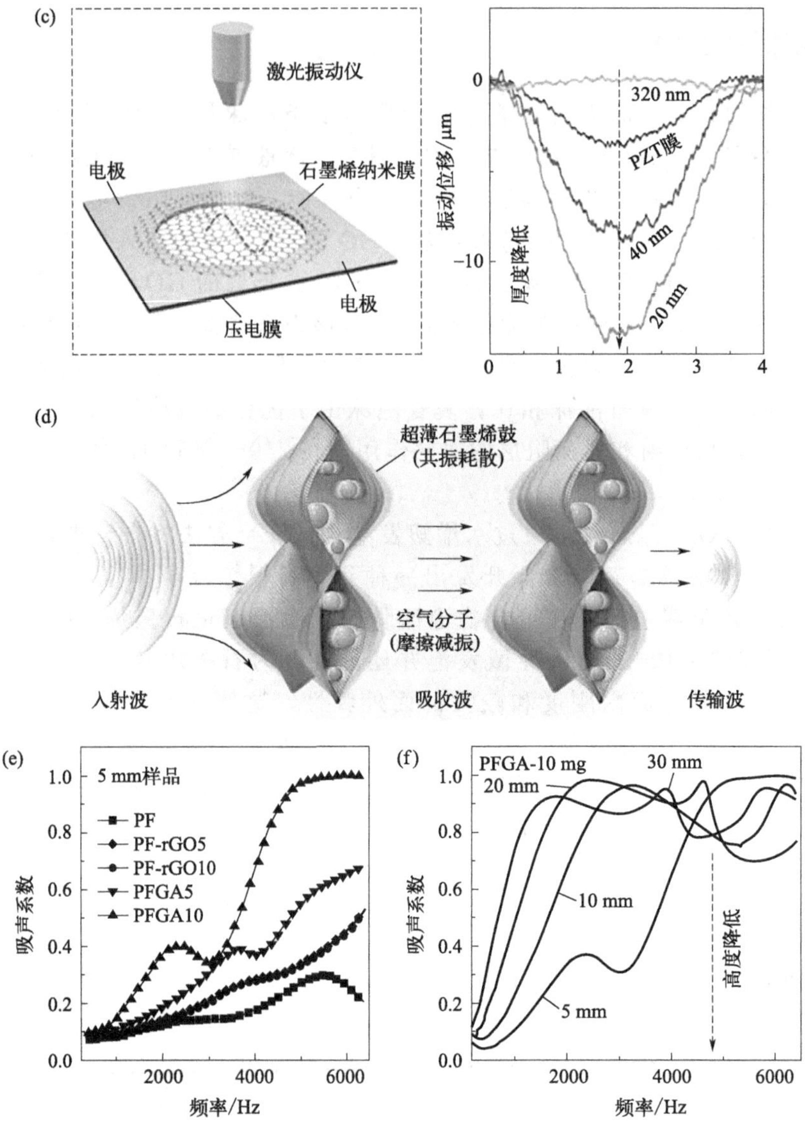

图 4-26 新型石墨烯吸声体及自支撑式超薄石墨烯鼓结构[52]

(a) PFGA 制备流程图和样品照片；(b) PFGA 的 SEM 图像和纳米石墨烯鼓结构的 HRTEM 图像；(c) 20 nm、40 nm 和 320 nm 厚的超薄石墨烯鼓的振动位移；(d) 超薄石墨烯鼓的共振耗散机制；(e) 石墨烯厚度为 5 mm 时 PF、PF-rGO 和 PFGA 的吸声系数；(f) 不同厚度 PFGA 的吸声系数

4.5.4 相分离和粒子滤沥

相转化或相分离是一种广泛使用的多孔材料制备方法，是一种通过从相分离体系中除去牺牲溶剂相来制备多孔聚合物泡沫的方法。通常在相分离法中，先将聚合物溶质溶解在溶剂或助剂中以形成均相溶液；然后，通过降低温度或加入非溶剂引发相分离；最后，通过溶剂置换、干燥、冷冻干燥或 $scCO_2$ 干燥等方法除去分离的溶剂相，从而获得多孔泡沫。

粒子滤沥是指将可溶性颗粒作为致孔剂的聚合物泡沫制备方法。该方法通常采用熔融法或溶液法将聚合物基体填充到致孔剂颗粒之间的空间。聚合物基体冷却或固化后，用循环水或特定溶剂选择性地溶出致孔剂颗粒。常用的致孔剂包括：盐粒、糖粒、石蜡粒、PS 球等。

显然，相分离和粒子滤沥技术相对复杂，并且在泡沫制备过程中涉及大量溶剂的使用。因此，在吸声泡沫大规模生产中，这一技术并没有得到广泛应用。尽管如此，这些方法在使用水作为溶剂制备聚合物泡沫的体系中还是很有潜力的。

例如，Zhou 等人[53] 将纤维素纳米纤维（CNF）与三聚氰胺泡沫结合开发了具有大孔和中孔结构的杂化泡沫。如图 4-27(a) 所示，将三聚氰胺泡沫浸入 CNF 分散液中，然后进行循环冻融过程，使 CNF 在三聚氰胺泡沫骨架上自组装；然后通过冷冻干燥获得杂化泡沫。该泡沫具有独特的层级孔结构［图 4-27(c)］，显著增大了泡沫的比表面积［图 4-27(d)］，有利于声波在吸声时的多次反射和微振动。与原始三聚氰胺泡沫相比，使用浓度为 0.4% 的 CNF 制备的杂化泡沫的吸声系数在 500 Hz 时提高了约 107%［图 4-27(e)］。

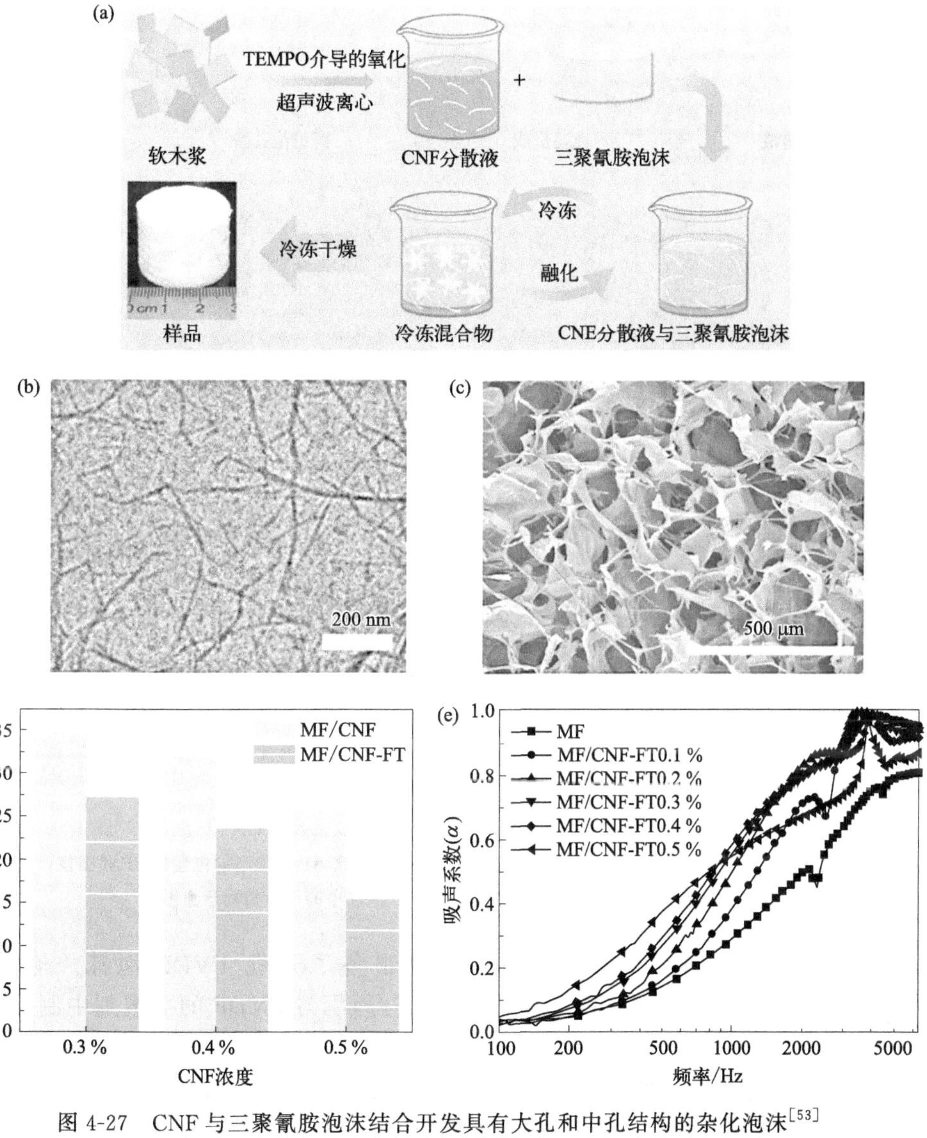

图 4-27　CNF 与三聚氰胺泡沫结合开发具有大孔和中孔结构的杂化泡沫[53]

(a) MF/CNF-FT 杂化泡沫的制备工艺；(b) CNF 的 TEM 图像；(c) 含 0.4%CNF 的 MF/CNF-FT 的 SEM 图像；(d) 不同 CNF 浓度下 MF/CNF-FT 的比表面积；(e) 不同 CNF 浓度下 MF/CNF-FT 的吸声系数

Kim 等人[54] 开发了由 PP 纤维和海藻酸钙组成的复合聚合物（CAP）泡沫。其制备工艺如图 4-28(a) 所示，首先通过模板法将 PP 纤维分散在海藻酸钠溶液中并进行单向冷冻；然后通过冷冻干燥除去冰相获得多孔泡沫；最后，将泡沫浸泡在 $CaCl_2$ 溶液中进行离子交联，并再次冷冻干燥。制备的 CAP 泡沫具有特殊的双孔结构和原纤化网络，该层级结构赋予泡沫轻质、高表面积、高孔隙率、良好的各向异性力学和热性能，以及优异的吸声性能［图 4-28(c)］。CAP 泡沫双孔结构中构筑的微通道使声波在不同方向上发生共振，对声波在互连纤维壁内的消散起主要作用［图 4-28(d)］。

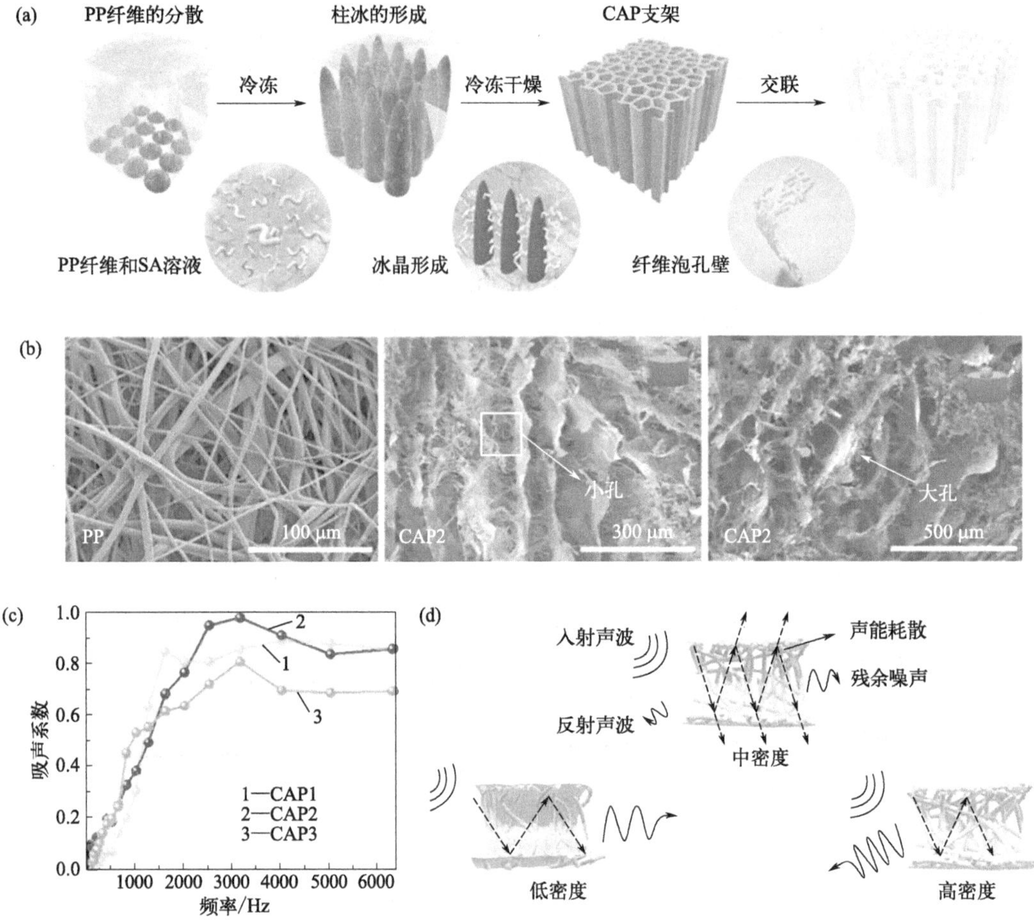

图 4-28　PP 纤维和海藻酸钙组成的复合聚合物（CAP）泡沫[54]

(a) CAP 泡沫的制备过程示意图；(b) PP 纤维网络和 CAP 支架不同位置的 SEM 图像；(c) 不同泡沫的吸声系数；(d) CAP 泡沫中的声音传播示意图

Mohamed 等人[55] 使用糖粒作为致孔剂制备了开孔 PVDF 泡沫。他们首先将 $(K_{0.5}Na_{0.5})NbO_3$（KNN）纳米纤维分散在 DMF/丙酮与 PVDF 的共溶剂中制备了均匀的前驱体溶液；然后将溶液与市售的糖粒混合，充分干燥以去除 DMF/丙酮溶剂；最后在热水中浸泡固体样品以除去糖粒致孔剂，从而获得多孔 PVDF/KNN 复合泡沫。研究发现，随着 KNN 纳米纤维含量的增加，泡沫吸声性能增强。而压电系数为正的 KNN 纳米纤维相和压电系数为负的 PVDF 基体相之间的压电效应产生的相反电荷导致的压电声能耗散效应有助于复合泡沫吸声性能的提升。

参考文献

[1] Tao Y，Ren M，Zhang H，et al. Recent progress in acoustic materials and noise control strategies-a review. Applied Materials Today，2021，24：101141.

[2] Liu X，Duan M，Liu M，et al. Acoustic labyrinthine porous metamaterials for subwavelength low-frequency sound absorption. Journal of Applied Physics，2021，129 (19)：195103.

[3] Kalauni K，Pawar S J. A review on the taxonomy，factors associated with sound absorption and theoretical modeling of porous sound absorbing materials. Journal of Porous Materials，2019，26 (6)：1795-1819.

[4] Jia Z，Zheng X，Zhou Q，et al. A hybrid active noise control system for the attenuation of road noise inside a vehicle cabin. Sensors，2020，20 (24)：7190.

[5] Rajappan S，Bhaskaran P，Ravindran P. An insight into the composite materials for passive sound absorption. J. Appl. Sci. (Pakistan)，2017，17 (7)：339-356.

[6] Rastegar N，Ershad-Langroudi A，Parsimehr H，et al. Sound-absorbing porous materials：A review on polyurethane-based foams. Iranian Polymer Journal，2022，31 (1)：83-105.

[7] Rahimabady M，Statharas E C，Yao K，et al. Hybrid local piezoelectric and conductive functions for high performance airborne sound absorption. Applied Physics Letters，2017，111 (24)：241601.

[8] Hutchison T S J S. Ultrasonic absorption in solids：How high-frequency sound is damped by imperfections in solids. Science，1960，132 (3428)：643-652.

[9] Allard J F，Champoux Y. New empirical equations for sound-propagation in rigid frame fibrous materials. Journal of the Acoustical Society of America，1992，91 (6)：3346-3353.

[10] Zhang J，Chen T，Zhang B，et al. A semi-empirical model for sound absorption by perforated plate covered open cell foam and improvements from optimising the perforated plate parameters. Applied Sciences-Basel，2023，13 (1)：78.

[11] Liu P，Yang Y，Yao J. Study on absorption property of porous sound-absorbing materials. Noise and Vibration Control，2011，31 (2)：123-126.

[12] Botterman B，de la Gree G C H D，Hornikx M C J，et al. Modelling and optimization of the sound absorption of wood-wool cement boards. Applied Acoustics，2018，129：144-154.

[13] Oldham D J，Egan C A，Cookson R D. Sustainable acoustic absorbers from the biomass. Applied Acoustics，2011，72 (6)：350-363.

[14] Champoux Y，Allard J F. Dynamic tortuosity and bulk modulus in air-saturated porous-media. Journal of Applied Physics，1991，70 (4)：1975-1979.

[15] Johnson D L，Koplik J，Dashen R. Theory of dynamic permeability and tortuosity in fluid-saturated porous-media. Journal of Fluid Mechanics，1987，176：379-402.

[16] Mosanenzadeh S G，Doutres O，Naguib H E，et al. A numerical scheme for investigating the effect of bimodal structure on acoustic behavior of polylactide foams. Applied Acoustics，2015，88：75-83.

[17] Chanlert P，Ruamcharoen P. Sound absorption properties of rigid polyurethane foam composites with rubber-wood sawdust as a natural filler. Journal of Physics：Conference Series，2021，1719：012062.

[18] ISO. Acoustics-materials for acoustical applications-determination of airflow resistance. 1991.

[19] Seddeq H S. Factors influencing acoustic performance of sound absorptive materials. Australian Journal of Basic and Applied Sciences，2009，3：4610-4617.

[20] Mosanenzadeh S G，Naguib H E，Park C B，et al. Development，characterization，and modeling of environmentally friendly open-cell acoustic foams. Polymer Engineering and Science，2013，53 (9)：1979-1989.

[21] Ji Y，Chen S，Zhu W. The effect of pore numbers in the cell walls of soybean oil polyurethane foam on sound absorption performance. Applied Acoustics，2020，157：107010.

[22] Chen W H，Lee F C，Chiang D M. On the acoustic absorption of porous materials with different surface shapes and perforated plates. Journal of Sound and Vibration，2000，237 (2)：337-355.

[23] Beranek L L，Sleeper H P Jr. The design and construction of anechoic sound chambers. The Journal of the Acoustical Society of America，1946，18 (1)：140-150.

[24] Jiang C Y, Zhang S Y, Huang L X. On the acoustic wedge design and simulation of anechoic chamber. Journal of Sound and Vibration, 2016, 381: 139-155.

[25] Zhao J, Chen Z F, Bao M, et al. Prediction of sound absorption coefficients of acoustic wedges using finite-difference time-domain analysis. Applied Acoustics, 2019, 155: 428-441.

[26] Ren X H, Wang J, Sun G H, et al. Effects of structural design including cellular structure precision controlling and sharp holes introducing on sound absorption behavior of polyimide foam. Polymer Testing, 2020, 84: 106393.

[27] Lue C, Tang S, Wu J-L, et al. Low-frequency acoustic absorption realized by ultrasparse coiling-up metasurfaces. Results in Physics, 2023, 49: 106488.

[28] Peng L, Song B, Wang J, et al. Mechanic and acoustic properties of the sound-absorbing material made from natural fiber and polyester. Advances in Materials Science and Engineering, 2015, 2015 (1): 274913.

[29] Oh J-H, Kim J-S, Van Hiep N, et al. Auxetic graphene oxide-porous foam for acoustic wave and shock energy dissipation. Composites Part B-Engineering, 2020, 186: 107817.

[30] Caniato M, D'Amore G K O, Kaspar J, et al. Sound absorption performance of sustainable foam materials: Application of analytical and numerical tools for the optimization of forecasting models. Applied Acoustics, 2020, 161: 107166.

[31] Chen J, Liu P, Sun J J C I. Sound absorption performance of a lightweight ceramic foam. Ceramics International, 2020, 46 (14): 22699-22708.

[32] Du Z P, Yao D X, Xia Y F, et al. Highly porous silica foams prepared via direct foaming with mixed surfactants and their sound absorption characteristics. Ceramics International, 2020, 46 (9): 12942-12947.

[33] Lu T J, Hess A, Ashby M F. Sound absorption in metallic foams. J. Appl. Phys. , 1999, 85 (11): 7528-7539.

[34] Chua J W, Li X, Li T, et al. Customisable sound absorption properties of functionally graded metallic foams. Journal of Materials Science & Technology, 2022, 108: 196-207.

[35] Cops M J, McDaniel J G, Magliula E A, et al. Measurement and analysis of sound absorption by a composite foam. Applied Acoustics, 2020, 160: 107138.

[36] Mosanenzadeh S G, Naguib H E, Park C B, et al. Design and development of novel bio-based functionally graded foams for enhanced acoustic capabilities. Journal of Materials Science, 2015, 50 (3): 1248-1256.

[37] Kim J-S, Mahato M, Oh J-H, et al. Multi-purpose auxetic foam with honeycomb concave micropattern for sound and shock energy absorbers. Advanced Materials Interfaces, 2023, 10 (4): 2202092.

[38] Statharas E C, Yao K, Rahimabady M, et al. Polyurethane/poly (vinylidene fluoride) /mwcnt composite foam for broadband airborne sound absorption. Journal of Applied Polymer Science, 2019, 136 (33): 47868.

[39] Choe H, Lee J H, Kim J H J C S, et al. Polyurethane composite foams including $CaCO_3$ fillers for enhanced sound absorption and compression properties. Composites Science and Technology, 2020, 194: 108153.

[40] Mei J, Ma G, Yang M, et al. Dark acoustic metamaterials as super absorbers for low-frequency sound. Nature Communications, 2012, 3 (1): 756.

[41] Wu Y, Sun X, Wu W, et al. Graphene foam/carbon nanotube/poly (dimethyl siloxane) composites as excellent sound absorber. Composites Part a-Applied Science and Manufacturing, 2017, 102: 391-399.

[42] Hosseinpour A, Katbab A A, Ohadi A. Improving the sound absorption of a highly deformable nanocomposite foam based on ethylene-propylene-diene-monomer (epdm) infused with multi-walled carbon nanotubes (mwcnts) to absorb low-frequency waves. European Polymer Journal, 2022, 178: 111522.

[43] Basirjafari S, Malekfar R, Khadem S E. Low loading of carbon nanotubes to enhance acoustical properties of poly (ether) urethane foams. Journal of Applied Physics, 2012, 112 (10): 104312.

[44] Chen Y X, Klima K M, Brouwers H J H, et al. Effect of silica aerogel on thermal insulation and acoustic absorption of geopolymer foam composites: The role of aerogel particle size. Composites Part B-Engineering, 2022, 242: 110048.

[45] Zhang J, Wu S, Zhang K, et al. Novel polyurethane viscoelastic foam modified with discarded luffa seed oil in accordance with cleaner production. Journal of Cleaner Production, 2022, 341: 130795.

[46] Baek S H, Kim J H. Polyurethane composite foams including silicone-acrylic particles for enhanced sound absorption

via increased damping and frictions of sound waves. Composites Science and Technology, 2020, 198: 108325.
[47] Jahani D, Ameli A, Jung P U, et al. Open-cell cavity-integrated injection-molded acoustic polypropylene foams. Materials & Design, 2014, 53: 20-28.
[48] Zhao J, Wang G, Chen Z, et al. Microcellular injection molded outstanding oleophilic and sound-insulating pp/ptfe nanocomposite foam. Composites Part B-Engineering, 2021, 215: 108786.
[49] Jian R, Shahi P, Semeniuk M, et al. Acoustic absorption properties of polystyrene-pyrolytic pinus resinosa composite foams prepared by torsion-induced extrusion. Macromolecular Materials and Engineering, 2022, 307 (1): 2100622.
[50] Lee J, Jung I. Tuning sound absorbing properties of open cell polyurethane foam by impregnating graphene oxide. Applied Acoustics, 2019, 151: 10-21.
[51] Liu L, Chen Y, Liu H, et al. A graphene oxide and functionalized carbon nanotube based semi-open cellular network for sound absorption. Soft Matter, 2019, 15 (10): 2269-2276.
[52] Pang K, Liu X, Pang J, et al. Highly efficient cellular acoustic absorber of graphene ultrathin drums. Advanced Materials, 2022, 34 (14): 2103740.
[53] Shen L, Zhang H, Lei Y, et al. Hierarchical pore structure based on cellulose nanofiber/melamine composite foam with enhanced sound absorption performance. Carbohydrate Polymers, 2021, 255: 117405.
[54] Pornea A G M, Puguan J M C, Ruello J L A, et al. Multifunctional dual-pore network aerogel composite material for broadband sound absorption, thermal insulation, and fire repellent applications. Acs Applied Polymer Materials, 2022, 4 (4): 2880-2895.
[55] Mohamed A M, Yao K, Yousry Y M, et al. Enhanced airborne sound absorption effect in poly (vinylidene fluoride) /($K_{0.5}Na_{0.5}$) NbO_3-nanofiber composite foams. Journal of Applied Polymer Science, 2020, 137 (35): 49022.

第 5 章
超疏水聚合物泡沫

荷叶的超疏水自清洁特性源于荷叶表面的层级微纳结构及其蜡质低表面能，这种特殊的自然现象激发了人们对具有超疏水特性的仿生功能材料的研究。具有超疏水性能的聚合物泡沫材料在防污、自清洁、选择性吸油和油水分离等领域具有广阔的应用前景。为了开发出具有超疏水性的功能性聚合物泡沫，需要对泡沫材料的多孔结构和表面能进行调控。本章将介绍超疏水性能的基本原理，超疏水多孔材料的疏水模型，以及超疏水聚合物泡沫的表征、制备方法和前沿应用。

5.1 超疏水聚合物泡沫概述

在自然界中，某些植物的茎、叶表面、动物的羽毛或皮肤表现出显著的超疏水润湿特性。这种现象最典型的例子就是“荷叶效应”——雨滴从荷叶表面滚落可以带走灰尘使荷叶保持清洁，这是一种典型的自清洁现象[1]。其原因主要是低表面能和高表面粗糙度的结合：荷叶表面的蜡质层提供了低表面能，而乳突状微纳结构则减少了水滴与固体表面的接触面积。在此启发下，研究人员利用生物纳米技术在聚合物泡沫表面复制了具有这种微纳结构的低表面能功能层，从而使泡沫具有高的水接触角，并可应用于防污、自清洁、选择性吸油和油水分离等领域[2-4]。超疏水聚合物泡沫一般指表面水接触角大于150°，而滚动角小于10°的聚合物泡沫材料[5]。通过对商用泡沫进行接枝、涂覆、蚀刻等表面改性，研究人员已制备出多种超疏水聚合物泡沫[6,7]。然而，上述方法均存在工艺复杂、制备成本高、耐久性有限、难以规模化生产以及潜在的二次污染等问题。

超临界二氧化碳（scCO_2）发泡技术是一种低成本、环保的聚合物泡沫制备方法。在scCO_2发泡过程中，二氧化碳（CO_2）在高温高压条件下溶解在聚合物中，形成聚合物/气体均相体系；当压力下降时，CO_2从超临界状态转变为气态并从体系原有位置逸出，从而在聚合物基体内形成泡孔结构。聚合物泡沫的表面能可通过组合聚合物基质中低表面能成分来调节，而泡沫的粗糙表面可由微小孔隙和孔壁构筑。scCO_2发泡技术被认为是一种可以替代热固性泡沫表面改性技术制备超疏水聚合物泡沫的重要方法。

5.1.1 自然界的超疏水性

“荷叶效应”表现为雨水在荷叶表面形成球形水滴而不会扩散，当荷叶随风摆动时，水滴很容易从荷叶表面滚落。荷叶的超疏水特性源于荷叶表面存在大量乳突状结构和具有低表面能的蜡质材料［图5-1(a)］[2]。水黾是自然界中另一个具有超疏水特性的典型生物，它在水面上滑行时表现出惊人的稳定性和快速移动能力［图5-1(b)］[8]。水黾的这种特殊能力归因于水黾腿部的层级微结构以及腿部针状刷毛上的纳米沟槽结构。这种独特的结构有利于在微米级和纳米级结构中形成气垫层，使水黾能够在水面上滑行而不会弄湿腿部。

研究发现，这些动植物通过其结构和组成的超疏水性能实现了对水的排斥。为此，科学家们通过模拟这些生物的微观特征，开发了多种方法将低表面能成分与微纳结构表面相结合来制备超疏水功能材料，主要方法包括表面处理、蚀刻、模板压印、静电纺丝等[9,10]，并将这些方法广泛应用于自清洁和油水分离等领域。

5.1.2 超疏水性的影响因素

材料的超疏水性能主要由表面能和表面结构这两个关键因素决定。

(1) 表面能

表面能又称为固体表面自由能，表示固体材料的比表面吉布斯（Gibbs）自由能。表面

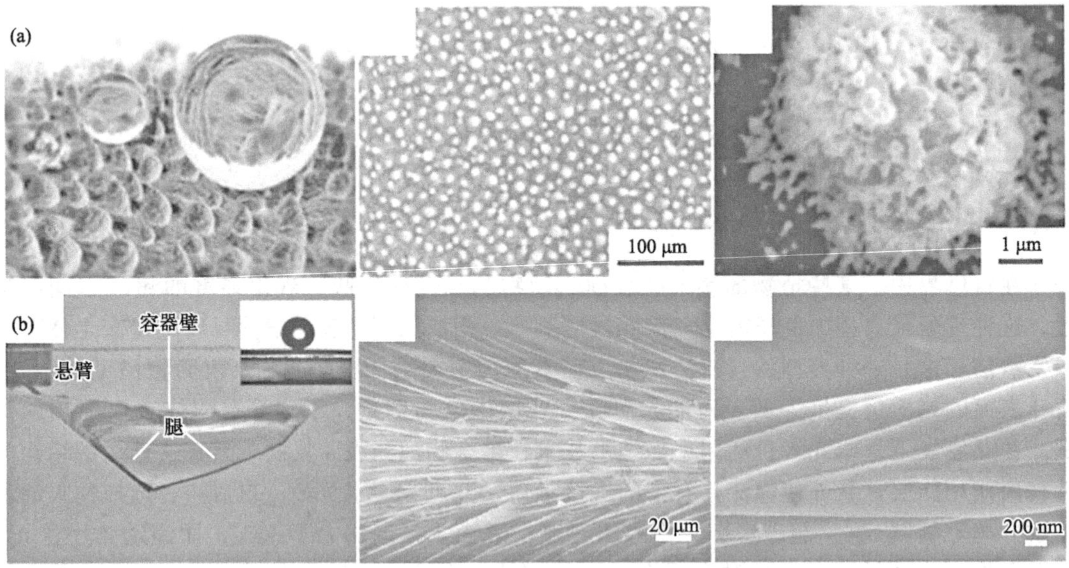

图 5-1　具有超疏水特性的典型生物的微观结构

(a) 不同尺度荷叶的微观结构[2]；(b) 不同尺度水黾腿部的微观结构[8]

能在决定材料的亲水性或疏水性方面起着关键作用，表面能越低，疏水性越高。根据力学原理，高表面能液体无法在低表面能的表面上有效扩散。水是一种表面能较高的物质，往往会在低表面能的表面上形成球形或椭球形。含有硅、氟及其类似元素的材料具有比水低的表面能，往往表现出疏水性。因此，实际应用中采用低表面能物质或对材料进行低表面能处理是控制其表面润湿性能与超疏水性能的重要方法。表 5-1 给出了常见聚合物的表面能值。

表 5-1　常见聚合物的表面能[11]

材料名称	γ_s	γ_s^{LW}	γ_s^+	γ_s^-
聚(全氟烷基丙烯酸酯)(PFA)	6.4	6.1	0.0	3.6
聚甲基丙烯酸全氟烷基酯(PFMA)	38.65	35.77	0.27	7.66
聚(甲基丙烯氧基氟烷基硅氧烷)(PFE)	16.0	14.1	0.5	2.0
聚丙烯酸烷基酯(POA)	33.1	33.0	0.01	1.5
聚(甲基丙烯氧基烷基硅氧烷)(PES)	35.2	33.3	0.1	18.5
聚(全氟烷基衣康酸酯)(PFI)	8.3	8.0	0.3	0.1

注：γ_s 表示固体的表面能，固体或液体的表面能包括 γ_s^{LW} (Lifshitz-Van Der Waals 相互作用)、γ_s^+ (路易斯酸含量)或 γ_s^- (路易斯碱含量)。以上数据均在 $n=5$ 的情况下获得，单位为 $mJ \cdot m^{-2}$。

(2) 表面结构

从自然界中超疏水动植物的例子可以看出，构筑具有多尺度分级结构的粗糙表面对提高材料表面的疏水性至关重要。研究人员发现，微纳结构的引入可显著增强固体表面的非润湿特性，从而使其表观接触角达到 150°甚至更高。因此，在材料表面设计制备各种微纳结构以使其具有超疏水性的技术是功能材料研究的热点。

5.1.3 层级结构表面的构筑方法

(1) 表面处理法

表面处理法是获得超疏水表面最直接和最常用的方法。它包括喷涂、浸涂、旋涂等多种涂覆方法，以及化学接枝、物理沉积、自组装等表面改性方法。这些方法基本都是在已有基材表面通过不同手段构筑新的结构，其本质是一种“加法”加工方法。一般来讲，这些方法均可用于聚合物泡沫的超疏水改性。然而，多数情况下只能实现泡沫结构表面的改性，而不易实现整个泡沫结构的均匀改性。例如，喷涂改性方法通过将纳米颗粒悬浮液喷涂在泡沫表面，使纳米粒子在泡沫表面累积并构筑微纳结构，这种方法仅使其表面具有超疏水特性。

从工业角度来看，喷涂方法简单，适用于各种尺寸的产品，具有广泛应用的巨大潜力。然而，涂层表面的微纳结构容易受到外部摩擦和冲击，这可能会影响超疏水涂层的稳定性和耐用性。为了克服这一问题，Mi 等人[12] 通过化学接枝和浸涂的方法，开发了一种采用多维纳米颗粒涂层改性的超疏水泡沫。通过在泡沫和不同纳米颗粒之间形成化学键，显著增强了材料表面涂层的稳定性。改性泡沫在空气中的水接触角（WCA）达到 153°，在油中的 WCA 达到 158°。泡沫的吸收能力达到其自身质量的 113 倍，在重力作用下的油水分离通量达到 32.6 $L \cdot m^{-2} \cdot s^{-1}$（图 5-2）。

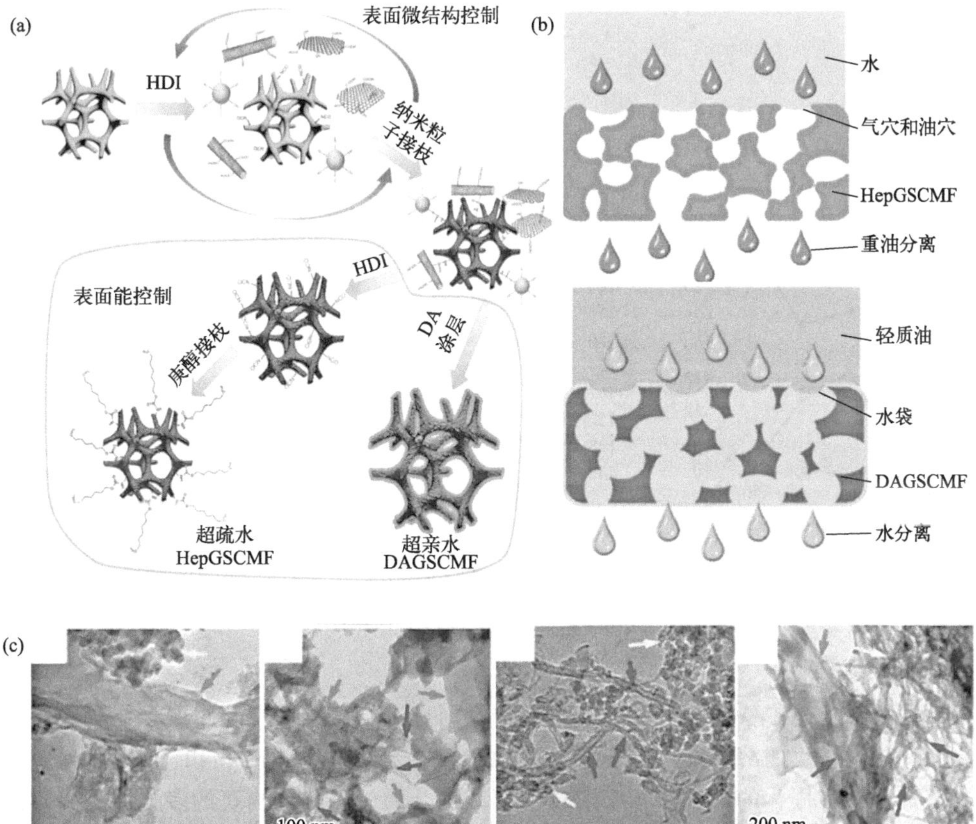

图 5-2 改性泡沫表面微观结构示意图及超疏水和超亲水改性泡沫的制备工艺流程图 (a)；油水分离机理 (b) 及用于泡沫表面改性的多尺度纳米颗粒的 TEM 图像 (c)[12]

(2) 蚀刻法

蚀刻法包括了激光蚀刻、等离子体蚀刻、电化学蚀刻和化学蚀刻等工艺。主要用于在材料表面定制不同的微纳结构，其也常常被用来制备具有超疏水性能的表面。蚀刻法通过不同的工艺将材料表面的部分区域去除，留下具有微米或纳米尺度的粗糙特征形貌，从而使材料具备特殊功能。因此，蚀刻法是典型的减法加工技术。

目前，蚀刻法多应用于金属表面处理，而较少用于形成微纳结构的聚合物表面，因为在聚合物上进行激光雕刻等技术可能会过度加热而导致聚合物基体受损，从而使其难以产生致密和规则的结构。此外，电化学蚀刻或沉积法要求基底材料具有导电性，这不适用于大多数聚合物。但是，蚀刻法常用来制作成型聚合物表面微结构的金属模板。Hu 等人[13] 利用纳秒激光技术制备了具有超疏水性能的钛合金表面。通过涂覆有机多硅氮化物（OPZ）涂层，对蚀刻的钛合金表面进行进一步功能化，制备了类似荷叶的微纳米分级结构，该表面具有优异的超疏水性，WCA 达 164.1°，滚动角仅为 1.5°（图 5-3）。

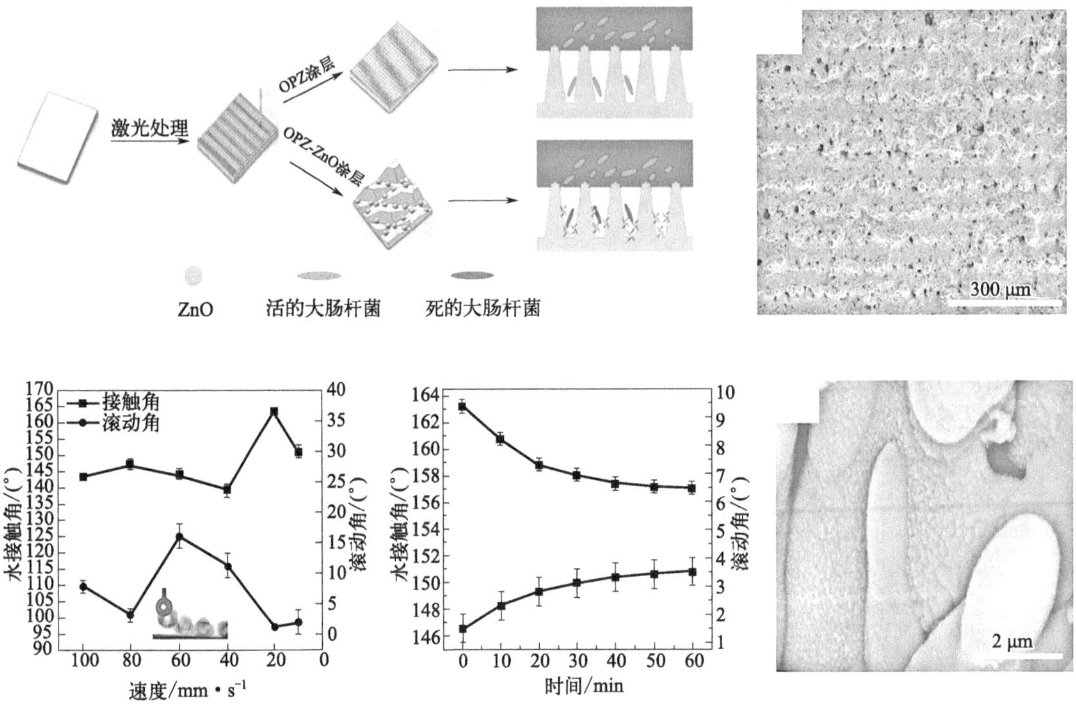

图 5-3 纳秒激光技术处理钛合金表面示意图，OPZ-ZnO 复合涂层改性后的表面形貌，以及 WCA 和滚动角的测试数据[13]

(3) 相分离法

相分离法[14] 是制备多孔材料或多孔膜的常用方法，其原理是利用聚合物相在特定溶剂中随温度变化而发生的溶解度降低现象，从而触发相分离，使聚合物相从溶液中分离出来，而初始溶剂相则在固化的聚合物相中形成孔隙结构。通过相分离构筑的多孔结构可迅速增强材料表面的粗糙度，提升其疏水性能。另一种相分离法称为相反转，是一种通过引入非溶剂而不是降低温度来触发相分离的方法。相分离技术非常适合制备超疏水性三维多孔材料，目前已广泛应用于油水分离领域。例如，Deng 等人[15] 采用相分离法制备了高度多孔的超疏水聚（苯乙烯-丙烯酸 2,2,3,4,4,4-六氟丁基酯-二乙烯基苯）泡沫，通过相分离产生的粗糙表面结构和低表面能使泡沫具有优异的超疏水性能，其 WCA 为 150.3°，可用于选择性油水分离［图 5-4(a)］。

此外，相分离法还可用于对现有泡沫的表面进行修饰。Ma 等人[16] 将丙烯酸羟乙酯（HEA）与乙烯基磺酸钠（VS）自由基共聚以及相分离工艺结合，成功在硬质聚氨酯（PU）泡沫基材上原位形成微纳结构，研制出超疏水阻燃聚合物泡沫，其 WCA 为 151°［图 5-4(b)］。

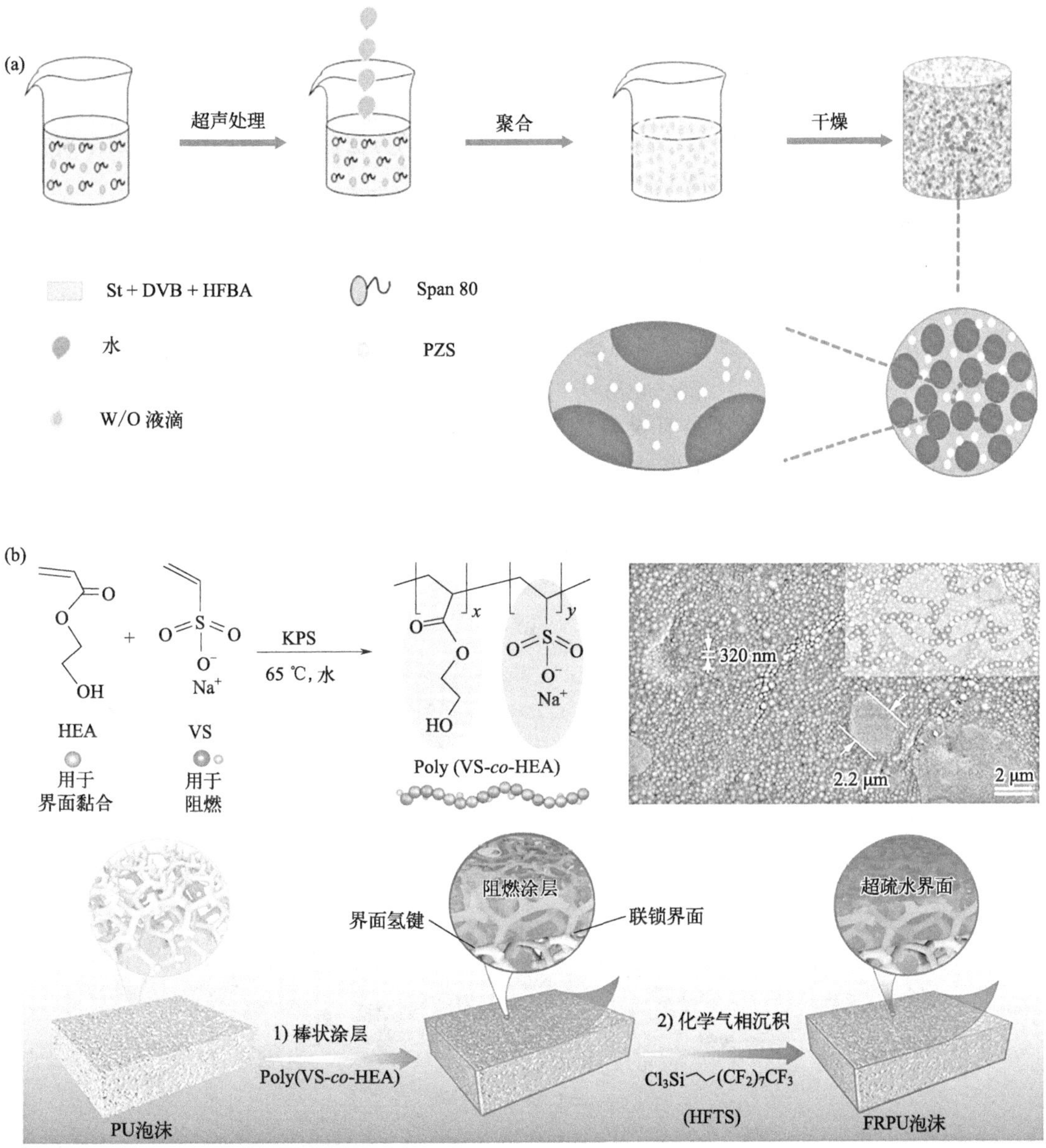

图 5-4 超疏水泡沫的制备

(a) 多孔和超疏水泡沫制备示意图[15]；(b) 相分离法制备超疏水泡沫示意图[16]

(4) 模板复刻

模板复刻是制备层级结构粗糙表面的另一种常用方法。该方法采用具有微纳结构的模板，通过熔融、形成溶液或原位聚合的方式在聚合物表面复制互补的微纳结构。铝阳极氧化（AAO）模板是常用的纳米结构复刻模板，能够在多种聚合物材料表面制备规整的纳米柱状结构。例如，Xie 等人[17] 采用动态注射成型结合仿生梯度模板制备了具有纳米柱状结构的仿生聚苯乙烯（BNPPS）薄膜［图 5-5(a)］。BNPPS 薄膜在可见光范围内具有大于 90%的透光率和小于 5%的反射率，具有较好的超疏水性能，可防止来自染色水、牛奶、果汁、可乐和油墨的污染。此外，纳米柱状结构的 BNPPS 薄膜可在 20 min 内杀死大部分大肠杆菌。

为了获得与模板具有相同纳米结构的聚合物表面，通常需要使用聚二甲基硅氧烷（PDMS）来对金属模板或已有模板进行二次复刻，作为聚合物成型的另一模板。这种方法经常用来复制自然界生物的纳米结构，如树叶、鲨鱼皮、壁虎脚和昆虫翅膀等。Huang 等人[18] 研究了蝉翼逐渐增强的亲水性，并通过复刻蝉翼的方法制作了微纳结构表面来调控材料表面的水分收集，并使其获得了自清洁性能［图 5-5(b)］。

(5) 静电纺丝与静电喷雾

静电纺丝是一种在高压静电力下形成聚合物溶液射流，使溶液细化成液滴或纤维，同时将溶剂挥发形成纳米纤维堆叠物的技术，而形成纳米液滴的技术常被称为静电喷雾。当多孔纳米液滴和纳米纤维由低表面能材料组成或使用低表面能化学品进一步改性时，这些材料便可表现出超疏水性能。

静电纺丝与静电喷雾技术具有设备简单、成本低和工艺控制精确等优点。Lv 等人[19] 将聚己内酯（PCL）和梯形氟化聚硅氧烷（F-PH LPSQ）的混合物溶解在氯仿中制备喷雾溶液。当溶液在静电场作用下被喷涂沉积在基材表面时，会自动组装成由低表面能微球组成的粗糙表面，其 WCA 大于 150°、滚动角小于 1°（图 5-6）。

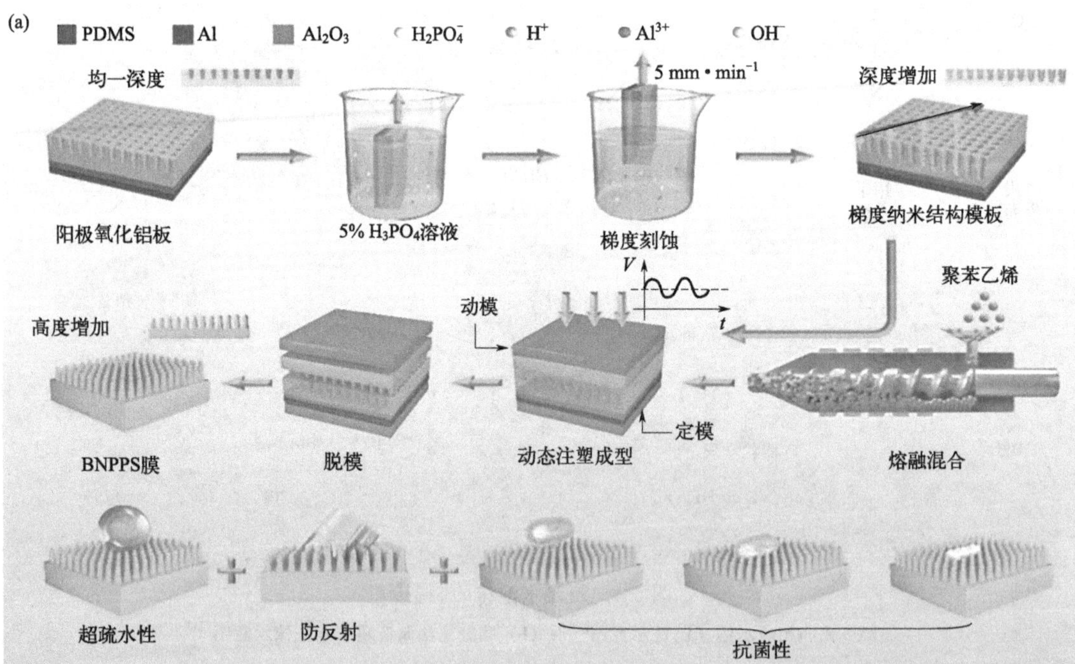

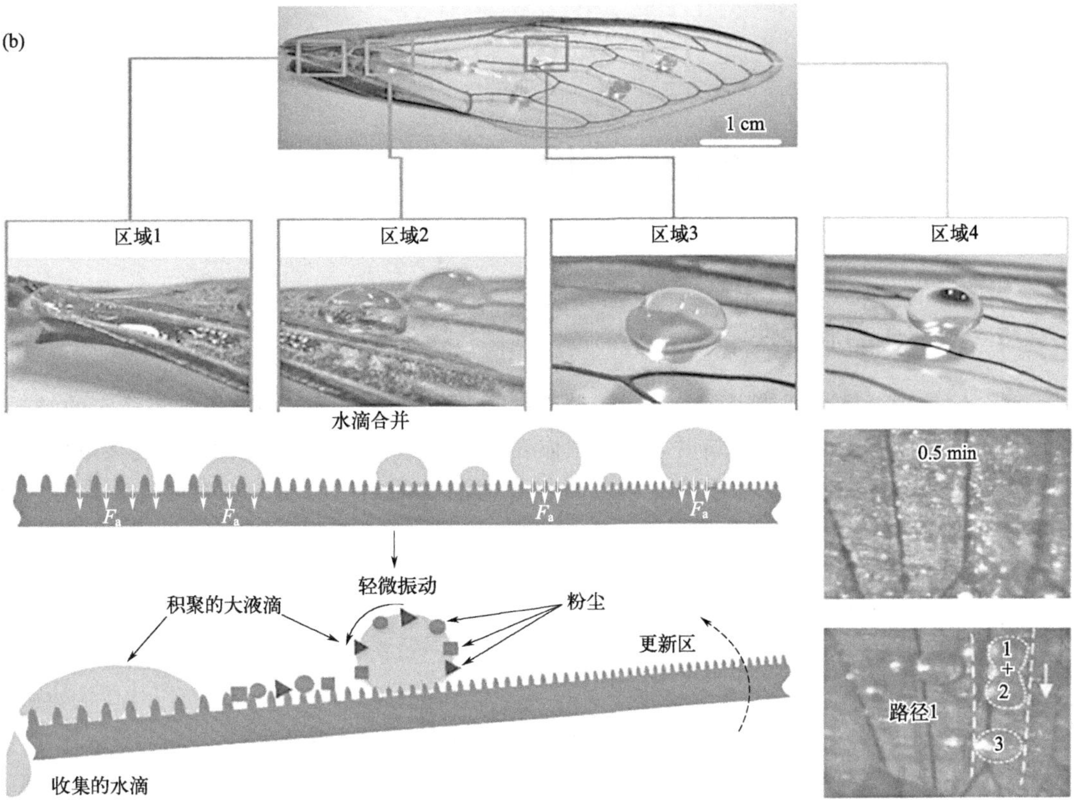

图 5-5　仿生自然界生物的纳米结构

(a) 仿生梯度纳米结构模板和 BNPPS 薄膜的制备过程示意图[17]；

(b) 蝉翼不同部位润湿性及其液滴运输能力[18]

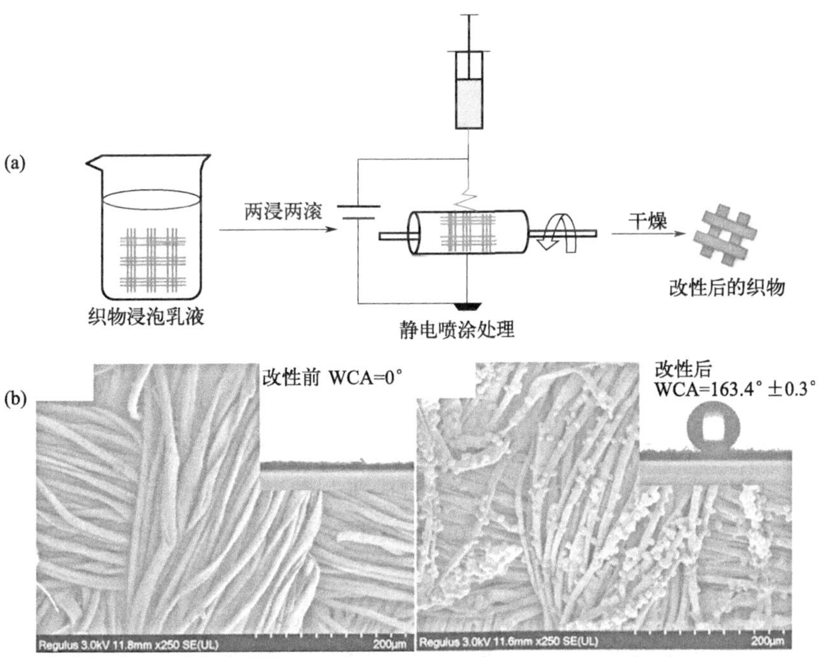

图 5-6　静电纺丝和织物改性流程图（a）和改性前后织物的 SEM 照片和水接触角结果（b）[19]

5.2 超疏水界面润湿理论

5.2.1 固体表面润湿性

润湿性是指液体在固体表面的不同扩散程度，是气、液、固三相界面维持稳定的结果。当液体不能在固体表面完全铺展时，便与固体表面形成一定角度，这个角度便是接触角，用 θ 表示。滚动角或滑动角是指液滴开始从材料表面滚动的角度。超疏水表面通常具有大于150°的 WCA 和小于 10°的滚动角。

19 世纪初，Thomas Young[20] 提出了 Young 模型来解释材料表面的润湿特性，认为接触角与所涉及的三相界面张力有密切关系（见图 5-7）。杨氏方程［式(5-1)］揭示了固体接触角与表面张力之间的热力学平衡关系。

$$\gamma_{SV}=\gamma_{SL}+\gamma_{LV}\cos\theta \tag{5-1}$$

式中，γ_{SV}、γ_{SL} 和 γ_{LV} 是固-气、固-液和液-气之间的表面张力。

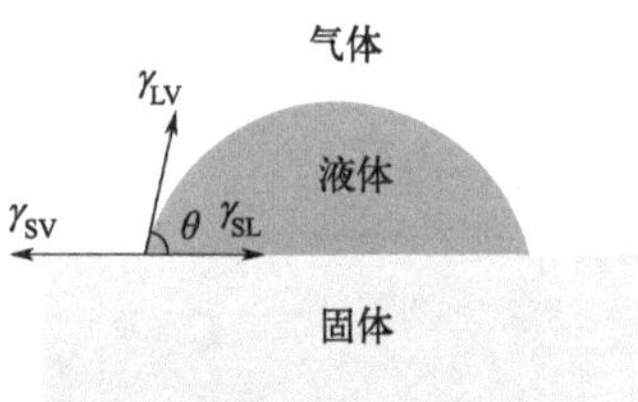

图 5-7 杨氏方程描述的液体接触状态示意图

该方程描述了液滴在完全光滑的理想平面上的接触角，这个接触角被称为材料的本征接触角。杨氏润湿方程是研究固体润湿性的基础，接触角可以反映固体表面的润湿特性及表面能。

当 $\theta=0°$时，液滴在基材表面能够完全扩散，达到超湿润状态［图 5-8(a)］；当 $0<\theta<90°$时，基材表面是亲水的，液体仍可润湿基材［图 5-8(b)］；当 $90°<\theta<150°$时，液体难以完全润湿基材，液体在基材表面形成水滩形接触状态，该表面被认为是疏水性的；当 $\theta>150°$时，液体不能润湿基材，液体在基材表面通常呈球状接触状态，液滴很容易从基材表面滚落，该表面被认为是超疏水性的［图 5-8(c)］，具有超疏水性能的表面通常具有自清洁行为；当 $\theta=180°$时，液滴完全不会润湿基材，类似于液滴飘浮在空气中，这是理想的非浸润状态，在地球上很难实现［图 5-8(d)］。

5.2.2 粗糙表面的润湿行为

杨氏方程适用于理想条件下的光滑固体表面，但在解释粗糙表面的特殊润湿性方面存在局限性。1936 年 Wenzel[21] 在表面张力定义的基础上提出了一种新的理论，指出粗糙基材的实际表面积大于其表观表面积，并在 Young 模型的基础上进一步阐述了非理想表面对疏水性能的影响，即 Wenzel 模型［式(5-2)］。

$$\cos\theta_r=r\cos\theta \tag{5-2}$$

式中，θ_r 为非理想表面的接触角；θ 为材料的本征接触角；r 为固体表面的粗糙度，即实际固液接触面积与表观接触面积之比（$r>1$）。Wenzel 模型是基于液体完全浸润粗糙表面

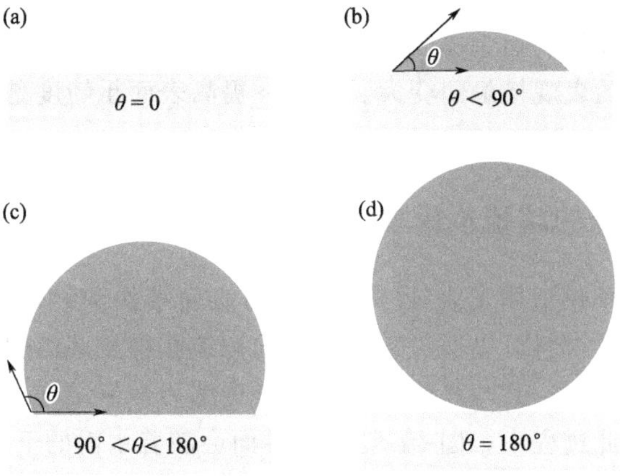

图 5-8 水滴在基材表面的润湿状态

(a) 超亲水；(b) 亲水；(c) 疏水及超疏水；(d) 理想非浸润态

的假设。在此假设下，液滴完全填充粗糙表面的所有孔隙，如图 5-9 所示。当固体材料的润湿性是亲水性，即 $\theta<90°$时，接触角 θ_r 随着固体表面粗糙度 r 的增加而减小，即随着粗糙度的增加，固体表面表现出更强的亲水性。当固体材料的润湿性为疏水性时，即 $\theta>90°$，接触角 θ_r 随着固体表面粗糙度 r 的增加而增加，即随着粗糙度的增加，固体表面表现出更强的疏水性[22]。因此，固体材料表面的微观结构可以放大表面润湿性，即材料的表观粗糙度可以使亲水材料更亲水，疏水材料更疏水。

5.2.3 Cassie-Baxter 模型

Wenzel 模型研究了非理想表面的润湿性，但仍然存在一些局限性。Wenzel 模型不能解释液体和固体粗糙表面接触时气体的复合界面现象，例如超疏水接触状态。当材料表面由填充有空气的多孔结构组成时，液滴难以润湿材料表面。此时，液滴无法渗透到粗糙结构的内部，从而导致在液滴和基底表面之间形成“气垫”，如图 5-10 所示。这意味着 Wenzel 模型不适用于所有的情况。为了解决这一问题，Cassie 和 Baxter 于 1944 年在 Wenzel 模型基础上提出了 Cassie-Baxter 模型[23]，如式(5-3) 所示。

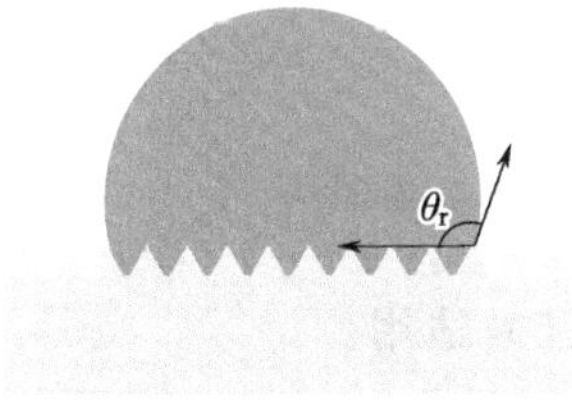

图 5-9 Wenzel 模型的接触状态示意图

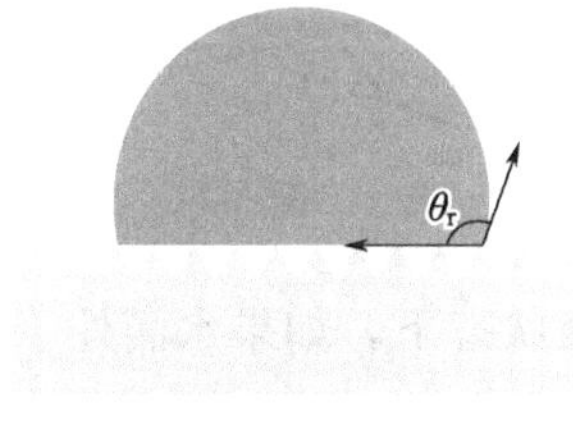

图 5-10 Cassie-Baxter 模型的接触状态示意图

$$\cos\theta = f_{SL}\cos\theta_1 + f_{GL}\cos\theta_2 \tag{5-3}$$

式中，f_{SL} 和 θ_1 分别为固-液接触的表观面积分数和固-液接触角；f_{GL} 和 θ_2 分别为气-液接触的表观面积分数和气-液接触角；θ 为可在粗糙表面上测量的表观接触角。固-液接触的表观面积分数和气-液接触的表观面积分数之和为 1。由于水在空气中的接触角为 180°，Cassie-Baxter 模型的表达式可展开为式(5-4)。

$$\cos\theta = f_{SL}(\cos\theta_1 + 1) - 1 \text{ 或 } \cos\theta = f_{SL}\cos\theta_1 - f_{GL} \tag{5-4}$$

由上式可知，随着固体表面粗糙度的增加，液滴与材料表面之间的接触面积变小，f_{SL} 变小，液体与固体表面的表观接触角变大。因此，提高表面粗糙度是提高材料表观接触角的有效途径。

5.2.4 三维多孔泡沫的超疏水模型

Cassie-Baxter 模型不仅适用于表征平面材料的表面结构和性质，也适用于具有三维结构的多孔材料。这些多孔材料可以通过微观结构的构筑获得显著的超疏水性能。对于表面具有微纳结构的三维多孔材料，其与水的接触界面可理解为球形结构。水滴在重力作用下沿着结构边缘向下移动，在此过程中，固-液-气接触界面会随着水面的下移而改变。如图 5-11 所示，通过水界面与固体结构的接触角 α 可以定义两种可能的接触状态。当固-液-气复合界面位于上半圆时，定义 α 角为负，表示正常接触状态，这种结构可以代表具有金字塔结构和平台结构的表面的接触状态。当复合界面位于下半圆时，角度 α 定义为正，表示重入接触状态，这种结构可以代表悬垂结构或倒梯形结构的表面的接触状态。当 $\alpha=0$，γ_{LG} 的方向是水平的，表示柱状结构表面的接触状态。通过固-液（γ_{SL}）、液-气（γ_{LG}）和固-气（γ_{SG}）界面的表面张力，得到界面张力 γ_0。为了达到平衡状态，材料表面所有特征的集合 γ_0 应能够抵消水滴的重力。

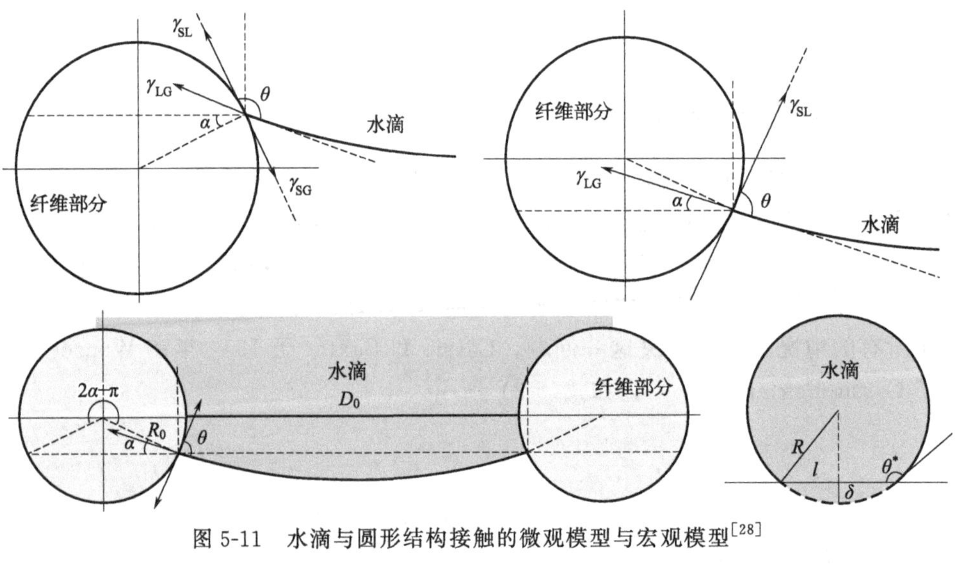

图 5-11　水滴与圆形结构接触的微观模型与宏观模型[28]

在平衡状态下，如果水滴处于正常接触状态，则式(5-5) 适用。

$$\gamma_0 = \gamma_{SL}\cos\alpha + \gamma_{LG}\cos(\pi - \theta + \alpha) - \gamma_{SG}\cos\alpha \tag{5-5}$$

可简化为式(5-6)。

$$\gamma_0 = (\gamma_{SL} - \gamma_{SG})\cos\alpha - \gamma_{LG}\cos(\theta - \alpha) \tag{5-6}$$

平衡状态下，如果水滴处于重入接触状态，则式(5-7) 适用。

$$\gamma_0 = \gamma_{SL}\cos\alpha + \gamma_{LG}\cos(\pi - \theta - \alpha) - \gamma_{SG}\cos\alpha \tag{5-7}$$

可简化为式(5-8)。

$$\gamma_0 = (\gamma_{SL} - \gamma_{SG})\cos\alpha - \gamma_{LG}\cos(\theta + \alpha) \tag{5-8}$$

很明显，在这两种平衡状态下，θ 是不同的，这意味着在正常接触时需要较大的 θ 来保持平衡，也就是需要基材具有更大的本征接触角。这解释了降低表面能增强疏水性的现象。对于 $\theta<90°$ 的基体材料，水滴将沿圆表面持续下沉，并在形成重入接触时达到平衡。

将上述模型与杨氏方程相结合，可以得到由半径 R_0 和结构间距离 D_0 定义的微观结构的表观接触角（θ^*）。

液-气界面的投影长度可由式(5-9) 表示。

$$L_{LG}=D_0+2R_0(1-\cos\alpha) \tag{5-9}$$

因此，液-气界面接触面积比可表示为：

$$f_{LG}=\frac{D_0+2R_0(1-\cos\alpha)}{2R_0+D_0}=1-\frac{2R_0\cos\alpha}{2R_0+D_0} \tag{5-10}$$

在正常接触情况下，固-液界面接触面积比可表示为式(5-11)。

$$f_{SL}=\frac{2R_0\cos\alpha}{2R_0+D_0} \tag{5-11}$$

同样，在重入接触情况下，固-液界面接触面积比可以表示为式(5-12)。

$$f_{SL}=\frac{4R_0-2R_0\cos\alpha}{2R_0+D_0} \tag{5-12}$$

将式(5-10) 和式(5-11) 或式(5-10) 和式(5-12) 代入式(5-3)，可得到正常接触情况［式(5-13)］和重入接触情况［式(5-14)］下的表观接触角。

$$\cos\theta^*=\frac{2R_0\cos\alpha}{2R_0+D_0}(\cos\theta+1)-1 \tag{5-13}$$

$$\cos\theta^*=\frac{2R_0(2-\cos\alpha)}{2R_0+D_0}\cos\theta+\frac{2R_0}{2R_0+D_0}\cos\alpha-1 \tag{5-14}$$

注意，当 $\alpha=0°$ 时，式(5-3) 和式(5-5) 与式(5-15) 相同。

$$\cos\theta^*=\frac{2R_0}{2R_0+D_0}(\cos\theta+1)-1 \tag{5-15}$$

因此，可定义 $k=\dfrac{2R_0}{2R_0+D_0}$ 为影响润湿性能的结构因子。可以看出，θ 与 θ^* 成正比。因此，增大 D_0、α 和 θ 以及减小 R_0 是提高 θ^* 的有效方法。为了实现高疏水性，需要制备结构尺寸小、相邻结构间尺寸大、表面能低（低本征接触角）的重入结构表面。这些结构模型为超疏水结构的设计提供了理论指导，并能够一定程度上预测结构化表面的超润湿性能。Tuteja[24] 曾提出结构化表面的类似建议。

然而，D_0 的无限增大或 R_0 的减小是不合理的，因为这会使水界面持续下沉到微结构之间的空隙中，从而转变为 Wenzel 接触状态，并最终由于毛细效应而渗透整个三维多孔材料。因此，需要另一个边界条件来进行约束。Tuteja[25] 提出了临界突破压力作为另一个约束，但其可能不适用于稳态状况或三维多孔材料。Mi 等人利用 Mahavedan-Pomeau 模型[26] 和水在多孔材料上的能量平衡方程[27] 建立了三维多孔材料润湿性能的另一个约束。式(5-16) 说明，水滴下的总表面张力 γ 与水滴尺寸 R^3 成正比，与下沉距离 δ 成反比。

$$\gamma\propto\frac{\rho g R^3}{\delta} \tag{5-16}$$

式中，ρ 为水的密度；g 为重力加速度；R 为水滴的半径；δ 为假设水滴为球形的下沉距离。

将每个圆形结构的单个表面张力 γ_0 和接触结构数 n 代入式(5-16)，可得式(5-17)：

$$n \propto \frac{\pi l \rho g R^3}{\gamma_0 \delta(D_0 + R_0)} \tag{5-17}$$

式中，l 为水滴与基材接触面积的半径。

由式(5-17) 可知，接触结构数需要随着水滴体积的增加和结构半径的减小而增加，以保持稳定状态。换句话说，达到稳定状态需要在固-液-气三相界面处达到临界接触结构数(n_c)。

对于具有多尺度微纳米结构的表面，其疏水性通常会显著增大。Tuteja[29,30] 提出用式(5-18) 解释这种现象。该式表明 θ_n^* 随 n 的增加而增大。

$$\cos\theta_n^* = (1 - f_{LG,n})\cos\theta_{n-1}^* - f_{LG,n} \tag{5-18}$$

式中，n 为层级结构的层数，n=1、2、3…；f_{LG} 是第 n 层液-气界面的投影面积分数；θ_n^* 和 θ_{n-1}^* 分别为具有 n 和 $n-1$ 层纳米结构的多层级材料的表观接触角。

基于此，Mi 等人[31] 制备了由二氧化硅纤维组成的超疏水 3D 纤维泡沫，并用层级结构的 Co 纳米颗粒对纤维表面进行了修饰。研究发现，由层级纳米颗粒形成的固-液-气三相界面可以显著增加材料表面出现的“气穴”数量，并大大减少水达到平衡所需的下沉距离。相反，没有层级 Co 纳米颗粒修饰的纤维泡沫的 WCA 要低得多，水面下沉距离更大（图 5-12）。

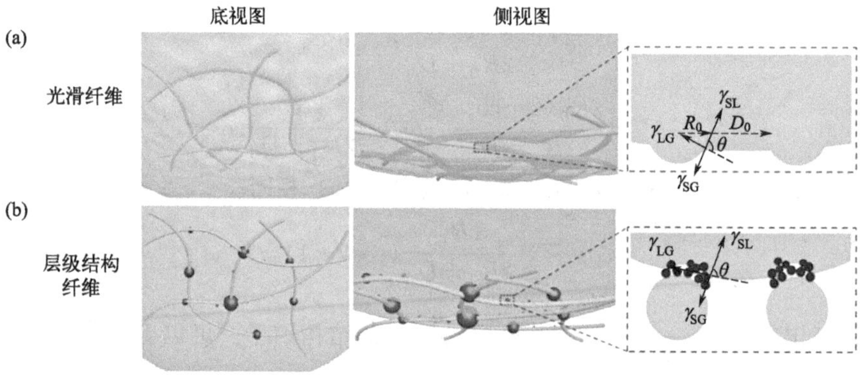

图 5-12　液滴与光滑纤维（a）和层级结构纤维（b）的接触状态示意图[31]

放大图显示了平衡状态的界面接触面

5.3　超疏水泡沫的性能表征

5.3.1　微观结构表征

如前文所述，微观结构是决定粗糙表面材料润湿性能的关键因素。表征泡沫材料的微观形貌对于揭示其表面润湿机制十分关键。常用表征手段包括：扫描电子显微镜、原子力显微镜和白光干涉法。

(1) 扫描电子显微镜(SEM)

多数非导电聚合物泡沫在观察前需要对样品表面喷涂一层金膜,以增强其电子激发特性。针对不同放大倍率的 SEM 图像,可以通过图像分析软件从 SEM 图像中测量、计算平均泡孔尺寸和泡孔密度。对于纤维状的微观结构可以测量其纤维直径、长径比等特征参数。

借助高分辨率 SEM 能够观察到材料表面呈现的层级结构,分辨率可以达到纳米级别。对于尺度更低的纳米粒子,如不同材料组成的杂化纳米粒子,可通过透射电子显微镜(TEM)来针对性地表征纳米粒子的层级微观结构。

(2) 原子力显微镜(AFM)

虽然 SEM 可以细致观察材料的表面形貌,但无法检测材料表面纳米结构的高度。AFM 是一种可以通过探针扫描绘制三维表面形貌的方法,广泛应用于纳米级成像。在 AFM 中,光学显微镜配备有悬臂梁,悬臂梁与样品表面相互作用,从而获得样品表面的高度轮廓。通常,在 AFM 测量中可以选择轻敲和非接触两种模式,研究人员可以通过适当的 AFM 扫描获得 3D 形貌图像,从而进一步分析材料表面特征的高度和尺寸细节。

(3) 白光干涉法(WLI)

对聚合物泡沫的多孔结构形貌,AFM 探针的探测深度往往不足以检测到材料微结构的底部,从而导致数据无法反映真实结构或测试范围超过量程而报错。另外,对于一些高弹态的聚合物材料 AFM 往往不能准确扫描其表面微结构。针对这些情况,WLI 提供了一种有效且广泛应用于结构化表面测量的技术。在 WLI 测量中,高精度激光干涉仪和带有角度调节制动器的三维运动载体平台是主要部件。通过光学扫描具有微结构的样品表面,样品表面的高度差能够通过光学干涉映射的图像反映出来。虽然 WLI 的分辨率低于 AFM,但它在快速分析非接触样品表面方面具有强大的功能。

5.3.2 表面化学和润湿性表征

(1) 表面化学表征

如前文所述,表面能是影响材料表面润湿性的重要因素。表面能与材料表面的化学结构高度相关。因此,评估材料表面的化学性质是十分关键的。

傅里叶变换红外光谱(FTIR)通过检测与分子内振动能级相对应的特定光频率来表征材料的表面化学性质。通常,使用 FTIR 仪在 4000~600 cm^{-1} 波数范围内扫描材料,以分析材料的化学结构与官能团。

X 射线光电子能谱(XPS)是检测材料表面元素的有力工具。测量通常在带有聚焦的单色 K_α X 射线源和单原子/团簇离子枪的 X 射线光电子能谱仪上进行。XPS 中的全扫描能谱可以揭示存在于材料表面的元素以及得到每种元素的含量,而对每个元素的核能级信号谱进行高斯拟合,从而通过对不同化学键的比例分析确定与该元素相关特定化学结构的含量。

(2) 表面润湿性表征

材料的表面润湿性可通过 WCA 测量来分析。通常使用去离子水作为目标液体在静态接触角测试仪上进行测量。测量方式通常采用无柄测量或有柄测量方式。无柄测量中采用锥形针头将一定体积(5~10 μL)的液滴滴落在样品表面而进行接触角测量;有柄测量中采用平头针头在样品表面进行液滴的注入。对于超疏水材料的测试,往往需要表征材料表面的滚动角或滑动角。一般来说,首先在平坦的样品表面滴入一个滴液,然后缓慢增加平台的角度来进行测量。液滴在平台上滚动时的角度即为滚动角。

5.3.3 选择性油分离性能

在选择性油吸附或油水分离的应用中，需要测量功能泡沫材料从水中选择性吸收油的能力。在通常的测试实验中，用苏丹Ⅲ染料或红油对密度比水小的有机溶剂（如环己烷）和密度比水大的有机溶剂（如四氯化碳）进行染色，将两种有机溶剂分别滴入水中，利用超疏水聚合物泡沫选择性吸附水面上PU下的有机溶剂。与此同时，对功能泡沫滴入油滴以及水的质量进行测试，分别计算吸油前后功能泡沫和水的质量变化，从而得出功能泡沫吸油而不吸水的选择性。

5.3.4 超疏水泡沫的吸附性能

在油污吸收的应用中，有必要评估泡沫对各种有机溶剂的吸收能力。在吸附容量实验中，采用不同有机溶剂（如甲苯、无水乙醇、四氯化碳、氯仿、二甲苯、环己烷等）测定超疏水多孔泡沫的吸附和储存容量。在室温下，首先称量干燥的多孔泡沫的质量，然后将多孔泡沫浸入装有有机溶剂的烧杯中。用有机溶剂浸透多孔泡沫使其饱和，再取出泡沫并用称量纸擦去泡沫表面上的残留有机溶剂。使用式(5-19) 计算吸收容量（$g \cdot g^{-1}$）。

$$Q=\frac{m_a-m_0}{m_0} \tag{5-19}$$

式中，m_0 和 m_a 分别是吸附有机溶剂之前和之后的多孔泡沫的质量。

为了评价吸收泡沫的可重复使用性，通常对其吸附和解吸循环能力进行评估。在此过程中，将多孔泡沫分别置于含有不同溶剂（如环己烷和四氯化碳）的烧杯中。吸附后，在真空烘箱中除去吸附的有机溶剂。记录每个循环前后多孔泡沫的质量，以计算多孔泡沫对溶剂的吸附和解吸循环能力。

5.4 超疏水泡沫制备技术

5.4.1 纳米颗粒/多孔材料复合物

在多孔材料中引入功能性纳米颗粒是制备具有选择性吸油性能的超疏水泡沫的常用方法。纳米颗粒的引入能够提升泡沫材料的表面粗糙度，构筑微纳层级结构，具有低表面能的纳米颗粒能够降低泡沫材料的表面能以提升其疏水性。多种纳米颗粒已被应用于制备超疏水泡沫，如石墨烯、CNT、炭黑和二氧化硅纳米颗粒等。在多数研究中，纳米颗粒通过化学接枝/沉积、物理涂覆、原位生长等修饰在多孔泡沫表面。

Tamsilian 等人[32] 利用沸石咪唑金属有机骨架（ZIF-8）作为低密度晶体，制备了超疏水纳米复合泡沫。在获得超疏水性能的同时，其 WCA 高达 156°，即使在酸性和碱性环境中也能保持高的 WCA [图 5-13(a)]。Shuai 等人[33] 采用溶胶-凝胶法在 PU 海绵表面生长了 TiO_2 纳米粒子，并进一步进行 PDMS 原位聚合，成功制备了一种 PDMS-TiO_2 包覆 PU 泡沫材料。所制备的 PDMS-TiO_2-PU 泡沫具有超疏水表面，WCA 达 154°，对油和有机溶剂的吸附容量超过 16.7 $g \cdot g^{-1}$ [图 5-13(b)]。

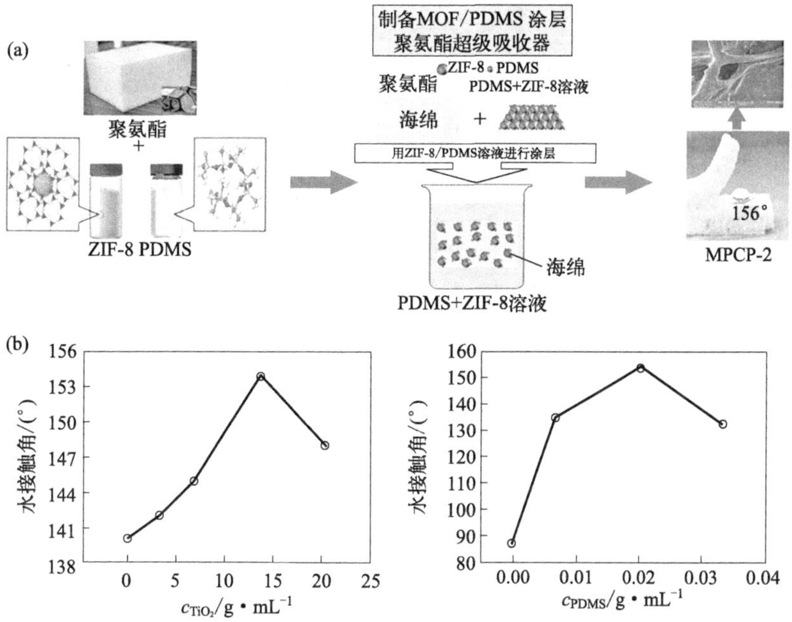

图 5-13 超疏水复合泡沫的制备及润湿性能

(a) 超疏水 MPCP-2 泡沫的制备流程及疏水性能[32]；

(b) TiO_2 溶胶-凝胶和 PDMS 溶液浓度对泡沫疏水性能的影响[33]

5.4.2 相分离法制备超疏水泡沫

相分离法是一种通过温度或溶剂诱导聚合物溶液发生相分离来制备超疏水泡沫的方法。经过相分离和溶剂去除过程，可以获得连续的微纳米多孔结构的超疏水泡沫[34]。相分离法制备泡沫的微观结构主要取决于富聚合物相和富溶剂相形成过程中的相分离行为。因此，可以通过控制相分离过程来调节泡沫的形态。

Mi 等人[35] 通过特殊的双向冷冻干燥工艺制备了由纤维素纳米纤维（CNF）和氧化石墨烯（GO）组成的各向异性超疏水泡沫（MCGA）（图 5-14）。相分离过程中，在两个方向上同时冷冻 CNF/GO 溶液，使得 CNF 和 GO 平行组装以形成双向排列的多孔结构。制备的 MCGA 泡沫材料经疏水涂层涂覆后具备了超疏水功能，可直接用于选择性吸油应用。其各向异性结构使 MCGA 泡沫具有优异的可压缩性和可恢复性。

此外，Wang 等人[36] 利用二氧六环溶剂结合水辅助相分离制备了超疏水聚乳酸（PLA）泡沫。该泡沫具有独特的微/纳结构以及 151°的高 WCA 和 34.5 $g \cdot g^{-1}$ 的有机溶剂吸收容量 [图 5-15(a)]。Kato 等人[37] 基于聚合诱导相分离（PIPS）行为，开发了一种独特的紫外光触发微纳结构制备方法。首先在基底涂覆 PIPS 前驱体溶液，然后进行 UV 固化以诱导聚合物和溶剂之间发生相分离，最后使用乙醇冲洗以去除溶剂，从而在材料表面留下特定纹理。制备材料的表面纹理展现出多层级结构特征，具有显著的超疏水性，WCA 高达 163°［图 5-15(b)］。

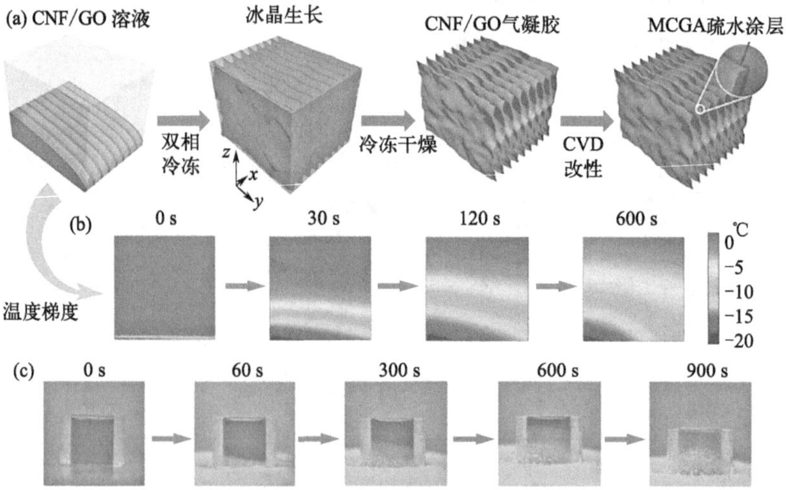

图 5-14　双向冷冻干燥工艺制备各向异性超疏水泡沫[35]

(a) 双向冷冻干燥制备 MCGA 示意图；(b) 利用 COMSOL Multiphysics 软件模拟冷冻过程中的温度梯度；(c) 溶液双向冷冻过程

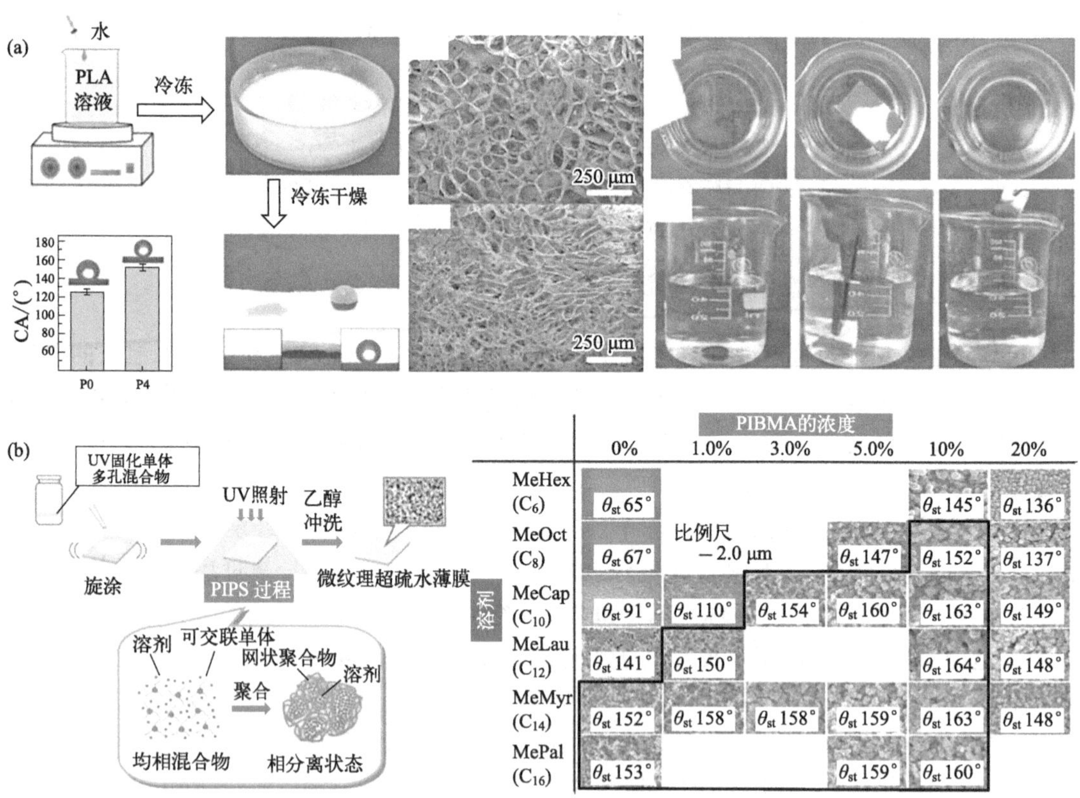

图 5-15　相分离法制备超疏水泡沫

(a) 冷冻干燥相分离制备 PLA 多孔泡沫示意图及其泡孔形态[36]；

(b) 通过 UV 诱导相分离制备的微纳结构示意图及其表面形貌与水接触角[37]

5.4.3 超疏水气凝胶

通过溶胶-凝胶合成与干燥技术来制备气凝胶也是获得超疏水三维泡沫的一种常用方法。溶胶在特定环境下（如温度与溶剂体系的改变）发生相分离形成凝胶，然后通过溶剂置换、冷冻干燥或 $scCO_2$ 干燥去除溶剂相后形成多孔结构。该方法制备的多孔材料之所以被称为气凝胶，是因为原始凝胶中的溶剂相被空气所取代。为了使制备的气凝胶具有超疏水性能，往往需要使用低表面能的基体材料或对基体材料进行改性。

Mu 等人[38] 利用甲基三甲氧基硅烷（MTMS）、二甲基二甲氧基硅烷（DMDMS）和四乙氧基硅烷（TEOS），采用一锅反应法制备了由球形颗粒组成的多孔超疏水有机硅气凝胶。该气凝胶的吸油容量为 6～14 $g \cdot g^{-1}$ ［图 5-16(a)］，使用各种有机液体进行 50 次循环后仍能保持 95%～98%的吸附量。此外，即使暴露于高达 200 ℃的温度下，气凝胶也表现出优异的弹性，而其功能没有显著退化。Mi 等人[39] 采用类似的一锅水热合成法以及冷冻干燥和化学气相沉积改性的工艺制备了由 GO、CNF 和二氧化硅（SiO_2）纳米颗粒组成的氟化杂化气凝胶（FHA）。气凝胶中 CNF 相作为连接相，GO 和 SiO_2 组成层级微纳结构；氟链接枝有效降低了材料的表面能，从而使气凝胶具有良好的超疏水性能，WCA 高达 157°，滚动角小于 1° ［图 5-16(b)］。此外，气凝胶表现出超亲油性和优异的选择性吸油效率（约 100%），以及对各种油和化学溶剂的高吸收容量（质量增加 39～68 倍）。

5.4.4 静电纺丝法制备超疏水纤维泡沫

静电纺丝是一种在高压电场下通过聚合物溶液制备纳米至亚微米直径纤维材料的技术。静电纺丝中，一定黏度的聚合物溶液从正极滴入高压电场中，由于静电排斥作用，黏性溶液被拉伸形成纤维并向负极收集装置运动，在此期间溶剂同步挥发，纤维逐渐固化；固化的纤维在收集装置上不断堆叠成型，获得纤维多孔材料。采用低表面能材料进行静电纺丝是制备具有超疏水性能纤维膜的重要方法。例如，Su 等人[40] 通过静电纺丝和溶剂改性制备了超

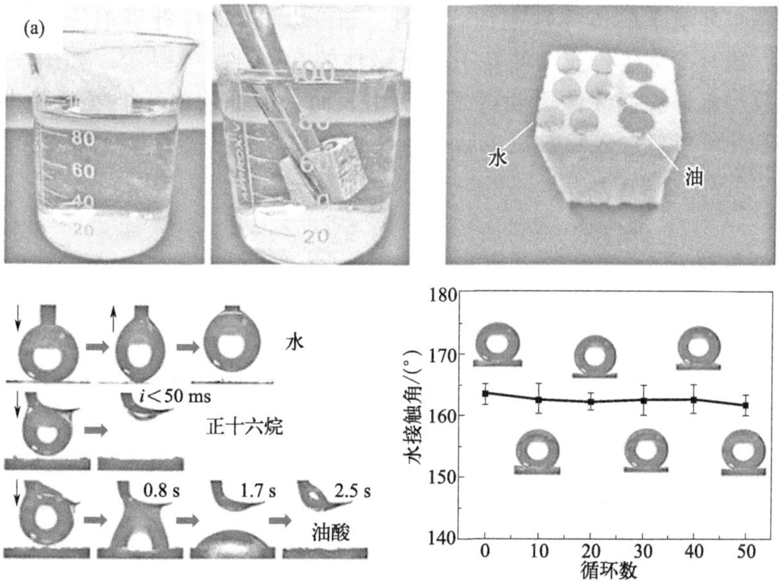

图 5-16

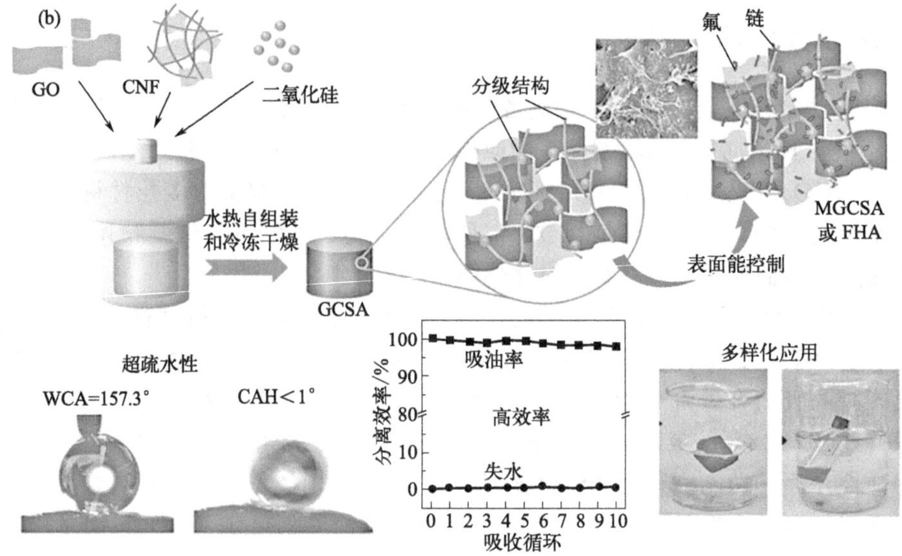

图 5-16　超疏水气凝胶制备工艺

（a）有机硅气凝胶的超疏水/超亲油性能[38]；

（b）FHA 制备工艺示意图及超疏水性能和选择性吸油测试结果[39]

疏水聚偏氟乙烯（PVDF）膜。研制的 PVDF 膜具有较高的 WCA（152.4°）、耐污性和海水淡化能力。

然而，静电纺丝中由于溶液的黏性和负极收集装置的静电吸引，纺丝纤维通常紧密堆叠而形成纤维膜，因此，难以制备具有三维结构的纤维泡沫。为了克服这个问题，Mi 等人[41]通过控制纤维的黏度、凝胶化速率，开发了直接沉积三维纤维制备方法，成功制备了三维堆叠的 SiO_2 纤维泡沫。用戊二醛接枝三维 SiO_2 纤维泡沫并用全氟十二烷基三乙氧基硅烷进行表面改性后，三维泡沫具备了超疏水性能［图 5-17(a)］，并且可以通过调节泡沫结构控制其 WCA，使其呈现出“玫瑰花瓣”效应。由于 SiO_2 优异的稳定性和耐腐蚀性，研制的纤维泡沫可用于恶劣环境下的选择性吸油。此外，进一步将 SiO_2 纤维泡沫与 CNF 和 Fe_3O_4 纳米颗粒结合，通过冷冻干燥成功制备了具有磁性的杂化纤维气凝胶。如图 5-17(b) 所示，杂化纤维气凝胶经氟链表面改性后获得了超疏水表面，由于杂化纤维气凝胶中 Fe_3O_4 纳米粒子的存在，杂化纤维气凝胶可被磁场吸引，使得杂化纤维气凝胶具有远程控制从恶劣环境中吸油的能力[42]。

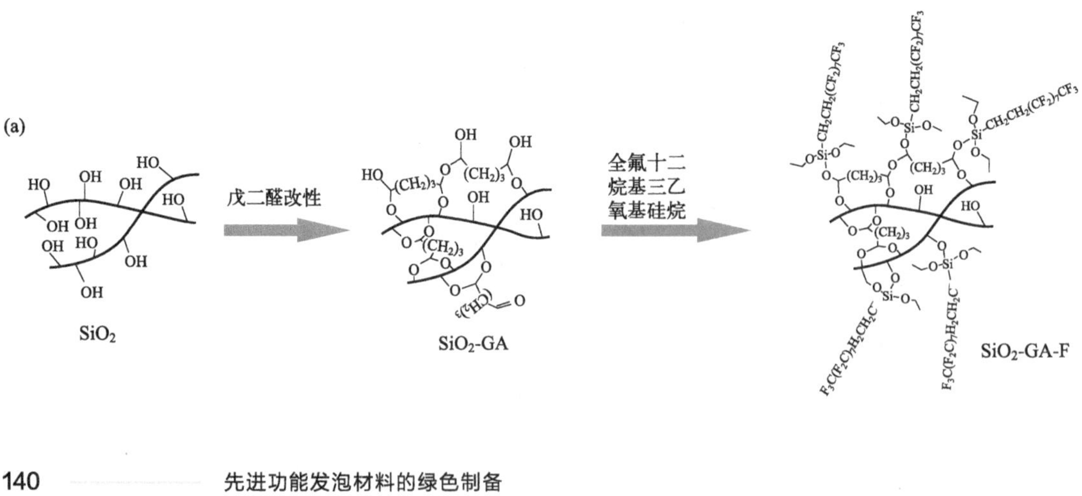

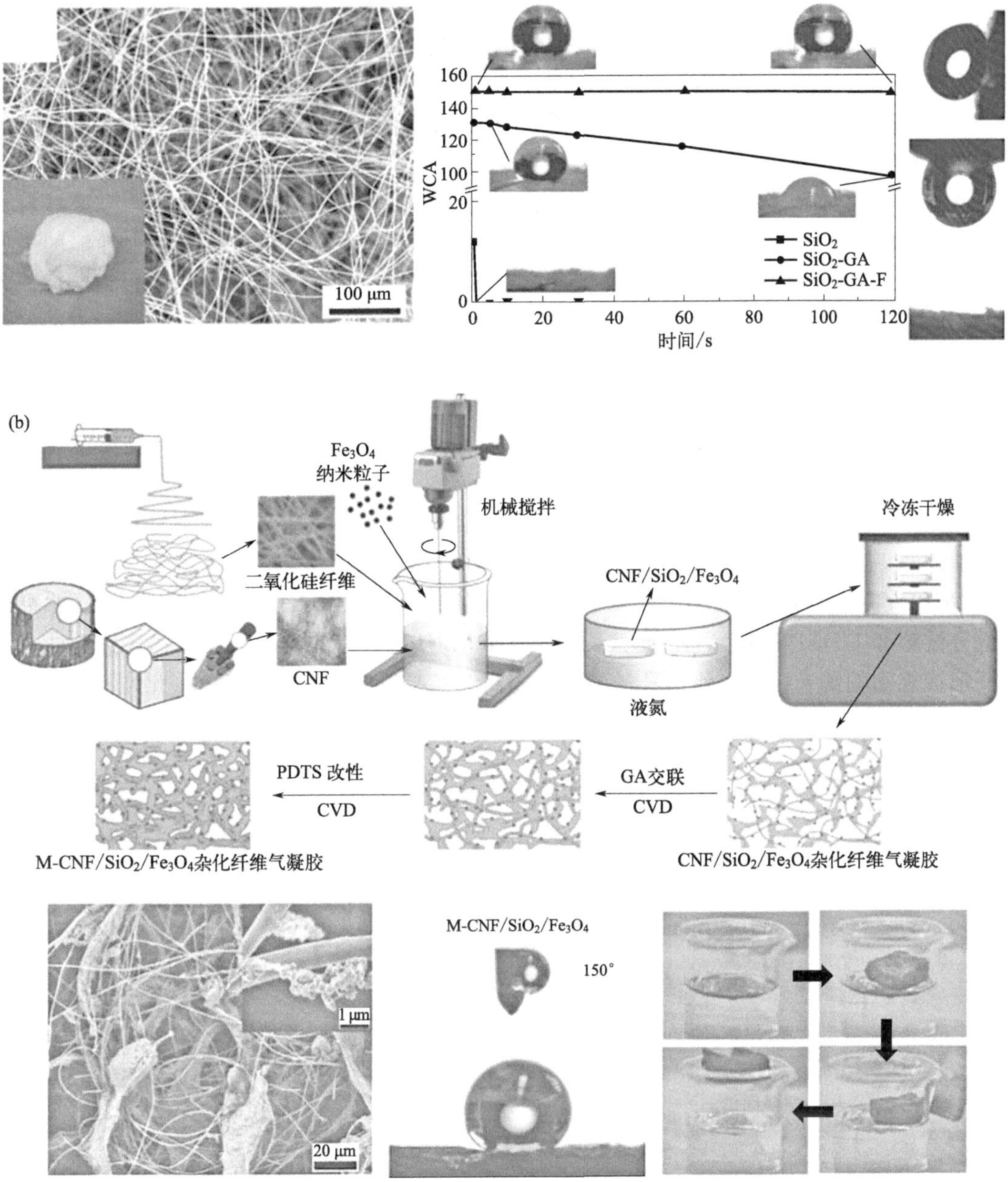

图 5-17　自组装静电纺丝制备的 SiO_2 三维纤维泡沫及其润湿性能（a）[28]；CNF/SiO_2/Fe_3O_4 杂化纤维气凝胶的制备工艺及润湿和磁控吸油性能（b）[42]

5.4.5　超临界 CO_2 发泡制备超疏水泡沫

scCO_2 发泡是一种以 CO_2 为物理发泡剂制备聚合物泡沫材料的环保方法。通过控制发泡工艺参数，可以制备开孔结构和闭孔结构的聚合物泡沫[43,44]。为了实现泡沫材料的超疏水性能，需要在泡沫材料表面暴露出高度多孔的结构，并且还经常使用各种纳米颗粒来增加表面结构的复杂性与粗糙度，同时改变其表面能。目前，具有开孔结构的超疏水聚合物泡沫已在防污和自清洁、溶剂吸收和油水分离等领域得到广泛应用。Li 等人[45] 采用 scCO_2 发泡制备了 PLA/聚丁二酸丁二醇酯（PBS）泡沫。该泡沫具有高度互联的蕾丝状开孔结构，开孔率达 98.2%，对各种有机溶剂和油的吸附容量达到 7.9～21.9 g·g^{-1}。然而，由于 PLA 和 PBS 具有较高的表面能，其疏水性并未达到超疏水性区间。

在油水分离应用中，有必要对具有不同表面张力的液体进行选择性吸收。低表面张力的液体在材料表面呈 Wenzel 状态，能够通过毛细作用进入三维结构内部。相反，高表面张力的液体与水一样在材料表面呈 Cassie-Baxter 状态，难以渗透内部结构。因而，泡沫材料具备了选择性疏水/吸油的独特功能。通常来说，表面改性是泡沫材料获得超疏水性能的主要方法。然而，一旦表面结构受到轻微损坏形成缺陷区域，高表面能液体就会通过该区域渗入到泡沫内部，进而润湿整个泡沫，使其丧失选择性吸油的能力。因此，构建耐用的表面结构对超疏水泡沫材料是至关重要的。

为此，Mi 等人[46] 以超高分子量聚乙烯（UHMWPE）为原料，通过 scCO_2 发泡和表面改性制备了超疏水泡沫。如图 5-18(a) 所示，scCO_2 发泡的 UHMWPE 具有高度多孔的结构，并通过溶剂辅助涂覆工艺对泡沫进行改性 SiO_2 纳米粒子的修饰。结果表明，当氟链改性 SiO_2 纳米粒子含量增加到 1%时，WCA 从 144°提高到 158°，泡沫材料显示出优异的选择吸油性能。他们进一步开发了一种原位诱导结晶的方法，通过将泡沫浸入含有 UHMWPE 和甲苯的稀溶液中，在 UHMWPE 泡沫表面生成 UHMWPE 片晶[43]。非晶相的部分溶解和 UHMWPE 片晶的形成同时在 UHMWPE 泡沫的支柱上发生，导致泡沫骨架表面形成规则的纳米结构，使其具备 162°的超高 WCA 和 1°的超低滚动角。此外，改性泡沫在重复使用中表现出优异的稳定性和对机械损伤的耐受性［图 5-18(b)］。

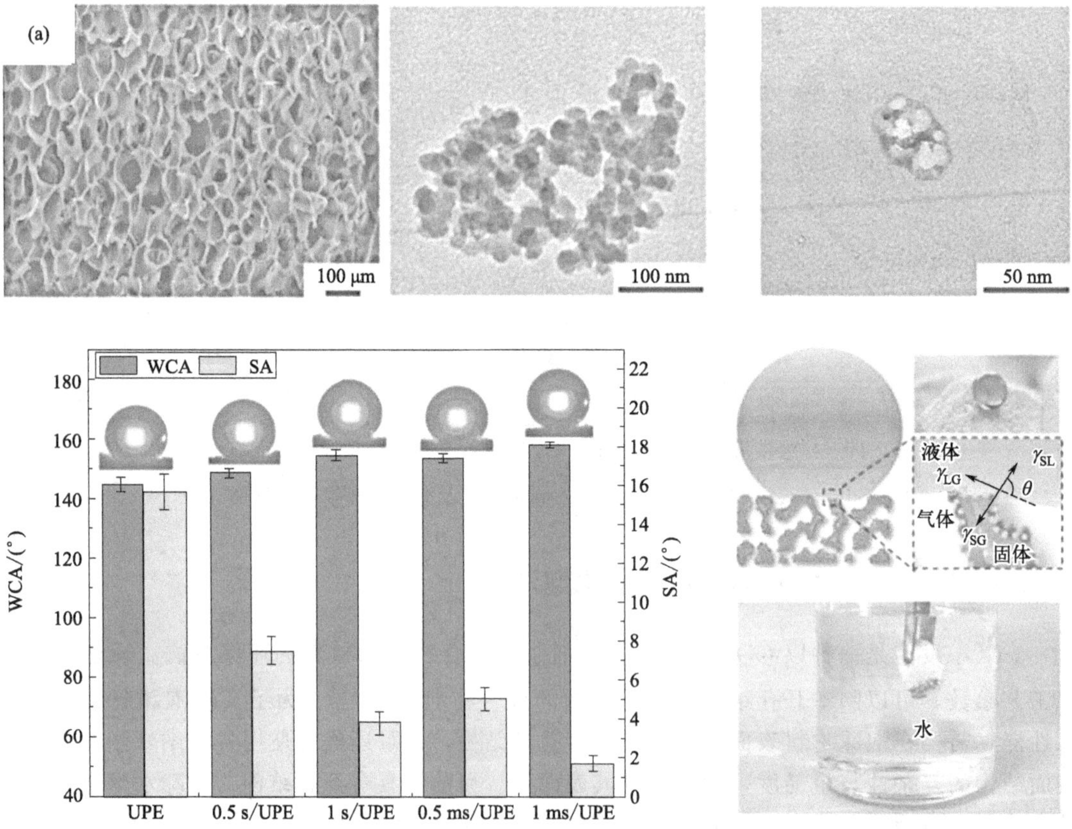

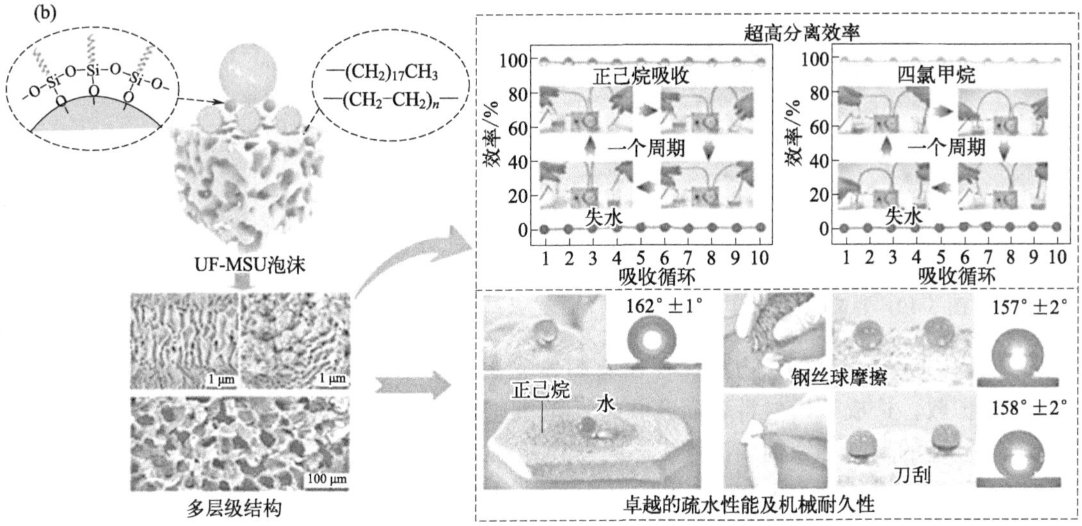

图 5-18　$scCO_2$ 发泡和表面改性制备超疏水泡沫

(a) UHMWPE 纳米复合泡沫和改性 SiO_2 纳米颗粒的 SEM 照片，以及 UHMWPE 纳米复合泡沫的超疏水性能[46]；

(b) 改性 UHMWPE 泡沫的制备工艺、疏水性能及机械耐久性结果[43]

然而以上方法在涂覆或改性过程中都需要使用有机溶剂，可能对环境造成二次污染。为避免有机溶剂的使用，Mi 等人[44] 采用双螺杆挤出和 $scCO_2$ 发泡工艺研制了聚丙烯(PP)/聚四氟乙烯(PTFE)纳米纤维复合泡沫塑料。如图 5-19 所示，微米级 PTFE 颗粒经双螺杆挤出原位纤化形成 PTFE 纳米纤维，而纳米级 PTFE 颗粒均匀分布在基体中。低表面能 PTFE 纳米纤维网络和纳米 PTFE 粒子的存在使得 PP/PTFE 复合泡沫具有优异的超疏水性。PTFE 纤维网络与纳米颗粒不仅降低了泡沫的表面能，而且在泡沫表面上形成了层级结构，使泡沫的 WCA 达到 156.8°，滚动角达到 1.9°。另外，由于多孔结构和 PTFE 纳米纤维网络分布在整个泡沫中，因此泡沫具有优异的耐用性和耐磨性，当现有表面受损后暴露出来的新表面依然具备优异的超疏水性能。

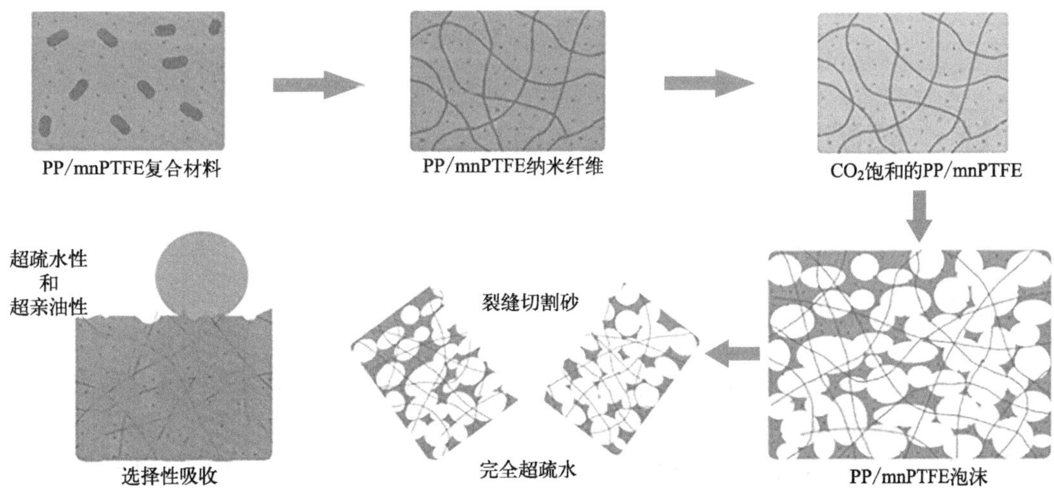

图 5-19

图 5-19 超疏水 PP/PTFE 泡沫的制备工艺及疏水性能和机械耐久性结果示意图[44]

另外，$scCO_2$ 发泡聚合物泡沫存在着固体皮层的问题。这是由于发泡过程中的高压差和气体的扩散，造成靠近材料表面区域的气体快速逃逸，从而形成皮层结构。实际应用中，通常需要额外的切割、蚀刻或涂覆工艺来获得超疏水泡沫。为了解决这个问题，Mi 等人[47]在使用 $scCO_2$ 发泡制备 PVDF 泡沫时引入了受限层来限制 CO_2 的逸出速率。他们在固体 PVDF 表面分别涂覆了硅橡胶层和天然橡胶层，作为气体屏障。如图 5-20 所示，表面受限层使 PVDF 泡沫表面呈现出高度多孔结构，不仅有效消除了泡沫皮层，而且提升了泡沫整体的开孔率。PVDF 的低表面能使该材料成为一种理想的吸油和油水分离功能材料。

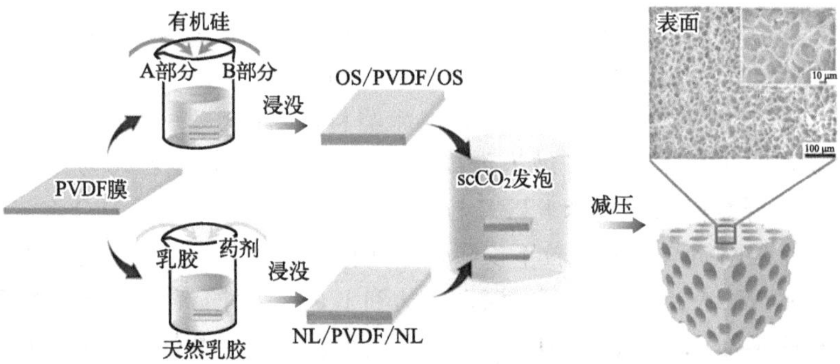

图 5-20 使用有机硅和天然乳胶作为表面受限层制备无表皮 PVDF 泡沫[47]

5.5 超疏水聚合物泡沫的前沿应用

5.5.1 自清洁和防污

具有自清洁特性的材料可以在大自然降雨或风的驱动下，使其自发保持无污染表面。这种自清洁行为最初是在荷叶上观察到的，也称“荷叶效应”，当水滴从荷叶上滚落时，固体颗粒很容易被带走，从而形成清洁的表面［图 5-21(a)］[48]。研究人员发现，具有自清洁特性的表面通常具有防污、防腐性能，这意味着该表面可以有效地减缓水下生物的生长并促进其脱离［图 5-21(b)］[49]。由于对环境、能源和节省劳动力有显著的好处，自清洁表面不仅引起了相当大的科学兴趣，而且得到了广泛的工业应用。

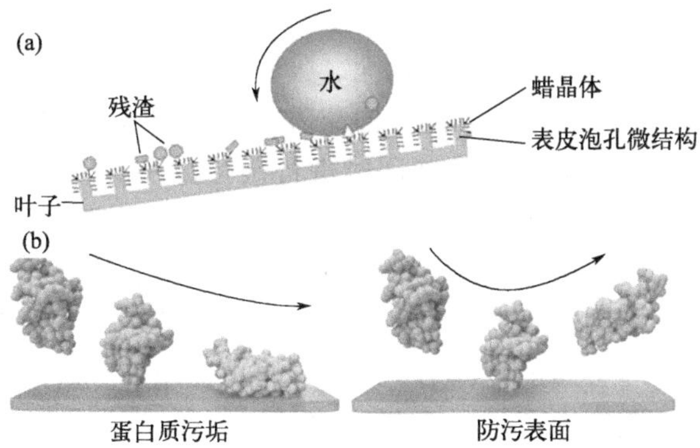

图 5-21　超疏水表面自清洁原理

(a) 荷叶自清洁行为示意图[48]；(b) 超疏水自清洁防污原理示意图[49]

Mi 等人[50] 通过控制相分离和结晶过程，利用 UHMWPE 开发了多孔聚合物膜层。将 UHMWPE 溶解在邻二甲苯中并均匀涂覆于基材表面时，通过适当的溶剂配比与涂覆工艺，能够在表面形成规则的片晶结构，该结构能够与水形成 Cassie-Baxter 状态并表现出“玫瑰花瓣效应”。将环己酮引入 UHMWPE 溶液体系中能够制备具有层级微纳结构的表面功能膜，其与水呈现 Cassie-Baxter 接触状态并表现出“荷叶效应”（图 5-22）。他们制备的超疏水功能表面可用于液滴运输、自清洁和防污应用。Gao 等人[51] 以石墨烯为原料，在二维铜箔上构建了坚固的具有有序的垂直蜂窝状纳米结构的三维多孔石墨烯基泡沫。进一步通过 PDMS 改性使其具备了超疏水性能，以及自清洁和防水功能特性。

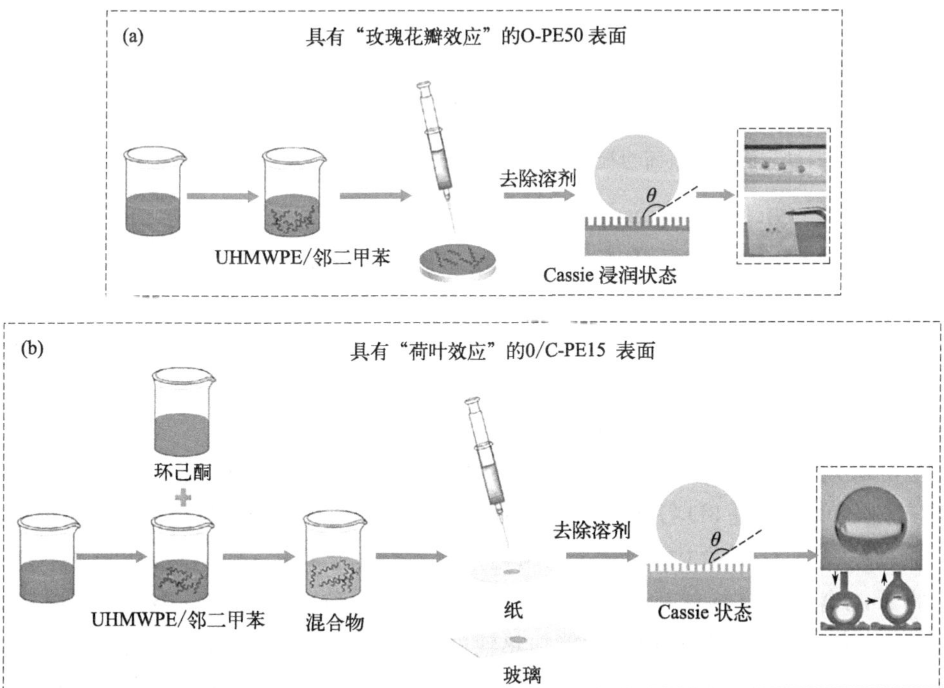

图 5-22　制备仿生超疏水功能 UHMWPE 膜

(a) 具有“玫瑰花瓣效应”的高黏附表面；(b) 具有“荷叶效应”的低黏附表面的制备工艺和性能示意图[50]

5.5.2 油水分离和吸油

聚合物泡沫材料因其价格低廉、吸油量大、吸收速率快等优点是一种常用的吸附材料。要使泡沫具有从水中选择性吸收油的功能，泡沫需同时具备超疏水性和超亲油性。因此，往往需要对泡沫材料的表面能和表面粗糙度同时进行调控。Abu-Thabit 等人[52] 总结了调控多孔泡沫（如纤维素、三聚氰胺和 PU）的表面能和表面粗糙度的主要方法。如图 5-23 所示，表面能调控方法包括：使用低表面能的碳材料、弹性体、热固性塑料和热塑性塑料，以及添加疏水掺杂剂、长链烷基化合物和疏水改性的有机硅烷。通过加入碳材料、金属氧化物纳米颗粒、金属纳米颗粒和金属配合物纳米颗粒，以及使用相分离等其他技术，在原始泡沫上构筑粗糙表面可以有效调控泡沫材料的表面粗糙度。

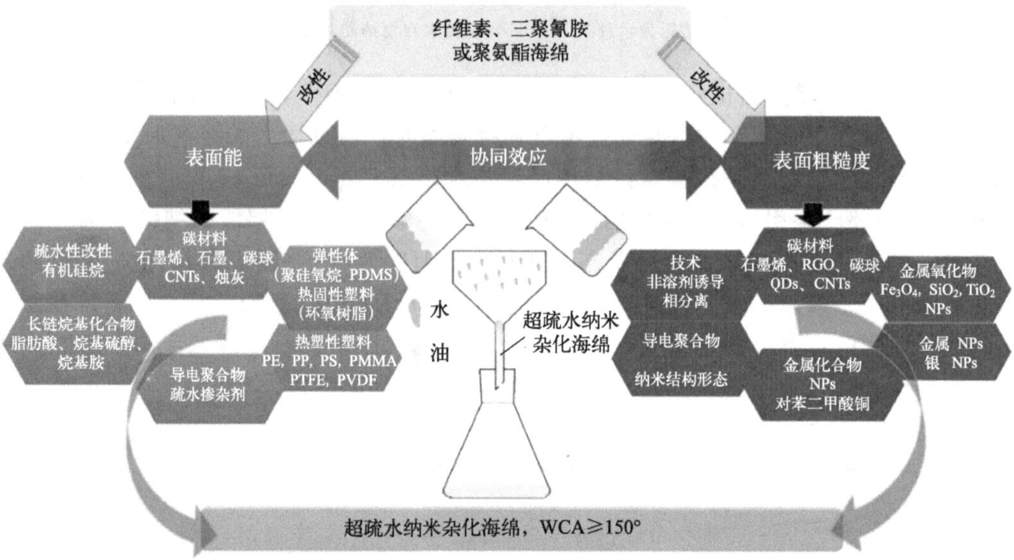

图 5-23 通过表面能和表面粗糙度之间的协同效应制备超疏水纳米杂化泡沫的流程图[52]

Mi 等人[53] 开发了一种在商用三聚氰胺泡沫表面构筑层级纳米纤维结构 UHMWPE 薄膜的新方法。利用 UHMWPE 分子在二甲苯溶液中的快速流动，诱导 UHMWPE 结晶成规则的取向串晶薄膜。如图 5-24 所示，制备的串晶薄膜由 UHMWPE 纤维和垂直于纤维方向平行排列的片晶体组成。这种特殊的晶体结构称为“Shish-kebab”结构。通过形成 Shish-kebab 结构 UHMWPE 薄膜包覆的泡沫展现出极强的超疏水性能，其 WCA 可达 157°，可对各种有机溶剂进行选择性吸收，其吸油量达 70～191 $g \cdot g^{-1}$。

此外，Lv 等人[54] 开发了一种用于制备超疏水表面的 3D 打印技术。他们使用疏水纳米 SiO_2 填充的 PDMS 通过 3D 打印制备了具有增强超疏水性能和机械稳定性的超疏水多孔膜涂层。Zhang 等人[55] 在 TPU 泡沫上涂覆氟烷基硅烷改性的 rGO 层，成功制备了具有超疏水性能的 F-rGO@TPU 泡沫材料。其具有 153°的 WCA 和 87.4%的孔隙率，同时还表现出良好的光热性能，可有效地利用太阳能加热辅助清除泄漏的原油。该泡沫对各种低黏度油和有机溶剂具有较高的饱和吸附容量（6.5～53.7 $g \cdot g^{-1}$）、油水分离效率（超过 99.3%），在溢油回收方面具有很大应用潜力。

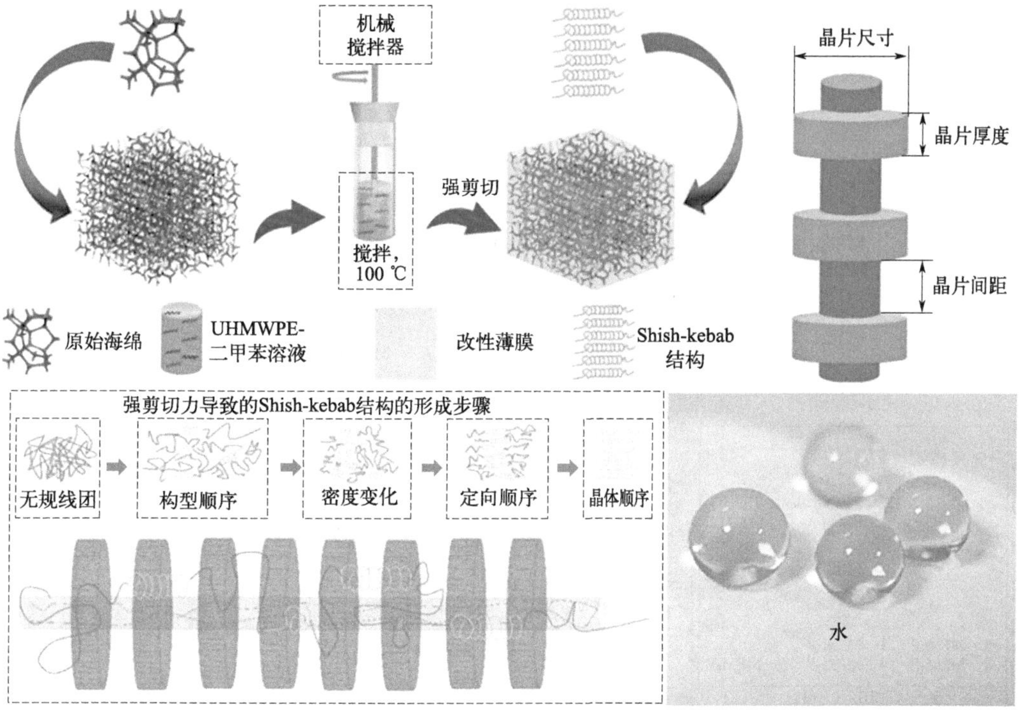

图 5-24 UHMWPE 涂层海绵制备工艺示意图及串型多晶结构参数[53]

5.5.3 与其他功能的集成

(1) 电磁干扰 (EMI) 屏蔽超疏水泡沫

轻质高性能的电磁干扰（EMI）屏蔽材料是电磁波吸收的理想材料。具有超疏水性能的 EMI 屏蔽泡沫可以通过自清洁和防污特性大大提高材料的耐用性和寿命，同时能够拓展其在严苛环境中的应用场景。近年来，许多研究人员致力于研发具有超疏水特性的 EMI 屏蔽泡沫。

Fu 等人[56] 通过浸涂和真空辅助浸渍工艺制备了一种由商用三聚氰胺泡沫、MXene 和 PDMS 组成的超轻、可压缩的超疏水泡沫材料。如图 5-25(a) 所示，通过浸涂方法在泡沫表面依次涂覆 MXene 和 PDMS，MXene 导电网络为泡沫提供了 44 dB 的优异 EMI 屏蔽效果，表面层级结构与低表面能 PDMS 涂层使泡沫具有超疏水性（WCA=152°），并且能够选择性地从水中吸油。类似地，Li 等人[57] 使用相同的浸涂方法制备了 MXene 和 AgNW 涂覆的复合泡沫，其具有 10128 $dB \cdot cm^2 \cdot g^{-1}$ 的高比 EMI 屏蔽效能，以及超低的密度（11.98 $mg \cdot cm^{-3}$）[图 5-25(b)]。采用全氟癸基三乙氧基硅烷对泡沫进行表面改性后，泡沫具备了超疏水性能（WCA=159°），其表面展现出良好的自清洁特性。

(2) 超疏水压阻式压力传感泡沫

随着智能可穿戴设备的快速发展，柔性可穿戴压阻式压力传感器已成为研究热点。导电聚合物泡沫能够用于检测压力信号，以及监测人的运动行为，是一类极具潜力的压阻式压力传感器。压阻式压力传感器的传感特性依赖于材料受压变形时的电阻变化。具有超疏水性能的压阻式压力传感泡沫能够起到防污、自清洁的作用，使传感器的耐用性、稳定性得到提升。

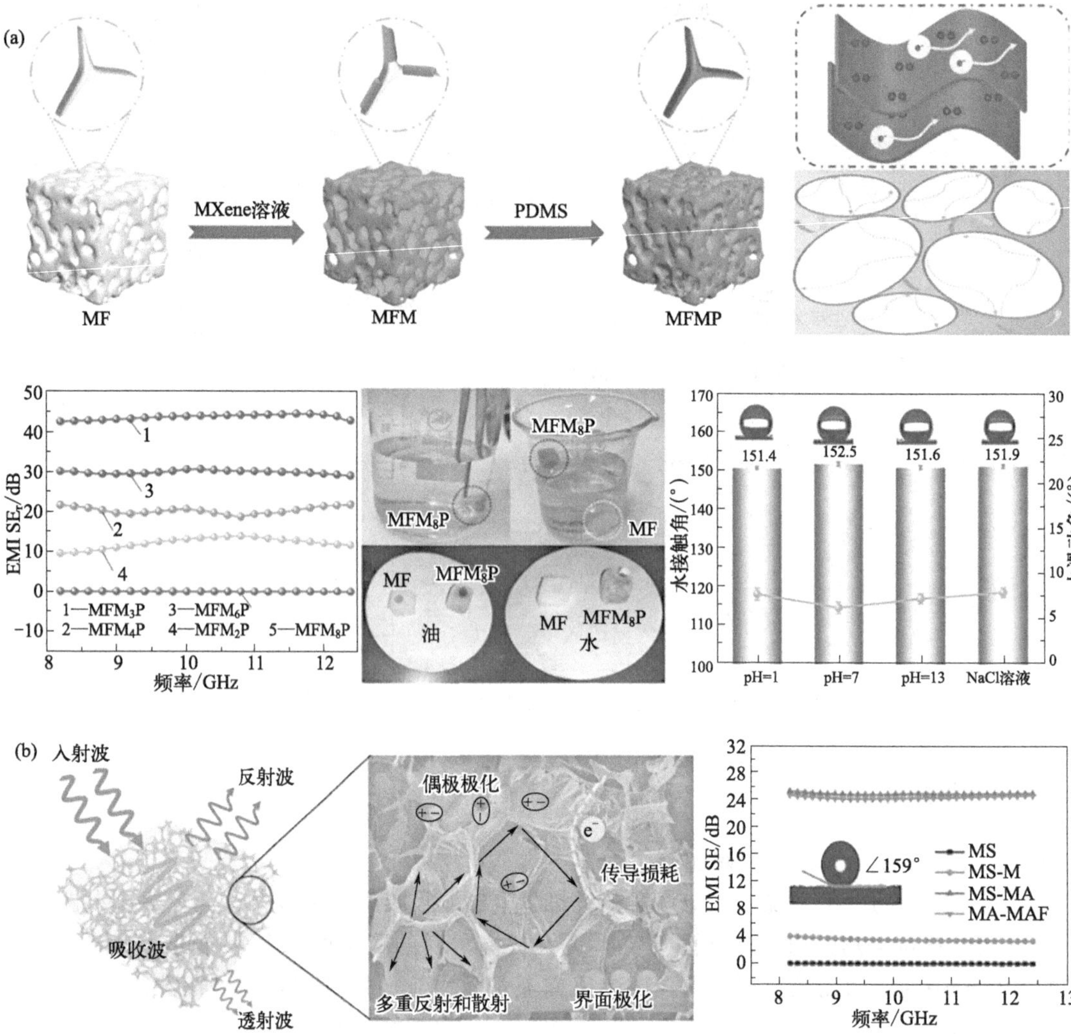

图 5-25 通过浸涂方法制备超疏水三聚氰胺泡沫

(a) 具有 EMI 屏蔽和超疏水性能的 MXene 和 PDMS 涂覆的三聚氰胺泡沫[56]；

(b) 通过浸涂和全氟癸基三乙氧基硅烷改性制备的涂覆 MXene 和 AgNW 的三聚氰胺泡沫[57]

Gao 等人[58] 通过超声和非溶剂诱导相分离（NIPS）的方法将 CNT 黏附于聚合物泡沫骨架上，制备了柔性导电聚合物复合泡沫（CPFC）。聚合物复合泡沫由 40% 天然橡胶（NR）和 60% 丁苯橡胶（SBR）组成，可溶胀并在泡沫骨架上形成半球形阵列结构。通过进一步 CNTs 修饰在泡沫表面形成了仿生荷叶乳突的微纳层级结构，这使得制备的 CPFC 同时具有导电和超疏水的特性。用作压力传感器时，其表现出良好的抗腐蚀性、光热转换性能和压阻灵敏度［图 5-26(a)］。除机械传感外，超疏水功能泡沫还可用于化学气相检测。例如，Gao 等人[59] 通过在超声辅助下将炭黑纳米粒子（CBNPs）修饰到预溶胀的聚合物泡沫骨架上，开发了超疏水导电复合泡沫（SCFC）。炭黑纳米导电结构的存在，使泡沫能够检测多种化学蒸气，同时具备优异的灵敏度与良好的循环性能。此外，由于泡沫的超疏水性能，其具备良好的油水分离功能［图 5-26(b)］。

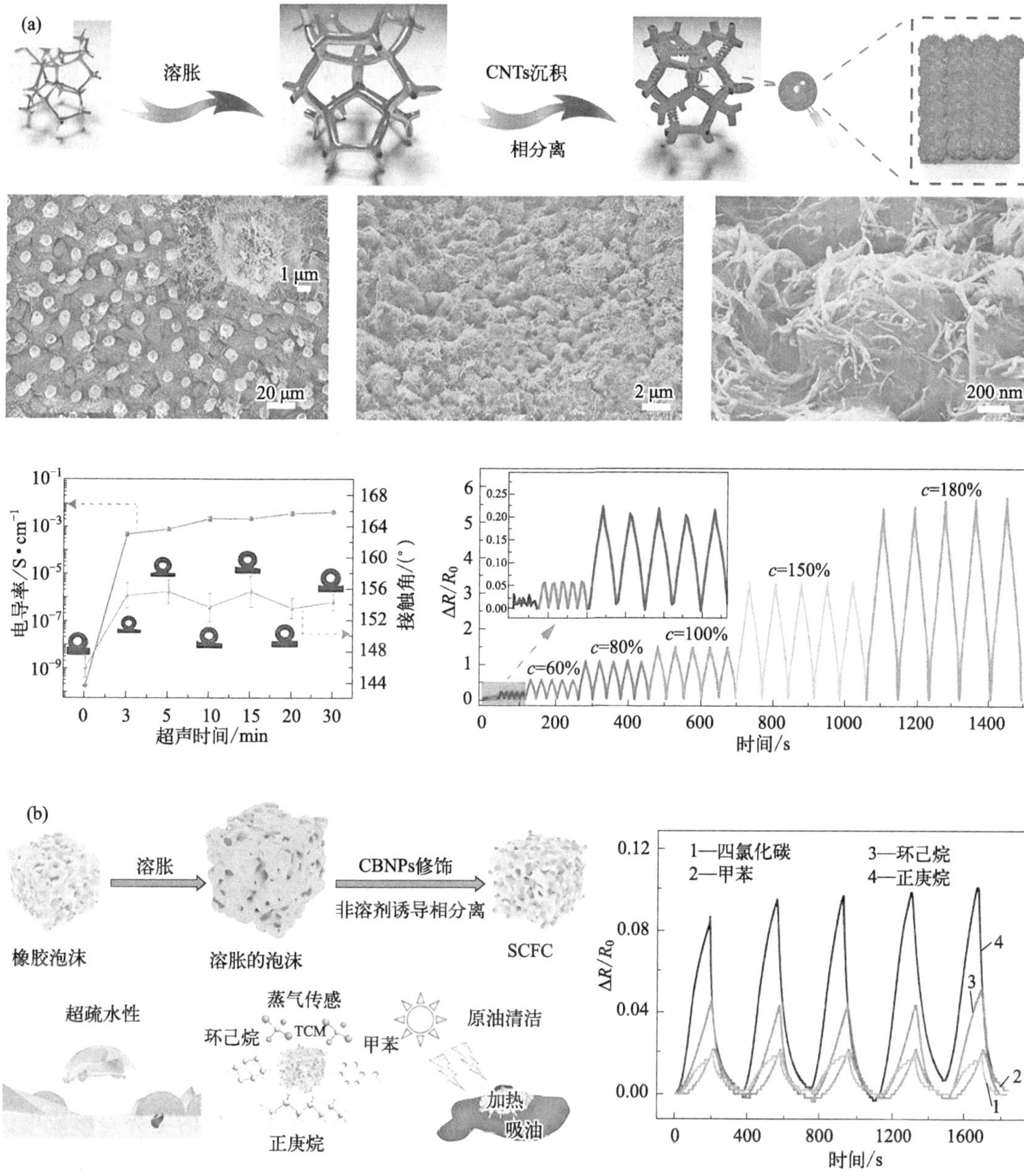

图 5-26 超疏水导电复合泡沫

(a) CNT 沉积和非溶剂诱导相分离制备的具有压阻传感性能的柔性导电超疏水聚合物复合泡沫[58]；

(b) 炭黑纳米粒子修饰的超疏水导电复合泡沫（SCFC），可用于化学蒸气检测和油水分离[59]

(3) 用于辐射冷却的超疏水聚合物泡沫

由于气候变化和全球变暖，人们迫切需要低能耗的新型冷却方法。被动辐射冷却（PRC）技术提供了一种可持续的冷却方式，通过具有红外发射能力的材料向寒冷的宇宙发射热量和反射太阳光便可实现降温，而不需要任何能量输入。因此，具有高太阳光反射率的多孔聚合物可用于 PRC 应用。而将超疏水自清洁特性集成到 PRC 聚合物泡沫中，可延长材料的使用寿命，并减少实际应用中对材料表面的清洗工作。Liu 等人[60] 采用仿生层级结构设计和形成立体复合晶体相结合的方法制备了 PLA 基 PRC 气凝胶。如图 5-27 所示，将聚左旋乳酸（PLLA）和聚右旋乳酸（PDLA）溶解在二氧六环和水的共溶剂中，冷冻干燥后便可获得 PLA 气凝胶。制备的气凝胶具有低热导率（37 $mW \cdot m^{-1} \cdot K^{-1}$）、高压缩强度（0.1 MPa）和自清洁能力（WCA 为 152°）。优化后的 PLA 气凝胶具有 89%的高太阳光反射率和 93%的强红外发射率，可使白天温度下降 3.5 ℃，夜间温度下降 5.8 ℃。此外，其微观多孔结构也赋予气凝胶超疏水特性，使其表面具备自清洁功能。

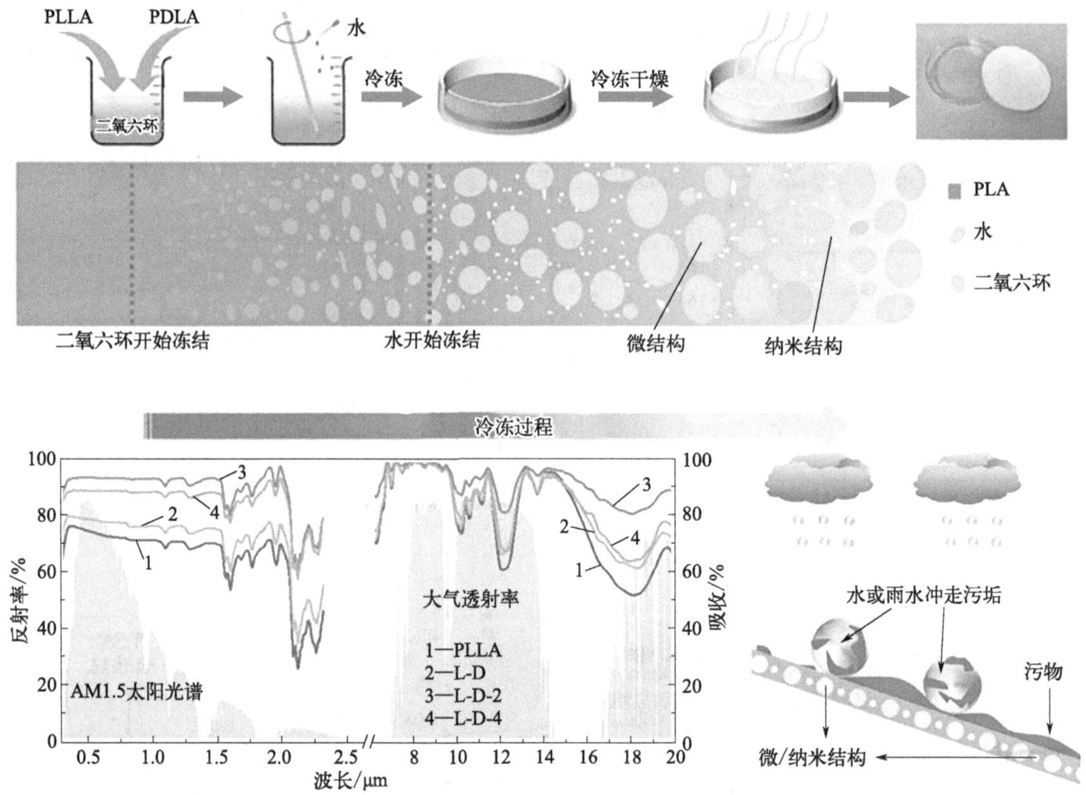

图 5-27　PLA 气凝胶的制备及其在 PRC 和自清洁中的应用示意图[60]

(4) 用于摩擦纳米发电机的超疏水表面

摩擦纳米发电技术是通过两种带电材料在相互接触和分离过程中产生的电势差形成电流的绿色能源收集方法。通过特殊设计的聚合物材料能够具有较高的摩擦电荷密度，在接触和分离或循环摩擦过程中可实现机械能向电能的转化。具有高度多孔结构的摩擦电材料具备更大的有效接触面积，从而显著提升器件的电荷密度以及输出性能，而摩擦纳米发电材料的表面超疏水功能化不仅能提升其输出性能的稳定性，而且能够使其适用于特殊环境中的能量收集。

Li 等人[61] 利用飞秒激光直接加工技术研制出具有超疏水性和自清洁能力的多孔微纳米结构聚四氟乙烯。如图 5-28 所示，通过飞秒激光处理的聚四氟乙烯表面呈现出多尺度层级结构的多孔形态，这使得材料具有优异的超疏水性（WCA 为 161°），以及自清洁性能。将表面粗糙的 PTFE 薄膜用作摩擦层制备的摩擦纳米发电机能够从下落的水滴中产生电能。这主要是水和 PTFE 分子之间产生摩擦，且其极性相反导致高电荷密度。此外，提升超疏水 PTFE 粗糙度能够显著提升其输出电压和电流。

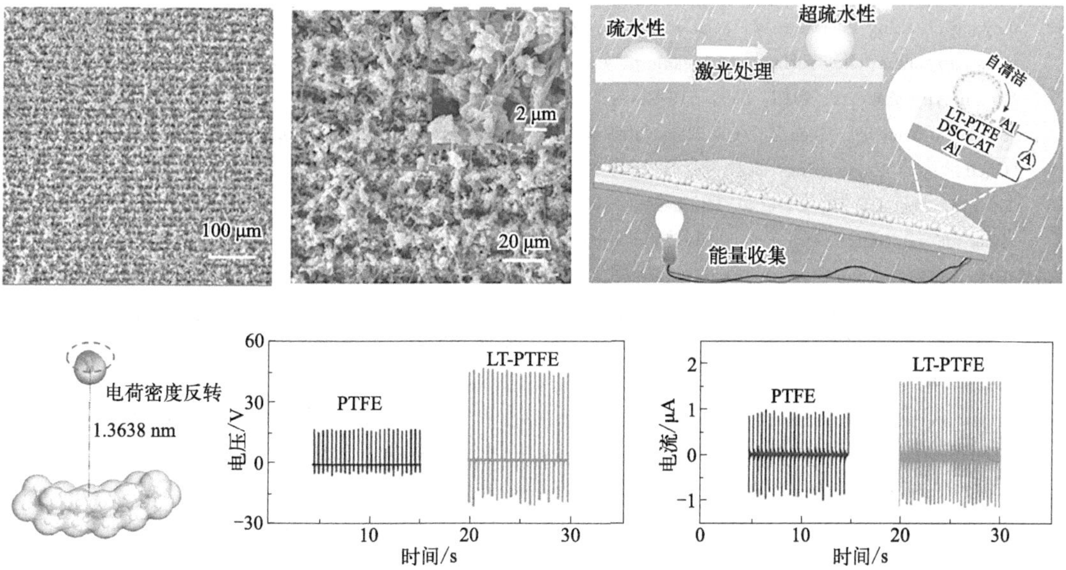

图 5-28 飞秒激光直接加工制备具有超疏水性和自清洁能力的微纳米结构 PTFE 多孔膜及其在摩擦纳米发电机中的应用[61]

参考文献

[1] Koch K, Bhushan B, Barthlott W. Multifunctional surface structures of plants: An inspiration for biomimetics. Progress in Materials Science, 2009, 54 (2): 137-178.

[2] Feng L, Li S, Li Y, et al. Super-hydrophobic surfaces: From natural to artificial. Advanced Materials, 2002, 14 (24): 1857-1860.

[3] Wang G, Guo Z, Liu W. Interfacial effects of superhydrophobic plant surfaces: A review. Journal of Bionic Engineering, 2014, 11 (3): 325-345.

[4] Bhushan B, Jung Y C. Natural and biomimetic artificial surfaces for superhydrophobicity, self-cleaning, low adhesion, and drag reduction. Progress in Materials Science, 2011, 56 (1): 1-108.

[5] Barthlott W, Neinhuis C. Purity of the sacred lotus, or escape from contamination in biological surfaces. Planta (Germany), 1997, 202: 1-8.

[6] Zhang L, Dong D, Shao L, et al. Cost-effective one-pot surface modified method to engineer a green superhydrophobic sponge for efficient oil/water mixtures as well asemulsions separation. Colloids and Surfaces A: Physicochemical and Engineering Aspects, 2019, 576: 43-54.

[7] Han N, Zhang Z, Gao H, et al. Superhydrophobic covalent organic frameworks prepared via pore-surface modifications for functional coatings under harsh conditions. ACS Applied Materials & Interfaces, 2020, 12 (2): 2926-2934.

[8] Liu S, Duvigneau J, Vancso G J. Nanocellular polymer foams as promising high performance thermal insulation materials . European Polymer Journal, 2015, 65: 33-45.

[9] Jie L, Wentao Y, Deyin Z, et al. Hot embossing for whole teflon superhydrophobic surfaces. Coatings, 2018, 8 (7): 227.

[10] Jucius D, Grigaliūnas V, Mikolajūnas M, et al. Hot embossing of PTFE: Towards superhydrophobic surfaces. Applied Surface Science, 2011, 257 (6): 2353-2360.

[11] Tsibouklis J, Nevell T G. Ultra-low surface energy polymers: The molecular design requirements. Advanced Materials, 2003, 15 (7-8): 647-650.

[12] Mi H-Y, Jing X, Huang H-X, et al. Controlling superwettability by microstructure and surface energy manipulation on three-dimensional substrates for versatile gravity-driven oil/water separation. ACS Applied Materials &

Interfaces, 2017, 9 (43): 37529-37535.

[13] Leyong H, Ling Z, Deren W, et al. Fabrication of biomimetic superhydrophobic surface based on nanosecond laser-treated titanium alloy surface and organic polysilazane composite coating. Colloids & Surfaces A Physicochemical & Engineering Aspects, 2018, 555: 515-524.

[14] Wang Y, Yang H, Chen Z, et al. Recyclable oil-absorption foams via secondary phase separation . ACS Sustainable Chemistry & Engineering, 2018, 6 (11): 13834-13843.

[15] Deng S, Zhao C, Zhu L, et al. Thermally stable and superhydrophobic foam prepared by high-internal phase emulsion for oil/water separation with good recycling capacity. Journal of Applied Polymer Science, 2021, 139 (3): 51521.

[16] Ma Z, Liu X, Xu X, et al. Bioinspired, highly adhesive, nanostructured polymeric coatings for superhydrophobic fire-extinguishing thermal insulation foam. ACS Nano, 2021, 15 (7): 11667-11680.

[17] Du Y, Wu T, Zhou W, et al. Cicada wing-inspired transparent polystyrene film integrating self-cleaning, antifogging, and antibacterial properties. ACS Applied Materials & Interfaces, 2023, 15 (39): 46538-46549.

[18] Xie H, Huang H-X, Mi H-Y. Gradient wetting state for droplet transportation and efficient fog harvest on nanopillared cicada wing surface. Materials Letters, 2018, 221: 123-127.

[19] Lv C, Wang F, He C, et al. Preparation of silicone-PCL composite particles with hierarchical structure and the super-hydrophobic fabrics via directly electrostatic spraying . Surface and Coatings Technology, 2022, 449: 128933.

[20] Young T. Thomas young-an essay on the cohesion of fluids. Philosophical Transactions of the Royal Society of London, 1805, 95: 65-87.

[21] Wenzel, Robert N. Resistance of solid surfaces to wetting by water. Transactions of the Faraday Society, 1936, 28 (8): 988-994.

[22] Herminghaus S. Roughness-induced non-wetting. Europhysics Letters (EPL), 2007, 79 (5): 59901.

[23] Cassie A B D. Wettability of porous surfaces. Transactions of the Faraday Society, 1944, 40 (1): 546-551.

[24] Kota A K, Kwon G, Tuteja A. The design and applications of superomniphobic surfaces. Npg Asia Materials, 2014, 6 (7): e109.

[25] Kota A K, Li Y, Mabry J M, et al. Superoleophobic surfaces: Hierarchically structured superoleophobic surfaces with ultralow contact angle hysteresis (Adv. Mater. 43/2012) . Advanced Materials, 2012, 24 (43): 5837.

[26] Mahadevan L, Pomeau Y. Rolling droplets . Physics of Fluids, 1999, 11 (9): 2449-2453.

[27] Gennes P G D, Brochard-Wyart F, Quéré D, et al. Capillarity and wetting phenomena: Drops, bubbles, pearls, waves. Physics Today, 2004, 57: 66-67.

[28] Mi H-Y, Li H, Jing X, et al. Robust superhydrophobic fluorinated fibrous silica sponge with fire retardancy for selective oil absorption in harsh environment. Separation and Purification Technology, 2020, 241: 116700.

[29] Kota A K, Choi W, Tuteja A. Superomniphobic surfaces: Design and durability. Mrs Bulletin, 2013, 38 (5): 383-390.

[30] Tuteja A, Choi W, Ma M, et al. Designing superoleophobic surfaces. Science, 2007, 318 (5856): 1618-1622.

[31] Mi H-Y, Jing X, Xie H, et al. Magnetically driven superhydrophobic silica sponge decorated with hierarchical cobalt nanoparticles for selective oil absorption and oil/water separation. Chemical Engineering Journal, 2018, 337: 541-551.

[32] Tamsilian Y, Ansari-Asl Z, Maghsoudian A, et al. Superhydrophobic ZIF8/PDMS-coated polyurethane nanocomposite sponge: Synthesis, characterization and evaluation of organic pollutants continuous separation. Journal of the Taiwan Institute of Chemical Engineers, 2021, 125: 204-214.

[33] Shuai Q, Yang X, Luo Y, et al. A superhydrophobic poly (dimethylsiloxane) -TiO_2 coated polyurethane sponge for selective absorption of oil from water. Materials Chemistry and Physics, 2015, 162: 94-99.

[34] Wang X, Pan Y, Liu X, et al. Facile fabrication of superhydrophobic and eco-friendly poly (lactic acid) foam for oil-water separation via skin peeling. ACS Applied Materials & Interfaces, 2019, 11 (15): 14362-14367.

[35] Mi H Y, Jing X, Politowicz A L, et al. Highly compressible ultra-light anisotropic cellulose/graphene aerogel fabricated by bidirectional freeze drying for selective oil absorption. Carbon, 2018, 132: 199-209.

[36] Wang X, Pan Y, Yuan H, et al. Simple fabrication of superhydrophobic PLA with honeycomb-like structures for high-efficiency oil-water separation. Chinese Chemical Letters, 2020, 31 (2): 365-368.

[37] Kato S, Sato A. Micro/nanotextured polymer coatings fabricated by UV curing-induced phase separation: creation of superhydrophobic surfaces. Journal of Materials Chemistry, 2012, 22 (17): 8613-8621.

[38] Mu L, Yang S, Hao B, et al. Ternary silicone sponge with enhanced mechanical properties for oil-water separation. Polymer Chemistry, 2015, 6 (32): 5869-5875.

[39] Mi H Y, Jing X, Huang H X, et al. Superhydrophobic graphene/cellulose/silica aerogel with hierarchical structure as superabsorbers for high efficiency selective oil absorption and recovery. Industrial & Engineering Chemistry Research, 2018, 57 (5): 1745-1755.

[40] Su Q, Zhang J, Zhang L Z. Fouling resistance improvement with a new superhydrophobic electrospun PVDF membrane for seawater desalination. Desalination, 2020, 476: 114246.

[41] Mi H Y, Jing X, Huang H X, et al. Instantaneous self-assembly of three-dimensional silica fibers in electrospinning: Insights into fiber deposition behavior. Materials Letters, 2017, 204: 45-48.

[42] Mi H-Y, Li H, Jing X, et al. Superhydrophobic cellulose nanofibril/silica fiber/Fe_3O_4 nanocomposite aerogel for magnetically driven selective oil absorption. Cellulose, 2020, 27: 8909-8922.

[43] Sun B, Li J, Guo Y, et al. Superhydrophobic UHMWPE foams with high mechanical robustness and durability fabricated by supercritical CO_2 foaming. ACS Sustainable Chemistry & Engineering, 2021, 9 (37): 12663-12673.

[44] Mi H-Y, Jing X, Liu Y, et al. Highly durable superhydrophobic polymer foams fabricated by extrusion and supercritical CO_2 foaming for selective oil absorption. ACS Applied Materials & Interfaces, 2019, 11 (7): 7479-7487.

[45] Li B, Zhao G, Wang G, et al. Biodegradable PLA/PBS open-cell foam fabricated by supercritical CO_2 foaming for selective oil-adsorption. Separation and Purification Technology, 2020, 257: 117949.

[46] Ren X, Li H, Mi H-Y, et al. Superhydrophobic ultra-high molecular weight polyethylene nanocomposite foams fabricated by supercritical CO_2 foaming for selective oil absorption. Applied Surface Science, 2022, 602: 154344.

[47] Wang L, Cui W, Mi H Y, et al. Fabrication of skinless cellular poly (vinylidene fluoride) films by surface-constrained supercritical CO_2 foaming using elastic gas barrier layers. The Journal of Supercritical Fluids, 2022, 184: 105562.

[48] Alonso Frank M. Functionalization of steels and other metallic materials with hydrophobic layers-influence on wetting and corrosion resistance. 2018, 9111.

[49] Kuzmyn A R. The light way towards bioactive and antifouling coatings. 2021, 29877818.

[50] Sun S, Li H, Guo Y, et al. Superefficient and robust polymer coating for bionic manufacturing of superwetting surfaces with "rose petal effect" and "lotus leaf effect" . Progress in Organic Coatings, 2021, 151: 106090.

[51] Gao X, Zhou J, Du R, et al. Robust superhydrophobic foam: A graphdiyne-based hierarchical architecture for oil/water separation. Advanced Materials, 2015, 28 (1): 168-173.

[52] Abu-Thabit N Y, Uwaezuoke O J, Abu Elella M H. Superhydrophobic nanohybrid sponges for separation of oil/water mixtures. Chemosphere, 2022, 294: 133644.

[53] Dong B, Guo Y, Sun S, et al. Shish-kebab-structured UHMWPE coating for efficient and cost-effective oil-water separation. ACS Applied Materials & Interfaces, 2020, 12 (52): 58252-58262.

[54] Lv J, Gong Z, He Z, et al. 3D printing of a mechanically durable superhydrophobic porous membrane for oil-water separation. Journal of Materials Chemistry A Materials for Energy & Sustainability, 2017, 5 (24): 12435-12444.

[55] Zhang Y, Wang B, Wang B, et al. Super-hydrophobic graphene-coated thermoplastic polyurethane porous monolith with superior photothermal effect for solar-assisted efficient cleanup of crude oil spill. Social Science Electronic Publishing , 2022, 605: 154701.

[56] Zhou M, Yuan M, Wu F, et al. Ultralight, compressible and superhydrophobic hybrid foam with highly efficient electromagnetic interference shielding in damping and high humidity environment. Journal of Alloys and Compounds, 2022, 911: 165086.

[57] Wang S, Li D, Meng W, et al. Scalable, superelastic, and superhydrophobic MXene/silver nanowire/melamine hybrid sponges for high-performance electromagnetic interference shielding. Journal of Materials Chemistry C, 2022, 10 (13): 5336-5344.

[58] Wang L, Huang X, Wang D, et al. Lotus leaf inspired superhydrophobic rubber composites for temperature stable piezoresistive sensors with ultrahigh compressibility and linear working range. Chemical Engineering Journal, 2021, 405: 127025.

[59] Li Y, Yan J, Wang L, et al. Superhydrophobic, electrically conductive and multifunctional polymer foam composite for chemical vapor detection and crude oil cleanup. Journal of Hazardous Materials, 2022, 424: 127697.

[60] Liu X, Zhang M, Hou Y, et al. Hierarchically superhydrophobic stereo-complex poly (lactic acid) aerogel for daytime radiative cooling. Advanced Functional Materials, 2022, 32 (46): 2207414.

[61] Zhang H, Yin K, Wang L, et al. A robust droplet triboelectric nanogenerator with self-cleaning ability achieved by femtosecond laser. ACS Applied Materials & Interfaces, 2023, 15 (25): 30902-30912.

第 6 章 电磁屏蔽聚合物泡沫

电磁干扰（EMI）屏蔽对于防治电磁（EM）污染和确保信息安全至关重要。具有高导电性和磁性的聚合物复合泡沫因其高电磁波吸收能力被认为是理想的EMI屏蔽材料，能够有效减少电磁波反射的二次污染。导电聚合物泡沫（CPFs）的电磁波屏蔽和吸收特性主要源于其高度多孔的结构和泡沫骨架具备的导电网络，构筑的多孔结构的导电网络有助于电磁波的反射、散射和衰减。本章将介绍CPFs的EMI屏蔽机制、CPFs材料组成和多孔结构的影响、性能表征、CPFs的先进制备方法。

6.1 电磁污染与电磁干扰屏蔽

6.1.1 电磁辐射的原因及危害

随着电磁科学及相关技术的发展和应用，电磁波在当今人类社会中几乎无处不在，电磁污染正成为日益严重的问题。当相互垂直的电场和磁场在空间中同向振荡时，它们通过波的形式传递能量和动量，形成电磁辐射。超强度无序的电磁波会形成电磁干扰（EMI）污染，从而带来各种潜在的负面影响[1]。通常有两种主要的电磁污染源。第一种是自然电磁干扰，如雷暴、沙尘暴等极端天气和来自宇宙的电磁辐射。第二种是人类活动带来的电磁干扰源[2]。目前，电磁技术应用于大量的工业和人类的日常生活中，使得人们周围的电磁环境十分复杂。受干扰的高强度电磁波不仅会影响信息安全，造成电磁信息泄露，还会降低精密仪器的稳定性和使用寿命，更有可能对人体健康造成不可逆转的危害。因此，屏蔽电磁干扰已成为信息安全和人类健康日益突出的需求。

6.1.2 电磁干扰屏蔽机制

电磁干扰屏蔽的基本原理是利用导电材料或磁性材料来防止电磁场的耦合。当电磁波穿过导体时，在导体内部产生感应电流，使电磁场转化为导体的内能，从而限制或减弱电磁波的强度，控制高强度电磁波的远距离传播[3,4]。

在低频交变电磁场的情况下，可采用导体将目标体包裹起来并将其接地，使导体表面不产生感应电流，进而防止静电耦合造成干扰，称为电场屏蔽。磁场屏蔽的手段一般采用低磁阻材料，将靶体的磁力线封闭在低频交变磁场中，防止内部磁场扩散和外部磁场进入，从而实现磁场分流[5]。人们日常生活最常见的高频交变电磁场中，电磁屏蔽可以通过以下三种方式来阻挡电磁场之间的互感：①入射面反射损耗；②未反射到屏蔽体中的吸收损耗；③屏蔽内多重反射损耗[6]。

电磁屏蔽机制主要有：涡流效应理论、电磁场理论、传输线理论等。其中，传输线理论得到了最广泛的认可，该理论认为电磁波通过屏蔽材料时受到三种不同的屏蔽机制的影响：反射、吸收和多次反射[7]。如图 6-1 所示，入射到屏蔽材料表面的电磁波由于屏蔽材料的阻抗与外部自由空间不匹配而被反射，可能造成二次电磁辐射污染。未反射的电磁波进入屏蔽材料内部，在介质损耗和磁损耗的作用下不断衰减。此外，电磁波在材料内部的界面处通过反复反射而耗散，剩余的电磁波将穿过屏蔽材料成为透射波。

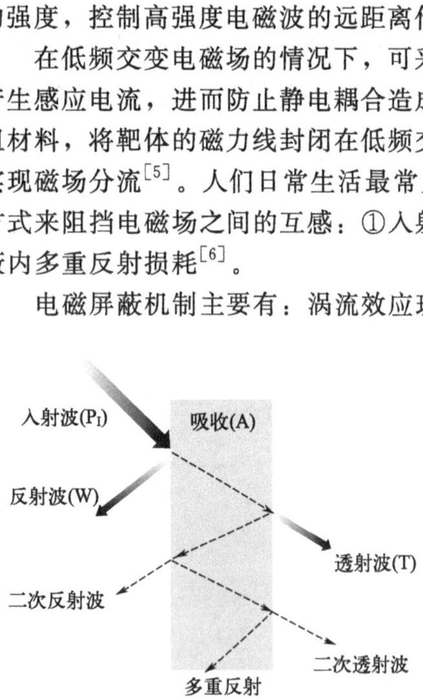

图 6-1　电磁屏蔽机理示意图[8]

电磁波的衰减或损耗是评价材料电磁屏蔽性能

的关键指标之一。电磁屏蔽效率（SE，单位：dB）用于定量评价材料对电磁波的屏蔽能力[9]。SE 的定义为电磁波进入屏蔽材料前与通过屏蔽材料后的电场强度（E）、磁场强度（H）或功率（P）的函数，表示为[10]：

$$SE=20\lg\frac{E_t}{E_i}=20\lg\frac{H_t}{H_i}=20\lg\frac{P_t}{P_i} \tag{6-1}$$

式中，下角 i 和 t 分别表示入射电磁波和透射电磁波。E_i、H_i、P_i 分别表示入射电场强度、磁场强度、功率；E_t、H_t、P_t 分别表示透射电场强度、磁场强度和功率。

根据 Schelkuoff 理论，EMI SE 被定义为屏蔽材料对电磁波衰减的反射（SE_R）、吸收（SE_A）和多次反射（SE_M）三种屏蔽机制的总和。

总电磁损耗计算式如下：

$$SE_T=SE_R+SE_A+SE_M \tag{6-2}$$

式中，SE_T 为总电磁损耗；SE_R 为反射损耗；SE_A 为吸收损耗；SE_M 为多次反射损耗。它们由下列方程定义[11]：

$$SE_R=39.5+10\lg(\sigma_r/2\pi f\mu_r) \tag{6-3}$$

$$SE_A=8.7d\sqrt{\pi f\mu_r\sigma_r} \tag{6-4}$$

$$SE_M=20\lg(1-e^{-2d/\delta}) \tag{6-5}$$

式中，μ_r 为材料的真空磁导率，$H\cdot m^{-1}$；σ_r 为材料的相对电导率，$S\cdot m^{-1}$；f 为电磁波频率，Hz；d 为屏蔽材料的厚度，m；δ 为特定电磁波波长下材料的趋肤深度，m。

同时，如果 $SE_R>SE_A$，则可以认为该材料的主要电磁屏蔽机制是反射。反之，如果 $SE_R<SE_A$，则可以认为材料的主要电磁屏蔽机制是吸收。由式(6-3) 和式(6-4) 可知，SE_R 与屏蔽材料的 f、μ_r 负相关，与 σ_r 正相关，SE_A 与屏蔽材料的 d、f、μ_r、σ_r 正相关。因此，通过提高屏蔽材料的磁性能，可以提高屏蔽材料的 SE_A。此外，通过提高材料的电导率，还可以大大提高 EMI 屏蔽性能，因为反射损耗（SE_R）和吸收损耗（SE_A）会同时增强。当电磁波到达屏蔽材料的第二个边界时，通常可以忽略多重反射损耗（SE_M）。

6.1.3 多孔材料的电磁干扰屏蔽机理

多孔材料尤其是多孔聚合物复合材料被认为是最有前景的电磁屏蔽材料。根据 Sherkunov 的电磁波界面传导理论，多孔材料的电磁屏蔽能力主要来自电磁反射和电磁吸收。适当的材料组成和结构设计使导电聚合物泡沫（CPFs）具有优良的导电性和迟滞损失，并具有有效的多界面反射和吸收特性。当 CPFs 中具有大量导电界面时，电磁波可以在这些界面之间连续反射，并在反射过程中衰减吸收，从而通过吸收机制提高电磁屏蔽性能。

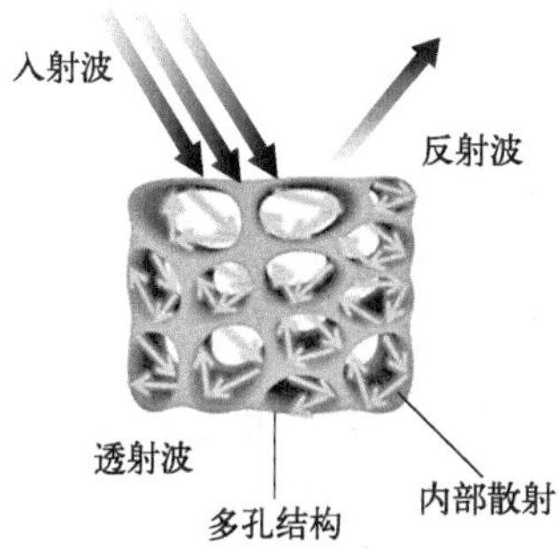

图 6-2　入射电磁波与多孔结构的相互作用[8]

多孔材料具有独特的以吸收主导的电磁屏蔽机制。对于电磁波吸收机制，要求屏蔽材料具有与电磁辐射相互作用的电偶极子和/或磁偶极子，从而吸收和消散电磁波。电偶极子可以由介电材料提供，磁偶极子通常由磁性成分提供。此外，多重反射机制是多孔材料吸收电磁波的另一主要机制。如图 6-2 所示，多孔材料由于其独特的微孔结构，可以增加电磁波的多界面反射和散射损失，延长电磁波的传播路径，从而有效调节阻抗匹配，增强电磁波衰减[8]。

6.2 传统电磁干扰屏蔽材料和导电聚合物泡沫

6.2.1 传统电磁干扰屏蔽材料

① 铁磁性材料，如氧化铁、镍等。这类材料具有高磁导率，通过吸引磁感应线、降低磁通密度来达到电磁屏蔽的效果。

② 良好的金属导体，如铜、银、铂、钢、铝等。这些材料中含有丰富的自由电子，当电磁波通过金属导体材料时，根据伦茨定律，自由电子可以产生反向电磁场，抵消入射电磁波。金属基屏蔽材料的局限性在于其屏蔽机制是由高反射主导的，这意味着大部分电磁波被导体反射。因此，可能造成二次电磁波污染。

③ 本征导电高分子屏蔽材料是一种本身具有导电能力的高分子材料。导电聚合物在具有 π-π 共轭键的绝缘聚合物分子链之间所具有的导电通道中转移载流子。它们的工作原理与具有电磁波衰减功能的导电金属相同。目前，常用的本征导电高分子屏蔽材料有聚苯胺（PANI）、聚吡咯（PPy）、聚噻吩（PTh）等。

与导电金属相比，导电高分子材料具有密度低、耐腐蚀、强度高等优点，是一种很有前景的 EMI 屏蔽材料。然而，由于本征导电高分子屏蔽材料的脆性和加工难度，在实际应用中往往需要进行掺杂。

④ 导电聚合物复合材料（CPCs）是指在绝缘聚合物中加入导电填料并形成导电网络的屏蔽材料。例如：通过熔融共混、溶液共混、原位聚合或共沉淀等方式在聚合物基体中引入导电填料使材料具备导电性能[13]。常用的导电填料主要有：碳基、金属基、聚合物基和杂化导电颗粒等。碳基填料主要有：炭黑、石墨烯、碳纳米管、碳纤维等。金属填料主要有：银、铜、镍、铝等不同尺寸的球形、棒状、线状、片状等的颗粒。

由于 CPCs 结合了聚合物基体和填料的特性，具有规模化生产的优势，可以克服金属屏蔽材料和涂层屏蔽材料的缺陷，有望在未来取代金属材料成为主要的电磁屏蔽材料。但这些材料对电磁波的屏蔽机制多为反射，容易伴随严重的二次电磁波污染，难以满足各种领域的屏蔽要求。

6.2.2 导电聚合物泡沫

开发具有低电磁波反射和高吸收特性的电磁干扰屏蔽复合材料已成为电磁干扰屏蔽领域的研究热点。聚合物泡沫天然具有丰富的内部孔隙结构[14]，以 CPCs 为基体开发的聚合物泡沫称为导电聚合物泡沫（CPFs）。由于泡孔形成过程中的体积排斥效应，CPFs 通常具有增强的导电网络，从而促进导电填料形成有效的导电通路[15]。CPFs 的多孔导电结构有利于提高电磁波吸收性能，因为多孔结构减少了阻抗失配与界面反射，允许更多电磁波进入材料。而且电磁波在导电泡孔壁多个界面上的多重反射损耗使 CPFs 具有理想的高电磁波吸收能力。此外，CPFs 除了具有较高的电磁干扰屏蔽能力外，还具有密度小、吸收冲击载荷、吸声、隔热、耐化学性好、耐高温等优点[16]。

石墨烯、碳纳米管（CNTs）、银纳米线（AgNW）、炭黑和 MXene 是制备 CPFs 常用的导电纳米填料。由于 CPFs 发泡过程中的体积排斥效应，这些填料在泡沫基体中的致密性比固体填充物更高，在电磁波吸收方面显著提高了电磁干扰屏蔽性能[17]。

6.3 电磁屏蔽聚合物泡沫的性能表征

(1) 电磁干扰屏蔽效能

矢量网络分析仪（VNA）通常用于测试材料的 EMI 屏蔽效能（SE）。主要的试验方法有屏蔽室试验法和同轴传输线法。这些方法在实验室中被广泛使用。如图 6-3 所示，其中 S_{11} 和 S_{21} 代表通过 VNA 端口 1 得到的反射参数和端口 1 到端口 2 的传输系数，S_{22} 和 S_{12} 表示从端口 2 得到的反射参数和端口 2 到端口 1 的传输系数。这些参数与反射系数和透射系数有关。特别是当被测材料为均匀电磁屏蔽材料时，$S_{11}=S_{22}$，$S_{21}=S_{12}$。

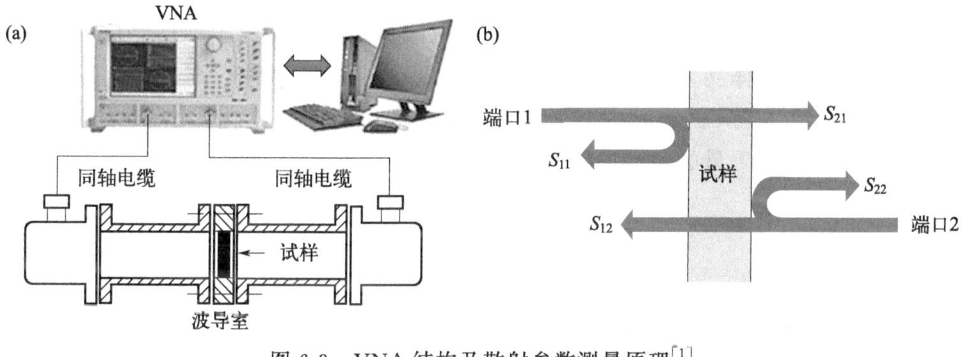

图 6-3 VNA 结构及散射参数测量原理[1]

(a) VNA 结构；(b) 散射参数测量原理

电磁干扰 SE 的计算：采用以下公式得到两个端口的散射参数。

$$T=|S_{21}|^2 \tag{6-6}$$

$$R=|S_{11}|^2 \tag{6-7}$$

$$1=A+R+T \tag{6-8}$$

$$SE_A=-10\lg\frac{T}{1-R} \tag{6-9}$$

$$SE_R=-10\lg(1-R) \tag{6-10}$$

式中，A、R、T 分别为吸收、反射、透射的功率系数。

(2) 电磁波吸收性能

根据电磁波吸收的基本原理，反射系数可以表示为$R=\frac{Z-Z_0}{Z+Z_0}=\frac{Z_{in}-1}{Z_{in}+1}$，式中$Z$、$Z_0$分别为电磁波在吸收介质和空气中的传输阻抗；$Z_{in}=Z/Z_0$为材料界面的透射阻抗。通常利用反射损耗值（RL）直观评价吸收剂的电磁波吸收性能。根据传输线理论，Z_{in}和RL可以表示为[18]：

$$Z_{in}=\sqrt{\frac{\mu_r}{\varepsilon_r}}\tanh\left(j\frac{2\pi fd}{c}\sqrt{\mu_r\varepsilon_r}\right) \tag{6-11}$$

$$\mathrm{RL(dB)}=20\lg\left|\frac{Z_{in}-1}{Z_{in}+1}\right| \tag{6-12}$$

式中，d为吸收体厚度；f为电磁波频率；c为微波在自由空间的传输速度；ε_r为材料的介电常数。一般认为RL＜－10 dB（90％电磁波吸收）的频带是有效频带，也是基础工程应用的目标频带。

(3) 导电性测量

电导率是电磁干扰屏蔽材料的一个重要指标。一般可以用四点探头计或数字精密万用表测量试样的电导率。为了提高测量的准确性和降低接触电阻，通常需要在样品的两端涂上高导电性的银漆。以$\mathrm{S\cdot m^{-1}}$为单位的电导率（σ）可以用下面的公式计算：

$$\sigma=\frac{l}{RS} \tag{6-13}$$

式中，l为试样长度，cm；R为电阻，Ω；S为试样截面积，$\mathrm{cm^2}$。

(4) 磁性测量

磁性纳米材料、导电复合材料和导电聚合物泡沫的磁性常采用振动样品磁强计（VSM）进行测量。在测量中，样品置于恒定的磁场中，如果样品具有磁性，则其磁化强度将与外部磁场对齐。当样品在VSM的线圈中上下移动时，其磁场会发生变化。电流与样品的磁化强度成正比，因此，通过测量的磁滞曲线可以推导出其磁性能[19]。

6.4 电磁屏蔽聚合物泡沫的制备

6.4.1 电磁屏蔽聚合物泡沫的组成

CPFs通常由CPCs和基体内的微孔组成。基体材料对CPFs的电导率和EMI屏蔽性能有显著影响。在高分子复合材料的设计和制备过程中，常用的高分子基材有高密度聚乙烯（HDPE）、聚苯乙烯（PS）、聚偏氟乙烯（PVDF）、聚丙烯（PP）、聚氨酯（TPU）、聚甲基丙烯酸甲酯（PMMA）、硅橡胶等。

CPFs基体中需要引入导电填料，以使材料具有高导电性和高EMI屏蔽性能。常用的导电填料有碳纤维、碳纳米管（CNT）、石墨烯、MXene、炭黑、银纳米线、银纳米带或片、其他金属纳米线或颗粒等。导电填料在聚合物基体中的分散和分布对CPCs及其制备的CPFs的电导率和EMI屏蔽性能有很大影响。随着多孔结构的形成，导电填料会由于体积斥力效应而分布于CPFs中聚合物基体的特定微区域，这通常会产生更高效的导电网络和更低的渗流阈值。

除了导电填料外，CPFs中还通常引入磁性填料，以提高电磁波与屏蔽材料相互作用时的磁损耗。根据经典电磁理论，磁性材料屏蔽电磁波的机制主要有磁滞损耗、涡流损耗、畴壁共振、铁磁共振和自然共振机制[20,21]。常见的磁性屏蔽材料主要分为两大类，即以铁、钴、镍等为基体的金属合金材料和羰基铁、羰基镍、铁氧体、石榴石等金属氧化物材料[22,23]。在EMI屏蔽CPFs的研制中，磁性填料往往与导电填料相结合，以提高其对电磁波的吸收性能。

例如，Mi等[1]开发了一种新型非对称磁电双功能复合泡沫，用于高电磁波吸收EMI屏蔽。他们在TPU基体中加入氧化铁掺杂的还原性氧化石墨烯（Fe_3O_4@rGO）和碳纳米管，使材料兼具导电性和磁性。经真空辅助热压和$scCO_2$发泡后，在复合泡沫的另一侧制备一层高导电性银层，称为T/C/MG/Ag复合泡沫［图6-4(a)和(b)］。制备的厚度约为2 mm的复合泡沫的EMI SE值可达89.2～103.5 dB，而SE_R值仅为0.24～0.83 dB。由于Fe_3O_4@rGO和CNT填料构建的磁电双功能网络有利于电磁波的高吸收和低反射，其最小反射率（R）为0.001，在具有相同SE的EMI屏蔽材料中保持最低纪录［图6-4(c)和(d)］。

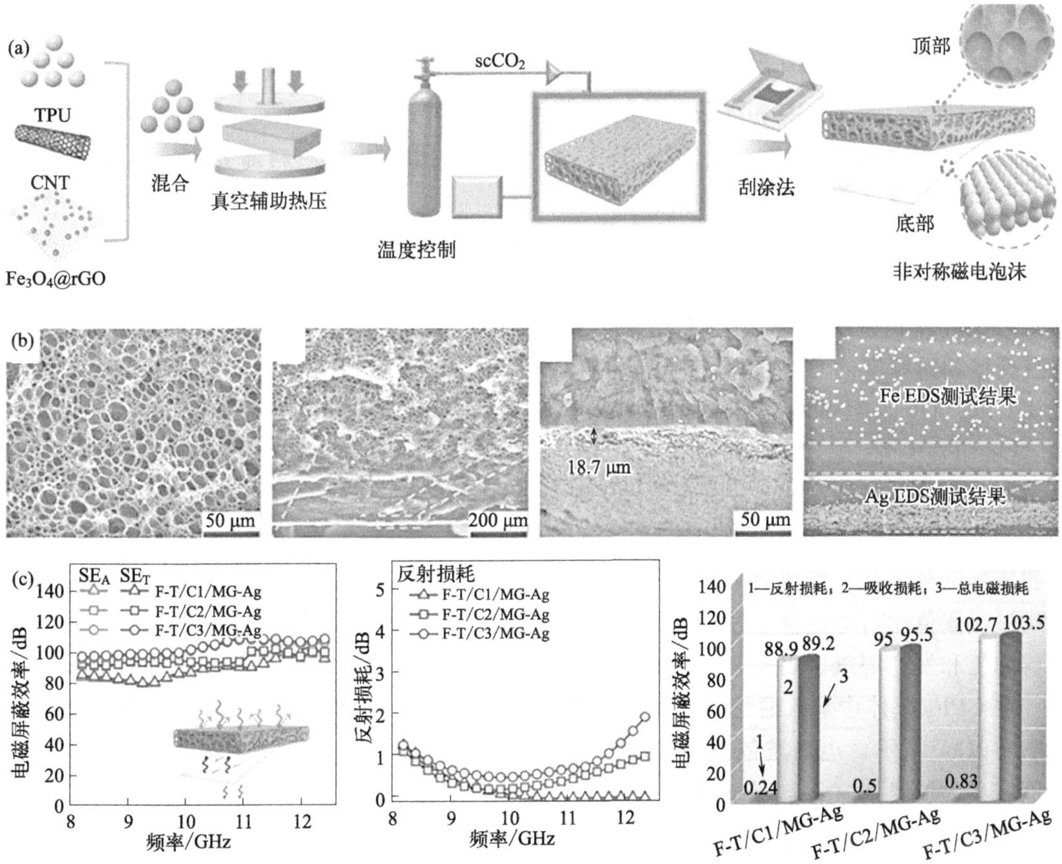

图 6-4

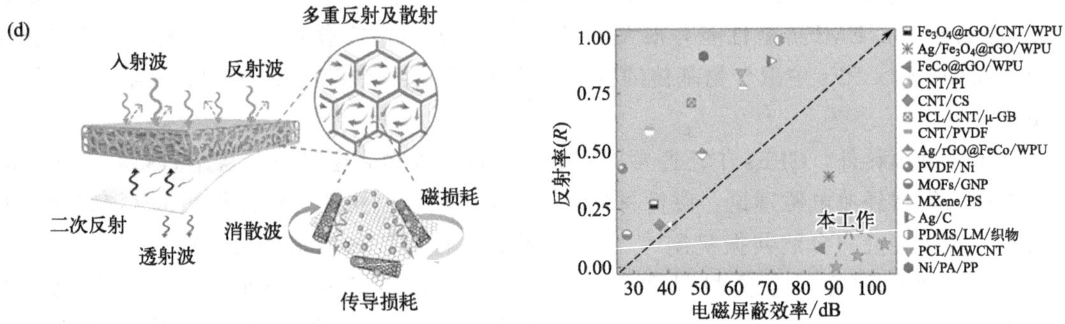

图 6-4 T/C/MG/Ag 电磁屏蔽复合泡沫[1]

(a) 制备工艺流程；(b) SEM 图像与元素分布；(c) 不同 T/C/MG/Ag 复合泡沫的 EMI SE 和 SE_R 结果；(d) 电磁波耗散机理及与文献的 EMI SE 和 R 值比较

6.4.2 影响聚合物泡沫电磁屏蔽性能的因素

聚合物泡沫材料的电磁屏蔽和电磁波吸收性能与基体材料的性能和泡沫材料的微孔结构密切相关。关键因素主要包括电导率、磁导率、泡孔尺寸、泡孔密度、孔隙率、材料厚度以及屏蔽材料的结构。

6.4.2.1 导电性和磁性

电磁干扰屏蔽材料的介质损耗和磁损耗通常可以调节电磁波的衰减，这是获得理想屏蔽效果的关键[24]。EMI SE 和屏蔽材料的电导率 σ 与磁导率 μ 之比有关。根据电磁屏蔽理论，SE_R 随频率的增加而减小，SE_A 正比于 $(\sigma\mu)^{1/2}$，因此电磁屏蔽材料需要高导电性和高导磁性才能同时实现电磁屏蔽和电磁波吸收。

对于多孔 CPFs，介质损耗主要由电导率、极化松弛和多次散射决定。较高的电导率会产生大量自由电荷，阻抗失配导致更多的反射，从而导致严重的二次电磁波污染。与固体 CPC 相比，体积密度归一化后 CPFs 通常具有更高的导电性，这意味着 CPFs 的泡孔壁将比与泡孔壁相同厚度的 CPC 膜具有更高的导电性。这对于理解 CPFs 电磁屏蔽性能尤为重要，因为 CPC 单位体积填料含量高，其体积电阻通常低于相同尺寸的 CPFs。这有利于降低 CPFs 的阻抗失配，使更多电磁波进入 CPFs 内部泡孔。同时，CPFs 泡孔壁上更加完善的导电网络会引发电磁波在 CPFs 中的多次反射，导致电磁波的显著衰减。

一般来说，导电填料的含量越多，屏蔽材料中导电网络的密度越高，电磁波在屏蔽材料中的传播路径越长，所造成的介电损耗越大，总 EMI SE 越高。但过量的导电填料在加载量超过渗流阈值时对电磁屏蔽性能的提升作用并不明显，且大大增加了材料成本，并可能导致材料加工和发泡困难。因此，在研制 EMI 屏蔽 CPFs 时，通常需要优化导电填料的含量。

在 CPFs 基体中加入磁性材料可以增加电磁波吸收，从而改善电磁干扰屏蔽的磁损耗。如图 6-5(a) 所示，电磁波包括磁场强度（H）和电场强度（E）两个基本分量，将 E/H 的比值定义为波阻抗（Z），公式如下：

$$Z=\frac{E}{H}=\sqrt{\frac{\mu}{\varepsilon}} \tag{6-14}$$

磁场和电场相互垂直，传播方向与包含这两个分量的平面成直角。理想的阻抗匹配要求磁导率（μ）接近复介电常数（ε）。为了获得高 μ，常在 CPFs 基体中引入高磁导率的磁性填料以增强其铁磁共振和涡流。软硬铁氧体纳米复合材料的“交换耦合行为”可能是提高磁性材料磁导率的有效途径。如图 6-5(b) 所示，耦合磁体的磁滞回线综合磁导率优于硬磁相和软磁相[25]。

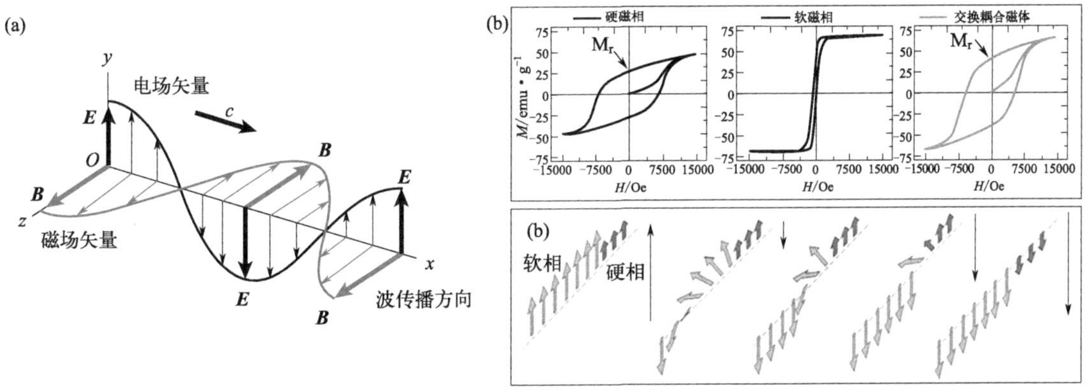

图 6-5 （a）电磁波电场矢量及磁场矢量传播方向示意图；（b）纳米复合材料中硬磁相、软磁相和耦合磁相的磁滞回线表示，以及软、硬相的偶极矩位移随磁场反转示意图[25]

6.4.2.2 材料厚度与共振行为

厚度是获得理想的趋肤深度（δ）的另一个重要因素，该厚度的定义为电磁场强度从初始值降低到 $1/e$ 时的厚度。δ 可以用下面的公式来计算：

$$\delta=1/\sqrt{\pi f\mu\sigma} \tag{6-15}$$

式中，μ 为磁导率；σ 为电导率；f 为频率。由公式可知，δ 随材料电导率/磁导率的增加而减小，随频率的增加而减小。小的趋肤深度会导致材料表面的反射，导致低吸收率，在趋肤深度[26]处，电磁波场强将降低到入射场强的 37%。

从电磁干扰屏蔽层厚度（t_m）来看，由于电磁波在厚度越大的屏蔽层中传播距离越远，电磁屏蔽效能一般会随着 t_m 的增大而增大。在吸收电磁波时，随着匹配厚度的增加，吸收峰会向低频偏移，这可以用 1/4 波长（$\lambda/4$）匹配理论来解释：

$$t_m=\frac{n\lambda}{4}=\frac{nc}{4f_m\sqrt{|\mu_r\varepsilon_r|}} \quad (n=1,3,5\cdots) \tag{6-16}$$

当 t_m 与电磁波频率（f）满足公式时，会产生相消干涉，使吸收-空气界面处的反射电磁波被抵消，从而消耗反射微波与入射微波之间相位差为 180°的电磁波。

通过在 EMI 屏蔽材料中引入谐振腔结构，能够有效利用电磁波的相消干涉。Mi 等[27]制备了一种含有谐振腔结构的 PLA/MXene 多层电磁干扰屏蔽材料。通过引入双层结构和增加谐振腔距离，在不改变材料组成的情况下，SE_T 和 SE_A 分别提高了 48.5%和 74.8%，SE_R 降低了 24.6%。当谐振腔厚度为 6 mm 时，由于多次反射和破坏性电磁波干扰的协同作用，屏蔽效率（SE）达到 92.3 dB。在导电填料含量极低的情况下，研发的谐振腔结构屏蔽体的 EMI 屏蔽获得了显著提升（图 6-6）。

6.4.2.3 泡孔尺寸、泡孔密度和孔隙率

CPFs 的泡孔结构对其 EMI 屏蔽性能有重要影响。在制备电磁屏蔽 CPFs 过程中，泡孔

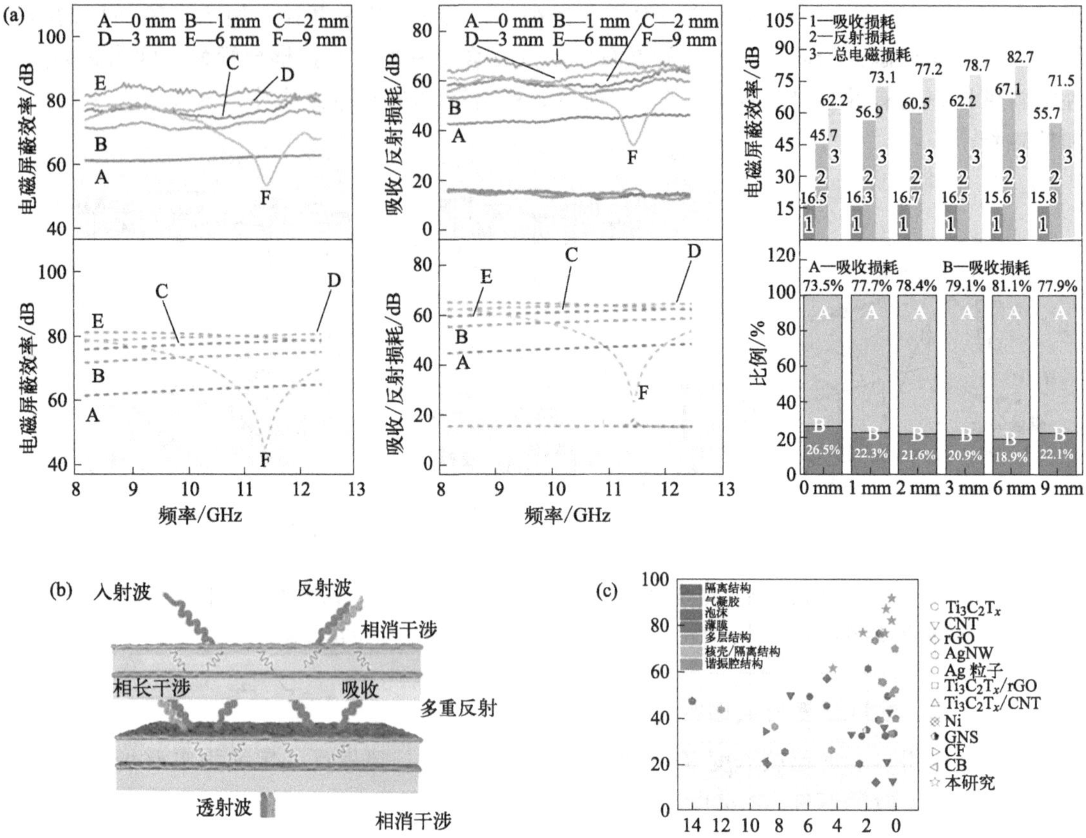

图 6-6 PLA/MXene 多层屏蔽材料[27]

(a) 不同谐振腔距离下的 SE_T、SE_A 和 SE_R；(b) 电磁干扰屏蔽机理示意图；(c) PLA/MXene 屏蔽性能与文献对比

尺寸、泡孔密度和孔隙率是经常要考虑的因素。CPFs 的泡孔壁能够激发电磁波在泡沫体内部多次反射，从而衰减电磁波。CPFs 的泡孔形态可以控制电磁波的传播路径，从而影响进入屏蔽体泡沫、在泡沫内部衰减，以及透过泡沫的电磁波。

一般来说，小泡孔和高泡孔密度的泡沫由于其较高的比表面积和较多的泡孔壁数量具有优越的电磁波吸收性能。CPFs 的孔隙率对其电磁干扰屏蔽性能，特别是电磁波吸收性能有复杂的影响。当孔隙率过低时，泡沫的主要组成是实心泡孔壁，泡孔数量有限，在泡沫内的电磁波反射和衰减有限。如果孔隙率过高，则必须考虑泡孔大小，以了解泡沫是由大泡孔还是小泡孔组成的，因为这两种情况都可形成高孔隙率，而它们的比表面积却会有显著差异。在孔隙率高、泡孔尺寸大的情况下，电磁波很容易进入并穿过泡沫体。然而，在孔隙率高和泡孔尺寸小的情况下，电磁波较难进入泡沫体，而进入泡沫体的电磁波可以被泡孔壁有效衰减。

Park 等[28] 采用 $scCO_2$ 发泡法制备了 PVDF/CNT/SiC 纳米线（SiCnw）复合泡沫，研究了泡孔尺寸、孔隙率和厚度对 EMI 屏蔽性能的影响［图 6-7(a)］。当复合泡沫厚度在 1.4～2.4 mm 范围内变化时，泡沫材料表现出吸收主导的电磁干扰屏蔽机制。通过提高泡沫的孔隙率和膨胀率，材料的 R 值显著降低，材料对电磁波的吸收率提升［图 6-7(b) 和 (c)］。当孔隙率为 85％时，发泡材料的电磁波的衰减由吸收机制主导，且随着泡孔尺寸从 36 μm 减小到 10 μm，电磁波的衰减作用逐渐增强。因此，高孔隙率和小泡孔尺寸的 CPFs 通常有利于电磁波的吸收。

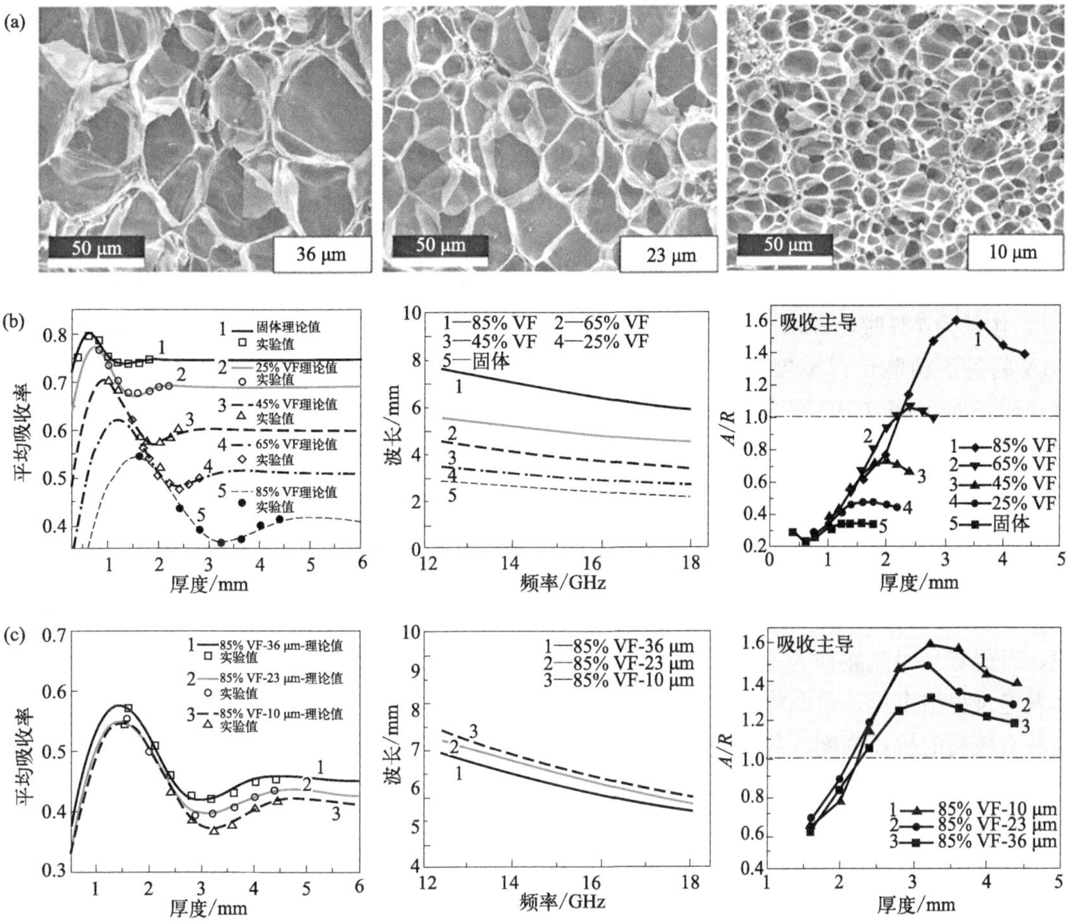

图 6-7 PVDF/CNT/SiCnw 复合泡沫[28]

(a) 85%孔隙率时的 SEM 图像；(b) 和 (c) 不同孔隙率和 85%孔隙率的
不同泡孔尺寸复合泡沫的平均 R 和 A/R 比的理论值与实验值

6.4.3 导电聚合物泡沫的制备方法

目前，EMI 屏蔽 CPFs 的制备方法有化学发泡、超临界流体发泡、相分离/冷冻干燥、静电纺丝、模板牺牲、热解、水热反应、超临界 CO_2 干燥、3D 打印、自下而上自组装、泡沫模板涂覆法等。在本节中，我们主要介绍化学发泡和物理发泡制备 EMI 屏蔽 CPFs 的方法，因为这些方法具有成本低、产率高、可规模化的优点[29]。

在化学发泡中，气体的生成是一个化学分解过程，即通过化学反应或热诱导分解释放气体。然后通过释放的气体对熔融或黏性聚合物基体进行发泡。在化学发泡中，通常需要先将化学发泡剂（CBA）与 CPC 基体混合后再进行发泡。与 CBA 的混合可以通过双螺杆挤出、熔体混合或溶液混合来完成。

在物理发泡中，泡孔是由物理发泡剂（PBA）的相变形成的。采用超临界流体作为发泡剂时，先将处于超临界状态的压缩气体（N_2、CO_2 等）通过螺杆混合或静态饱和的方式与聚合物基体混合。然后压力降使气体从超临界态转变为气态，该相变过程中气体的体积膨胀促使气泡在聚合物基体中形成。

6.4.3.1 电磁屏蔽 CPFs 的化学发泡

CBA 广泛用于热塑性和热固性聚合物的化学发泡。有多种 CBA 已被用于制备具有高电导率和 EMI 屏蔽性能的 CPFs。偶氮二异丁腈（AIBN）是 CPFs 制备中最常用的 CBA 之一。例如，Gupta 等[30] 在 2005 年以 AIBN 为发泡剂开发了 PS/CNT 复合泡沫。他们通过超声波将碳纳米管（CNT）分散到含有 5% AIBN 的 PS/甲苯溶液中，然后进行喷涂和充分干燥。干燥后的 PS/CNT 薄膜在 80 ℃下热压，制备出 PS/CNT 复合泡沫。AIBN 的分解促进了 PS/CNT 基质中泡孔的形成。随着 CNT 含量的增加，泡沫的 EMI SE 显著提升。当 CNT 含量为 7%时，EMI SE 值为 18.2～19.3 dB。类似地，Ramaprabhu 等[31] 以 AIBN 为 CBA 制备了功能化石墨烯（f-GR）/PVDF 复合泡沫。当 f-GR 含量仅为 0.5%（质量分数）时，f-GR/PVDF CPF 在 8～12 GHz 频率内的 EMI SE 可以达到 20 dB。

除热塑性聚合物外，CBA 也常用于热固性导电泡沫的制备。Duan 等[32] 利用 AIBN 作为发泡剂，开发了一种镀镍碳纤维（NCCFs）作为导电填料的导电环氧树脂泡沫［图 6-8(a)］。如图 6-8(b) 和（c）所示，随着 NCCFs 含量的增加，泡孔尺寸减小，电导率提升。当 NCCFs 含量为 5%（体积分数）时，复合泡沫的电磁屏蔽效率达到了 33 dB 左右，并且具有超低的 SE_R 和较高的 SE_A，表明复合泡沫具有以吸收为主的电磁屏蔽性能。Hu 等[33] 采用类似的方法，以偶氮二甲酰胺作为 CBA，通过化学发泡制备了一种炭化的苯乙腈（PN）聚合物泡沫。在发泡过程结束后，他们将泡沫在 1 000 ℃下炭化，获得具有碳骨架的多孔泡沫。制备的泡沫炭具有较高的抗压强度（约 6.0 $MPa \cdot cm^3 \cdot g^{-1}$）和 EMI SE（约 51.2 dB）。

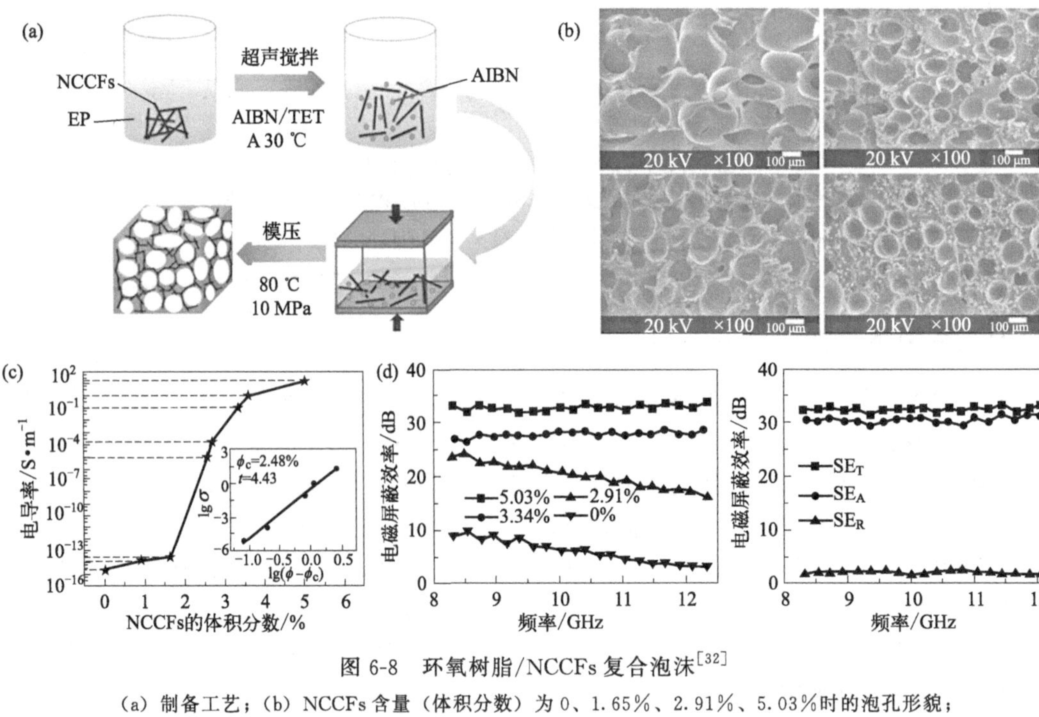

图 6-8 环氧树脂/NCCFs 复合泡沫[32]

(a) 制备工艺；(b) NCCFs 含量（体积分数）为 0、1.65%、2.91%、5.03%时的泡孔形貌；
(c) NCCFs 含量对电导率的影响；(d) 不同 NCCFs 含量的 EMI SE 及 5.031% NCCFs 泡沫的 SE_T、SE_A 和 SE_R

6.4.3.2 电磁屏蔽 CPFs 的超临界 CO_2 发泡

在电磁屏蔽 CPFs 的制备中，超临界 CO_2（$scCO_2$）是最常用的 PBA。其具有溶解度高、扩散性好、易挥发、成本低等优点。在典型的 $scCO_2$ 发泡过程中，CO_2 在高压下溶解到聚合物基质中，产生单相聚合物/气体混合物。通过高温下快速减压，或低压下快速升温的方式，来触发泡孔的成核与生长。压力降诱导的成核为一步发泡法，升温诱导的成核为两步发泡法。泡孔成核后，由于气体分子的相变和体积膨胀，泡孔核会生长，在此过程中聚合物基体膨胀。经过一定的泡孔生长后，通常将泡沫样品转移到低温介质中固化，以保持其泡孔结构[34]。

在 $scCO_2$ 发泡中，聚合物泡沫的微观结构可通过饱和温度、饱和压力、饱和时间、降压速率和冷却温度等参数控制。在 CPC 发泡中，导电填料的存在会对 CPFs 的发泡行为和最终的形貌产生很大的影响，这是因为导电填料会导致 CPFs 的异相成核。CPC 基质中填料的几何形状、组成和含量都会影响 CPFs 的微孔结构，进而影响其电导率和 EMI 屏蔽性能[35]。

Ozisik 等[36] 研究了 $scCO_2$ 发泡聚碳酸酯（PC）/石墨烯复合材料的 EMI 屏蔽性能与泡孔形态和石墨烯颗粒分散性之间的关系。采用两步发泡法，提高了石墨烯的分散性，形成了不同的泡孔结构。通过优化泡沫的成分和微观结构，获得了约 78 $dB \cdot cm^3 \cdot g^{-1}$ 的归一化 EMI 屏蔽效能。Liu 等[37] 通过熔融挤出 PVDF/Ni 复合材料和 PE/CNTs 复合材料，再进行 $scCO_2$ 间歇发泡，制备出具有高效 EMI 屏蔽和优良光热性能的多功能复合泡沫材料。泡沫具备 CNT 导电网络和含有 Ni 磁性成分的高孔隙率多孔结构。当 CNT 含量达到 8%时，其电导率可达 1.08×10^{-2} $S \cdot cm^{-1}$，在 K 波段的 EMI SE 约为 27.8 dB（图 6-9）。此外，多孔共连续结构、表面等离子共振效应和高电导率赋予了复合泡沫疏水性、光热效应和电压驱动的焦耳加热特性，可以保证在潮湿和极冷条件下的正常运行。

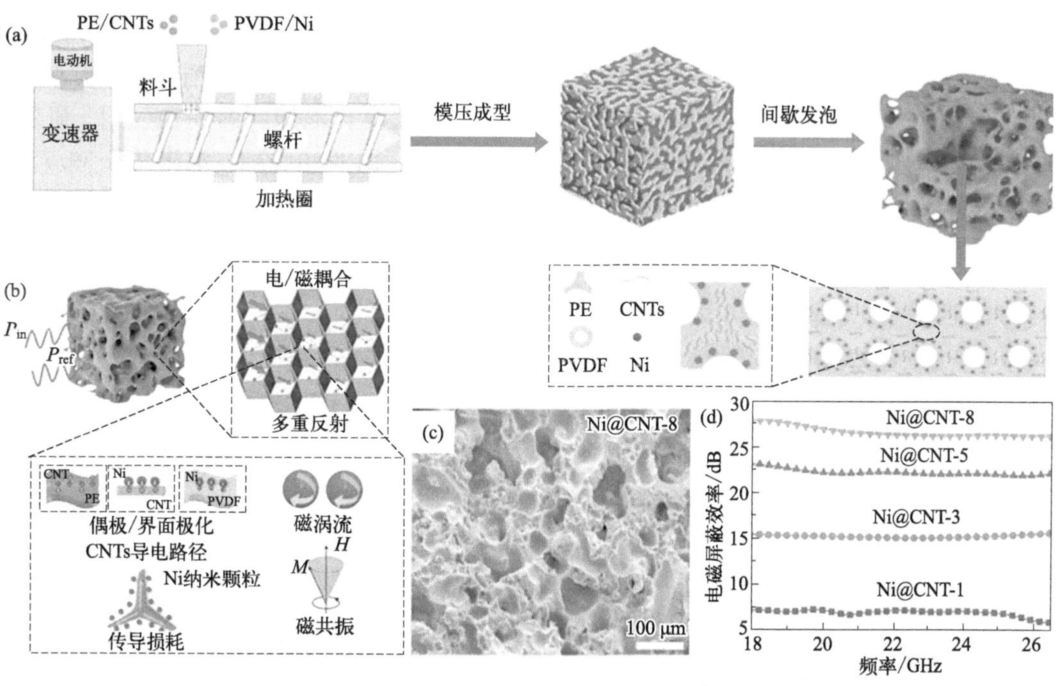

图 6-9 PVDF/PE 及其复合泡沫[37]

（a）制备工艺流程；（b）电磁干扰屏蔽机理示意图；（c）SEM 照片；

（d）PVDF-Ni/PE-CNTs 复合泡沫材料在 K 波段的 EMI SE

6.4.4 特殊微结构的导电聚合物泡沫

由于 CPFs 的微观结构是决定 EMI 屏蔽性能的关键因素，泡孔的结构与排列方式、泡孔尺寸分布和泡孔聚集状态都会影响电磁波进入泡孔的比例以及电磁波在泡孔内的多次反射行为。传统的化学发泡或物理发泡 CPFs 均具有球形或多边形孔结构。为了改变电磁波与 CPFs 的相互作用，研究人员开发了各种具有特殊微观泡孔结构的 CPFs，如重入泡孔结构、取向泡孔结构、隔离式泡孔结构和梯度泡孔结构等。

6.4.4.1 重入泡孔结构

增加单位体积内的电磁波反射面数量是增强 CPFs 内部电磁波反射的理论手段。具有重入泡孔结构或内凹泡孔结构的聚合物泡沫通常具有负泊松比，即这些泡沫在拉伸时膨胀，在压缩时收缩，因此称为拉胀泡沫。

在电磁屏蔽领域，具有重入泡孔结构的泡沫材料泡孔壁具有更多的弯曲和折叠，这将增加结构的复杂性和单位体积电磁波反射泡壁的数量，从而提高电磁屏蔽性能。此外，第 2 章中介绍了拉胀泡沫具有高剪切模量、断裂韧性、屈服强度、抗缺口、回弹和能量吸收等优点。在制备具有凹角结构的 CPFs 过程中，由于 CPCs 基体中的高填料含量限制了泡沫泡孔的凹角转化，因此，通过 $scCO_2$ 发泡制备高导电性拉胀泡沫具有挑战性。

迄今为止，制备具有重入泡孔结构的拉胀导电泡沫最常用的方法仍然是传统的三轴压缩热退火法。例如，Shen 等[38] 通过在商用 PU 泡沫上涂上 MXene 层，然后进行三轴压缩，将原始泡沫转化为拉胀泡沫，开发出 MXene/PU 复合拉胀泡沫。改性后的 MXene/PU 复合拉胀泡沫的 EMI SE 值达到 76.2 dB，与同密度下的非拉胀复合泡沫材料相比，EMI SE 提高了 31.2%，这是因为凹角结构显著增大了泡沫的比表面积，提升了电磁波的反射面数量。

Tang 等[39] 通过浸涂、超声浸泡以及三轴压缩加热工艺在商用聚氨酯泡沫表面涂覆聚多巴胺（PDA）层和石墨烯（GR）层，制备了一种拉胀复合泡沫［图 6-10(a)］。研制的 PU/PDA/GR 复合泡沫具有−2.36 的泊松比和开孔结构［图 6-10(b)］。泡沫具备 59.75 dB 的高 EMI SE，是相同 GR 含量的正泊松比复合泡沫的 8.9 倍［图 6-10(c)］。他们发现，具有较小泊松比的拉胀泡沫的凹角泡孔结构有助于多重反射和电磁波的衰减［图 6-10(d)］。

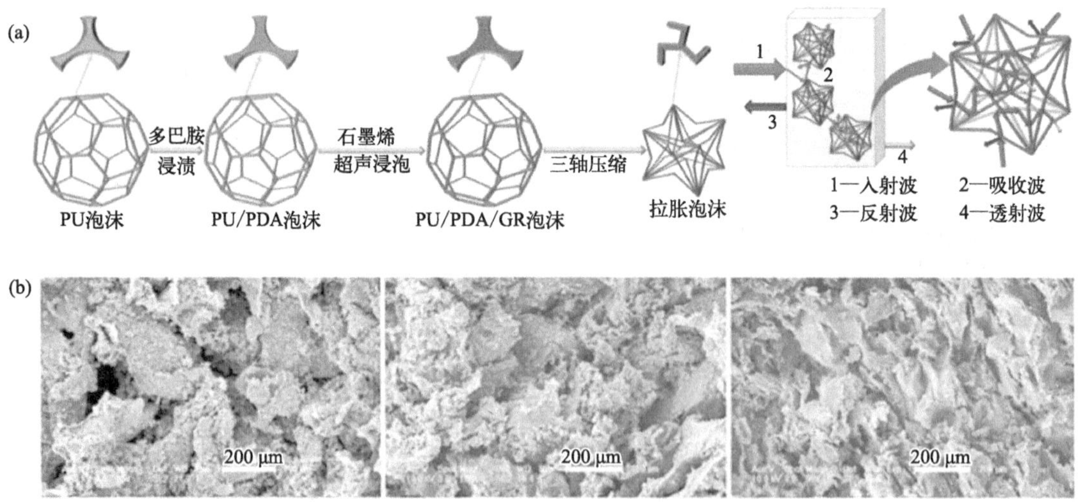

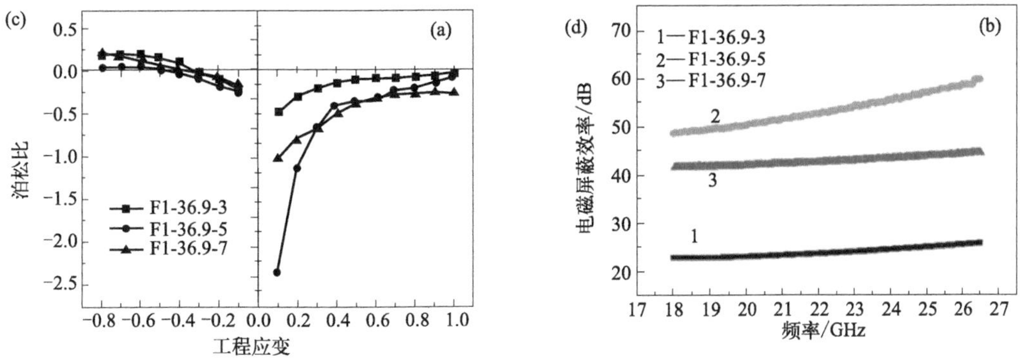

图 6-10　PU 拉胀复合泡沫[39]

(a) 制备流程图及电磁屏蔽机理图；(b) 压缩比为 3、5、7 的复合泡沫的 SEM 图像；
(c) 泊松比随工程应变的变化；(d) 不同压缩比的 EMI SE 结果

6.4.4.2　取向泡孔结构

具有各向异性多孔结构的聚合物泡沫具有特殊的力学性能和单向热学和电学性能。蜂窝结构是一种高度取向的各向异性结构。当将 CPFs 加工成蜂窝结构时，其具有导电填料网络的长径比高、比表面积大，有利于建立高效导电通路，且与聚合物基体形成多个界面，可增强界面极化，提高电磁干扰屏蔽性能的特点。迄今为止，通过气体发泡制备高度取向的蜂窝多孔结构仍是一项挑战。最有效、应用最广泛的方法是冰模板单向冷冻法。

例如，Siqueira 等[40] 通过冻融干燥法制备了由碳纳米管（CNT）和纳米纤维素纤维（NFC）组成的具有微蜂窝多孔结构的导电复合泡沫。如图 6-11(a) 所示，CNT/NFC 溶液通过单向冷冻工艺，冰晶沿竖直方向生长。进一步通过溶剂交换、解冻和常温干燥过程将冰相除去，获得具有高度取向的泡孔结构的各向异性 CNT/NFC 泡沫，其在泡孔排列方向上表现出优异的刚度和导电性［图 6-11(b)］。高度取向的微蜂窝通道能够使电磁波进入泡沫内部，并通过有效的多次反射促进电磁波的衰减［图 6-11(c)］，从而获得大于 70 dB 的高 EMI SE。

6.4.4.3　隔离式泡孔结构

构建有效导电网络是实现高 EMI 屏蔽性能的关键。在常规发泡工艺中，泡孔生长阶段的体积排斥效应能够提高泡孔壁内导电填料的密实度，从而提升泡孔壁的电导率。为了进一步提高导电填料的致密性，研究人员开发了一种特殊的隔离结构。在隔离结构中，复合泡沫中的导电相并非均匀分散于聚合物基体内，而是通过聚合物相的挤压使导电填料形成连续相，从而提高导电网络的致密性以及材料的电导率。将隔离结构引入 CPFs 中，便形成了隔离式泡孔结构的 CPFs，且可以更有效地利用导电填料，同时增强电磁波在泡沫内的多次反射。

Liao 等[41] 在 TPU 颗粒表面涂覆氧化石墨烯（GO）片，然后使用 L-抗坏血酸进行原位还原、热压缩和 $scCO_2$ 发泡，制备不同还原氧化石墨烯（rGO）含量的 TPU/rGO 复合泡沫［图 6-12(a)］。rGO 在基体中形成连续的网络［图 6-12(b)］，发泡后在 TPU 相中形成微尺寸的泡孔［图 6-12(c)］。隔离结构的形成提高了复合泡沫的导电性和电磁干扰屏蔽性能。在 rGO 含量为 3.17%（体积分数）的情况下，由于 TPU/rGO 复合泡沫中电磁波的多次反射增强，该泡沫的 EMI SE 达到了 21.8 dB［图 6-12(d)］。

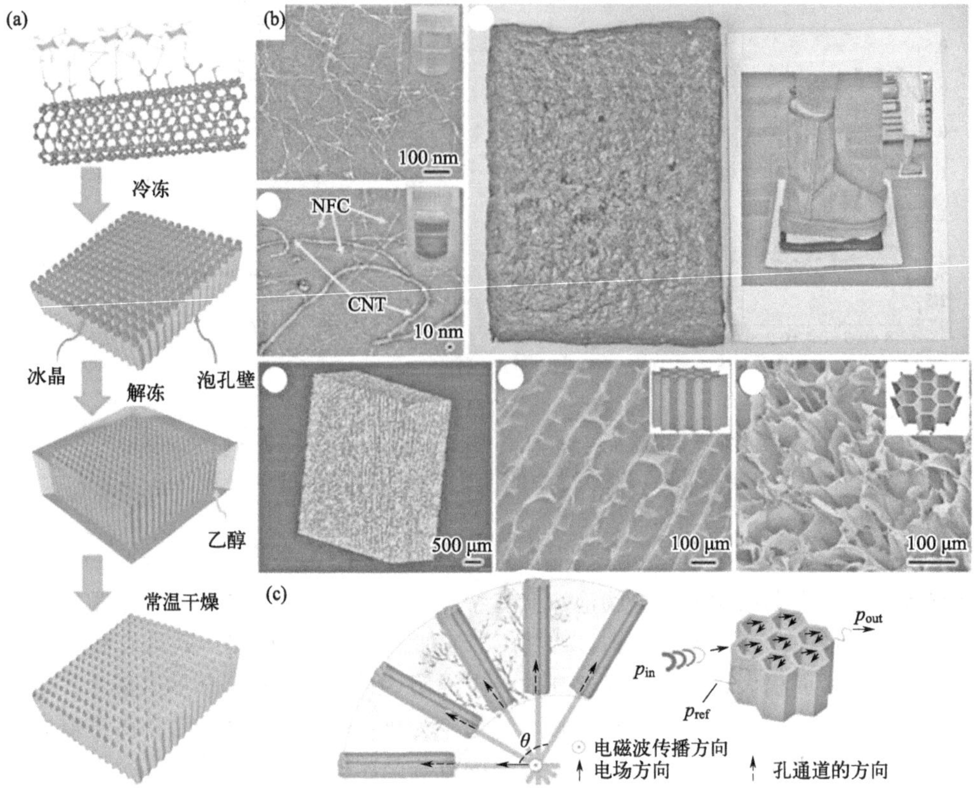

图 6-11 CNT/NFC 取向泡沫[40]

(a) 制备工艺流程图；(b) NFC/CNT 复合体系的 TEM 图像、CNT/NFC 泡沫排列方向和截面的 SEM 图像以及大尺寸 CNT/NFC 泡沫的承重照片；(c) 取向蜂窝结构 CNT/NFC 泡沫的电磁干扰屏蔽机理图

Wang 等[42] 开发了一种制备隔离结构聚（醚-嵌段-酰胺）(Pebax) 复合泡沫的新方法。如图 6-13(a) 所示，首先通过 $scCO_2$ 间歇发泡制备 Pebax 发泡微珠。然后将发泡珠粒放入模具中，用含有 Pebax 和多壁碳纳米管（MWCNT）的溶液填充发泡珠之间的空隙。再经过热成型工艺压缩固化，从而获得具有隔离结构的 Pebax/MWCNT 复合泡沫材料［图 6-13(b)］。增加 MWCNT 的含量能够有效提升泡沫的导电性［图 6-13(c)］。当 MWCNT 含量为 1.12%时，复合泡沫具有超低密度、优异的拉伸和压缩性能，X 波段 EMI SE 值为 16 dB。由于泡沫的多孔结构与隔离结构，其对电磁波的衰减主要以吸收机制为主。

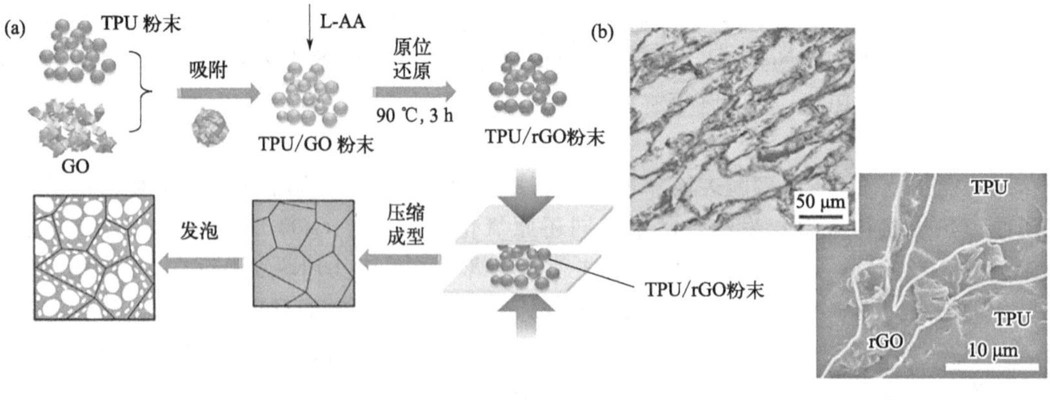

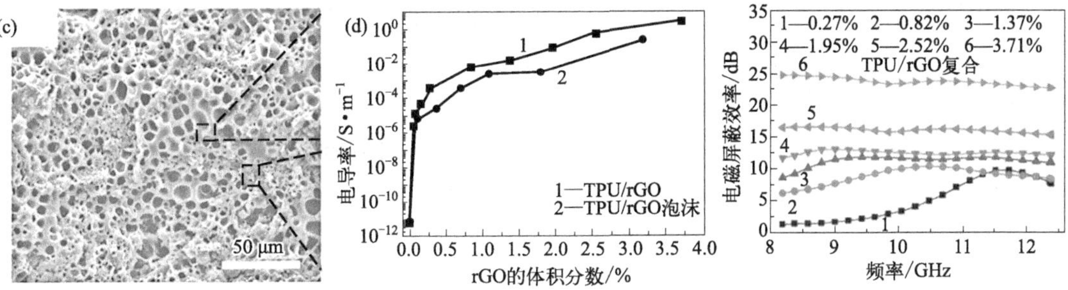

图 6-12 隔离结构 TPU/rGO 复合泡沫[41]

(a) 隔离结构制备工艺示意图；(b) 隔离结构示意图；(c) SEM 图像；

(d) 不同 rGO 含量（体积分数）TPU/rGO 复合泡沫的电导率和 EMI SE 结果

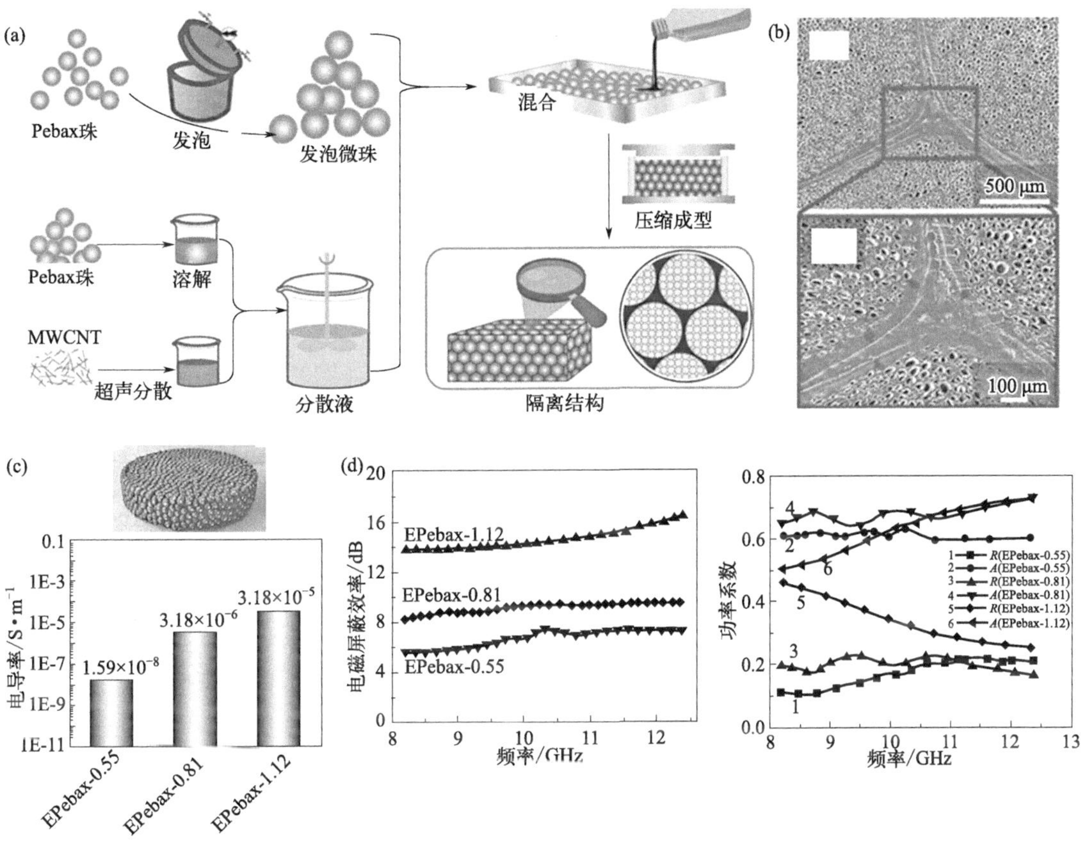

图 6-13 Pebax/MWCNT 复合泡沫[42]

(a) 制备流程图；(b) SEM 图像；(c) 不同 MWCNT 含量复合泡沫的照片和电导率结果；

(d) X 波段 EMI SE 及不同 Pebax/MWCNT 复合泡沫的 R 和 A 值

6.4.4.4 梯度泡孔结构

虽然高导电性材料具有高的电磁屏蔽效率，但由于阻抗失配，当材料表面具有高导电性时，电磁波的反射会很高。因此，为了达到高电磁波吸收，CPFs 屏蔽材料的表层需要具有较低的电导率，从而使更多电磁波进入泡沫内；另外，CPFs 屏蔽材料需要有较高导电性的内部结构及底层，以实现进入材料内部的电磁波的有效衰减。基于这一概念，研究人员开发了梯度泡孔结构和非对称结构，以同时提高 EMI SE 和电磁波吸收。

Filleter 等[43] 以 $scCO_2$ 为发泡剂，通过微孔注射成型，制备了具有梯度泡孔结构的高密度聚乙烯（HDPE）/石墨烯纳米片（GnP）复合泡沫，详细研究了泡孔沿熔体流动方向的演变过程。图 6-14 显示了从剪切诱导伸长形态到各向同性形态的泡孔演变过程。这些不同的泡孔结构，为 HDPE/GnP 复合泡沫提供了梯度的电学和热学性能。泡沫材料的导电性、介电常数和热导率均较未发泡材料明显提高，其 EMI 屏蔽性能提高了 45%。

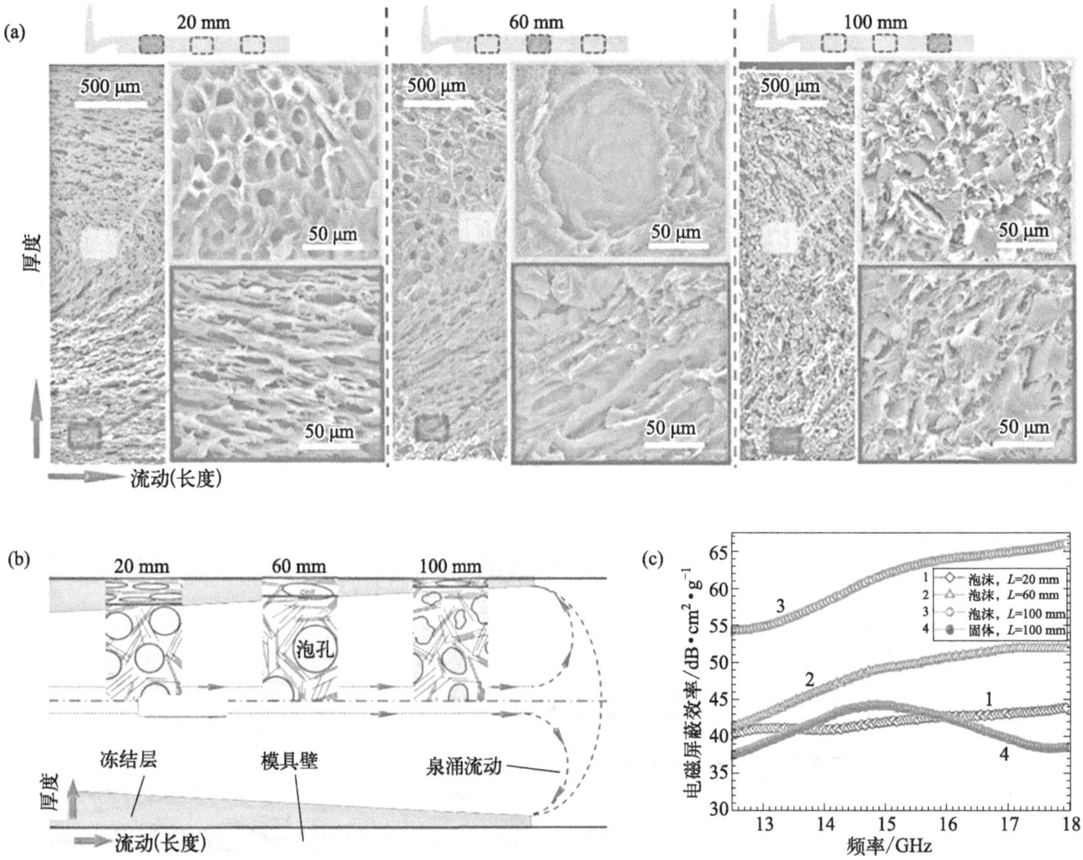

图 6-14 HDPE/GnP 复合泡沫[43]

(a) 距浇口 20 mm、60 mm 和 100 mm 处的 SEM 照片；(b) 材料在模具中流动及泡孔结构演变示意图；(c) HDPE/GnP 固体和泡沫样品的 EMI SE

Liao 等[44] 通过 $scCO_2$ 发泡开发了一种柔性硅橡胶基梯度泡沫。如图 6-15(a) 所示，制备了由橡胶前驱体、镀银（Ag）中空玻璃微球（HGMs）和 Fe_3O_4 修饰的 MWCNT 组成的复杂溶液，并将其浇注成复合膜。由于 HGMs 和 Fe_3O_4@MWCNT 的高密度，在凝固过程中实现了导电微球在基体内的梯度分布。随后通过 $scCO_2$ 发泡，制备了具有梯度泡孔结构的复合泡沫。沉积在泡沫底部的 HGMs 层有效地将电磁波反射回泡沫体，大大增强了电磁波吸收性能［图 6-15(b)］。非对称梯度结构使制备的泡沫材料在 0.51%（体积分数）的低 Ag 含量下可达 30.5 dB 的 EMI SE，其 SE_R 值为 3.4 dB，R 值为 0.22，验证了泡沫具有超低的电磁波反射。

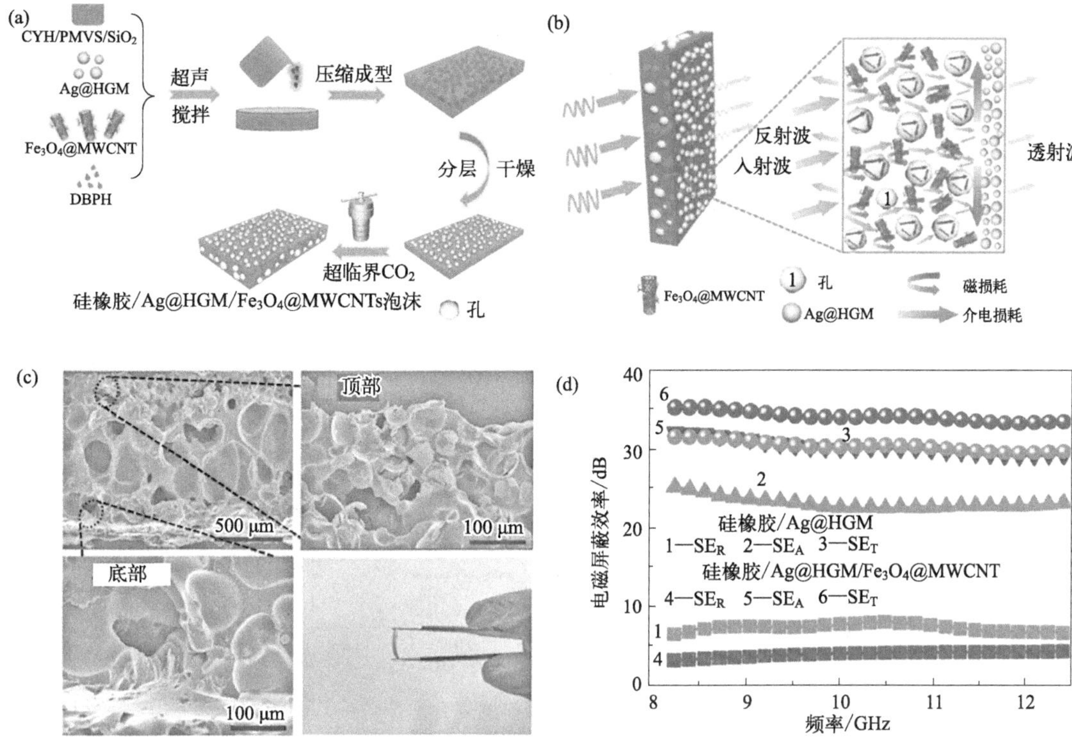

图 6-15　硅橡胶/Ag@HGMs/Fe_3O_4@MWCNTs 复合泡沫[44]

(a) 制备工艺流程图；(b) 微波耗散机理；(c) 微观结构；
(d) X 波段不同的复合泡沫的 EMI SE 结果

此外，Mi 等[45] 通过多次浸涂制备了具有梯度泡孔结构的 CPFs。如图 6-16(a) 所示，他们在三聚氰胺泡沫（MF）泡孔骨架表面依次涂覆不同浓度的 MXene 溶液，以控制泡沫不同区域 MXene 的含量［图 6-16(b)］。这种梯度含量 MXene 的结构以及高孔隙率低电导率的泡沫表面阻抗匹配，使电磁波能够进入泡沫内部。而泡沫内逐渐增加的 MXene 含量有助于电磁波的多次反射和衰减，位于泡沫背面的 rGO 薄膜能够有效地将电磁波反射到泡沫内进行二次吸收［图 6-16(c)］。因此，制备的材料具有“吸收—反射—再吸收”的 EMI 屏蔽机制。MXene 涂覆梯度/非对称泡沫在 X 波段的平均屏蔽效率高达 78.8 dB，而其 R 值仅为 0.022［图 6-16(d)］。

6.4.4.5　层状泡沫结构

在传统的 CPFs 中，导电纳米填料分散在非导电聚合物基体中，不可避免地限制了导电网络的连续性，从而降低其导电性。为此，研究人员开发了一种层状结构电磁屏蔽泡沫材料。在这种结构中，导电材料与聚合物基体分层排布，组成一个多层结构。层状结构使得电磁波可以在多个高导电性平面之间形成多次反射，极大程度地提升其介电损耗，从而提升其 EMI 屏蔽性能。

Zhao 等[46] 制备了 PVDF/SiCnw/MXene 层状复合泡沫材料。如图 6-17(a) 所示，层状复合材料由含有 SiCnw 负载的 MXene 的 PVDF 与 MWCNT/石墨烯纳米片（GnPs）组成的高导电膜构成。通过 $scCO_2$ 发泡工艺在 PVDF/SiCnw/MXene 层发泡，而 MWCNT/

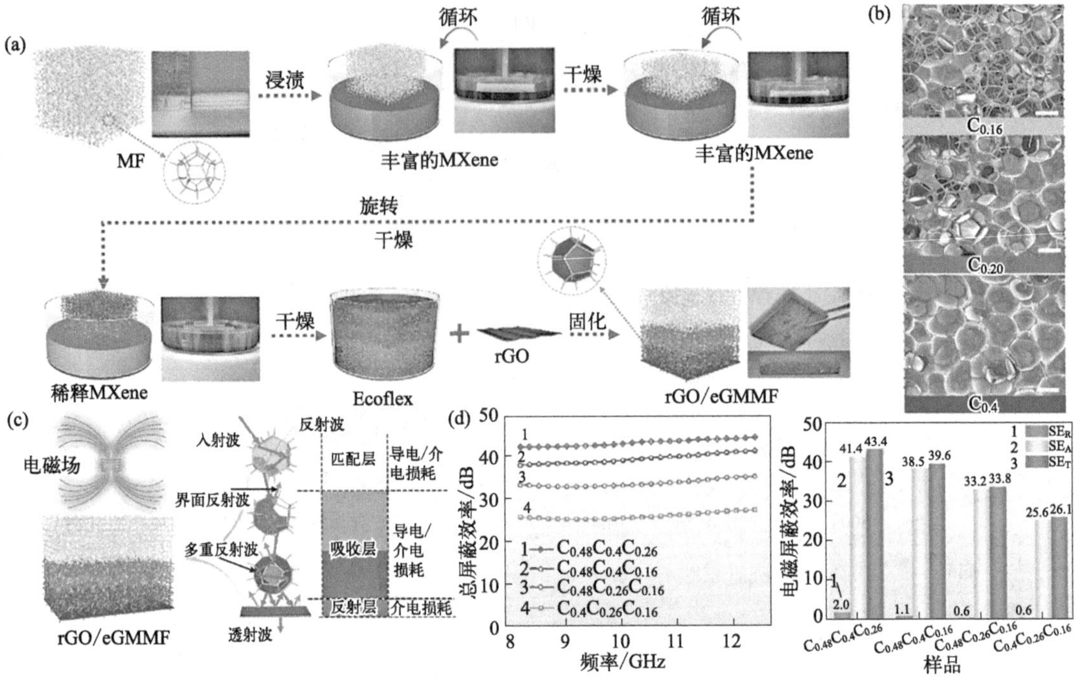

图 6-16 MXene 包覆梯度复合泡沫[45]

(a) 制备流程图 (b) 不同位置的 SEM 图像；(c) 电磁波吸收机理；(d) 不同 MXene 涂层梯度复合泡沫的 EMI SE_T，SE_R 和 SE_A 结果

GnPs 层能够将透过发泡层的电磁波反射。由于其表面的阻抗匹配特性以及延长的电磁波传播路径，厚度为 1.95 mm 的层状复合泡沫的 EMI SE 为 32.6 dB，$R<0.1$。Liao 等[47] 采用选择性 $scCO_2$ 发泡技术制备了三明治结构复合泡沫材料。夹层泡沫由两层固体导电 TPU/MWCNT 层和中间的泡沫介质 TPU 层组成，经 $scCO_2$ 发泡后形成了导电层/介电泡沫/导电层的多层结构。该复合泡沫利用 Fabry-Pérot 共振效应提高了 EMI 屏蔽性能，并且屏蔽性能可以通过改变导电层和非导电层的厚度来控制［图 6-17(b)］。

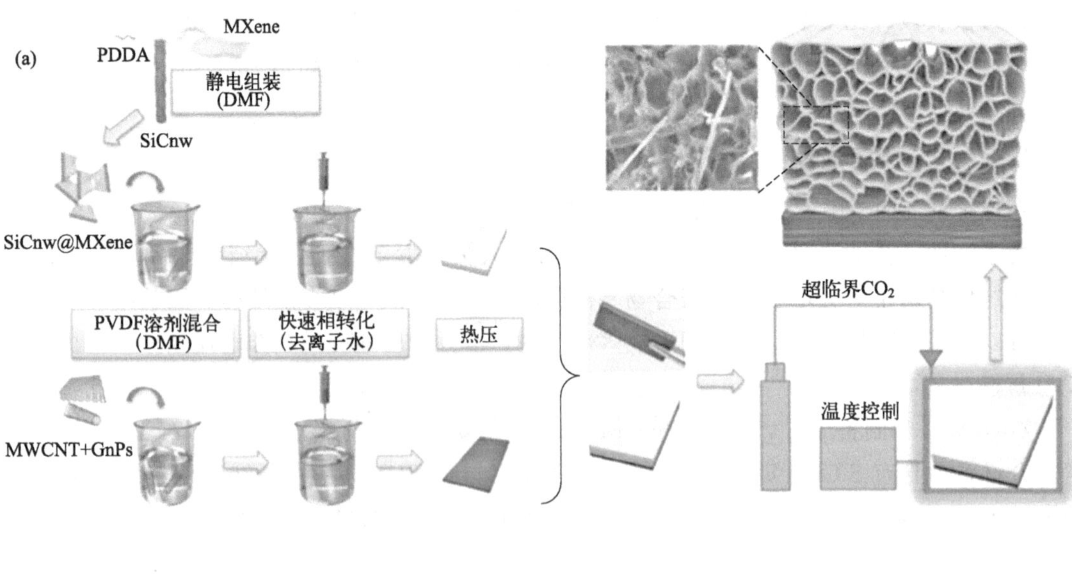

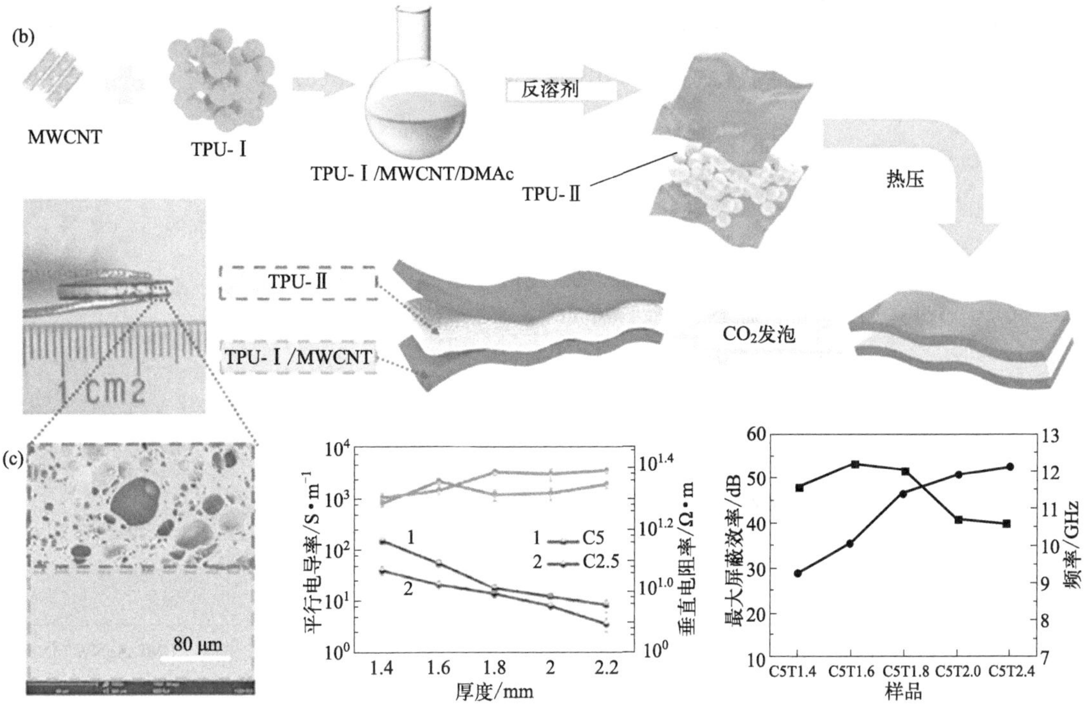

图 6-17 (a) 层状泡沫的制备工艺流程图[46]；(b) 三明治结构复合泡沫的制备原理；(c) 三明治结构复合泡沫的 SEM 图像、电学性能和 EMI 屏蔽性能[47]

6.5 电磁屏蔽多孔复合材料研究进展

目前研究报道的高性能电磁屏蔽多孔复合材料主要包括：电磁屏蔽气凝胶、电磁屏蔽纤维网络、金属基电磁屏蔽泡沫材料、表面涂覆改性电磁屏蔽泡沫等。本节将对这些技术的进展进行介绍。

6.5.1 电磁屏蔽气凝胶

气凝胶作为一种高孔隙率、低密度的多孔材料，在隔热、吸声、结构材料、传感应用、液体吸收、EMI 屏蔽等领域受到广泛关注。由于气凝胶通常采用溶液法制备，因此很容易在气凝胶基体中引入导电纳米填料，从而获得具有导电性的多孔材料。

Xie 等[48] 通过冷冻干燥和还原热处理制备了 MXene/石墨烯复合泡沫。泡沫具有高导电性和高效电磁波衰减特性，其 EMI SE 值高达 50.7 dB。Liu 等[49] 通过浸涂和单向冷冻干燥方法的结合，开发了具有分层结构的轻质 AgNW/MXene 复合海绵。他们在商用三聚氰胺泡沫表面进行聚多巴胺和银纳米线（AgNW）涂覆，然后在 MXene 溶液中进行单向冷冻干燥，得到一个具有取向 MXene 通道和 AgNW 骨架网络的复杂多孔结构［图 6-18(a) 和

(b)]。随着浸涂次数的增加，泡沫的导电性大大增强，复合泡沫的层级多孔结构通过多次反射和介质损耗实现了多尺度的电磁波衰减［图 6-18(c) 和 (d)]。工艺优化后，密度为 49.5 $mg \cdot cm^{-3}$ 的复合泡沫获得了 52.6 dB 的 EMI SE［图 6-18(e)]。

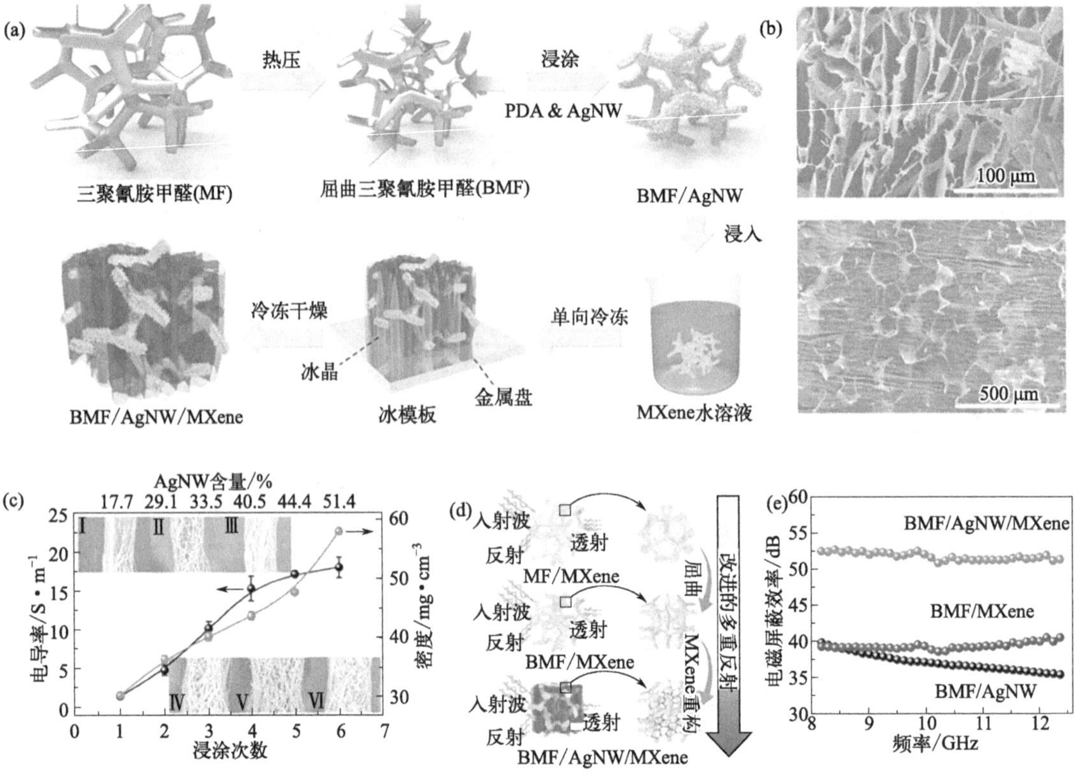

图 6-18 MF/AgNW/MXene 复合泡沫[49]

(a) 制备流程图；(b) 复合泡沫的 SEM 图像；(c) 随着浸涂次数的增加，复合泡沫的电导率和密度增大；(d) 复合泡沫电磁干扰屏蔽机理示意图；(e) 不同复合泡沫的 EMI SE 结果

6.5.2 电磁屏蔽纤维网络

除了球形多孔结构泡沫，具有纤维结构的膜材料也是 EMI 屏蔽的理想多孔材料，尤其适用于需要具有高柔韧性的薄膜屏蔽的情况。纤维结构电磁屏蔽材料的制备方法主要包括：对原始织物进行表面改性，以及通过静电纺丝或湿法纺丝直接生成纤维网络。

Zong 等[50] 通过将 AgNW、Fe_3O_4 纳米粒子和聚二甲基硅氧烷（PDMS）涂覆在商用织物上，制备了一种具有优异 EMI 屏蔽和被动辐射加热功能的柔性可穿戴织物。高导电性的 AgNW 通路和磁性 Fe_3O_4 纳米粒子使织物在厚度仅为 450 μm 时便达到 100.9 dB 的 EMI SE。然而，由于电磁波在织物表面的阻抗不匹配特性，织物的屏蔽机制以反射为主。

为了缓解织物基电磁屏蔽材料的高反射问题，Mi[51] 等设计了一种分层结构导电纤维膜。通过交替组装 MXene 导电层和静电纺丝 PLA 纤维层，有效增强了电磁波在导电纤维膜内的多重反射吸收，获得了 55.4 dB 的 EMI SE。此外，他们还研究了层状纤维复合材料的组装构型对电磁屏蔽性能的影响[52]。如图 6-19(a) 所示，他们通过真空辅助过滤在 TPU

静电纺丝膜表面制备 AgNW 导电网络，并以不同方式组装双层膜［图 6-19(b)］。结果发现，连续的 AgNW 导电层和夹层结构能够通过多次反射和干涉效应提升电子传输效率和电磁波耗散，从而使 SE_A 显著提升。优化结构的 TPU/AgNW 导电膜的 EMI SE 达到 97.3 dB，其具有以吸收为主导的电磁屏蔽特性［图 6-19(c) 和 (d)］。

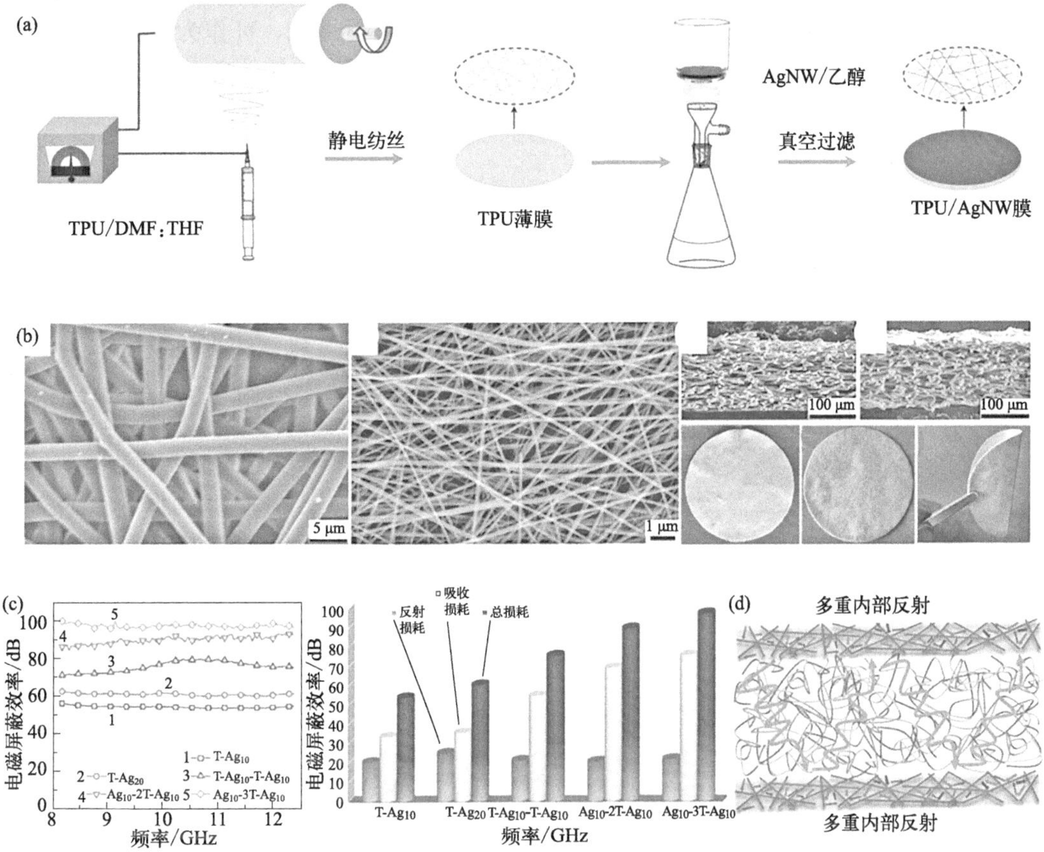

图 6-19 TPU/AgNW 层状膜[52]

(a) 制备流程图；(b) TPU 静电纺丝纤维、AgNW 网络的复合导电薄膜的 SEM 图像；
(c) 不同方式组装层状膜的 EMI SE 结果；(d) 层状膜的电磁波损耗机理

6.5.3 金属基电磁屏蔽泡沫材料

金属基泡沫材料，如镍 (Ni)、铝 (Al) 和铜 (Cu) 泡沫，由于其高导电性和相对较低的成本，是另一种常用的 EMI 屏蔽多孔材料。为了提高电磁干扰屏蔽性能和电磁波吸收能力，金属泡沫材料通常与高分子材料和导电/磁性纳米材料结合。金属基泡沫材料虽然具有较高的电磁干扰屏蔽性能，但其存在着柔性差、反射强度高、制备工艺复杂等缺点。

Wang 等[53] 通过硝酸镍和乙二醇混合物的溶液燃烧制备了具有多孔结构的镍泡沫。然后将多孔 Ni 浸泡在 PDMS 前驱体中，通过压制和固化，形成 Ni 基复合泡沫［图 6-20(a)］。制备的复合泡沫材料具有优异的导电性、磁性和多孔的内部结构，使泡沫同时具备电磁波的传导损耗和磁损耗，以及电磁波在多孔界面中的反射和散射的特性［图 6-20(b)和 (c)］。制备的镍基复合泡沫材料表现出 56 dB 的高 EMI SE [图 6-20(d)]。除了直接使用金属骨架外，在聚合物泡沫材料外原位镀制或涂覆一层金属层，以赋予泡沫导电性或磁性，也是制备电磁屏蔽泡沫的一种常用方法。Ma 等[54] 采用化学镀法，在聚甲基丙烯酰亚胺（PMIF）泡沫表面分别镀制了铜和镍层。当化学镀时间为 70 min 时，PMIF@Cu 和 PMIF@Ni 的表面电导率分别达到 $1.06\times10^4\ S\cdot m^{-1}$ 和 $9.15\times10^3\ S\cdot m^{-1}$，对应的电磁干扰 SE 分别达到约 52 dB 和约 43 dB。制备的金属化 PMIF 泡沫具有良好的辐射性能，可作为垂直极化单极天线替代传统金属基天线。

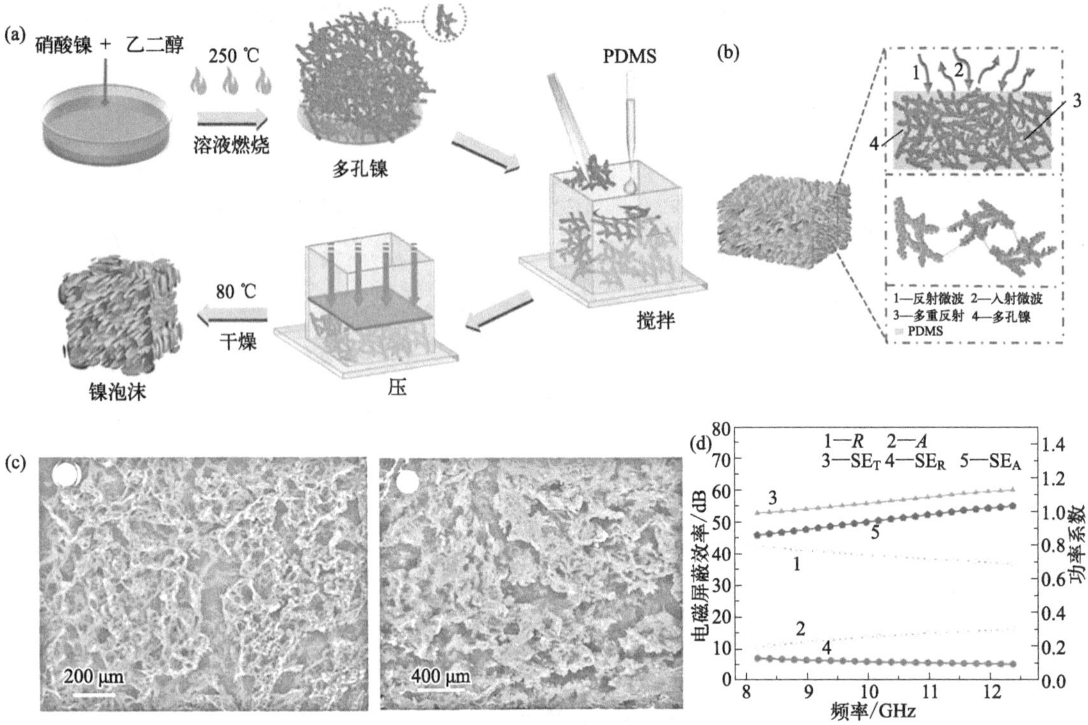

图 6-20 镍基复合泡沫[53]

(a) 制备工艺过程；(b) EMI 屏蔽机理；(c) 内部泡孔结构；(d) SE_T、SE_A 和 SE_R 结果

6.5.4 表面涂覆改性电磁屏蔽泡沫

表面涂覆改性是制备电磁屏蔽多孔泡沫材料的一种常用方法。通过这种方法，无论是否借助树脂黏结剂，都可以在泡沫骨架表面涂覆多种导电或磁性颗粒。在涂覆过程中，可以简便地控制不同填料的含量和比例，从而控制复合泡沫的电导率和 EMI 屏蔽性能。但是泡沫的多孔结构是由泡沫骨架决定的，其多孔结构很难控制。此外，骨架表面涂层的稳定性是该方法存在的重要缺陷。

Zhu 等[55] 在聚氨酯泡沫表面先后涂覆了 D-葡萄糖酸钠-壳聚糖/单壁碳纳米管（SWCNT/*ga*-壳聚糖）涂层和结晶石蜡层。通过控制石蜡层液态和固态的相态转变，制备的复合泡沫具备了独特的可调 EMI 屏蔽性能和形状记忆特性。只需改变复合泡沫的整体厚度，就可以将材料的 EMI SE 在 18～30 dB 之间进行调控。Gu 等[56] 将高温炭化与表面涂覆相结合，制备了具有优良阻燃隔热性能以及电磁屏蔽性能的复合泡沫材料。他们通过高温炭化馒头获得了淀粉基多孔碳泡沫（PCF），进一步通过涂覆 MXene 层，制备了 MXene 包覆的 PCF（MPCF）（图 6-21）。当 MXene 的质量分数为 8.5%时，EMI SE 为 5 dB，密度归一化后 EMI SE 为 216.9 $dB \cdot cm^3 \cdot g^{-1}$。

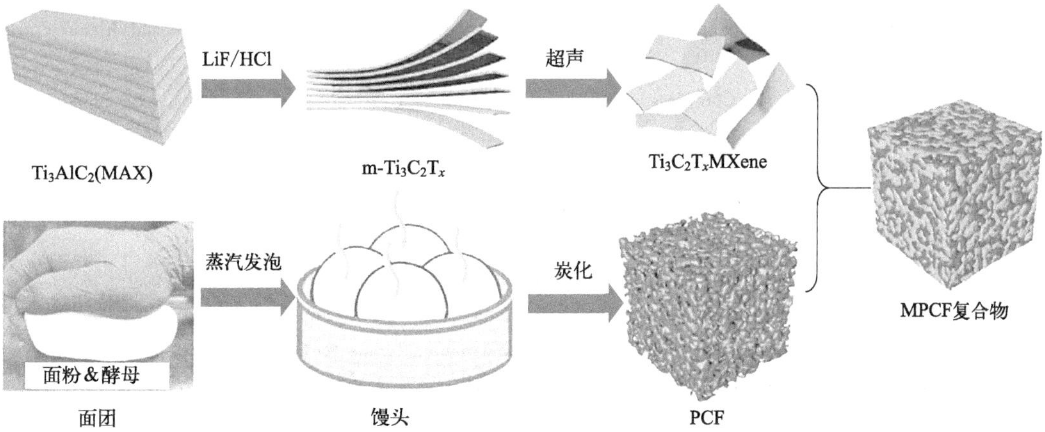

图 6-21　MXene 涂覆与淀粉基多孔碳泡沫结合的 MPCF 复合泡沫制备流程图[56]

参考文献

[1] Sun B, Sun S, Guo Y, et al. Asymmetric magnetic-electric dual-functional composite foams for ultra-efficient electromagnetic interference shielding with unprecedented low reflection. Composites Part A: Applied Science and Manufacturing, 2023, 164: 107301.

[2] Zhao B, Park C B. Tunable electromagnetic shielding properties of conductive poly (vinylidene fluoride) /Ni chain composite films with negative permittivity. Journal of Materials Chemistry C, 2017, 5 (28): 6954-6961.

[3] Guo Y, Pan L, Yang X, et al. Simultaneous improvement of thermal conductivities and electromagnetic interference shielding performances in polystyrene composites via constructing interconnection oriented networks based on electrospinning technology. Composites Part A: Applied Science and Manufacturing, 2019, 124: 105484.

[4] Pan F, Liu Z, Deng B, et al. Lotus leaf-derived gradient hierarchical porous C/MoS_2 morphology genetic composites with wideband and tunable electromagnetic absorption performance. Nano-Micro Letters, 2021, 13 (1): 43.

[5] Liu T-T, Cao M-Q, Fang Y-S, et al. Green building materials lit up by electromagnetic absorption function: A review. Journal of Materials Science & Technology, 2022, 112: 329-344.

[6] Wang H, Li S, Liu M, et al. Review on shielding mechanism and structural design of electromagnetic interference shielding composites. Macromolecular Materials and Engineering, 2021, 306 (6): 2100032.

[7] Pakdel E, Wang J, Kashi S, et al. Advances in photocatalytic self-cleaning, superhydrophobic and electromagnetic interference shielding textile treatments. Advances in Colloid and Interface Science, 2020, 277: 102116.

[8] Zhao B, Hamidinejad M, Wang S, et al. Advances in electromagnetic shielding properties of composite foams. Journal of Materials Chemistry, 2021, 9 (14): 8896-8949.

[9] Kumar P, Shahzad F, Yu S, et al. Large-area reduced graphene oxide thin film with excellent thermal conductivity and electromagnetic interference shielding effectiveness. Carbon, 2015, 94: 494-500.

[10] Gupta T K, Singh B P, Dhakate S R, et al. Improved nanoindentation and microwave shielding properties of modified mwcnt reinforced polyurethane composites. Journal of Materials Chemistry A, 2013, 1 (32): 9138.

[11] Chung D D L. Materials for electromagnetic interference shielding. Journal of Materials Engineering and performance, 2000, 9 (3): 350-354.

[12] Bera R, Maitra A, Paria S, et al. An approach to widen the electromagnetic shielding efficiency in pdms/ferrous fer-

ric oxide decorated rgo-swcnh composite through pressure induced tunability. Chemical Engineering Journal, 2018, 335: 501-509.

[13] Zhang Y, Qiu M, Yu Y, et al. A novel polyaniline-coated bagasse fiber composite with core-shell heterostructure provides effective electromagnetic shielding performance. ACS Applied Materials & Interfaces, 2017, 9 (1): 809-818.

[14] Ameli A, Kazemi Y, Wang S, et al. Process-microstructure-electrical conductivity relationships in injection-molded polypropylene/carbon nanotube nanocomposite foams. Composites Part A: Applied Science and Manufacturing, 2017, 96: 28-36.

[15] Shen B, Li Y, Zhai W, et al. Compressible graphene-coated polymer foams with ultralow density for adjustable electromagnetic interference (EMI) shielding. ACS Applied Materials & Interfaces, 2016, 8 (12): 8050-8057.

[16] Wang L, Wang D, Wu Z, et al. Self-derived superhydrophobic and multifunctional polymer sponge composite with excellent joule heating and photothermal performance for strain/pressure sensors. ACS Applied Materials & Interfaces, 2020, 12 (11): 13316-13326.

[17] Wu X, Han B, Zhang H-B, et al. Compressible, durable and conductive polydimethylsiloxane-coated MXene foams for high-performance electromagnetic interference shielding. Chemical Engineering Journal, 2020, 381: 122622.

[18] Zhang S J, Cheng B, Gao Z G, et al. Two-dimensional nanomaterials for high-efficiency electromagnetic wave absorption: An overview of recent advances and prospects. Journal of Alloys and Compounds, 2022, 893: 162343.

[19] Lopez-Dominguez V, Quesada A, Guzmán-Mínguez J C, et al. A simple vibrating sample magnetometer for macroscopic samples. Review of Scientific Instruments, 2018, 89 (3): 034707.

[20] Massa A, Rocca P, Oliveri G. Compressive sensing in electromagnetics-A review. IEEE Antennas and Propagation Magazine, 2015, 57 (1): 224-238.

[21] Sheng A, Ren W, Yang Y, et al. Multilayer wpu conductive composites with controllable electro-magnetic gradient for absorption-dominated electromagnetic interference shielding. Composites Part A: Applied Science and Manufacturing, 2020, 129: 105692.

[22] Liang C, Gu Z, Zhang Y, et al. Structural design strategies of polymer matrix composites for electromagnetic interference shielding: A review. Nano-Micro Letters, 2021, 13 (1): 181.

[23] Park J-B, Rho H, Cha A-N, et al. Transparent carbon nanotube web structures with Ni-Pd nanoparticles for electromagnetic interference (emi) shielding of advanced display devices. Applied Surface Science, 2020, 516: 145745.

[24] Ding J, Wang L, Zhao Y, et al. Boosted interfacial polarization from multishell TiO_2@Fe_3O_4@PPy heterojunction for enhanced microwave absorption. Small, 2019, 15 (36): 1902885.

[25] Mathews S A, Babu D R. Analysis of the role of m-type hexaferrite-based materials in electromagnetic interference shielding. Current Applied Physics, 2021, 29: 39-53.

[26] Zhang Y, Yang Z, Wen B. An ingenious strategy to construct helical structure with excellent electromagnetic shielding performance. Advanced Materials Interfaces, 2019, 6: 1900375.

[27] Du Z, Zhang G, Chen K, et al. MXene/polylactic acid fabric-based resonant cavity for realizing simultaneous high-performance electromagnetic interference (EMI) shielding and efficient energy harvesting. ACS Applied Materials & Interfaces, 2022, 14 (12): 14607-14617.

[28] Ma L, Hamidinejad M, Wei L, et al. Absorption-dominant emi shielding polymer composite foams: Microstructure and geometry optimization. Materials Today Physics, 2023, 30: 100940.

[29] Lee S T, Park C B, Ramesh N S. In Polymeric foams: Science and technology. Boca Raton: CRC Press, 2006.

[30] Yang Y, Gupta M C, Dudley K L, et al. Novel carbon nanotube-polystyrene foam composites for electromagnetic interference shielding. Nano Letters, 2005, 5 (11): 2131-2134.

[31] Eswaraiah V, Sankaranarayanan V, Ramaprabhu S. Functionalized graphene-PVDF foam composites for EMI shielding. Macromolecular Materials and Engineering, 2011, 296 (10): 894-898.

[32] Yang J, Yang Y, Duan H, et al. Light-weight epoxy/nickel coated carbon fibers conductive foams for electromagnetic interference shielding. Journal of Materials Science: Materials in Electronics, 2017, 28 (8): 5925-5930.

[33] Zhang L, Liu M, Chua E, et al. Phthalonitrile-based carbon foam with high specific mechanical strength and superior

electromagnetic interference shielding performance. ACS Applied Materials & Interfaces, 2016, 8 (11): 7422-7430.

[34] Stankovich S, Dikin D A, Dommett G H, et al. Graphene-based composite materials. Nature, 2006, 442 (7100): 282-286.

[35] Wang R, Li Y, Ren Y, et al. Dependence of electromagnetic interference shielding ability of conductive polymer composite foams with hydrophobic properties on cellular structure. Journal of Materials Chemistry C, 2020, 8 (22): 7401-7410.

[36] Gedler G, Antunes M, Velasco J I, et al. Electromagnetic shielding effectiveness of polycarbonate/graphene nanocomposite foams processed in 2-steps with supercritical carbon dioxide. Materials Letters, 2015, 160: 41-44.

[37] Cheng H, Lu Z, Gao Q, et al. PVDF-Ni/PE-CNTs composite foams with co-continuous structure for electromagnetic interference shielding and photo-electro-thermal properties. Engineered Science, 2021, 16 (27): 331-340.

[38] Kim E, Zhang H, Lee J-H, et al. MXene/polyurethane auxetic composite foam for electromagnetic interference shielding and impact attenuation. Composites Part A: Applied Science and Manufacturing, 2021, 147: 106430.

[39] Fan D, Li N, Li M, et al. Polyurethane/polydopamine/graphene auxetic composite foam with high-efficient and tunable electromagnetic interference shielding performance. Chemical Engineering Journal, 2022, 427: 131635.

[40] Zeng Z, Wang C, Wu T, et al. Nanocellulose assisted preparation of ambient dried, large-scale and mechanically robust carbon nanotube foams for electromagnetic interference shielding. Journal of Materials Chemistry A, 2020, 8 (35): 17969-17979.

[41] Jiang Q, Liao X, Li J, et al. Flexible thermoplastic polyurethane/reduced graphene oxide composite foams for electromagnetic interference shielding with high absorption characteristic. Composites Part A: Applied Science and Manufacturing, 2019, 123: 310-319.

[42] Ge C, Wang G, Zhao G, et al. Lightweight and flexible poly (ether-block-amide) /multiwalled carbon nanotube composites with porous structure and segregated conductive networks for electromagnetic shielding applications. Composites Part A: Applied Science and Manufacturing, 2021, 144: 106356.

[43] Hamidinejad M, Salari M, Ma L, et al. Electrically and thermally graded microcellular polymer/graphene nanoplatelet composite foams and their emi shielding properties. Carbon, 2022, 187: 153-164.

[44] Yang J, Liao X, Wang G, et al. Gradient structure design of lightweight and flexible silicone rubber nanocomposite foam for efficient electromagnetic interference shielding. Chemical Engineering Journal, 2020, 390: 124589.

[45] Du Z, Zhou C, Mi H-Y, et al. Recorded low-reflection in gradient MXene-decorated melamine microwave shielding foam integrated with piezoresistive sensing and energy absorption properties. Composites Part A: Applied Science and Manufacturing, 2023, 173: 107694.

[46] Ma L, Hamidinejad M, Zhao B, et al. Layered foam/film polymer nanocomposites with highly efficient emi shielding properties and ultralow reflection. Nano-Micro Letters, 2021, 14 (1): 19.

[47] Song P, Liao X, Zou F, et al. Frequency-adjustable electromagnetic interference shielding performance of sandwich-structured conductive polymer composites by selective foaming and tunable filler dispersion. Composites Communications, 2022, 34: 101264.

[48] Fan Z, Wang D, Yuan Y, et al. A lightweight and conductive MXene/graphene hybrid foam for superior electromagnetic interference shielding. Chemical Engineering Journal, 2020, 381: 122696.

[49] Weng C, Wang G, Dai Z, et al. Buckled AgNW/MXene hybrid hierarchical sponges for high-performance electromagnetic interference shielding. Nanoscale, 2019, 11 (47): 22804-22812.

[50] Zong J-Y, Zhou X-J, Hu Y-F, et al. A wearable multifunctional fabric with excellent electromagnetic interference shielding and passive radiation heating performance. Composites Part B: Engineering, 2021, 225: 109299.

[51] Du Z, Chen K, Zhang Y, et al. Engineering multilayered MXene/electrospun poly (lactic acid) membrane with increscent electromagnetic interference (emi) shielding for integrated joule heating and energy generating. Composites Communications, 2021, 26: 100770.

[52] Zhang F, Hu J, Zhao P, et al. Multifunctional electromagnetic interference shielding films comprised of multilayered thermoplastic polyurethane membrane and silver nanowire. Composites Part A: Applied Science and Manufacturing, 2021, 147: 106472.

[53] Li M, Feng Y, Zhong Y, et al. Facile fabrication of novel high-performance electromagnetic interference shielding nickel foam. Colloids and Surfaces A: Physicochemical and Engineering Aspects, 2023, 656: 130352.
[54] Li J, Wang A, Qin J, et al. Lightweight polymethacrylimide@copper/nickel composite foams for electromagnetic shielding and monopole antennas. Composites Part A: Applied Science and Manufacturing, 2021, 140: 106144.
[55] Zhu S, Zhou Q, Wang M, et al. Modulating electromagnetic interference shielding performance of ultra-lightweight composite foams through shape memory function. Composites Part B: Engineering, 2021, 204: 108497.
[56] Qi F, Wang L, Zhang Y, et al. Robust $Ti_3C_2T_x$ MXene/starch derived carbon foam composites for superior emi shielding and thermal insulation. Materials Today Physics, 2021, 21: 100512.

第 7 章 组织工程用聚合物多孔支架

随着我国人口老龄化以及一些需要器官移植疾病或组织损伤病例的增多，器官和组织移植面临着严重的供需缺口。组织工程技术的提出为组织修复提供了一种可行的替代方案。在典型的组织工程过程中，生物相容性多孔支架与自体细胞和生长因子结合，植入受损的目标组织中，以辅助和加速组织的修复和再生。因此，多孔支架是组织工程的关键，其孔隙率、泡孔连通性、生物相容性、生物降解性、生物活性以及力学性能等均影响着组织修复的效果。而针对不同组织的修复对多孔支架材料也提出了相应的要求。目前，研发的多种组织工程支架已被用于修复如骨、软骨、皮肤、血管和神经等不同组织。本章将介绍组织工程支架的基本要求和组织修复机理、理想支架所需的结构和性能、表征方法、聚合物多孔支架的气体发泡制备技术及常用支架在组织修复中的应用。

7.1 组织工程概述

7.1.1 组织工程的基本要素

生物医用高分子材料通常用于生理系统疾病的诊断和治疗，可修复或替代活体生物的组织或器官，提升人体器官的功能或辅助其功能恢复[1]。生物医学聚合物材料在植入人体或在人体表面涂覆后会对人体组织产生特定的作用[2]。1993 年，R. Langer 和 J. P. Vacanti[3] 提出了组织工程的概念，他们将细胞附着在可生物降解的人工聚合物上，然后将聚合物-细胞支架植入动物体内以替代部分动物原始组织，这一过程成为现代组织工程的原型。

一般认为，组织工程是将组织细胞、特定的生物活性因子与生物材料相结合，在体外或体内构建组织器官，以维持、修复、再生或改善受损组织器官功能的一门学科。组织工程过程通常是指利用生物可降解聚合物支架作为细胞的临时载体，在体外或体内种植自体同源细胞，适当的生长因子诱导新组织再生，最终形成新的健康组织和器官。这个过程包括三个基本要素：种子细胞、支架材料和生长因子。因此，组织工程的研究主要包括了细胞工程、材料工程和组织结构工程三个方面（图 7-1）[4]。

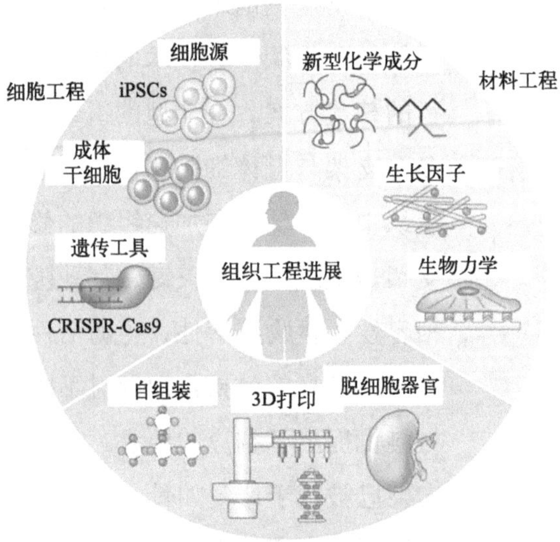

图 7-1　组织工程包含的三个方面示意图[4]

组织工程支架是组织工程的重要因素，它通过模拟细胞外基质的功能为细胞提供载体。支架内的细胞通过生长繁殖和代谢作用可逐步降解基体生物材料，而细胞的繁殖能够维持其整体组织结构的长期稳定，从而生成具有特定生理功能的再生组织。组织工程支架作为所构建组织器官的三维模板，应能够在组织的再生过程中提供一定的机械强度[5]；为防止组织工程支架在体内植入过程中的机械失效，细胞接种必须保持一定的高密度，而且生物材料的降解速率必须与细胞生长和细胞外基质合成速率相匹配[6]。

7.1.2 组织工程支架材料

用于组织修复的生物材料按材料成分可分为四类，即无机材料、天然聚合物、合成聚合物和复合材料[7]。这些材料通常用于人体组织的再生，包括骨、软骨、神经、血管、器官、角膜和皮肤等。

无机材料包括金属和生物陶瓷材料。①金属材料是最早应用于整形外科和牙科的生物材料。它们通常具有强度高、生物相容性差、缺乏生物活性、不可降解等特点。因而，常被用作永久性植入物，植入体内后可能脱落[8]。②生物陶瓷材料按其生物活性分为生物惰性陶瓷和生物活性陶瓷。生物惰性陶瓷具有热力学稳定性，化学惰性、耐腐蚀性好，而通常机械相容性较差，易因脆性而断裂。生物活性陶瓷材料是指能与活体骨组织和软组织形成化学作用的陶瓷材料。它可以在生理环境中逐渐降解和吸收，然后被新的组织取代。基于羟基磷灰石、磷酸三钙等生物活性陶瓷的支架材料在骨修复中得到越来越多的应用[9]。

天然聚合物具有来源丰富、生物相容性好、无毒、亲水性好、细胞亲和性好等优点[10]。研究发现，凝胶、胶原蛋白、壳聚糖、纤维素、海藻酸盐等天然聚合物适合于多种细胞的黏附、增殖和分化。然而，天然聚合物的降解速率和机械强度难以调节，它们的降解速率通常快于组织生成速率。此外，这些材料的加工能力通常有限。这都阻碍了它们在组织工程中的实际应用。

合成聚合物包括聚乳酸（PLA）、聚羟基乙酸（PGA）及其共聚物，如聚(乙基丙基酯)(PLGA)、聚己内酯（PCL）、聚氨酯（PU）、热塑性聚氨酯（TPU）和聚羟基丁酸酯(PHB) 等，是典型的生物可降解聚合物，具有优良的生物相容性。它们具有成本低、易于通过各种方法加工、大规模生产、力学性能和降解速率可调等优点。然而，合成聚合物的生物相容性通常低于天然聚合物。因此，它们经常被组合在一起使用，以制备性能优越的组织工程支架。此外，合成聚合物也可与生物活性陶瓷相结合，制备出性能可调的骨修复复合支架。

7.2 组织工程用多孔支架

7.2.1 组织工程的典型过程

典型的组织工程过程（图 7-2）通常包含五个步骤：①自体细胞的获取；②细胞的培养和繁殖；③将增殖细胞和生物活性因子移植到多孔支架；④细胞在多孔支架进一步黏附和生长；⑤移植含有细胞的多孔支架到机体相应的组织和器官部位。因此，组织工程支架是外部细胞与人体连接的关键部分。因此，组织工程支架不仅需要良好的机械强度来维持机体组织的正常运作，还必须具有特定的几何形状、表面活性，以及相互连通的多孔结构，以保证细胞的正常黏附、迁移、生长[11,12]。

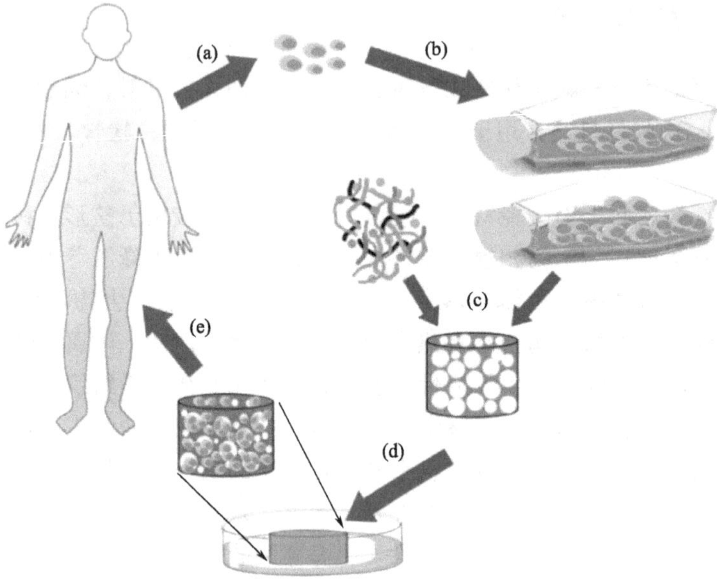

图 7-2　典型组织工程过程[13]

(a) 从人体中分离出少量细胞；(b) 分离细胞的培养和繁殖；(c) 将细胞与生长活性因子一起植入多孔支架；(d) 将支架上的细胞培养以增加细胞数量；(e) 将再生组织植入缺损部位与天然组织融合

组织工程支架的作用是为细胞生长和维持生物活性提供临时支撑，既实现细胞黏附、分化和繁殖生长，又实现营养输送和代谢，进而诱导形成特定形状的组织或器官。因此，组织工程支架应具有特殊的三维多孔结构、高孔隙率、适宜的泡孔尺寸和泡孔尺寸分布，以及高孔隙连通性[14]。因此，制备具有特定形状和适宜泡孔形态的三维多孔支架成为组织工程的关键。

支架材料的表面是其与细胞或组织相互作用的界面，显著影响着细胞的黏附和增殖行为。在组织工程中，细胞必须依靠支架表面形成黏附位点才能在支架表面良性生长。因而，具有高比表面积的三维多孔结构是提升多孔支架细胞负载量的重要因素。此外，支架的表面形貌[15] 和表面极性[16] 也很重要。通常来讲，具有一定粗糙度的表面更适于细胞的黏附，这主要是具有一定疏水性的表面有利于蛋白质吸附，从而能够提升细胞黏附性。但粗糙度过高或在支架表面形成疏水层则会阻碍细胞附着。一般来说，强极性的亲水表面由于会形成水化层，阻碍细胞膜与基体材料的接触，抑制细胞的黏附。但对于具有生物活性基团的亲水表面，其具有类似于蛋白质的特性，能够与细胞膜形成锚接，从而提升细胞黏附性。因此，研究人员在调控支架表面形貌与表面极性的同时，往往更倾向于在支架表面引入能够与细胞膜发生活性相互作用的天然材料或蛋白质来提升细胞附着力。组织工程支架的微观多孔结构也对细胞的生长和迁移有显著影响，特别是细胞向支架内部的渗透迁移。一般来说，支架的泡孔大小需要略大于成熟细胞尺寸，支架中的孔隙应该相互连接，以允许营养和代谢废物的转移[17,18]。

7.2.2 理想组织工程支架的要求

组织的修复与再生是一个长期、复杂的过程。理想的组织工程支架应与周围组织具有良好的生物相容性，其力学性能应与目标组织一致，具备生物可降解、可吸收性能，其降解速率应与新组织形成速率相同，以维持必要的力学性能，其表面应具有适宜的理化特性，以促进细胞黏附、生长、增殖、分化，同时促进细胞外基质的形成[19]。理想组织工程支架在泡孔尺寸、孔隙率、泡孔连通性和渗透性等方面应具有与目标组织细胞相匹配的结构特性，这能够使营养液和代谢废物有效输送。

此外，一些组织工程支架还需要对特定靶细胞提供生物活性刺激，包括结构刺激、机械刺激、生物化学刺激、电刺激、磁刺激等，以实现细胞的特异性分化及定向生长繁殖的目的（图 7-3）。为此，需要对组织工程支架的材料组成、微结构设计、表面理化性能进行特殊调控，甚至为支架提供电场、磁场等有源负载。

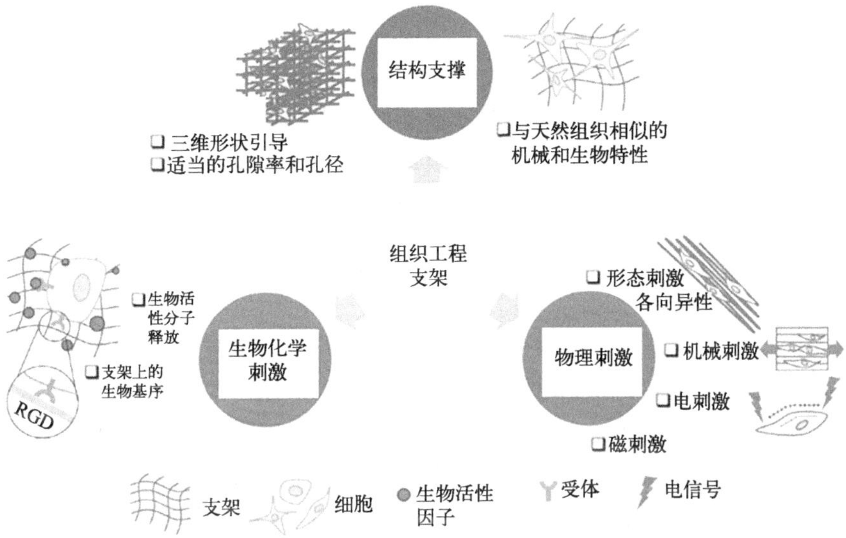

图 7-3 设计理想组织工程支架需考虑的因素[11]

由于人体不同部位组织和器官细胞的性质、尺寸以及生存环境不同，其对多孔支架的孔结构也提出了不同的要求。一般来说，孔径为 300～500 μm，有利于营养物质的运输和细胞代谢物的排出，有利于人成骨细胞的繁殖[20]。Wong 等发现成纤维细胞的最佳孔径为 5～15 μm，肝细胞的最佳孔径为 20 μm，成年哺乳动物皮肤细胞的最佳孔径为 20～125 μm[21]。因此，需要设计适合靶细胞孔径大小的组织工程支架。

力学性能是组织工程支架的另一个重要因素，不同的人体组织，如骨组织、神经组织、血管和皮肤，其力学性能可能存在显著差异。支架的力学性能应与组织缺损部位相匹配，以保护细胞免受破坏性压迫或拉伸，使细胞在愈合过程中发育为正常组织。骨组织是支持人体完成正常活动的重要组织，人体骨组织的杨氏模量为 0.008～33.7 GPa[22]。肌腱和韧带作为纤维结缔组织，需要承受肌肉与骨骼之间、骨骼与骨骼之间的机械载荷。因此，所需支架应具有合适的机械强度以适应靶组织。此外，心脏是一个富含机械信号的器官，包括心肌组织产生的电信号和收缩力、血流产生的剪切力、血管内皮细胞受到的张力。心脏组织支架不仅要具有相似的力学性能，而且要支持心肌细胞的规律收缩。由于组织工程植入物被体内的体液和组织包裹，其力学性能通常需要在模拟体液以及 37 ℃下进行测试。血管组织工程支架是另一个在植入前需要严格的机械和表面亲和性测试的例子。性能不匹配的血管组织工程支架可能导致出血、炎症、新内膜增生、血栓形成等。

为了组织工程支架的成功应用，其弹性模量、弯曲模量和拉伸强度都需要与目标组织相当。如果强度和刚度较低，则仅限于软组织的应用。另外，将生物材料加工成不同孔径和不同取向结构的支架可以调节其力学性能，通过改变共聚物的比例和分子量可以调节支架的降解速率。

7.3 组织工程支架的常用表征方法

目前研究中针对组织工程支架通常的性能表征包括：支架微观结构、力学性能、表面性能、降解性能、生物学性能等。有时还需针对支架的药物释放行为、免疫反应行为和体内组织生成行为等开展研究。本节介绍了常用的组织工程支架的表征方法。

7.3.1 表面性能测试

（1）水接触角（WCA）

水接触角测试是用来表征支架表面润湿性的常用手段，能够辅助评价支架表面蛋白质吸附性能以及对细胞的黏附性能。在组织工程支架的 WCA 测量中，常采用无柄水滴法进行测试，也就是直接测量滴落在样品表面水滴的接触角。但是，针对一些轻水性组织工程支架，由于其高表面能基材与多孔结构，水滴会在很短的时间内渗透到支架内部，而无法测量到稳定的 WCA。此时会通过高速摄像进行连续拍照，来反映水滴的渗透时间，以及渗透过程中水接触角的变化情况。

（2）蛋白质吸附量

蛋白质吸附试验用于评估支架表面对蛋白质的吸附能力，因为大多数支架通过吸附具有特定受体的蛋白质与细胞膜发生相互作用来实现细胞黏附以及控制细胞的生长形态。在蛋白质吸附试验中，通常使用比辛胆酸（BCA）蛋白质测定法。首先，将支架浸泡在含有添加10％牛胚胎血清和 1％抗生素/抗真菌药的培养基的组织培养板中，在 37 ℃下孵育不同时间。然后用 PBS 溶液冲洗支架，用 0.1％ Triton X-100 裂解细胞膜，加入 BCA 试剂进一步孵育。然后利用平板阅读器从 562 nm 处的吸光度得到蛋白质浓度。

7.3.2 力学性能试验

与普通材料不同，组织工程支架的力学性能往往需要在模拟体液溶液或 37 ℃的水溶液中进行测量，以模拟体内条件。因此，力学性能测量仪器通常需要配备环境室。然后根据支架的大小和几何形状，可以选择不同的拉伸、压缩夹具、传感器和测量方法。

拉伸和压缩试验是最常用的力学性能表征手段。测试包括单向拉伸或压缩模式和循环拉伸或压缩模式。单向测试模式用于获取拉伸模量、压缩模量、极限强度和断裂应变值，而循环测试模式通常用于反映支架的弹性和循环加载时的滞回损失，以模拟人类组织所经历的重复运动。

对于一些组织工程支架，需要进行特定的测试。例如，血管组织工程支架在机械强度、缝线保持强度、爆破压力等方面都有严格的指标，以满足植入手术的要求和承受血压的压力。

7.3.3 生物活性测试

(1) 细胞存活率试验。

细胞存活率测定是评价生物材料生物相容性最常用的方法。通常使用小鼠或人的成纤维细胞，采用 Live/Dead 细胞毒性试剂盒进行检测。将细胞培养特定时间（即 3 天或 10 天）后的支架按照标准步骤进行染色，活细胞用绿色荧光 Calcein-AM 染色，死细胞用红色荧光乙二聚体-1（ethidium homodimer-1，EthD-1）染色。然后用流式细胞分析仪计数活细胞和死细胞，或者用荧光显微镜直接观察。

(2) 细胞增殖试验。

在细胞增殖试验中，需要计数支架上的细胞以评估细胞在支架上的增殖率。这可以通过使用细胞增殖试验，如 MTS、MTT 试验来完成。在进行 MTS 检测之前，通过对细胞培养孔中种植的细胞进行测试，建立标准曲线。在 MTS 试验中，细胞用 83%的培养基和 17%的 MTS 溶液处理并孵育 1 h。孵育后，取出 100 μL 培养基，加入透明的 96 孔板。用 GloMax-Multi+Multiplate Reader 读取该板在 450 nm 波长处的吸光度并通过标准曲线数据来计算总细胞数。

(3) 细胞形态表征。

细胞骨架形态表征通常采用异硫氰酸盐间甲基罗丹明 B 染色法。在试验中，首先将细胞在 4%多聚甲醛（EMS）中浸泡，再用 PBS 稀释，室温下固定 15 min 以使其固定在支架表面。然后用 PBS 洗涤样品，并在室温下将 0.1% Triton-X 在 PBS 中渗透 5 min。再次冲洗细胞，在室温下用 phalloidin-tmrho 加 DAPI 处理 1 h，以对细胞骨架纤维和细胞核染色。最后，用 PBS 洗涤样品，并立即用荧光显微镜成像。

除了细胞骨架形态的表征，细胞和支架之间的相互作用通常可通过 SEM 观测干燥后的细胞负载支架样品来进行研究。为了对细胞的黏附行为进行成像，需要先将培养在支架上的细胞固定，然后用一系列乙醇清洗脱水，充分干燥，最后进行金膜溅射以增强导电性，并通过 SEM 进行成像。

7.4 气体发泡法制备组织工程支架

由于人工组织或器官将被移植到患者体内，组织工程支架材料的宏观结构、力学性能应与受损组织或器官相似[23]。目前，组织工程支架的制备方法众多，例如：原位合成、自组装、3D打印、静电纺丝、相分离、冷冻干燥、气体发泡、粒子滤沥、细胞外基质分离、模板烧结等。本节仅针对无需使用溶剂且易于规模化、批量化生产聚合物多孔材料的气体发泡法进行介绍，重点关注采用气体发泡法制备组织工程支架的研究进展。

气体发泡是一个复杂的热力学过程。在此过程中，聚合物熔体与发泡气体先形成均相体系，由于热不稳定，在外部压力或温度的急剧变化下，在聚合物熔体中产生大量的气泡核，气泡核逐渐生长并随着温度的降低固定下来，最终获得多孔发泡材料。目前常用的气体发泡技术包括物理发泡法和化学发泡法，它们已被广泛用于制备热塑性聚合物的微孔泡沫。1996年，David J. Mooney[24] 等首先利用气体作为发泡剂制备了PGA、PLLA和PLGA三种多孔支架。制备的支架孔隙率达93%，孔径可达100 μm。1999年，Yoon Sung Nam[25] 等采用碳酸氢铵作为发泡剂，制备了孔隙率高达90%、孔径为200～500 μm的支架。然而，单一气体泡沫法制备的多孔支架通常为封闭的孔隙结构，气泡孔的连接率较低。因此，常将气体泡沫与其他技术相结合来制备多孔支架。

7.4.1 化学发泡法

化学发泡法通常采用化学发泡剂（CFAs）作为气源制备发泡材料。一些能释放挥发性小分子或气体的反应物也被用作气源来制备发泡材料。常用的CFAs有碳酸盐、氨、偶氮化合物等。CFAs通常直接与聚合物基体混合，当发泡剂在高温下分解时便可在基体内产生气体。然而，由于生物相容性的限制和发泡材料的低孔隙连通性，组织工程多孔支架的制备中较少采用化学发泡法。使用CFAs的主要优点之一是不需要对现有成型设备进行修改，通过预混得到的气体可以均匀地分布在聚合物中。

Jun等人[26] 用碳酸氢钠/碳酸钠（$NaHCO_3/Na_2CO_3$）颗粒作为致孔剂和CFA，通过与盐酸（HCl）反应生成CO_2，形成气泡，进而制备聚合物多孔支架。而反应的残留物也易于用蒸馏水去除。他们发现，随着CFA与聚合物质量比的增大，支架的孔隙率增大，孔径与泡孔尺寸也相应增大。支架孔隙率高达94.8%，大泡孔尺寸在100～400 μm之间，具有均匀连通的开孔结构，有利于细胞和组织的生长。与传统盐浸法制备的支架相比，该方法制备的支架泡孔密度更大，分布更均匀，泡孔连通性更高。Hu等人[27] 开发了一种水辅助发泡工艺，制备了含有HA骨组织修复生物活性填充剂的PU泡沫。在支架制备过程中，首先用六亚甲基二异氰酸酯（HDI）将透明质酸纳米颗粒接枝异氰酸酯官能团。然后，在蓖麻油和催化剂的存在下，将改性的HA纳米颗粒与聚二醇反应。向系统中加水后，反应产生CO_2气体，使材料发泡。在固化24 h后得到多孔支架。如图7-4(a)所示，支架呈高多孔结构，且能够通过HA含量对泡孔大小进行调控。复合泡沫表现出特殊的形状记忆行为，使支架具备体内植入和体温下恢复的特殊性能［图7-4(b)］。进一步的兔子活体研究发现，支架能够在体内恢复到适合骨缺损位置的形状。断层扫描结果显示骨组织的生长始于泡沫的外围，并不断向内部延伸［图7-4(c)］。植入12周后，支架成功血管化，组织学分析观察到新骨再生［图7-4(d)和(e)］，表明该支架材料具有很强的骨再生潜力[28]。

此外，Nublat等人[29] 还提出了以碳酸氢铵为CBA合成具有开孔结构的聚乳酸膜。Kucharska等人[30] 将碳酸氢钠加入由壳聚糖和β-磷酸三钙（TCP）粉混合溶解的乙酸溶液中，冷冻干燥，合成了壳聚糖/β-磷酸三钙（TCP）支架材料。Salgado 等人[31] 采用化学挤出发泡法制备了淀粉/醋酸纤维素多孔支架，其孔隙率为 70%，孔径为 200～500 μm，具有高度连通性。

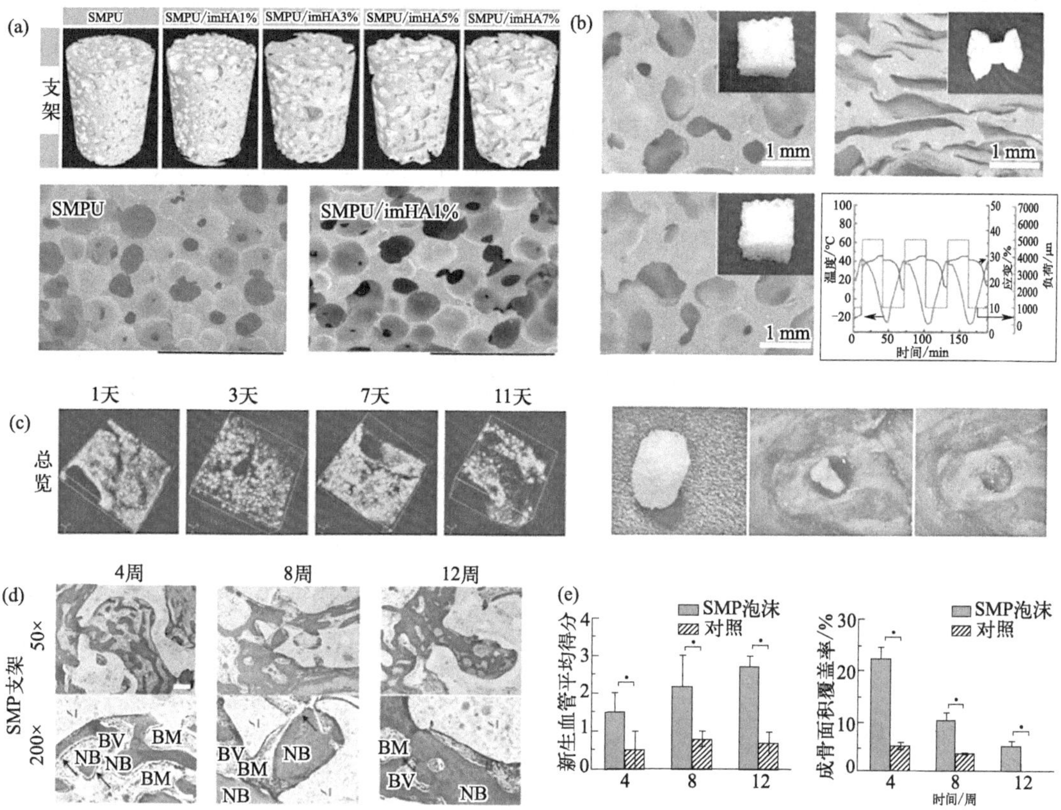

图 7-4 多孔泡沫支架[28]

(a) 不同 HA 含量的微观结构；(b) 形状记忆性能及微观结构变化；

(c) 细胞培养结果和体内形态恢复结果；(d) 植入兔骨缺损的支架的组织学分析；

(e) 不同时间点单位面积新生血管平均得分及成骨面积覆盖率的统计结果

7.4.2 物理发泡法

物理发泡技术在制备具有微孔或纳米孔结构的高性能热塑性泡沫材料方面具有无毒、无污染、无残留的独特优势。泡沫材料的微观结构与宏观性能能够通过发泡工艺的创新与工艺参数的优化来实现。物理发泡的基本原理是由于温度升高或压力降低，物理发泡剂（PFA）从高密度状态（如固体、液体和超临界状态）转变为低密度气体状态，在此过程中，PFA 在聚合物基体中形成气泡核，其随着气体在泡孔中积累而逐渐长大，直到压力平衡或材料凝固。

在组织工程支架的制备中，超临界 CO_2（$scCO_2$）是最常用的 PFA，因为其无毒、无残留、在聚合物基体中具有较高的溶解度、在温和的温度和压力条件维持超临界状态以及具有广泛的适用性。然而，多孔结构的精确控制、力学性能的控制以及孔间连通性的提高是 $scCO_2$ 发泡工艺面临的主要挑战。

Zhao 等人[32] 利用同向旋转双螺杆挤出机以不同比例制备 PCL/PLA 共混物，并进一步以 $scCO_2$ 为发泡剂通过间歇发泡制备 PCL/PLA 泡沫。由于泡孔膨胀过程中的高拉伸应力，获得了高度开孔的泡孔结构。利用这种方法，他们制备了一个直径较小的管状支架，能够很好地支持人脐静脉内皮细胞（HUVECs）的生长，显示了该支架在血管组织工程中的应用前景。Mi 等人[33] 通过熔融共混和微孔注射成型，研制出不同比例、性能可调的 TPU/PLA 组织工程支架材料。随着 TPU/PLA 比例的增加，PLA 相分散在 TPU 基体中，形成了孔隙率、孔尺寸各异的多孔结构［图 7-5(a) 和 (c)］。泡孔构建的粗糙表面能够很好地支持成纤维细胞的增殖和迁移［图 7-5(b) 和 (d)］。此外，研制的 TPU/PLA 支架的力学性能也随着 TPU/PLA 比例的变化在较大范围内可调控，这表明该支架具有作为人工支架应用于多种组织修复的能力。

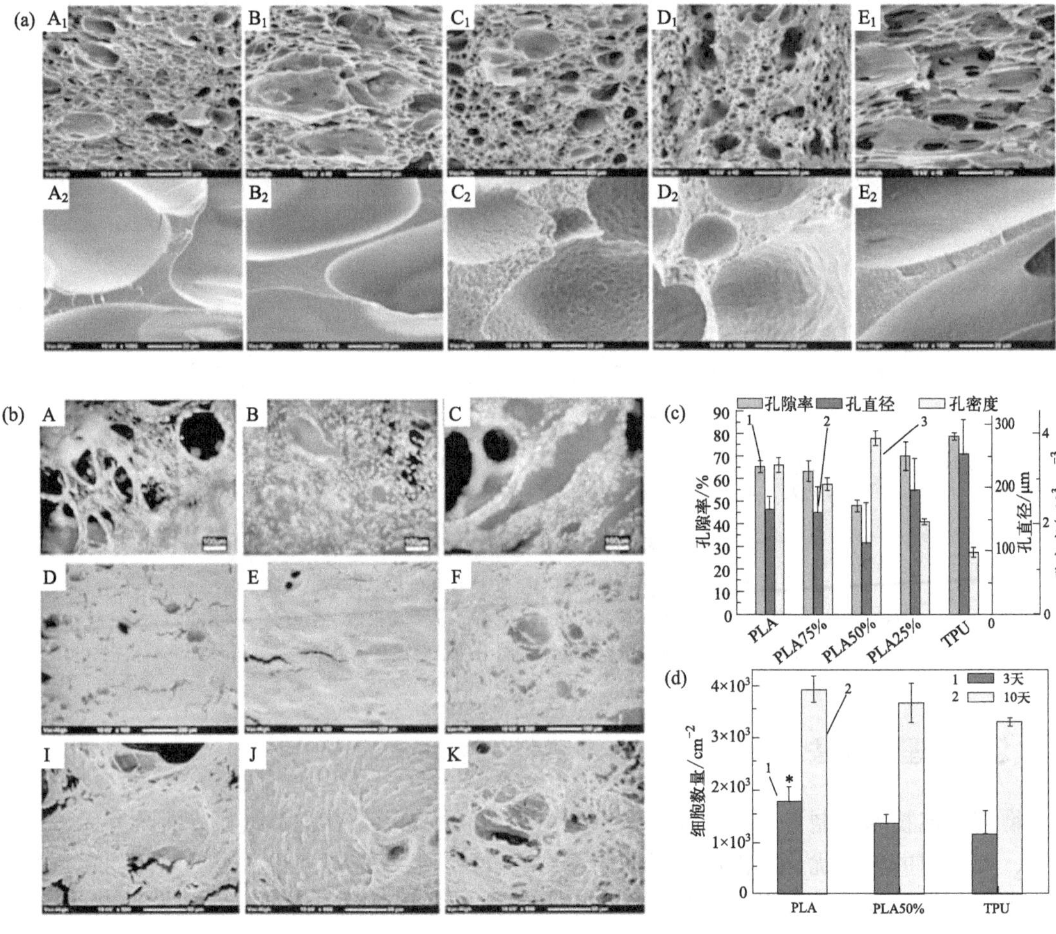

图 7-5 TPU/PLA 支架[33]

(a) 不同 TPU/PLA 比例的 SEM 图像；(b) 成纤维细胞培养 10 天的荧光与 SEM 图像；(c) 孔隙率、泡孔直径及泡孔密度统计；(d) 第 10 天 MTS 试验细胞计数统计（PLA、PLA50%、TPU 支架）

气体发泡法制备的多孔支架的泡孔连通性通常较低。许多研究者将气体发泡法与致孔剂颗粒或牺牲相滤沥法相结合，以提升支架的泡孔连通性。所使用的颗粒或牺牲相通常是水溶性材料，它们可以轻易地通过水洗去除。NaCl 是一种常用的致孔剂颗粒，泡孔大小和分布可以通过致孔剂的大小与含量进行调节。聚乙二醇（PEG）、聚氧乙烯（PEO）和聚乙烯醇（PVOH）是常用的水溶性牺牲相。

Chen 等人[34] 在三螺杆动态挤出机中通过熔融共混制备了 PLA/PEG 共混物。采用 $scCO_2$ 在不同温度下进行间歇发泡。他们发现 PEG 的含量对泡孔开孔率有显著影响。进一步研究中，他们在 PLA/PEG 共混体系中引入 NaCl 颗粒作为致孔剂[35]。研究发现，若不进行 $scCO_2$ 发泡，难以通过滤沥将 NaCl 颗粒完全去除［图 7-6(a)］。随着发泡温度的升高，多孔支架的孔隙率与泡孔均匀性显著提升［图 7-6(b)］。循环水浸出后孔隙率进一步增大，连通性增强［图 7-6(c)］，形成了连通的双峰多孔支架，最大孔隙率达到 89%，同时水接触角也显著降低，表面达到了适合细胞黏附的亲水性［图 7-6(d)］。

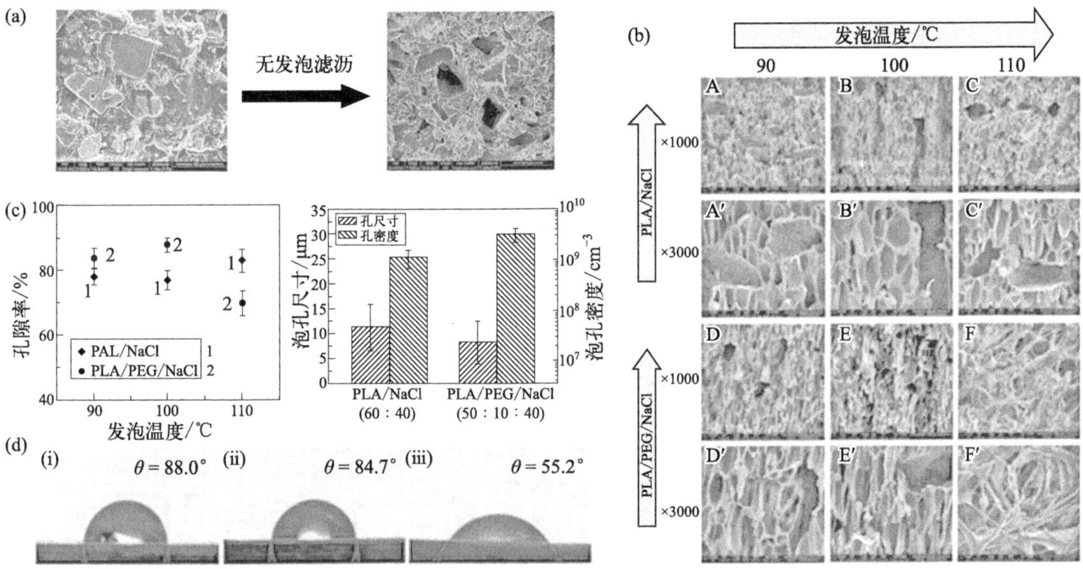

图 7-6　PLA/PEG/NaCl 共混物泡沫支架[35]

(a) 共混物粒子滤沥前后的 SEM 图像；(b) 发泡温度对滤沥后泡沫形态的影响（PLA/NaCl 与 PLA/PEG/NaCl）；
(c) 滤沥前后 PLA/NaCl 和 PLA/PEG/NaCl 泡沫的平均孔隙率、泡孔尺寸和泡孔密度；
(d) 滤沥后不同 PLA 支架的水接触角

Teng 等人[36] 通过 $scCO_2$ 发泡和粒子滤沥法制备了一系列 PLA 基多孔支架。通过改变发泡压力、温度和饱和时间来调控支架的形貌和孔隙率，通过控制盐颗粒的大小和含量来调节孔隙之间的连通性。Salerno 等人[37] 以 CO_2/N_2 的混合气体为共发泡剂，NaCl 为致孔剂制备 PCL-羟基磷灰石（HA）复合支架。通过调节 NaCl 颗粒含量和气体组分，制备出大孔和微孔并存的多孔支架。N. Annabi 等[38] 以 NaCl 颗粒为致孔剂，CO_2 为发泡剂制备了基于 PCL 和弹性蛋白的大孔网络支架，得到了分布均匀的大孔结构。

为了进一步增强孔隙连通性，Mi 等[39] 将微孔注射成型和粒子滤沥相结合，以水溶性 PVOH 和 NaCl 为牺牲相和致孔剂制备了多孔 TPU 组织工程支架。如图 7-7(a) 所示，采用 $scCO_2$ 气体对 TPU/PVOH/NaCl 复合材料进行泡沫发泡，并通过循环水对泡沫复合材料进行滤沥，得到开孔的多孔泡沫支架［图 7-7(b)］。通过改变发泡条件和材料组成，支架的孔径可在 50～120 μm 范围内调控，并验证了支架对 3T3 成纤维细胞的良好相容性［图 7-7

(c)]。此外，还考察了 PVOH 和 NaCl 组分对热性能和亲水性的影响。他们发现随着支架亲水性的增加，细胞附着性与繁殖率都有显著提升［图 7-7(d)]。

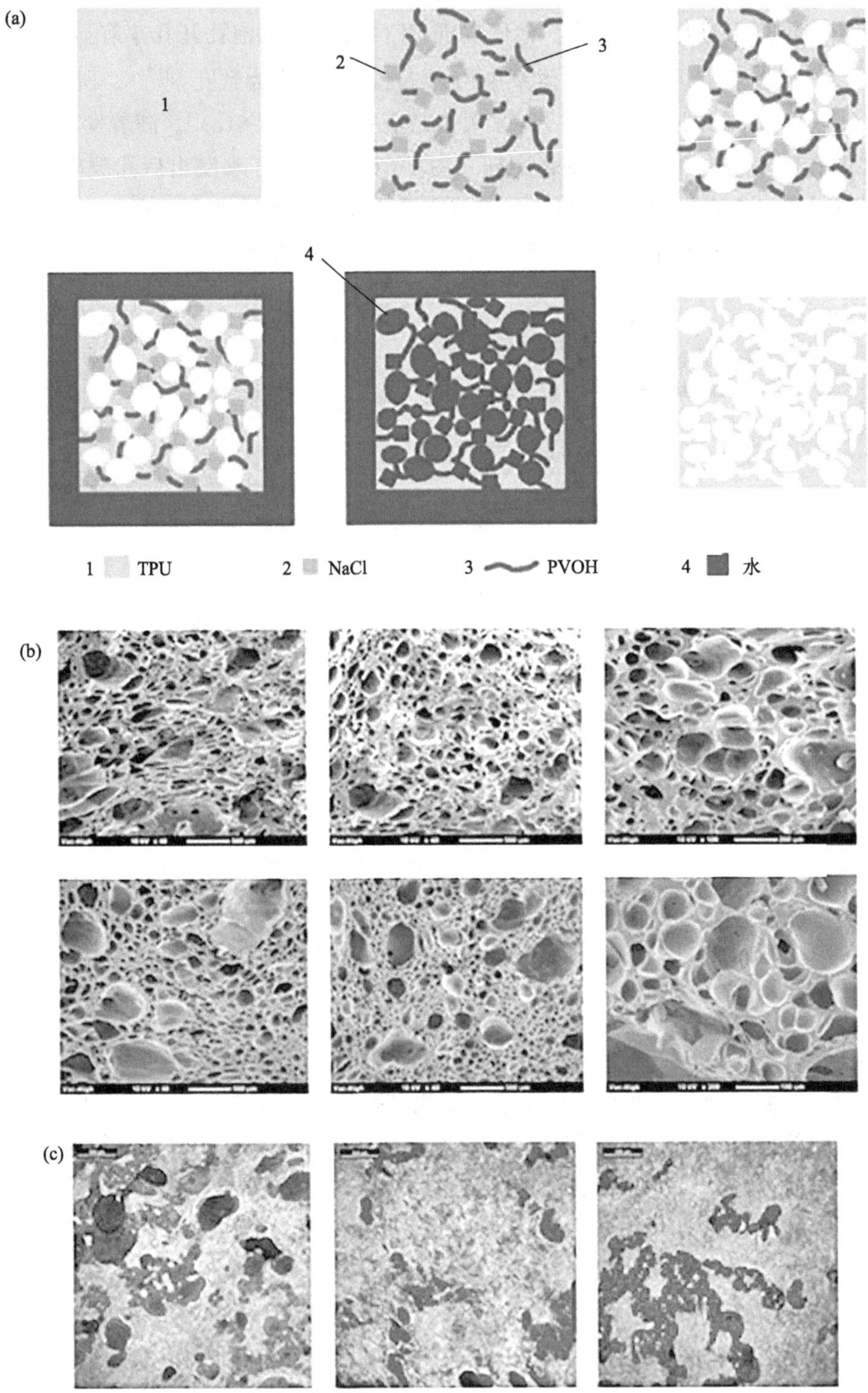

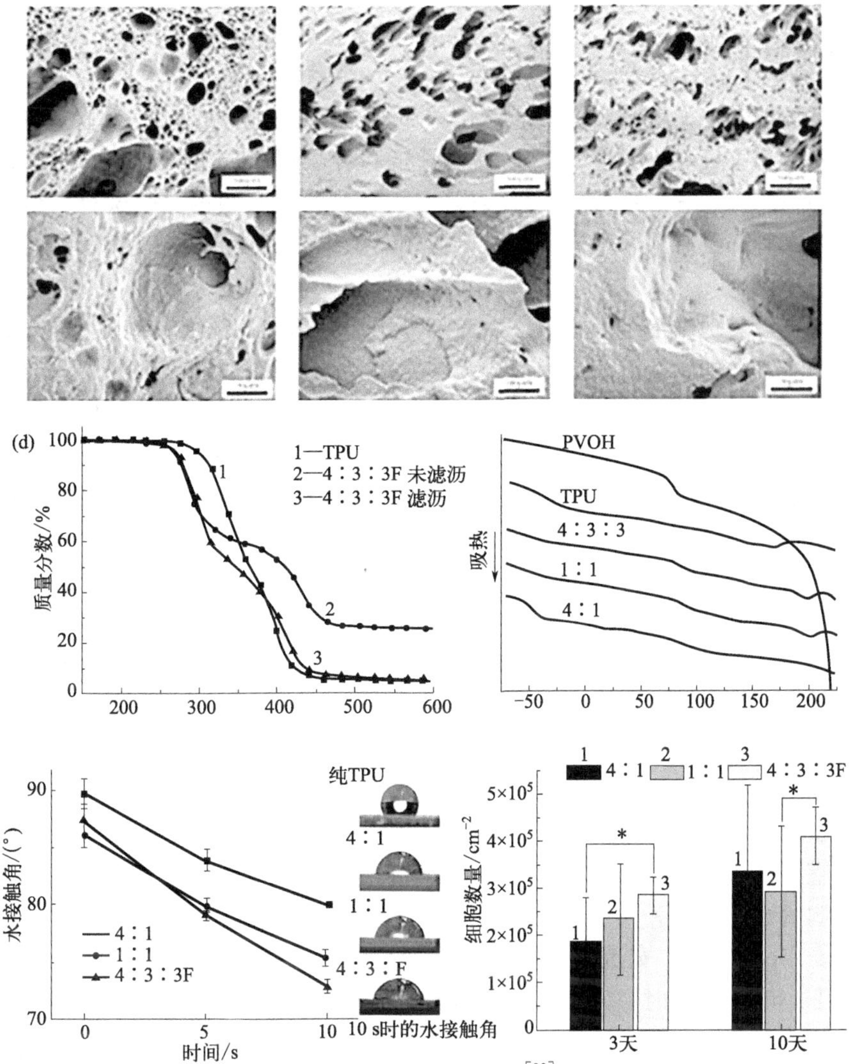

图 7-7　TPU 开孔支架[39]

(a) 制备过程示意图；(b) 截面和流动方向的 SEM 图像；(c) 不同 TPU 支架上第 10 天成纤维细胞培养结果；(d) 不同 TPU 支架的 TGA、DSC、水接触角、细胞增殖（3 天、10 天）结果

7.5　支架在组织修复中的应用

组织工程是一门多领域交叉学科，旨在开发能够恢复、维持和改善组织功能的生物替代品，在心血管、皮肤、骨骼、神经等组织的修复中具有极强的潜在应用价值。由于组织工程提供了一种替代自体和异体移植的新型人工组织方案，因而在近年来受到广泛的关注。在组织工程中，支架作为细胞载体，构建有利于细胞生长和繁殖的环境。在实际使用中，组织工程支架也可以缓解肾脏、心脏等器官的短缺，减少实验动物的使用，提高实验结果的可靠性。

7.5.1 骨组织工程支架

随着人类预期寿命的增加和人口老龄化的加剧，近年来创伤性损伤和骨病理疾病逐渐增多。这些疾病和伤害会导致严重的后果，如骨折和骨缺损。传统的治疗方法包括自体骨移植、异体骨移植、人工骨材料替代[40]。自体骨被认为是骨移植的最佳选择，但自体骨存在一些并发症，供骨部位有限，限制了其临床应用。骨组织工程的出现为外科领域提供了可行的解决方案。

骨骼基本上与其他结缔组织相似，由三部分组成：细胞、纤维和基质。骨骼最大的特点是细胞基质中有大量的钙盐沉积，因而成为非常坚硬的组织。在骨组织工程支架的制备中，通常使用 HA 和 TCP 等钙盐作为主要成分。生物活性成分的引入不仅可以改善支架的力学性能，还可以增强生物活性，促进干细胞的分化，刺激新骨组织的形成。Mi 等人[41] 采用二氧六环或二氧六环/水溶剂体系通过热诱导相分离法制备了 TPU/HA 复合支架，研究了两种具有微纳米尺寸的 HA 对 TPU/HA 复合支架性能的影响。如图 7-8(a) 所示，支架孔隙表面暴露出微纳米级的 HA 颗粒，以二氧六环/水为溶剂制备的支架比以二氧六环为溶剂制备的支架具有更高的孔隙率、力学性能和三维多孔结构［图 7-8(b) 和 (c)］。HA 颗粒的加入使得 TPU/HA 复合支架可以在模拟体液溶液中有效矿化，形成呈花状的 HA 矿物晶体簇［图 7-8(d)］。此外，TPU/HA 复合支架对成纤维细胞具有良好的生物相容性。在另一项工作中，他们通过静电纺丝[42] 制备了纤维状 TPU/HA 复合支架。考察了 TPU 硬度和透明质酸粒径对其性能的影响。研究发现，微米级的 HA 多嵌在纤维中，减小了静电纺丝纤维的直径，而一些纳米级的 HA 可以同时存在于纤维中和纤维表面，增加了软、硬 TPU 材料的纤维直径。此外，与未添加 HA 的支架相比，添加纳米级 HA 的软支架进一步增强了人类干细胞的成骨能力。

类似地，Lin 等人[43] 研究了不同海藻酸盐/HA 比例制备的多孔支架，当海藻酸/HA 比例为 75：25 和 50：50 时，大鼠骨肉瘤细胞的附着和增殖能力均优于纯海藻酸支架。虽然制备的支架均表现出良好的高连通性多孔结构，平均孔径为 150 μm，孔隙率大于 82%，但 50：50 海藻酸盐/HA 支架具有更高的抗压模量（约 18 MPa）和抗压强度（约 150 MPa）。

7.5.2 软组织修复支架

人体中大部分由软组织组成，如皮肤、肌肉、肌腱和软骨。关节软骨由软骨细胞、Ⅱ型胶原蛋白和蛋白聚糖组成，是覆盖在关节腔滑膜关节骨端的透明软骨。然而，由于软骨的无

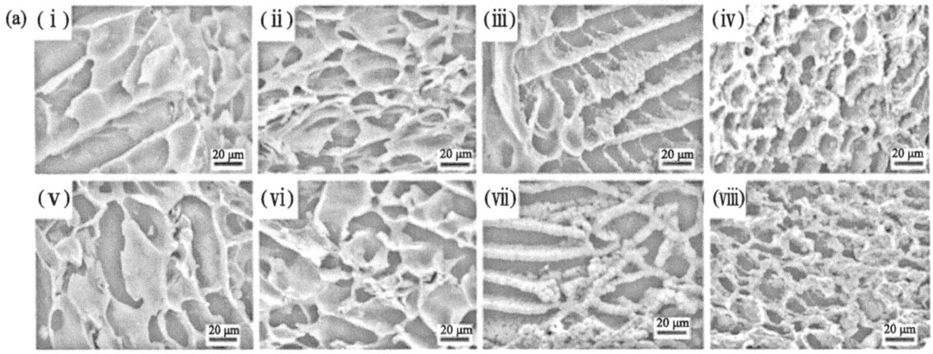

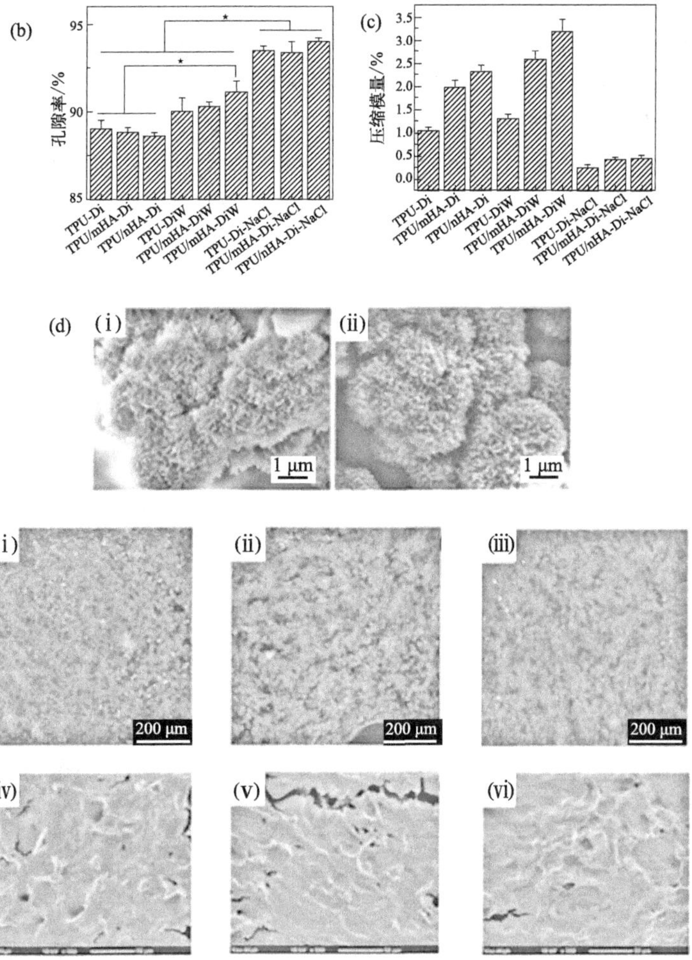

图 7-8 TPU/HA 复合支架[41]

(a) 以二氧六环或二氧六环/水为溶剂制备的含有微米级 HA 或纳米级 HA 的 TPU/HA 复合支架在模拟体液中孵育 1 周（ⅰ）～（ⅳ）和 3 周（ⅴ）～（ⅷ）后的 SEM 图像；(b) 和 (c) 不同方法和材料配方制备支架的孔隙率和压缩模量；(d) 矿化试验 4 周后，含纳米级 HA 的 TPU/HA 支架上新形成的磷灰石簇的形态；(e) 成纤维细胞在不同 TPU/HA 复合支架上培养 10 天后的细胞活性和细胞形态

血管性、被细胞外基质包围的软骨细胞的迁移较少、成熟软骨细胞[44]的增殖受限等原因，软骨的自我修复能力非常有限。因此，开发用于软骨修复的人工支架在临床中存在着极大的需求。

虽然皮肤和肌肉在大多数情况下可以自行修复，但在大的损伤情况下其再生能力会大大降低。有生物活性且能支持新组织生长的人工支架能够大大加速受损组织的恢复。由于不同软组织的性能差异很大，组织工程支架往往需要具有大范围可调节的综合性能，包括力学性能、孔隙率、降解性能等。因此，制备微结构和性能可控的生物相容性组织工程支架是软组织修复的关键。

HA 的加入不仅能刺激成骨细胞生成骨组织，还能促进软骨的修复。Zhang 等人[45]采用 PCL 微球选择性激光烧结（SLS）方法制备了 HA/PCL 支架。如图 7-9(a) 所示，制备的支架具有模拟天然软骨结构的梯度微观结构。通过将 PCL 微球层压在 HA/PCL 微球上制备出了能够促进软骨生长的多孔支架。该支架具有与天然软骨相当的结构和可控力学性能，并表现出良好的细胞亲和力，具有较高的细胞活性和理想的细胞形态［图 7-9(b)］。体内试验显示，HA/PCL 支架性能优于 PCL 支架［图 7-9(c)］。第 12 周时，HA/PCL 支架的软骨组织与周围的天然软骨组织已极为相似。此外，组织学分析显示，与 PCL 和对照组相比，梯度 HA/PCL 支架显著增加了骨和软骨的修复［图 7-9(d)］。使用梯度支架后，缺损部位的整体填充、支架降解、生成骨和软骨的形态均得到明显改善。

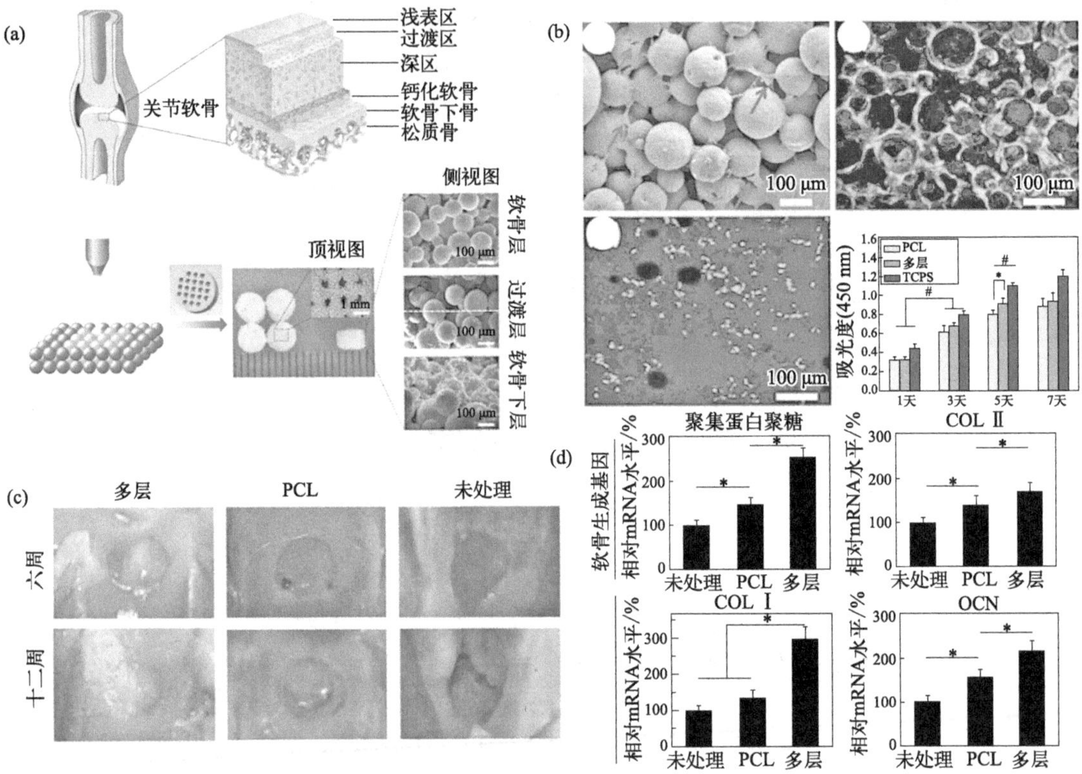

图 7-9　HA/PCL 多孔支架[45]

(a) 天然软骨单元的结构和利用 SLS 技术制备的 HA/PCL 复合微球多层支架；(b) 共聚焦荧光图像显示细胞在 HA/PCL 多层支架上的黏附形态，以及细胞在多层支架上培养 7 天的活/死检测结果；(c) HA/PCL 支架在植入后 6 周和 12 周的体内评估结果；(d) 第 12 周新形成组织的软骨形成的成骨基因分析结果

为了调控软组织支架的力学性能和降解速率，Mi 等人[46] 利用不同的扩链剂合成了三种生物可降解的 TPU。合成的 TPU 均具有较高的分子量，可用于静电纺丝制备纤维支架。他们采用不同的收集装置制备了随机结构和取向结构的纤维支架［图 7-10(a)］，且取向的纤维膜表现出优越的机械强度和拉伸模量。采用可降解的对苯二甲酸双(2-羟乙基)酯［bis(2-hydroxyethyl)terephthalate，BET］扩链剂合成的 TPU 表现出较高的弹性和较低的强度［图 7-10(b)］。所有支架对成纤维细胞均具有生物相容性，且成纤维细胞骨架形态沿着纤维取向方向取向，在取向纤维上具有更好的增殖能力［图 7-10(c) 和 (d)］。体外降解实验显示，BET 扩链剂显著加速了材料的初始降解速率［图 7-10(e)］。三种合成 TPU 制备的纤维支架均表现出优异的细胞黏附性，培养 10 天后，在支架表面形成了致密的细胞膜。该研究

验证了通过改变基体聚合物的化学结构和支架的微观结构来调控支架的力学性能、降解行为和细胞响应的可行性。

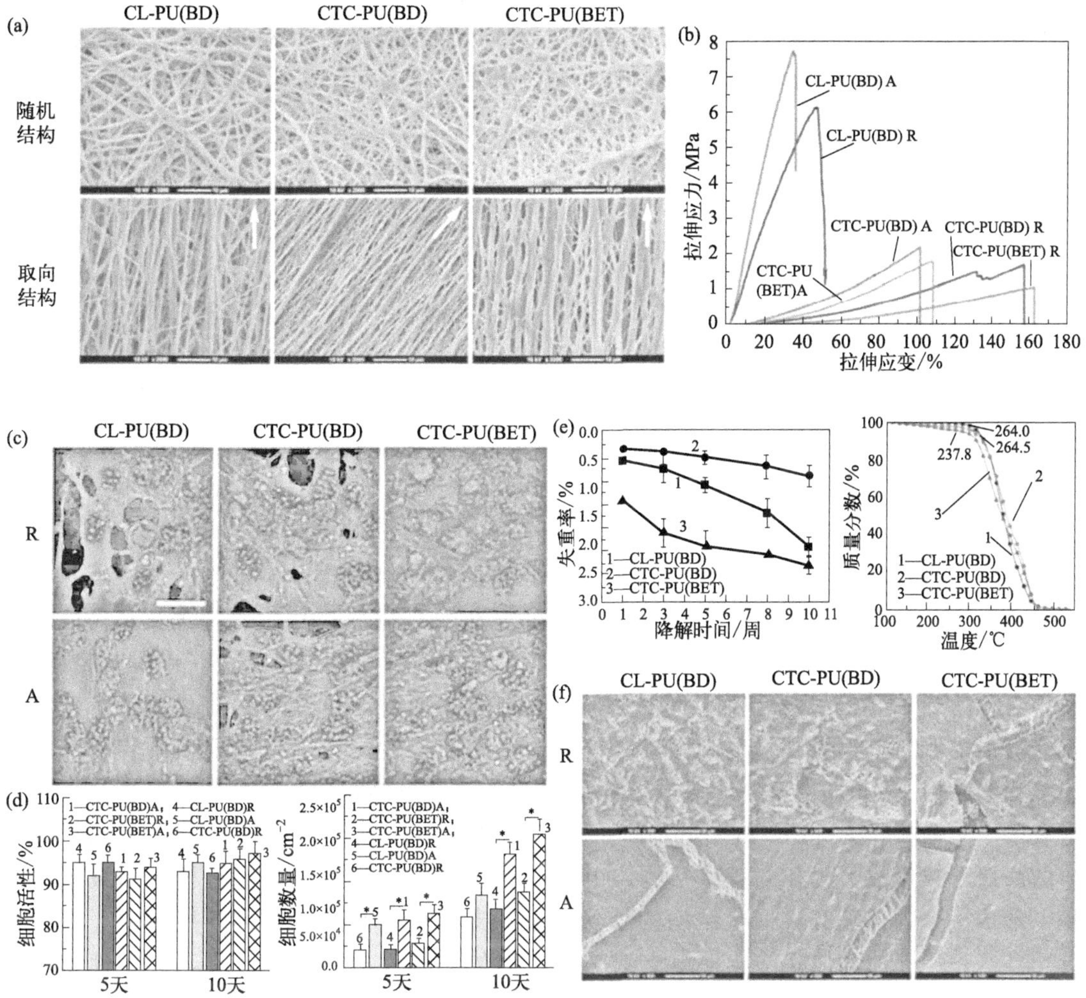

图 7-10　TPU 纳米纤维支架[46]

(a) 使用不同扩链剂合成的 TPU 制备的随机与取向纤维支架的 SEM 图像；(b) 随机结构 TPU 纤维支架的拉伸性能；(c) 成纤维细胞在不同随机结构 TPU 纤维支架上的骨架形态；(d) 相应的细胞活性、细胞增殖统计结果；(e) 不同 TPU 支架的体外生物降解和热分解结果；(f) 细胞在随机和取向结构支架上培养 5 天和 10 天的 SEM 图像

7.5.3 血管组织工程支架

血管是人体输送血液、养分等的重要器官，需要承受正常血压并保持压力下的结构完整性[47]。用于血管再生的人造血管必须能够承受血压、输送血液，而且不能诱发血栓或溶血[48]。由不可降解聚合物制成的人造血管已应用于大口径血管的替代，例如：聚对苯二甲酸乙二酯（PET）和膨胀聚四氟乙烯（ePTFE）。然而，这些材料用于小口径人造血管时，其长期通透率较低。

血管组织工程支架是指能够模拟天然血管特性、适应内皮细胞生长、在抵抗血压的同时防止血栓形成的管状移植物。原生血管主要由三层组成：内膜、中膜和外膜［图 7-11(a)］[49]。血管独特的多层结构使得其内壁呈现褶皱型结构［图 7-11(b)］，因而具备了特殊的非线性力学行为，沿圆周方向拉伸时，其应变-应力曲线呈现特殊的“趾区”。因此，高度模拟天然血管的结构、力学和生物学特性是制备生物可降解血管支架的重要目标[50]。

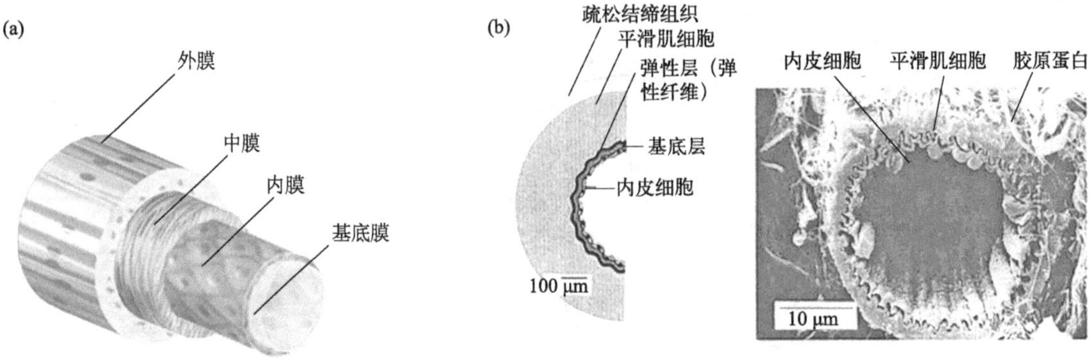

图 7-11　人体血管的三层结构（a）及原生血管的内壁褶皱结构（b）[49]

同轴静电纺丝是一种制备核-壳结构纳米纤维的静电纺丝技术，目前已被用于制备血管支架。Ferreira 等人[51] 通过同轴静电纺丝和光交联，制备了由 PCL 纤维核和功能化明胶纤维壳组成的核-壳纤维网格。随着明胶含量的增加，纤维均匀性提升，纤维直径减小，平均直径达到 600 nm。当与血液和皮肤成纤维细胞接触时，独特的核-壳结构纳米纤维不仅能提供足够的力学强度，同时还具有较强的生物相容性。为了模拟原生血管内部的波浪状褶皱结构，Turng 等人[52] 提出了一种新型的波浪形结构管状支架的制备方法。他们组装了一束铜棒作为 TPU/PCL 共混纤维的静电纺丝收集器。当收集束高速旋转时，卫星棒的膨胀导致形成大内径的管状结构。由于静电纺丝纤维的沉积，卫星棒逐渐被紧紧包裹，形成一个内部具有波浪状结构的管状支架。支架保持高度多孔的纤维结构［图 7-12(a)］。这种特殊的波浪状结构使得支架具有特殊的非线性力学性能，且其力学性能保持在 IMA 范围内［图 7-12(b)］。

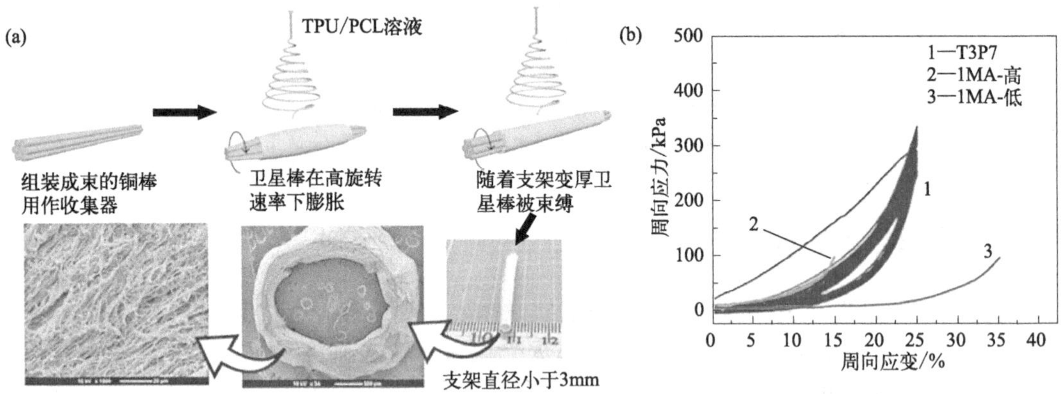

图 7-12　TPU/PCL 血管支架[52]

（a）使用铜棒作为旋转收集器制备波浪状内壁结构血管支架的示意图，以及支架的外观和截面结构；

（b）TPU/PCL 管状支架的周向循环拉伸性能曲线

Mi 等人[53] 受人体细胞外基质胶原蛋白和弹性蛋白的结构和功能以及天然血管的三层结构的启发，通过静电纺丝和相分离相结合的方法，开发了两种类型的三层结构血管支架（TLVG）。内层静电纺丝 TPU 层能够促进 HUVECS 生长，外层静电纺丝 TPU 和 PPC 多孔层为细胞繁殖提供空间，以及一定的机械强度。为了进一步增强血管支架的手术线缝合强度和爆破压力，Mi 等[54] 发明了一种以编织丝为内层、聚丙烯酰胺（PAM）水凝胶为中间层、静电纺丝 TPU 为外层的新型 TLVG［图 7-13(a)］。制备的 TLVG 外观如图 7-13(b) 所示，其内层和外层为纤维状结构，中间层为多孔气凝胶结构［图 7-13(c)］。内层编织蚕丝纤维可以模拟分布松散的胶原纤维的性能，而高弹性的 PAM 水凝胶和 TPU 纳米纤维可以模拟血管中弹性蛋白的性能。在这种特殊的结构下，支架表现出优异的力学性能，其趾区力学特性与原生血管相似［图 7-13(d)］。此外，TLVG 对 HUVECs 表现出良好的生物相容性，并表现出与 IMA 相当或优于 IMA 的手术线缝合强度和爆破压力［图 7-13(e) 和 (f)］。

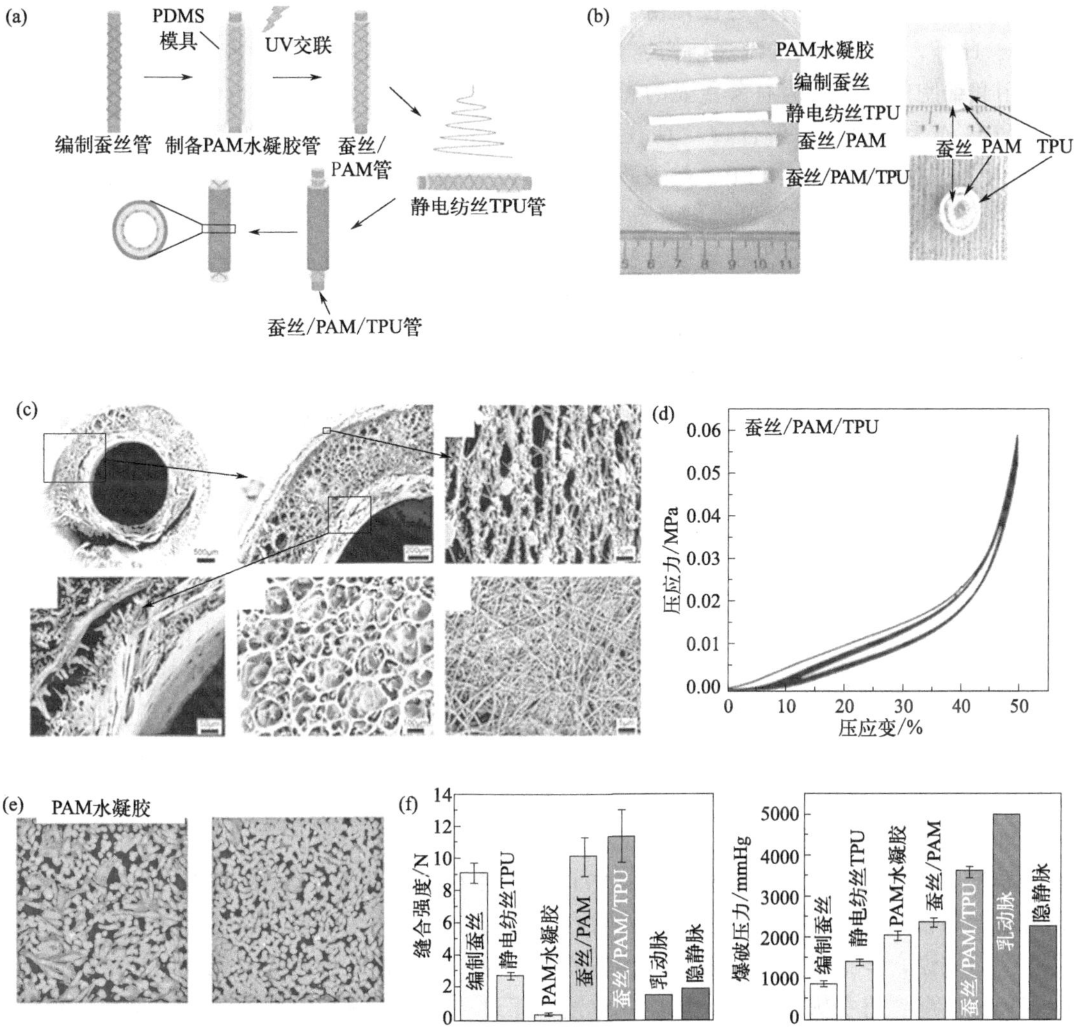

图 7-13　三层结构血管支架[54]

(a) 制备流程图；(b) 不同三层结构血管支架的照片；(c) 三层结构血管支架的微观结构照片；(d) 三层结构血管支架的循环压缩特性；(e) 培养在 PAM 水凝胶层上的 HUVECs 生长状态；(f) 三层结构血管支架的缝合强度和爆破压力结果（1 mmHg=133.322 Pa）

7.5.4 神经组织工程支架

外周神经系统在损伤后具有再生能力，但在严重的神经损伤中，轴突和髓鞘被破坏，轴突失去其既定的自我再生路径，则需要手术干预。在这种情况下，将近端和远端神经残端直接连接是不连续缺陷小于 5 mm 时的首选治疗方法。对于大于 10 mm 的不连续缺陷，难以实现直接缝合而不引起张力，而过大的张力对神经再生有严重负面影响。

在神经组织工程中，神经导管应具有生物相容性，在不压迫神经的情况下具有足够的强度和柔韧性，同时需要具备低免疫原性、良好的细胞黏附性，以及适当的降解时间与无毒的降解产物[55]。神经导管的降解速率、通透性、表面结构和直径对其临床应用有重要影响。理想的神经导管应根据神经再生情况，以一定速率降解以保持其在整个再生过程中的形状和强度，并且确保在降解过程中不引起炎症反应。理想情况下，神经导管应具有较高的孔隙率（>80%），以提供足够的渗透性，使营养物质从外部渗透到内部，同时抑制不必要的组织渗透[56]。此外，导管支架的微观结构、力学性能和表面化学性能的精确控制对细胞-基体的相互作用和细胞的生长行为有着重要的影响。

TPU 作为一种弹性聚合物，具有生物相容性的 TPU 常用于软组织修复支架的制备。Mi 等人[57] 将软质的亲水 TPU 与硬质的疏水 TPU 结合，制备了具有不同力学性能和表面性能的 TPU 静电纺丝纳米纤维多孔支架，以研究支架的力学和表面化学性能对细胞附着和与生长行为的影响。研究发现硬段含量随着硬质 TPU 比例的增加而增加，这导致支架的疏水性和力学性能提升。不同混合材料通过静电纺丝均能形成均匀的纤维结构，但随着硬质 TPU 比例的增加，纤维直径逐渐增大。此外，细胞培养 3 天后，软质 TPU 支架上细胞聚集成了圆形团簇；而在硬质 TPU 支架上，细胞呈纺锤形，铺展在支架表面。这表明细胞-基体相互作用在硬质 TPU 支架上更强。培养 10 天后，软质 TPU 支架上位于细胞团簇中心的细胞已经死亡，而在硬质 TPU 支架上的细胞仍然保持较高的活力，这意味着支架的性能对细胞的黏附、生长行为有显著影响（图 7-14）。

较厚的外周神经长程缺损，由于其再生能力有限，在临床修复上是一个很大的挑战。Fan 等人[58] 开发了一种具有形状记忆性能的多通道神经引导导管支架用于外周神经损伤的修复。他们以通过乳酸（LA）和碳酸三甲乙烯（TMC）合成的具有形状记忆性能的乳酸-碳酸三甲乙烯共聚物（PLATMC）为基材制备了管状支架材料。如图 7-15(a) 所示，采用静电纺丝制备了纤维结构随机排列的双层 PLATMC 纳米纤维支架，通过改变 LA/TMC 的比例将纤维支架的响应温度控制在体温附近。管状支架的永久形状在 80 ℃下形成，而扁平的临时形状在 25 ℃下固定，以便于细胞的负载，同时实现细胞的均匀分布。该支架在 37 ℃时可自动恢复其永久形状，从而构建独特的多通道导管结构［图 7-15(b) 和 (c)］。多通道导管支架在修复大鼠坐骨神经缺损方面表现出优异的性能。如图 7-15(d) 所示，神经导管支架移植 12 周后有效修复了创伤的神经导管。

一般来说，半透性神经导管具有优良的再生性。理想神经导管的直径应与远端和近端残端直径相匹配。直径太小或太大可能导致慢性压迫和松动，从而无法支持神经再生。薄壁柔性神经导管需承受周围的肌肉力量，因而需要具备适宜的力学性能。如果内径过大，纤维组织会生长到神经导管中，导致神经再生和神经成熟受阻。此外，导电聚合物，如聚吡咯（PPy），是神经组织修复中常用的表面改性聚合物，能够有效促进神经细胞之间电信号的传递。

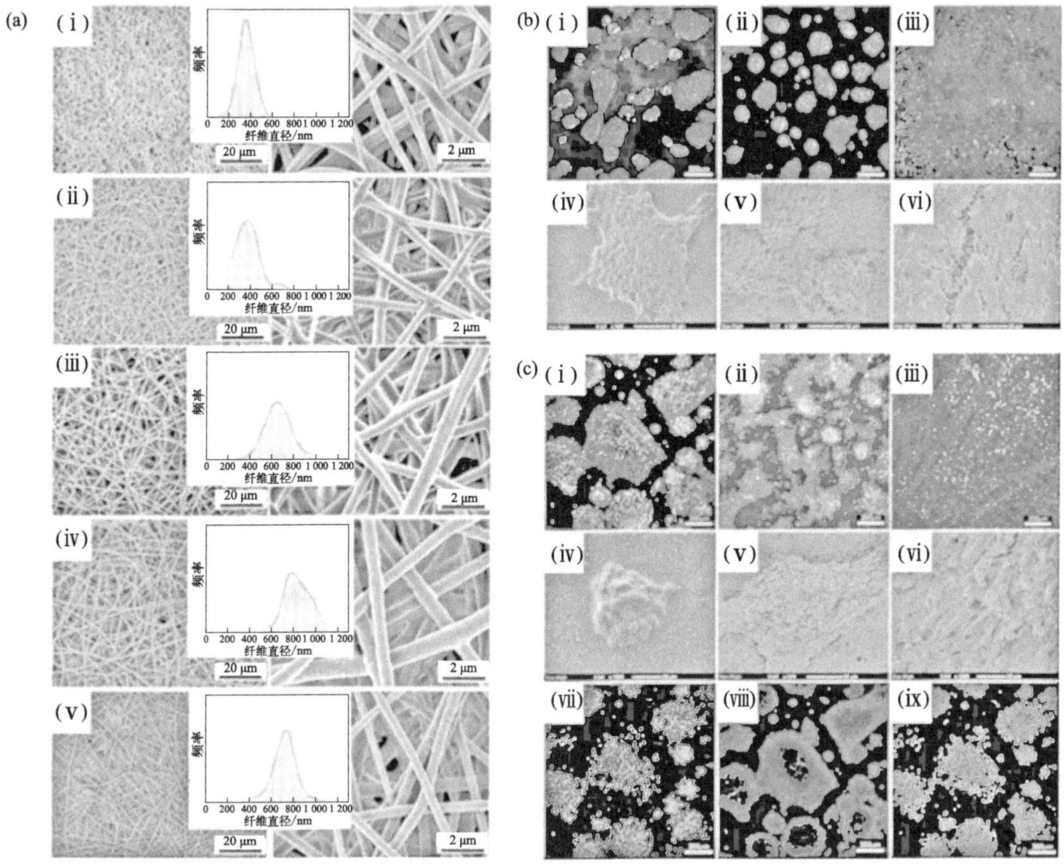

图 7-14　不同硬度 TPU 纺丝纤维[57]

(a) 静电纺丝 TPU 支架 SEM 图像：(ⅰ～ⅴ) 为软质 TPU、25%软质 TPU、50%软质 TPU、25%硬质 TPU、硬质 TPU 支架；在软质 TPU、50%软质 TPU 和硬质 TPU 支架表面培养的细胞荧光图像和 SEM 图像；(b) 3 天和 (c) 10 天细胞在不同支架上的培养结果

例如，Huang 等人[59] 通过在 PLA 纤维膜上电化学沉积 C-GO 以及 PPy，制备了羧基氧化石墨烯（C-GO）/PPy/PLA 薄膜支架。在 PBS 中浸泡 4 周后，支架膜的电导率仍高达 4.6 $S \cdot cm^{-1}$，其拉伸强度仍为 26.4 MPa。PPy 和 C-GO 层的加入有效提升了材料的表面积和孔隙体积。采用内径为 2 mm 的 C-GO/PPy/PLLA 导管桥接大鼠 10 mm 坐骨神经缺损。电生理和组织学观察发现，1 V、20 Hz 的电刺激能有效促进神经修复，改善腓肠肌的神经传导功能。类似地，Yu[60] 等人通过静电纺丝技术制备了左旋聚乳酸-*co*-ε-己内酯/丝素蛋白（PLCL/SF）复合支架，然后用 PPy 涂层作为神经引导导管（NGC）。使用 PPy 涂层的 NGC 在体内修复 10 mm 的坐骨神经缺损试验发现，支架术后早期可促进干细胞增殖，后期可促进髓鞘形成，验证了 PPy 对神经组织再生的有效作用。

此外，在生物可降解导管内腔和纳米孔鞘内填充生物可降解凝胶或具有电活性的生物分子，能够提升或调控导管支架的功能化、导电性、生物可降解性，允许营养物质渗透但限制肌细胞的渗出。然而，研制具有优异生物活性的神经组织工程支架仍是目前面临的一项重要挑战。

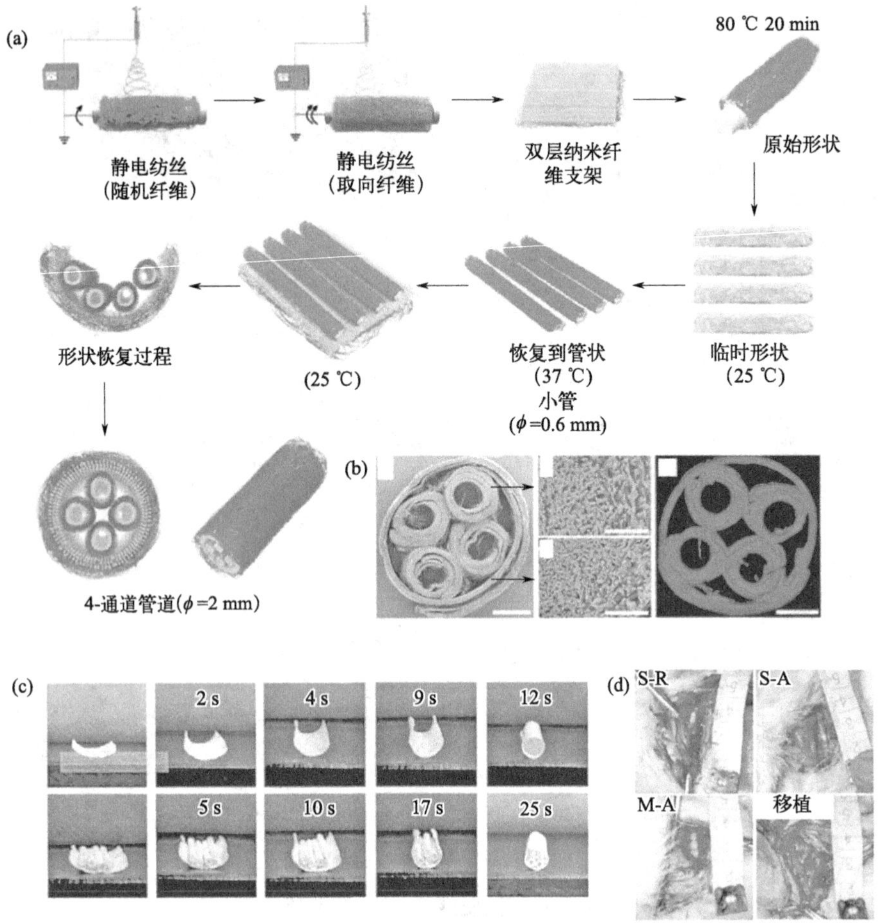

图 7-15　四通道形状记忆纳米纤维支架导管[58]

(a) 基于形状记忆纳米纤维支架的四通道导管支架制备示意图；(b) 多通道神经导管在不同放大倍率下的 SEM 图像，以及尼罗红染色后导管截面的荧光显微图像；(c) 导管支架从变形的临时形状到永久形状的恢复过程；(d) 术后 12 周神经导管移植部位的修复性能

参考文献

[1] Englert C，Brendel J C，Majdanski T C，et al. Pharmapolymers in the 21st century：Synthetic polymers in drug delivery applications. Progress in Polymer Science，2018，87：107-164.

[2] Kupikowska-Stobba B，Lewińska D. Polymer microcapsules and microbeads as cell carriers for in vivo biomedical applications. Biomaterials Science，2020，8 (6)：1536-1574.

[3] Langer R，Vacanti J P. Tissue engineering. Science，1993，260 (5110)：920-926.

[4] Chandra P K，Soker S，Atala A. Chapter 1-tissue engineering：Current status and future perspectives. In Principles of tissue engineering (fifth edition)，Lanza R，et al.，Eds. Academic Press：2020：1-35.

[5] Brion A，Rammal H. Chapter 7-cell-biomaterials interactions：The role of growth factors. In Handbook of biomaterials biocompatibility，Mozafari M，Ed. Woodhead Publishing：2020：111-137.

[6] Abbasi S，Ammar Haeri S. Biodegradable materials and their applications in sample preparation techniques-a review. Microchemical Journal，2021，171：106831.

[7] Kirillova A，Yeazel T R，Asheghali D，et al. Fabrication of biomedical scaffolds using biodegradable polymers. Chem Rev，2021，121 (18)：11238-11304.

[8] Tharani Kumar S, Prasanna Devi S, Krithika C, et al. Review of metallic biomaterials in dental applications. Journal of Pharmacy and Bioallied Sciences, 2020, 12 (Suppl 1): S14-S19.

[9] Koons G L, Diba M, Mikos A G. Materials design for bone-tissue engineering. Nature Reviews Materials, 2020, 5 (8): 584-603.

[10] Halake K, Kim H J, Birajdar M S, et al. Recently developed applications for natural hydrophilic polymers. Journal of Industrial and Engineering Chemistry, 2016, 40: 16-22.

[11] Zhang F, King M W. Biodegradable polymers as the pivotal player in the design of tissue engineering scaffolds. Advanced Healthcare Materials, 2020, 9 (13): 1901358.

[12] Zheng Y, Hong X, Wang J, et al. 2D nanomaterials for tissue engineering and regenerative nanomedicines: Recent advances and future challenges. Advanced Healthcare Materials, 2021, 10 (7): 2001743.

[13] Mi H Y, Jing X, Turng L-S. Fabrication of porous synthetic polymer scaffolds for tissue engineering. Journal of Cellular Plastics, 2015, 51: 165-196.

[14] Björninen M, Gilmore K, Pelto J, et al. Electrically stimulated adipose stem cells on polypyrrole-coated scaffolds for smooth muscle tissue engineering. Annals of Biomedical Engineering, 2017, 45 (4): 1015-1026.

[15] Ivanovic J, Rezwan K, Kroll S. Supercritical CO_2 deposition and foaming process for fabrication of biopolyester-ZnO bone scaffolds. Journal of Applied Polymer Science, 2018, 135 (7): 45824.

[16] Li Y, Chu Z, Li X, et al. The effect of mechanical loads on the degradation of aliphatic biodegradable polyesters. Regenerative Biomaterials, 2017, 4 (3): 179-190.

[17] Feng P, Wu P, Gao C, et al. A multimaterial scaffold with tunable properties: Toward bone tissue repair. Advanced Science, 2018, 5 (6): 1700817.

[18] O'Brien F J. Biomaterials & scaffolds for tissue engineering. Materials Today, 2011, 14 (3): 88-95.

[19] Sultana N. 1-mechanical and biological properties of scaffold materials. In Functional 3d tissue engineering scaffolds, Deng Y; Kuiper J, Eds. Woodhead Publishing: 2018: 1-21.

[20] Yin N, Stilwell M D, Santos T M A, et al. Agarose particle-templated porous bacterial cellulose and its application in cartilage growth in vitro. Acta Biomaterialia, 2015, 12: 129-138.

[21] Whang K, Healy K E, Elenz D R, et al. Engineering bone regeneration with bioabsorbable scaffolds with novel microarchitecture. Tissue Engineering, 1999, 5 (1): 35-51.

[22] Kovács K, Váncsa S, Agócs G, et al. Anisotropy, anatomical region, and additional variables influence young's modulus of bone: A systematic review and meta-analysis. Journal of Bone and Mineral Research Plus, 2023, 7 (12): e10835.

[23] Nawroth J C, Parker K K. Design standards for engineered tissues. Biotechnology Advances, 2013, 31 (5): 632-637.

[24] Mooney D J, Baldwin D F, Suh N P, et al. Novel approach to fabricate porous sponges of poly (D, l-lactic-co-glycolic acid) without the use of organic solvents. Biomaterials, 1996, 17 (14): 1417-1422.

[25] Nam Y S, Yoon J J, Park T G. A novel fabrication method of macroporous biodegradable polymer scaffolds using gas foaming salt as a porogen additive. Journal of Biomedical Materials Research, 2000, 53 (1): 1-7.

[26] Shen X, Ruan J, Zhou Z, et al. Fabrication of porous scaffolds using $NaHCO_3$ particulates as the porogen material. Journal of Wuhan University of Technology-Mater. Sci. Ed., 2007, 22 (2): 279-283.

[27] Xie R, Hu J, Ng F, et al. High performance shape memory foams with isocyanate-modified hydroxyapatite nanoparticles for minimally invasive bone regeneration. Ceramics International, 2017, 43 (6): 4794-4802.

[28] Xie R, Hu J, Hoffmann O, et al. Self-fitting shape memory polymer foam inducing bone regeneration: A rabbit femoral defect study. Biochimica et Biophysica Acta (BBA) -General Subjects, 2018, 1862 (4): 936-945.

[29] Nublat C, Braud C, Garreau H, et al. Ammonium bicarbonate as porogen to make tetracycline-loaded porous bioresorbable membranes for dental guided tissue regeneration: Failure due to tetracycline instability. Journal of Biomaterials Science, Polymer Edition, 2006, 17 (12): 1333-1346.

[30] Kucharska M, Butruk B, Walenko K, et al. Fabrication of in-situ foamed chitosan/β-tcp scaffolds for bone tissue engineering application. Materials Letters, 2012, 85: 124-127.

[31] Salgado A J, Coutinho O P, Reis R L, et al. In vivo response to starch-based scaffolds designed for bone tissue engineering applications. Journal of Biomedical Materials Research Part A, 2007, 80A (4): 983-989.

[32] Lv Z, Zhao N, Wu Z, et al. Fabrication of novel open-cell foams of poly (ε-caprolactone)/poly (lactic acid) blends for tissue-engineering scaffolds. Industrial & Engineering Chemistry Research, 2018, 57 (39): 12951-12958.

[33] Mi H-Y, Salick M R, Jing X, et al. Characterization of thermoplastic polyurethane/polylactic acid (TPU/PLA) tissue engineering scaffolds fabricated by microcellular injection molding. Materials Science and Engineering: C, 2013, 33 (8): 4767-4776.

[34] Chen B Y, Jing X, Mi H-Y, et al. Fabrication of polylactic acid/polyethylene glycol (pla/peg) porous scaffold by supercritical CO_2 foaming and particle leaching. Polymer Engineering & Science, 2015, 55 (6): 1339-1348.

[35] Chen B Y, Wang Y S, Mi H-Y, et al. Effect of poly (ethylene glycol) on the properties and foaming behavior of macroporous poly (lactic acid) /sodium chloride scaffold. Journal of Applied Polymer Science, 2014, 131 (23): 41181.

[36] Teng X, Ren J, Gu S. Preparation and characterization of porous pdlla/ha composite foams by supercritical carbon dioxide technology. Journal of Biomedical Materials Research Part B: Applied Biomaterials, 2007, 81 (1): 185-193.

[37] Salerno A, Zeppetelli S, Di Maio E, et al. Processing/structure/property relationship of multi-scaled pcl and pcl-ha composite scaffolds prepared via gas foaming and nacl reverse templating. Biotechnology and Bioengineering, 2011, 108 (4): 963-976.

[38] Annabi N, Fathi A, Mithieux S M, et al. Fabrication of porous pcl/elastin composite scaffolds for tissue engineering applications. The Journal of Supercritical Fluids, 2011, 59: 157-167.

[39] Mi H-Y, Jing X, Salick M R, et al. Fabrication of thermoplastic polyurethane tissue engineering scaffold by combining microcellular injection molding and particle leaching. Journal of Materials Research, 2014, 29 (8): 911-922.

[40] Jiang S, Wang M, He J. A review of biomimetic scaffolds for bone regeneration: Toward a cell-free strategy. Bioengineering & Translational Medicine, 2021, 6 (2): e10206.

[41] Mi H-Y, Jing X, Salick M R, et al. Morphology, mechanical properties, and mineralization of rigid thermoplastic polyurethane/hydroxyapatite scaffolds for bone tissue applications: Effects of fabrication approaches and hydroxyapatite size. Journal of Materials Science, 2014, 49 (5): 2324-2337.

[42] Mi H-Y, Palumbo S, Jing X, et al. Thermoplastic polyurethane/hydroxyapatite electrospun scaffolds for bone tissue engineering: Effects of polymer properties and particle size. Journal of Biomedical Materials Research. Part B, Applied Biomaterials, 2014, 102 (7): 1434-1444.

[43] Lin H R, Yeh Y J. Porous alginate/hydroxyapatite composite scaffolds for bone tissue engineering: Preparation, characterization, and in vitro studies. Journal of Biomedical Materials Research Part B: Applied Biomaterials, 2004, 71 (1): 52-65.

[44] Demoor M, Ollitrault D, Gomez-Leduc T, et al. Cartilage tissue engineering: Molecular control of chondrocyte differentiation for proper cartilage matrix reconstruction. Biochimica et Biophysica Acta (BBA) -General Subjects, 2014, 1840 (8): 2414-2440.

[45] Du Y, Liu H, Yang Q, et al. Selective laser sintering scaffold with hierarchical architecture and gradient composition for osteochondral repair in rabbits. Biomaterials, 2017, 137: 37-48.

[46] Mi H Y, Jing X, Napiwocki B N, et al. Biocompatible, degradable thermoplastic polyurethane based on polycaprolactone-block-polytetrahydrofuran-block-polycaprolactone copolymers for soft tissue engineering. Journal of Materials Chemistry B, 2017, 5 (22): 4137-4151.

[47] Mokhtari-Jafari F, Amoabediny G, Dehghan M M. Role of biomechanics in vascularization of tissue-engineered bones. Journal of Biomechanics, 2020, 110: 109920.

[48] Xue L, Greisler H P. Biomaterials in the development and future of vascular grafts. Journal of Vascular Surgery, 2003, 37 (2): 472-480.

[49] Wu J, Hu C, Tang Z, et al. Tissue-engineered vascular grafts: Balance of the four major requirements. Colloid and Interface Science Communications, 2018, 23: 34-44.

[50] Mi H-Y, Jing X, Yu E, et al. Fabrication of triple-layered vascular scaffolds by combining electrospinning, braiding, and thermally induced phase separation. Materials Letters, 2015, 161: 305-308.

[51] Coimbra P, Santos P, Alves P, et al. Coaxial electrospun PCL/gelatin-ma fibers as scaffolds for vascular tissue engineering. Colloids and Surfaces B: Biointerfaces, 2017, 159: 7-15.

[52] Mi H-Y, Jing X, Yu E, et al. Manipulating the structure and mechanical properties of thermoplastic polyurethane/polycaprolactone hybrid small diameter vascular scaffolds fabricated via electrospinning using an assembled rotating collector. Journal of the Mechanical Behavior of Biomedical Materials, 2018, 78: 433-441.

[53] Mi H-Y, Jing X, McNulty J, et al. Approaches to fabricating multiple-layered vascular scaffolds using hybrid electrospinning and thermally induced phase separation methods. Industrial & Engineering Chemistry Research, 2016, 55 (4): 882-892.

[54] Mi H-Y, Jiang Y, Jing X, et al. Fabrication of triple-layered vascular grafts composed of silk fibers, polyacrylamide hydrogel, and polyurethane nanofibers with biomimetic mechanical properties. Materials Science and Engineering: C, 2019, 98: 241-249.

[55] Chrząszcz P, Derbisz K, Suszyński K, et al. Application of peripheral nerve conduits in clinical practice: A literature review. Neurologia i Neurochirurgia Polska, 2018, 52 (4): 427-435.

[56] J I J-P, Jansen K, Gramsbergen A, et al. Transection of peripheral nerves, bridging strategies and effect evaluation. Biomaterials, 2004, 25 (9): 1583-1592.

[57] Mi H-Y, Jing X, Salick M R, et al. Properties and fibroblast cellular response of soft and hard thermoplastic polyurethane electrospun nanofibrous scaffolds. Journal of Biomedical Materials Research. Part B, Applied Biomaterials, 2015, 103 (5): 960-970.

[58] Wang J, Xiong H, Zhu T, et al. Bioinspired multichannel nerve guidance conduit based on shape memory nanofibers for potential application in peripheral nerve repair. ACS Nano, 2020, 14 (10): 12579-12595.

[59] Chen X, Liu C, Huang Z, et al. Preparation of carboxylic graphene oxide-composited polypyrrole conduits and their effect on sciatic nerve repair under electrical stimulation. Journal of Biomedical Materials Research Part A, 2019, 107 (12): 2784-2795.

[60] Sun B, Zhou Z, Li D, et al. Polypyrrole-coated poly (l-lactic acid-*co*-ε-caprolactone) /silk fibroin nanofibrous nerve guidance conduit induced nerve regeneration in rat. Materials Science and Engineering: C, 2019, 94: 190-199.

第 8 章 聚合物泡沫基柔性传感器

随着物联网（IoT）和智能可穿戴电子产品的迅速发展，市场对轻质、柔性、高灵敏度且响应速度快的传感器的需求日益提升。高柔性的压阻式压力传感器因其在健康监测、机械分析、机器人触觉感知等领域的应用而受到青睐。而具有轻质特性和可调节机械特性的导电多孔聚合物泡沫，是构建柔性压力传感器的一类理想材料。精确调控导电聚合物泡沫的微观结构和材料组成是提高其传感灵敏度、线性度、响应时间、稳定性和耐用性的关键。本章涵盖基于多孔聚合物泡沫的压阻式压力传感器的压阻传感机制、关键特性与表征、常用的制备方法以及创新前沿应用。

8.1 柔性传感器概述

近几十年来，随着人们生活质量的提高，可穿戴设备已扩展到各个领域，如图 8-1 所示，包括太阳能电池、移动电话、智能手表、显示器、电池、传感器和射频识别等。传感器是一类重要的设备，能将外部环境中的各种类型的刺激信号，如化学、物理或生物信号，转换成可采集的电信号。其中，灵活的压力传感器能够实时检测微小压力的变化，并且可以轻松地安装在人体上作为可穿戴智能设备，已被应用于电子皮肤、人工智能、软机器人、健康监测等领域[2]。

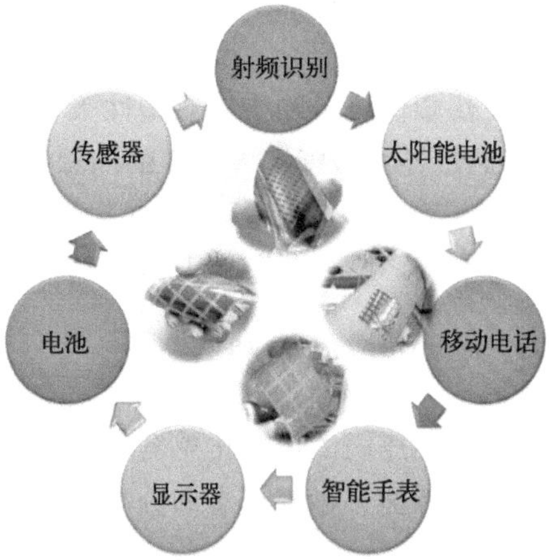

图 8-1 柔性电子产品的应用领域[1]

柔性压力传感器依据不同的工作机制可以分为电阻式、电容式、压电式和其他类型[3]。柔性电容压力传感器通过监测传感设备电容值的变化，可以将机械信号转换为电容信号，它们通常对小压力作用比较敏感，能够检测小的静态力。柔性压电压力传感器具有高灵敏度和快速响应的特点，因此广泛用于动态机械变化的实时监测，但由于其输出信号的不连续性，难以监测恒定的压力作用。基于有机场效应晶体管的柔性压力传感器通常稳定性较差，在压力监测过程中可能发生测量信号的漂移。与上述类型的柔性压力传感器相比，柔性电阻式压力传感器因其结构简单、灵敏度高、响应速率快、制造成本低和良好的稳定性，被认为是下一代柔性压力传感器的理想选择[4]。

柔性电阻式压力传感器需要具备良好的柔性和传感性能，以适应不同的应用场景。传统的电阻式传感器通常基于单晶硅、金属和金属氧化物薄膜等材料。由于无机材料固有的刚性和脆性，传统电阻式传感器虽然灵敏度高，但柔性和应变监测范围有限，这限制了它们在柔性感测场景中的应用。目前，柔性电阻式压力传感器领域虽然已取得显著进展，但通过选择活性层材料和设计柔性感测结构来批量生产低成本、高灵敏度、长期性能稳定的设备仍然是一个巨大的挑战。

近年来，多孔聚合物泡沫因其质轻、高比表面积和高孔隙率的优点，越来越多地作为功能性材料，应用于电磁干扰屏蔽、生物医学支架、超吸水剂等新兴领域，由于其高度多孔的内部结构，导电聚合物泡沫（CPFs）在变形时能够产生极大的电阻变化，从而成为一种极具潜力的柔性应变或压力传感器材料。

8.1.1 基体材料

基于 CPFs 的压阻式传感器通常包括两部分，即基体材料和活性导电材料。在选择基材时，通常会考虑其力学性能、硬度、柔韧性、恢复性和触感等。进一步根据基材的属性和应用需求选择活性导电材料。如果活性导电材料的可伸展性与基材和设备要求不匹配，则需要特殊的结构设计或添加增强相容性的其他组分。

三聚氰胺泡沫和聚氨酯（PU）泡沫是压阻式压力传感器最常用的基材。三聚氰胺泡沫是一种由三聚氰胺聚甲醛树脂通过微波发泡制成的热固性弹性有机橡胶泡沫，具有高孔隙率和开孔结构[5]。PU 泡沫可以通过简单的发泡技术实现大规模生产，具有较大的密度范围和高回弹率，是大变形和高灵敏度压阻式压力传感器的理想材料[6]。

含有芳香结构的聚酰亚胺（PI）是一种高性能工程聚合物，具有卓越的热稳定性、阻燃性、优良的力学性能和良好的环境适应性。当 PI 泡沫与弹性聚醚链合成时，可以获得高弹性，使其成为适用于特殊环境的压阻式压力传感器的常用基材[7]。

其他热固性弹性材料，如橡胶，也可作为压阻式压力传感器的基材。其中，硅橡胶最为常用，聚二甲基硅氧烷（PDMS）因其高弹性、耐磨性和易加工性，是常用的压阻式压力传感器基材[8]。

在热塑性聚合物中，热塑性聚氨酯弹性体（TPU）是压阻式压力传感器最常用的基材。TPU 通过异氰酸酯和多元醇的缩聚反应合成，具有的线型分子结构，使其可以在许多溶剂中塑化和溶解。TPU 具有优良的性能，如硬度范围广、耐磨、透明、耐油和高弹性，并且通过改变 TPU 各种反应组分的比例可以调节其硬度[9]。

8.1.2 活性导电材料

在柔性压阻式压力传感器中，活性导电材料是实现压阻性能的核心组成部分。活性导电材料的电性能、微观形态和分布对所得压力传感器的灵敏度、响应时间和应变系数具有显著影响。

8.1.2.1 碳基材料

碳基材料具有优异的力学和电学性能，在柔性压阻式压力传感器的制造中应用广泛。常见的碳基材料包括碳纳米管（CNTs）、石墨烯、炭黑和 MXene。

碳纳米管具有良好的导电性、大的比表面积以及比表面积利用率可达 100%的特点，使它成为柔性电极和电子设备的理想材料。Wang 等人[10] 在两层柔性 PDMS 薄膜之间放置了一层单壁碳纳米管（SWCNT）薄膜，制备了一种高灵敏度和高稳定性的三明治结构柔性传感器。该传感器具有压力检测限低、响应快速、稳定性高和能够检测人体生理活动信号的优点。

石墨烯是由具有 sp^2 杂化轨道的碳原子形成的六角晶格平面膜，具有大的比表面积、高载流子迁移率、高机械强度和高热稳定性等优异的物理性能，与不同基材结合时能够开发高性能压力传感器。石墨烯的衍生物类型多样，包括氧化石墨烯（GO）、还原氧化石墨烯（rGO）和功能化石墨烯。由于 GO 表面含氧基团的存在，其在各种溶剂中具有良好的分散能力，在多数聚合物基体中也具有良好的相容性。然而，π-π 键电子云的不连续性导致 GO 的导电性较差，因此，在与基材聚合物结合时需要将 sp^2 结构上的含氧基团还原，使 GO 还原为 rGO，此时 π 电子在石墨烯结构上能够自由移动，从而获得优良的导电性和压阻[11]。

其他碳基材料，如炭黑和碳纤维，也是制备高灵敏度的压阻式压力传感器的常用材料。炭黑是一种无定形炭的黑色粉末，其密度低、表面积大。与 CNTs 和石墨烯相比，炭黑成本较低，因此被认为是压阻式压力传感器实际生产中的重要活性导电材料。

此外，热解是另一种获得导电碳材料的方法。在保护气体条件下，富含碳和氮原子、缺乏氧原子的聚合物可以在高温下炭化。高温热解的碳源通常类似于炭黑，但它们能够保持其原始的多孔或纤维结构[12]。因此，高温热解获得的碳化材料能够直接形成导电网络，也可以直接与基材结合用于制备压阻式压力传感器。

MXene 是一种二维过渡金属碳化物、氮化物或碳氮化物。作为二维材料家族的一员，MXene 具有高机械强度、金属导电性和大表面积的优点。虽然石墨烯和 MXene 都是导电的二维纳米材料，但 MXene 表面富含功能基团且具有亲水性，这使得 MXene 比石墨烯更容易与大多数基材结合。MXene 的金属导电性和层间距赋予其巨大的可调阻力范围，使其对压力高度敏感，因此 MXene 是制备柔性压阻式传感器活性层的热门材料[13]。然而，MXene 相对较小的平面尺寸和高刚性降低了其在 PU 泡沫等基材表面形成涂层的稳定性。

8.1.2.2 金属纳米材料

金属纳米材料是指尺寸在纳米级的金属颗粒、片层或纤维材料。金属纳米材料通常具有高比表面积、良好的机械强度和优异的电导率。根据粒子的维度，它们可以被分类为零维粒子或球体、一维棒状或线状以及二维片状或薄片。此外，纳米粒子也可以合成具有特殊的三维团簇或三维花形结构的微聚集体[14]。

在柔性压阻式压力传感器的应用中，金属纳米线是应用最广的金属纳米材料之一，它们的高长径比使得导电路径的接触和分离更为敏感。在所有金属纳米材料中，银纳米线（AgNW）表现出卓越的电导率、更高的透明度以及良好的柔韧性和耐腐蚀性[15]，被广泛应用于柔性电子领域，如柔性电路板、触摸屏、智能手套和人体健康监测等。

8.1.2.3 导电聚合物

基于聚噻吩、聚苯胺和聚吡咯等导电聚合物制备的新型传感器，因质量轻、柔韧性好、生物相容性高以及表面易于修饰的特性受到广泛关注，在人体运动监测和健康保健等领域显示出巨大潜力。

通过化学氧化或电化学方法，吡咯单体可以合成聚吡咯（PPy)。吡咯单体是五元碳和氮杂环分子，略溶于水且无毒。氧化后的 PPy 具有优异的导电性和生物降解性，且易于沉积，广泛应用于离子检测、防静电材料、电磁屏蔽材料、电催化、导电聚合物复合材料等领域[16]。

与 PPy 相比，聚(3,4-乙撑二氧噻吩)（PEDOT）具有更好的导电性和热稳定性。当 PEDOT 与聚苯乙烯磺酸（PSS）掺杂时，可以形成 PEDOT∶PSS。PEDOT 和 PSS 在不同比例下其导电性也有显著差异。近年来，PEDOT∶PSS 是高导电性和可拉伸传感器的常用材料。已应用于如人体运动监测、智能机器人控制和太阳能电池[7,17]。

聚苯胺（PANI）是一种典型的导电聚合物，已广泛用于电子和光学领域。它是由苯胺单体在酸性水溶液中经化学或电化学氧化获得的，通常使用过硫酸铵（APS）作为氧化剂来合成。合成的导电 PANI 是一种深绿色乳液，温度超过 120 ℃时会分解。由于其高导电性、高稳定性和易制备性，PANI 也被用于压阻式压力传感器[18]。

8.1.2.4 复合导电材料

不同的活性导电材料在结构与性能方面各具优势，在压阻式压力传感器的研究中，常常将不同的活性导电材料组合使用，以获得较单一材料更优越的性能。例如，不同维度的纳米填料结合可以提高导电路径的连接方式，从而增强传感灵敏度。Tewari 等人[19] 合成了一种亲水性的还原氧化石墨烯（rGO）墨水，并与多壁碳纳米管（MWCNTs）混合，通过在聚氨酯（PU）泡沫上涂覆混合墨水制备得到的压力传感器能监测微小运动和大幅度运动。Wang 等人[20] 结合了盐模板法和浸涂法，制备了一种多孔泡沫应变传感器，该传感器涂覆了 TPU、MWCNTs 和 MXene，具有较宽的应变检测范围和高灵敏度（GF＝363）。Chen 等人[21] 使用牺牲模板法和化学交联法制备了具有形状记忆能力的乙烯-醋酸乙烯共聚物（EVA）泡沫，并使用 PPy 和银纳米颗粒（AgNPs）作为导电层来涂覆泡沫骨架，从而制备了可穿戴压力传感器。因此，以适当比例合理组合不同活性材料是提升压阻式压力传感器性能的一种实用方法。

8.2 压阻式压力传感器的机理

8.2.1 柔性压阻式压力传感器的传感机理

压阻式压力传感器由具有弹性的导体或半导体作为活性材料与两个电极接触形成。压阻式压力传感器能够将施加的压力刺激转换为电阻信号的变化，因此，可以通过分析电阻信号来评估传感器上的压力水平。

传感器的总电阻由两部分组成：电极电阻和活性材料电阻。对于特定的压阻式压力传感器，电极电阻通常是一个固定值，因此，传感器的电阻信号变化主要取决于活性层电阻的变化。压阻式压力传感器的电阻（R）计算公式如下：

$$R=\frac{\rho L}{A} \tag{8-1}$$

式中，ρ 代表电阻率；L 代表长度；A 代表横截面积[22]。一般而言，压阻式压力传感器的电阻变化是由外部刺激触发的宏观几何参数变化所引起的，而基于压阻效应的柔性压阻式压力传感器的电阻变化主要依赖于电阻率的变化。通过选择不同类型的纳米复合材料，控制使用的活性材料量，以及设计基材和活性层的微观结构，可以制备出具有不同性能特点的柔性压阻式压力传感器。

8.2.1.1 导电聚合物复合材料的渗流理论

大多数压力传感器由具有低杨氏模量的弹性材料和表面导电层构成。但这种双层结构模型对高性能压力传感器的长期稳定性提出了更高的要求。基材表面的导电层可能由于变形层与表面导电层之间的杨氏模量不匹配，在长期循环应力下出现裂纹，甚至脱落[23]。因此，基于导电聚合物复合材料的传感器是提升柔性压阻式压力传感器的循环稳定性的一个重要方法[24]。

导电聚合物复合材料（CPCs）由聚合物基体和导电填料组成，电阻率的大小取决于导电填料的含量。当导电填料的含量较低时，聚合物基体中导电填料颗粒之间的平均距离较大，不形成导电路径，导致导电性有限，从而产生高电阻率。随着导电填料含量的增加，导电填料颗粒之间的平均距离减小，形成部分导电路径，电阻率下降。当导电填料的含量足够大时，导电填料颗粒在聚合物基体中彼此靠近，形成穿过整个材料的完整导电网络。CPCs 将随着基体中导电网络的构建从最初的绝缘聚合物基体转变为导电基体。根据渗流理论，导电填料的临界体积分数称为渗透阈值。在基于渗流理论设计柔性压阻式压力传感器时，必须确保传感器的灵敏度和压力范围。如图 8-2 所示，为使 CPCs 具有压力感应特性，必须控制导电填料的含量以在基体中形成部分导电路径，使压力变化能显著影响 CPCs 的整体电阻率[25]。

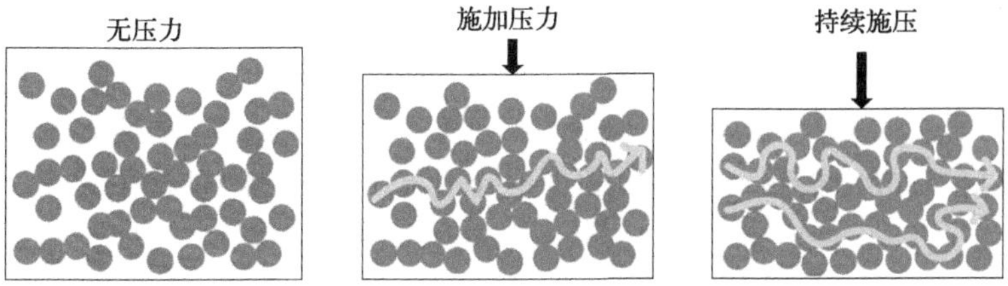

图 8-2　通过按压 CPCs 降低电阻率的原理示意图[25]

8.2.1.2　导电聚合物复合材料的隧道效应

CPCs 的隧道效应指导电填料之间的电子穿越原本不可逾越的“能量障碍”的现象[26]。在这种效应下，当导电颗粒之间的距离处于一定范围内时，电子有一定概率从低能状态过渡到高能状态，从而形成隧道电流。Amjadi 等人[27] 报道了一种基于隧道效应的复合三明治结构材料（即 AgNW 薄膜嵌入在两层 PDMS 弹性体之间）。如图 8-3 所示，当两相邻纳米线的中心线之间的距离（d）小于或等于纳米线的直径（D）（$d \leqslant D$）时，它们完全连接，没有接触电阻，总电阻是两条纳米线的电阻 R_1 和 R_2 的总和。当 d 大于截断距离（C）（$d>C$）时，两个纳米线完全断开，总电阻值为无限；然而，当 d 大于纳米线的直径且小于截断距离（$D<d \leqslant C$）时，电子可以穿过聚合物基体并形成量子隧道效应。

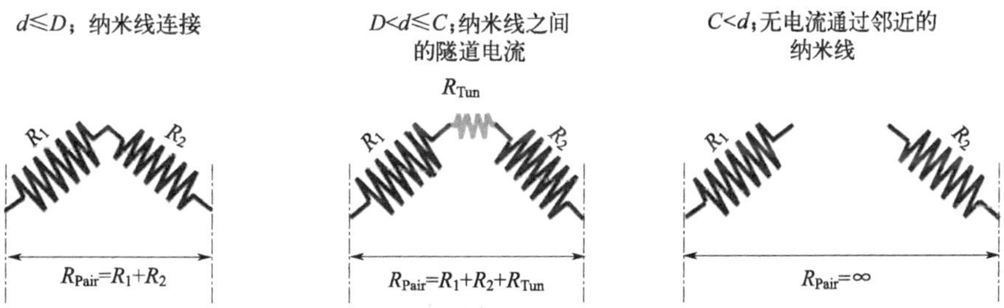

图 8-3　CPCs 隧道效应示意图[27]

Yang 等人[28] 基于石墨烯橡胶复合材料建立了体积元数值模型（RVE 模型）以描述隧道效应的影响。基于该模型，他们分别分析了在忽略和考虑隧道效应的情况下含有 2.3%（质量分数）石墨烯的复合材料的电流密度计算结果。研究发现，石墨烯橡胶复合材料中的电子迁移能力与石墨烯片之间的距离密切相关，一些间距较小的石墨烯片也可能发生电子迁移。当不考虑隧道效应时，橡胶基体的电流密度在复合材料中最低，此状态下石墨烯橡胶复合材料为绝缘体。另外，当考虑隧道效应时，复合材料和橡胶基体的隧道电流密度显著增加，达到未考虑隧道效应情况的约 106 倍，这表明隧道效应有利于在复合材料中导电路径的形成。

8.2.1.3 界面接触电阻的变化

界面接触电阻是影响压阻传感性能的一个重要机制。在微观尺度上所有固体表面都是粗糙的，因而两种材料之间的界面接触发生在两个略微凸起的表面之间，该过程中通过物理接触生成新的接触点，其实际接触面积显著增大，电流可通过这些新形成的接触点传输，从而提升电导率［图 8-4(a)］[29]。因此，界面间接触点的数量和大小的变化直接决定了电阻变化率，通常可以通过调整接触微凸体的大小和数量、增加接触结点的数量来优化压阻式压力传感器的灵敏度[30]。

基于界面接触电阻变化机制的柔性压阻式压力传感器可以分为两类。第一种设计利用电极和活性层材料之间的界面接触电阻变化，如图 8-4(b) 所示；第二种设计利用位于不同材料层中的活性材料之间的界面接触电阻变化，如图 8-4(c) 所示。通过活性材料层和电极微结构的设计可以控制界面接触电阻，以满足不同情况压力传感器的应用要求。

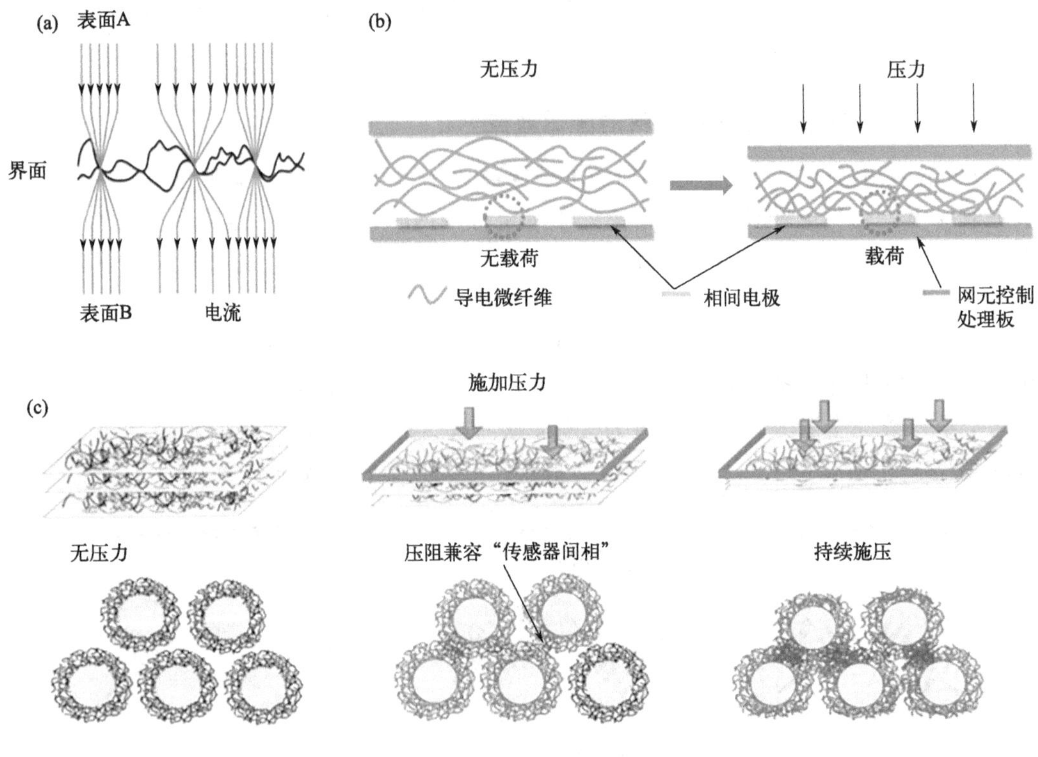

图 8-4 基于界面接触电阻变化机理的压阻式压力传感器[30-32]

(a) 两种固体材料接触界面示意图；(b) 电极有源层接触式压力传感器工作机理；

(c) 施加压力下涂覆 PEI-CNT 的非导电纤维的传感机理

8.2.2 导电泡沫的传感机理

聚合物泡沫是一类常用的压阻式压力传感器基材。尽管聚合物泡沫骨架是非导电的，但可以通过表面修饰或涂覆活性导电层来使其具备优异的导电性。这意味着，由于导电材料仅位于泡沫骨架的表面，建立导电网络所需的活性导电材料的负载量可以减少。因此，表面修饰的聚合物泡沫通常比基于 CPCs 的发泡材料具有更好的导电性和灵敏度。

图 8-5 展示了基于导电聚合物泡沫的压力传感器的灵敏度系数（GF）随压缩变化的基本机制。根据应变范围和 GF 值，传感器的感测范围可以分为三个区域，其与多孔结构的变化密切相关。

在第一区域（0<ε<0.6%），由于聚合物泡沫骨架上的导电涂层破裂，电阻在非常小的应变范围内急剧增加。在外部压缩过程中，泡沫结构变形，多孔骨架的弯曲导致导电层裂缝的打开和扩散，进而导致局部导电路径的断裂和电阻的急剧增加。这种“裂纹效应”导致初始 GF 值很高。

在第二区域（0.6%<ε<70%），随着导电泡沫进一步被压缩，“接触效应”与“裂纹效应”同时发生，这意味着泡沫基材的相邻骨架开始彼此接触，从而构建新的导电路径并降低电阻。在这一区域中，由于泡沫中骨架接触数量的增加，泡沫骨架逐渐从“点接触”模式转变为“面接触”模式。在“面接触”模式下，导电网络通常已达到稳定状态，进一步压缩时电阻不会显著变化。因此，电阻信号在相对小的应变中显示出快速下降，当应变超过 30%时，下降速率变缓。

在第三区域（70%<ε<80%），由于高应变下多孔泡沫的致密化，“面接触”模式占主导地位。此时，泡沫中的泡孔大部分坍塌，几乎所有的骨架都彼此接触，因此外部压缩使导电涂层之间的隧道距离减小，导致在大应变范围内电阻变化率并不明显[33]。

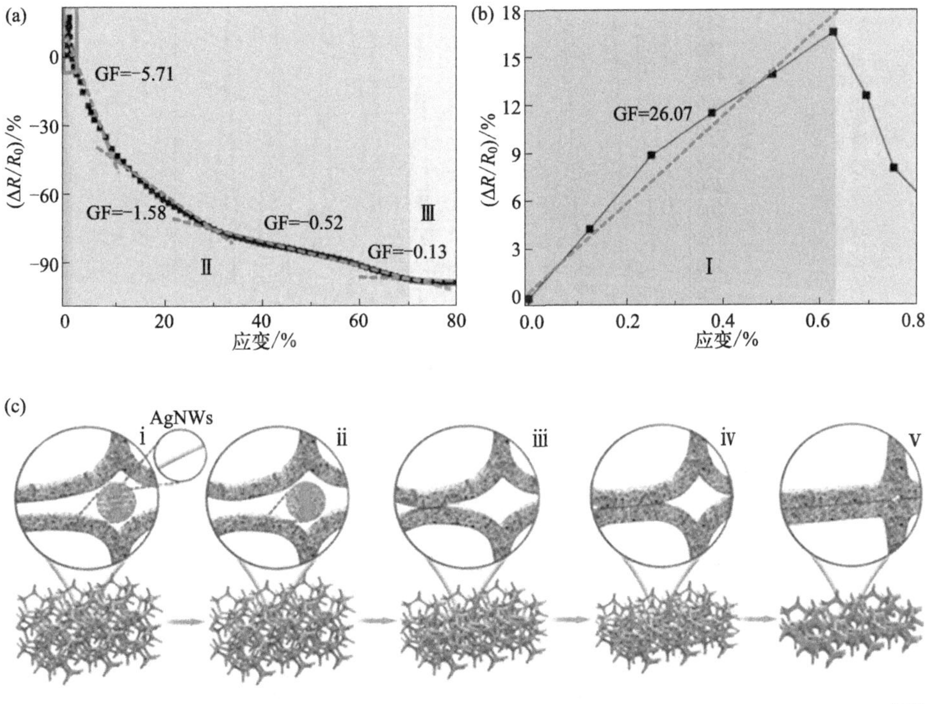

图 8-5　基于导电聚合物泡沫的压力传感器的灵敏度系数（GF）随压缩变化的基本机制[33]

(a) 压缩应变增大时导电聚合物泡沫的 $\Delta R/R_0$ 结果；(b) 图 (a) 中矩形区域的放大图像；

(c) 孔隙结构随压应变增加的演化示意图

8.2.3 导电聚合物泡沫压阻式压力传感器性能影响因素

基于导电聚合物泡沫（CPFs）的压力传感器的微观结构直接影响压阻式压力传感器的

电阻变化、灵敏度和稳定性。主要影响因素包括泡沫结构的均匀性、泡孔连通性、泡孔尺寸、壁厚，以及活性导电材料的表面微观结构等。

8.2.3.1 泡孔尺寸及泡孔壁厚

泡孔尺寸和泡孔壁厚是影响导电聚合物泡沫性能的关键因素。在低压力条件下，随着泡孔尺寸的增大，传感器的灵敏度先下降后上升；而在较高压力下，泡孔尺寸增大对灵敏度的影响通常较小。

当孔径过小时，泡沫材料可能无法充分变形以准确检测环境变化，导致其灵敏度下降。若孔径过大，泡沫可能过于脆弱，易破裂，进而影响传感器的稳定性和耐久性。泡孔壁的厚度同样影响传感器的灵敏度和稳定性。壁厚越大，传感器的机械强度越高，但灵敏度越低；壁厚越薄，传感器的灵敏度越高，但机械强度和稳定性越低。例如，Samad 等人[34] 通过两步法制备了独立、力学性能稳定且具有高导电性的石墨烯泡沫，可用作大范围应变/压力传感器，并具有密度可调的优点。研究表明，随着石墨烯泡沫密度的增加，复合材料的灵敏度下降（图 8-6）。这是因为高密度石墨烯泡沫的泡孔壁比低密度石墨烯泡沫厚，需要更大的压缩载荷才能产生相同的电阻变化。

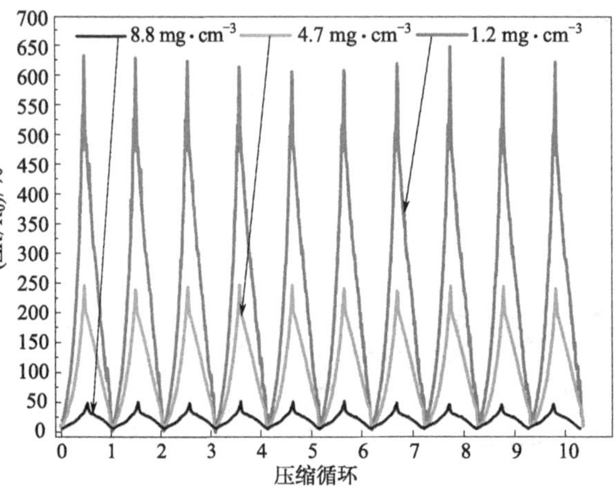

图 8-6 三种不同密度石墨烯泡沫的循环压缩电阻变化信号[34]

8.2.3.2 表面微观结构

导电聚合物泡沫（CPFs）的表面微观结构对压阻式压力传感器的性能至关重要，因为表面形貌在循环变形和恢复过程中极大地影响泡沫的接触状态和接触面积。因此，具有多层级和复杂表面结构的 CPFs 通常比表面结构较少的泡沫具有优异的灵敏度。

增强传感材料表面的粗糙度是提升传感灵敏度的常用方法。如图 8-7 所示，在传感材料的表面设计微米级图案（如微型金字塔），当材料压缩时，金字塔变形接近矩形，增加了活性材料与电极间的接触面积，从而降低电阻[35]。由于金字塔结构的尖端存在高度应力集中，在一定的外部压力下会发生较大的形变，这导致其较未结构化表面具有更显著的电阻变化[36]。类似地，微圆顶和微半圆柱也显示出显著增强的传感性能。与金字塔结构相比，微圆顶在给定的施加压力下具有更大的接触面积变化。通过分析三种特征类型的 Von Mises 压力分布应力场，发现金字塔结构的应力水平几乎比微半圆柱结构高一个数量级。Peng 等人[37] 发现，微半圆柱结构的接触面积受压变化率甚至超过了金字塔和微圆顶结构。

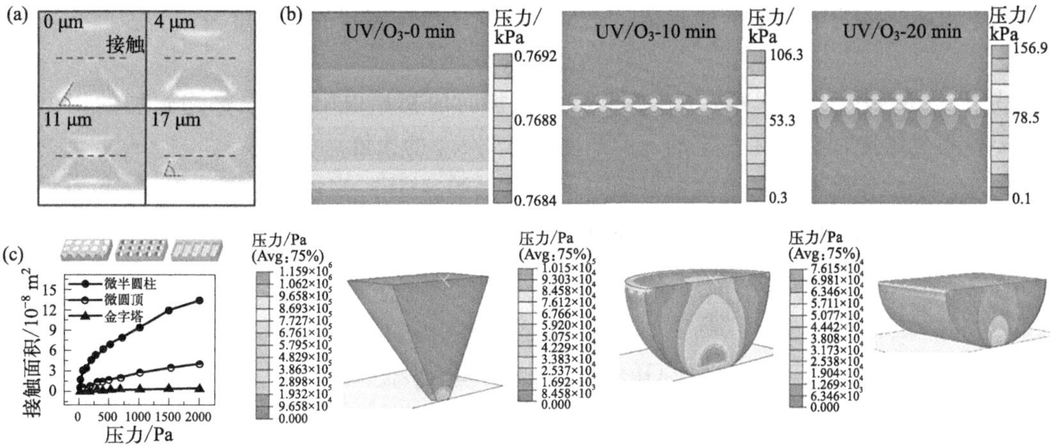

图 8-7 微结构压缩过程[35-37]

(a) 微结构压缩过程中的光学侧视图像；(b) 有/无微结构化 CNT/PDMS 阵列样品在 10 kPa 压力下的局部应力分布有限元模拟结果；(c) 金字塔、微圆顶和微半圆柱图案结构的有限元建模表明微半圆柱结构具有最大的接触面积变化

一般来说，结构变形导致的接触面积越大，传感器的灵敏度越高。由于压阻式压力传感器的灵敏度取决于接触面积的变化率，而非电极之间距离的变化。因此，在给定的变形应变或压力下，接触面积变化率越大，传感器的灵敏度就越高。在基于 CPFs 的传感器的泡孔壁和骨架结构上构建多层级结构是一种有效的提高灵敏度的方法。在 CPFs 传感器上生成结构化表面的常见方法包括：刻蚀、涂层（浸涂、喷涂）、沉积、原位合成和自组装等[38]。然而，这些结构的长期稳定性成为实际应用中的一个关键问题，因为物理涂层或化学接枝的活性导电层可能会随着时间的推移被破坏并从基材上脱落，进而导致性能的下降。

8.2.3.3 CPFs 的泡孔连通性

CPFs 的泡孔连通性可以显著影响 CPFs 基传感器的传感性能，尤其是在压力和应变传感等应用中。聚合物泡沫的泡孔连通性是指泡沫基体中开孔泡孔所占的百分比。在外部压力作用下，泡孔壁被拉伸或弯曲，导致导电区域内形成更多的导电路径。在保持恒定的泡孔尺寸和孔隙率的情况下，泡孔连通性较高的泡沫通常具有更大的比表面积。因此，在相同压力下，泡孔连通性高的泡沫的骨架更有可能彼此接触，从而使电阻值的降低更为明显，基于此，增加开孔泡孔的百分比是提高 CPFs 基传感器灵敏度的可行方法。

8.3 压阻式压力传感器的性能与表征

8.3.1 灵敏度

灵敏度（S）是指电阻随施加压力的相对变化率的斜率，是描述压力传感器将压力信号转换为电阻信号能力的关键性能指标。柔性压阻式压力传感器的灵敏度公式为：

$$S=(\Delta R/R_0)/\Delta p \tag{8-2}$$

式中，ΔR 是电阻变化量；R_0 是无压力施加时的初始电阻值；Δp 是施加的压力。因此，要提高灵敏度，必须在一定的 Δp 下增加 $\Delta R/R_0$ 的比值。

此外，柔性传感器的灵敏度可以通过灵敏度系数（GF）来评估（图 8-8），GF 表示相对电阻变化与施加应变的比值，是传感器最重要的评估标准之一。GF 通常通过万能拉伸试验机与电化学测试设备（如万用表、电化学工作站）结合测试。柔性压阻式压力传感器的灵敏度系数通常通过以下公式计算：

$$\mathrm{GF}=\frac{\Delta R}{\varepsilon R_0};\quad \varepsilon=\Delta L/L_0 \tag{8-3}$$

式中，R_0 是初始电阻；R 是在应变下的瞬时电阻；ε 是应变，表示长度变化（ΔL）与原始长度（L_0）的比值，反映传感器对应变的响应能力。

在某些情况下，当电阻的相对变化与应变不成规则的线性关系时，可引入以下公式计算真实应变下的 GF：

$$\mathrm{GF_T}=\frac{\ln\left(\frac{R}{R_0}\right)}{\ln\left(\frac{L}{L_0}\right)}=(1+2\nu)+\frac{1}{\varepsilon_\mathrm{T}}\ln\left(\frac{\rho}{\rho_0}\right) \tag{8-4}$$

式中，$\mathrm{GF_T}$ 为真实灵敏度；ν 为传感器的泊松比；ρ_0 为传感器的初始电阻率；ρ 为传感器在真实应变 $\varepsilon_\mathrm{T}=\ln(L/L_0)$ 下的电阻率。不同材料制成的传感器的灵敏度通常取决于设计材料的层级结构、导电网络的结构和尺寸等因素。

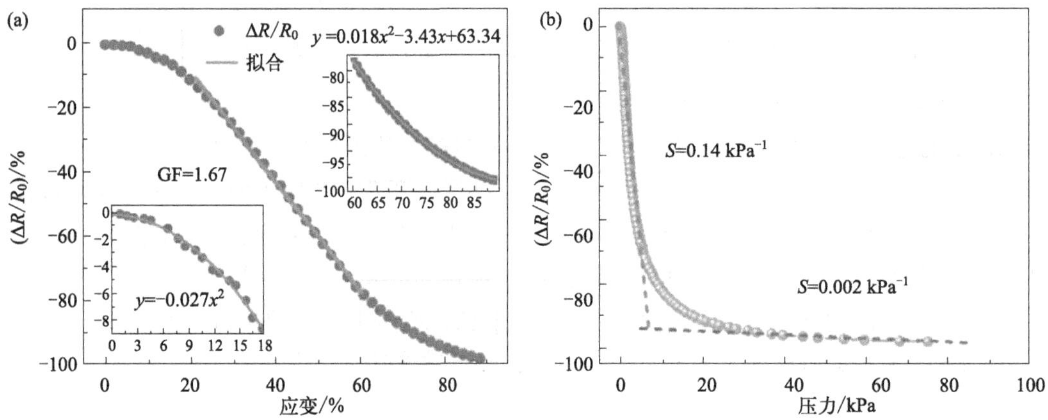

图 8-8 灵敏度系数与灵敏度[39]

(a) 灵敏度系数（GF）随应变增加的变化规律；(b) 灵敏度（S）随压力增加的变化规律

8.3.2 响应时间与恢复时间

响应时间通常表示为应变和电阻变化之间的时间差，即传感器的感应滞后行为。响应时间一般定义为柔性压阻式压力传感器的电阻信号达到稳定输出值的 90%时所需的时间；恢复时间是指在移除施加压力后，柔性压阻式压力传感器的电阻信号从稳定输出值恢复到初始值所需的时间（图 8-9）[40]。

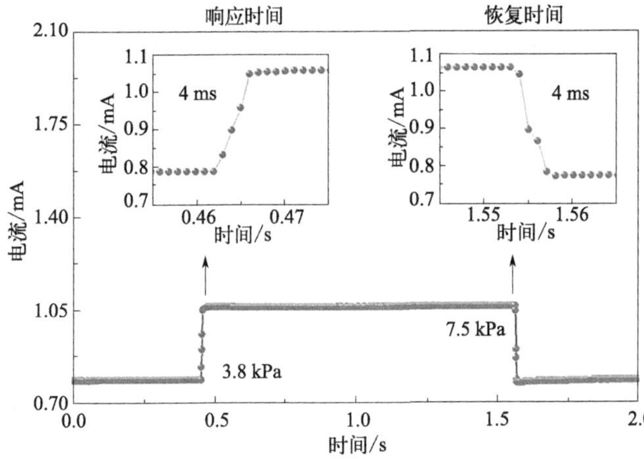

图 8-9 压阻式压力传感器的响应时间与恢复时间结果[40]

响应时间和恢复时间是评估传感器实时动态压力响应速率的重要指标。信号响应和恢复越快，检测就越准确，响应和恢复时间较长的传感器无法用于高频变形的场合。基于 CPFs 的柔性传感器，响应和恢复时间与基底材料和活性材料的黏弹性、活性材料之间以及活性材料与电极之间的接触和分离速率有关。在实际应用中，响应和恢复时间也与读取传感器电阻值的设备分辨率密切相关[41]。

8.3.3 滞后

在循环检测过程中，输出信号在加载和卸载周期中可能在相同的应变水平下出现略微不同的信号值，这种差异称为滞后现象[42]。应变传感器的电滞后（EH）可以通过其拉伸/释放过程中的应力-应变曲线下的面积来评估（图 8-10）[43]：

$$\mathrm{EH}=\frac{A_{\mathrm{R}}-A_{\mathrm{S}}}{A_{\mathrm{S}}}\times 100\% \tag{8-5}$$

式中，A_{S} 和 A_{R} 分别表示拉伸和释放时应力-应变曲线下的面积。

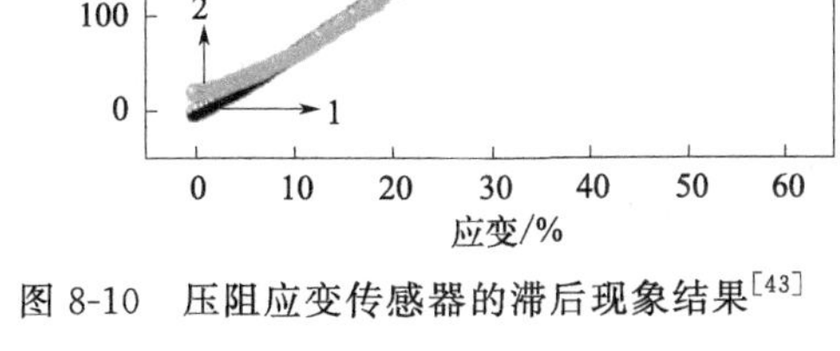

图 8-10 压阻应变传感器的滞后现象结果[43]

温度和机械变形通常是导致滞后的主要原因。温度滞后是指输入点在温度变化前后产生的输出偏差。机械滞后可能是由基底材料的黏弹性、活性导电材料不可恢复的变形以及活性材料与基底之间的界面间隙引起的。

滞后现象在基于导电聚合物复合材料（CPCs）的压阻传感器中较为常见。这是由于聚合物材料在拉伸和释放过程中分子链的黏性损耗造成的。因此，开发无滞后或低滞后的基底材料是柔性应变传感领域的重要任务。在实际应用中，柔性压阻传感器通常在拉伸和释放阶段分别进行两次校准，以获得更准确的感应结果。

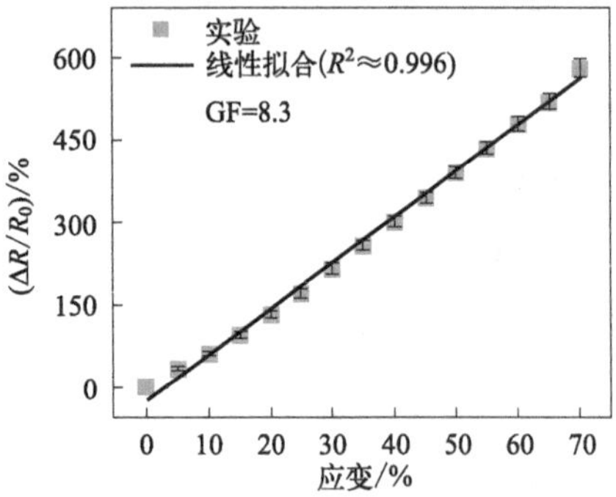

图 8-11　压阻式应变传感器的线性拟合曲线与实验值的比较[43]

8.3.4　线性度

线性度是指在指定条件下，传感器信号的线性拟合值与测试值的最大偏差(ΔY_{max})与满量程信号（Y）的比值。比值越小，线性度越好[44]（见图 8-11）。金属基应变传感器通常具有良好的线性度，因为其测量因素仅取决于泊松比[45]。对于半导体基传感器，电阻率与温度不成正比，线性度低于金属传感器[46]。基于 CPCs 的柔性传感器通常具有多个线性区域，这是导电网络在拉伸或压缩过程中发生了重新排列，并且与基底材料重新结合导致了不同的电阻变化。一般来说，传感器在初始应变时的感应信号具有较高的线性度，因为此范围内传感器的内部结构最为稳定，结构几乎没有损坏，传感器的稳定性最好。

8.3.5　应变响应范围

应变响应范围是传感器性能评估的重要指标之一，因为它决定了传感器的检测范围。大多数传感器在正常应变范围内具有良好的响应性能，但在应变低于其检测极限时，传感器无法响应。当应变过高时，传感器可能会发生永久变形甚至失效，导致传感器损坏[47]。

超低检测极限和宽感应范围是使压阻式传感器适应不同应用需求的两个基本要求。压阻式传感器的响应范围主要由基底材料和活性导电材料的物理性能决定。传感器的失效通常源于基底材料和活性导电网络的失效，为了提高传感器的应变响应范围，通常需要提升基底材料的弹性，并增强活性材料的伸展性和其与基底材料的结合力。

8.3.6　可靠性与稳定性

可靠性和稳定性是传感器质量的重要指标，通常通过对传感器进行循环施加和释放压力的测试来评估。可靠性意味着传感器在多次测试中不会损坏，并能够提供正确的测量结果。稳定性则表示传感器能够在较长时间内保持稳定的感应性能。这些因素是限制 CPCs 基柔性压阻式压力传感器广泛应用的关键因素。通常，为了测试传感器的稳定性，需要进行超过一万次的连续加载-卸载循环测试。加载-卸载循环次数越多，压力传感器的稳定性越好[48]。

在长期重复测试中，柔性传感器可能受到环境影响、基底材料蠕变、活性材料与基底材料之间界面结合的不可逆性破坏以及活性层的永久损坏的影响而传感性能下降[49]。聚合物/纳米材料复合材料应变传感器的研究表明，CPCs 基柔性压阻式压力传感器中不稳定性现象普遍存在。柔性压阻式压力传感器中的常见现象是长期测量中的基线漂移［如图 8-12(a) 所示］，这与基底材料的蠕变或活性材料相对于基底的滑动有关[50]。通过基底材料的选择以及活性层的工艺、结构改进可以有效提升重复测试中的稳定性［图 8-12(b)］[48]。

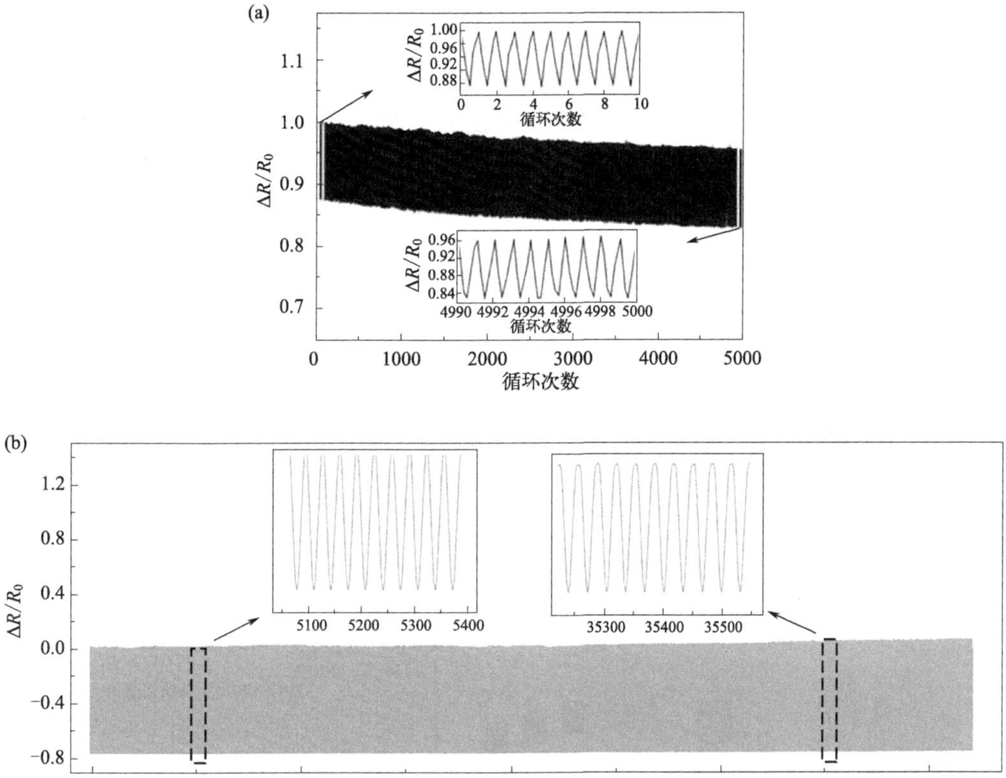

图 8-12 压阻式压力传感器长期重复测试[48,50]

(a) 基线漂移现象；(b) 工作稳定性

8.4 多孔泡沫基柔性传感器的制备

8.4.1 物理发泡法

柔性 CPFs 传感器的制备中，最常用的物理发泡法是超临界 CO_2（scCO_2）发泡，即在高压下将 scCO_2 溶解到聚合物基体中，通过条件变化（如温度上升或压力下降）触发 CO_2 从超临界状态向气态的相变，从而使聚合物基体发泡。scCO_2 发泡具有环境友好，在聚合物中无残留，无毒，不可燃，成本低廉，制备的泡沫制品泡孔结构均匀、性能稳定等众多优点。但 scCO_2 发泡也存在一些问题，如发泡环境苛刻（高温、高压）、截面孔径变化大、泡沫开孔率低和固体皮层问题。

Fei 等人[51] 通过 scCO_2 发泡制备了高强度、柔韧且循环稳定的 TPU/MWCNTs 复合泡沫压阻传感器［图 8-13(a)］。随着 MWCNTs 含量的增加，传感器的孔径减小，孔密度增加，电导率达到 1.6×10^{-4} $S\cdot m^{-1}$，灵敏度系数为 1.88。该传感器具有高灵敏度、宽应变范围和稳定的电阻，用于可穿戴应变传感器可实时监测人体脚部运动。Ma 等人[52] 通过 $scCO_2$ 发泡制备了轻质且柔韧的 Ag 涂覆隔离结构微孔纳米复合泡沫［图 8-13(b)］。制备的微孔发泡珠被 Ag 层包覆并通过热压形成了明显的隔离结构，其质量密度低至 0.6 $g\cdot cm^{-3}$、压缩应变可达 60%、电导率高达 0.64 $S\cdot m^{-1}$。所制备的压阻式压力传感器具备优异的传感性能、长期耐久性和工作稳定性，灵敏度系数为 6.67，在功能鞋底和人体行走检测中展现了极大潜力。

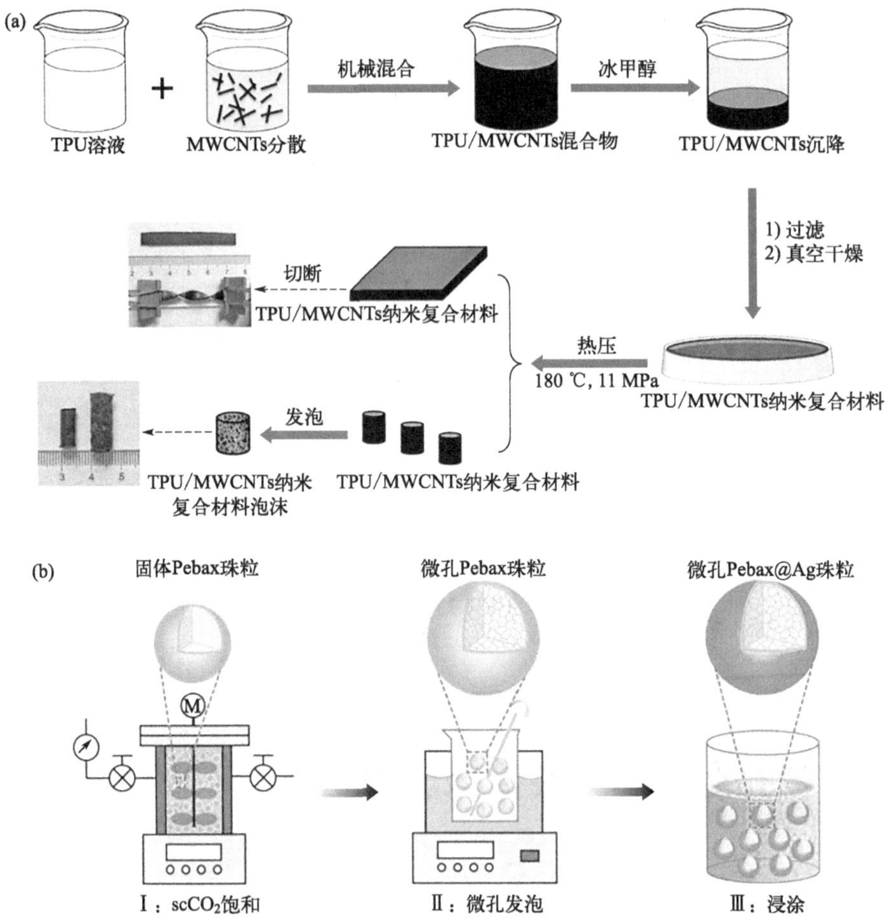

图 8-13 TPU/MWCNTs 复合泡沫 (a)[51] 及 Ag 涂覆聚合物珠粒 (b) 的制备过程示意图[52]

8.4.2 化学发泡法

化学发泡法是利用化学方法产生的气体在聚合物基体中生成微孔结构的发泡方法。发泡气体可以通过化学发泡剂在特定温度下分解生成。发泡气体也可以通过聚合物基体的反应生成，例如 PU 泡沫的制备过程。化学发泡法简便，技术成熟，但也存在一些缺点，如污染环境、释放有毒气体和回收能力低。

例如，Wang 等人[53] 通过化学发泡剂发泡制备了多孔碳纳米片（GNP）/硅橡胶复合材料，化学发泡法有效提升了 GNP 在基体内的分散性［图 8-14(a)］。采用图案化模具与化学发泡结合的方法，他们制备了表面具有半金字塔结构的 GNP/硅橡胶发泡材料［图 8-14(b)］，该发泡材料用作压力传感器时，在 55～80 kPa 范围内的压力感应灵敏度可达到 195.02 kPa^{-1}，并能够承受超过 60%的大应变。

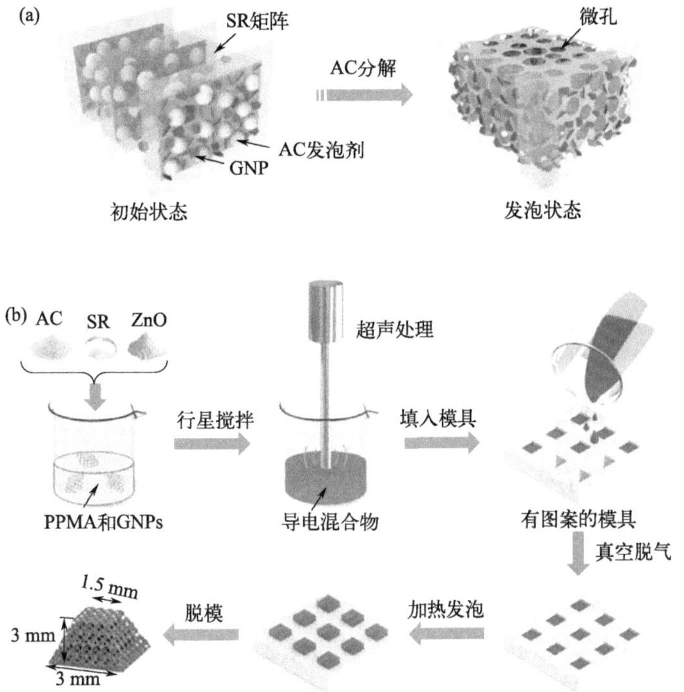

图 8-14 多孔 GNP/硅橡胶复合泡沫[53]

(a) 多孔 GNP/硅橡胶复合材料的化学发泡原理；(b) 半金字塔结构 GNP/硅橡胶泡沫制备的工艺流程图

8.4.3 冷冻干燥法

冷冻干燥法是结合热诱导相分离和溶剂升华效应的多孔材料制备方法。在冷冻干燥过程中，聚合物溶液中的溶剂相（如水）在低温下冻结，然后通过真空条件下的升华相变移除溶剂，留下多孔聚合物相。冷冻干燥法所获得的高孔隙率聚合物泡沫通常称为气凝胶。这是因为溶液体系通常在冷冻之前会经历水凝胶或溶胶状态，最终泡沫中的液相被空气所替代。虽然冷冻干燥法可以轻松引入各种导电成分到聚合物基体中，并保持聚合物的化学结构和高孔隙率，但其存在高成本、聚合物种类与适用溶剂受限、不宜大批量规模化生产等问题。

Zhao 等人[7] 通过结合 PEDOT 和聚酰亚胺（PI），采用简单的冷冻干燥和热退火技术制备了具有高柔韧性和可压缩性的导电气凝胶（图 8-15）。由于其“层-支柱”骨架多孔结构，该传感器在 1～7 kPa 范围内的灵敏度可达 0.054 kPa^{-1}，电导率为 1.2 $S \cdot m^{-1}$。该传感器还展示了在恶劣环境下良好的压缩性和长期稳定性。Wang 等人[54] 报道了一种由纤维素纳米纤维（CNF）和 CNTs 组成的各向异性微蜂窝气凝胶的制备方法。该微蜂窝气凝胶采用单向冷冻干燥法制备，具有单向排列的贯穿微孔洞结构。由于其显著的各向异性微孔结构，传感器沿泡孔取向方向的导电性和杨氏模量大约是其正交方向的两倍。由于传感器在不同应变方向下表现出不同的灵敏度，他们提出了各向异性应变传感器的新思路。

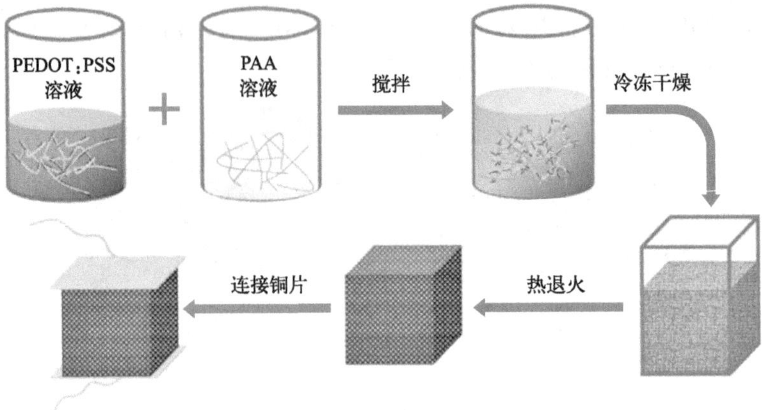

图 8-15　基于 PEDOT/PI 气凝胶的应变传感器的制备过程示意图[7]

8.4.4　商用泡沫涂覆法

商用泡沫涂覆法是目前研究中常用的泡沫基柔性压力传感材料的制备方法。通常将商用高弹性泡沫浸渍在含有导电填料的溶剂中，从而在泡沫骨架涂覆上一层导电层。该工艺可以使用单一导电材料，也可以使用混合导电材料体系，同时还可以添加黏合树脂来提高导电材料在泡沫骨架上的黏附性。当导电填料均匀涂覆在泡沫骨架上时，泡沫便具备了导电性；当压力反复作用于材料上时，多孔结构发生压缩和释放，从而导致涂覆的导电网络的反复接触和分离，产生了电信号的循环变化。

涂覆法简单、高效、成本低，但它通常会面临有机溶剂的使用以及涂覆纳米颗粒在循环机械加载下稳定性差的问题。Jing 等人[55] 通过在商业海绵骨架上涂覆石墨烯-PDMS 混合层制备了多孔压阻传感器 [图 8-16(a)]。由于海绵骨架和 PDMS 层的高弹性以及石墨烯层的导电性，涂覆的泡沫表现出高弹性，最大应变可达 85%，灵敏度为 0.075 kPa^{-1}，响应范围为 0～50 kPa，在 2000 个循环中表现出稳定的感应性能。该压阻传感器可用于检测血压、心率和人体运动。Xu 等人[56] 利用低压氧等离子体处理泡沫表面引入含氧基团，之后进行 CNF/炭黑涂层的涂覆，显著增强了 CNF/炭黑与 PU 泡沫之间的相互作用 [图 8-16(b)]。这种增强的界面结合赋予了复合泡沫 0.35 kPa^{-1} 的高灵敏度、0.047 $S\cdot m^{-1}$ 的电导率，并且在超过 1000 个循环中表现出良好的稳定性和耐久性。导电泡沫传感器可以实时监测多种人体活动，如呼吸和吞咽。

8.4.5　骨架蚀刻法

骨架蚀刻法是利用多孔材料作为骨架，涂覆导电材料或纳米颗粒后通过特定的蚀刻方法去除骨架，从而留下高孔隙率导电框架的一种方法。其制备的多孔泡沫结构高度可控，且由于在蚀刻过程中产生层级结构，泡沫通常密度低且比表面积大。然而，该方法成本高、骨架选择具有局限性，较少使用。

Samad 等人[57] 通过结合浸涂、原位还原和骨架蚀刻法，先将泡沫镍（Ni-F）结构转变为独立的三维（3D）石墨烯泡沫（图 8-17），然后在石墨烯泡沫表面涂覆 PDMS 层，获得了一种灵敏度可调的新型石墨烯泡沫复合材料。得到的石墨烯泡沫-PDMS复合材料具有高灵敏度（60 kPa^{-1}）和耐久性。该传感器贴附在人类皮肤上可用于测量人体血压。

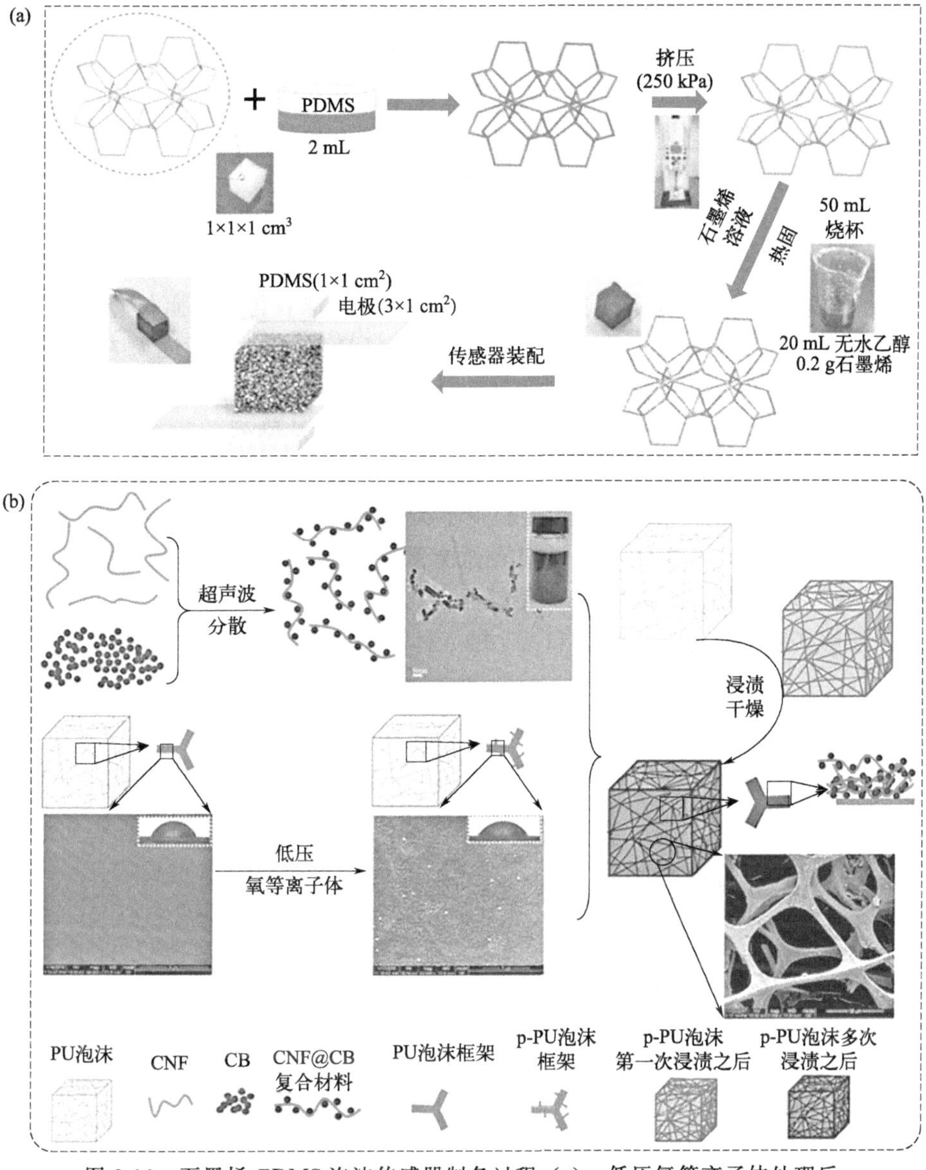

图 8-16　石墨烯-PDMS 泡沫传感器制备过程（a）；低压氧等离子体处理后涂覆 CNF/炭黑的 PU 泡沫压阻传感器制备过程（b）[55-56]

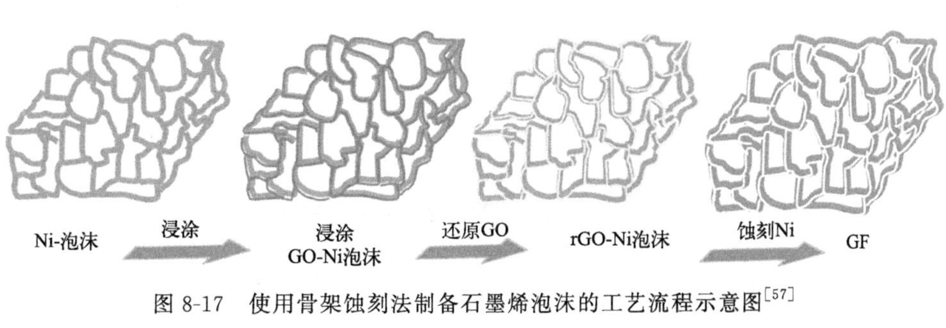

图 8-17　使用骨架蚀刻法制备石墨烯泡沫的工艺流程示意图[57]

8.4.6 模板牺牲法

模板牺牲法是指使用水溶性或溶剂可溶的致孔剂作为模板，在导电聚合物基体中生成多孔结构的一种方法。该方法中，首先聚合物熔体或聚合物溶液与模板颗粒混合或渗入堆积颗粒的缝隙中形成连续相，而后通过干燥或浸洗去除致孔剂和溶剂相，进一步固化及干燥后在材料内部形成大量孔隙。通过调节致孔剂的特性，可以有效控制泡沫材料的孔径、孔隙率和孔形态。该方法适用于绝大多数聚合物。

Wu 等人[58] 使用模板牺牲法和涂覆法制备了导电 PDMS 泡沫作为压阻传感器。如图 8-18(a) 所示，将 NaCl 颗粒作为致孔剂添加到 PDMS 前驱体中，经固化和浸洗后获得了 PDMS 多孔泡沫。然后进一步涂覆了导电石墨烯层，使泡沫获得了压阻传感能力。其在 0～30 kPa 压力负载下灵敏度为 17.9 kPa^{-1}，在 30～100 kPa 负载下灵敏度为 79 kPa^{-1}。此外，该传感器具有 20 ms 的快速响应时间，并且在超过 10000 个循环中表现出长期工作稳定性，适合精确和实时监测微小生理信号、发声和面部表情，以及剧烈的关节和肢体运动。Wan 等人[59] 使用糖模板牺牲法制备了多孔导电 PU 泡沫。如图 8-18(b) 所示，PU 溶液渗透到糖块的缝隙中，通过溶解去除糖颗粒后便获得了类似于糖块模板缝隙的均匀多孔结构的 PU 泡沫。然后通过原位聚合在 PU 泡沫骨架表面涂覆上一层 PPy 层，形成了独特的微褶皱结构 PPy 导电层。所制备的 PPy-PU 泡沫传感器在 0.1～200 N 的范围内表现出优异的灵敏度和稳定性，能够实时准确监测大幅度和微小的人体运动。

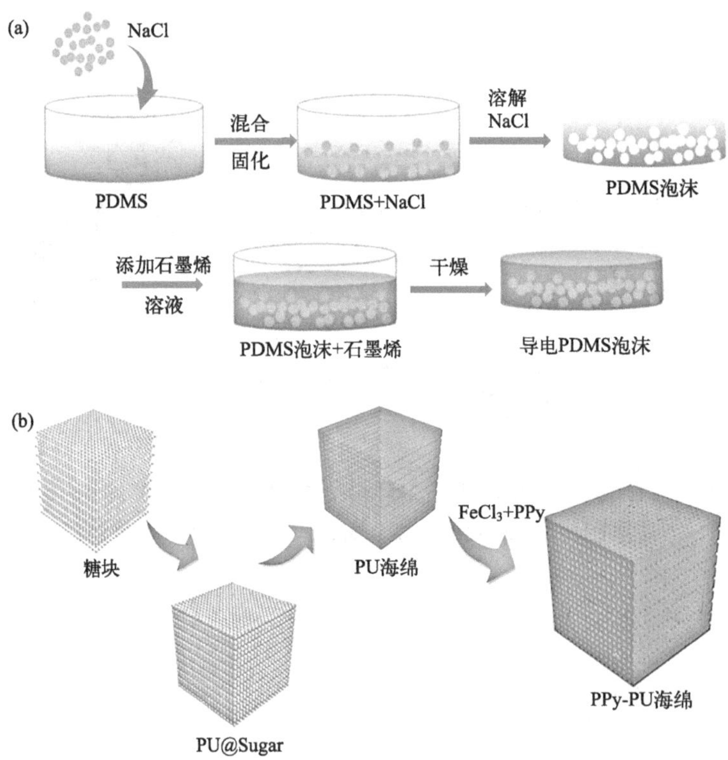

图 8-18 使用 NaCl 作为致孔剂的导电 PDMS 泡沫 (a)[58] 和使用糖块作为模板的导电 PPy-PU 泡沫 (b)[59]

8.5 柔性压阻式压力传感器的应用

柔性传感器由于其机械柔韧性、质量轻和可穿戴性优势，受到人们的青睐。柔性压阻式压力传感器由于成本低和易于制造等特点，在日常生活、工业监测和医学检测等领域受到广泛重视。柔性传感器十分灵活，在弯曲时依然能保持其功能，因而能更好地贴合皮肤，适应人体的运动。柔性压阻式压力传感器还可以应用于机器人触觉领域，以模拟真实的皮肤特性，赋予机器人触觉感知功能。随着物联网技术和人工智能的快速发展，工业领域对柔性压阻式压力传感器的需求也日益增加。本节就柔性压阻式压力传感器的常见应用进行介绍。

8.5.1 人体运动监测

人类皮肤柔软、灵活且富有弹性。柔性压阻式压力传感器由于与人类皮肤的兼容性好，可以贴附在皮肤表面作为可穿戴设备进行人体健康监测，例如监测呼吸、脉搏、血压、发声和肢体运动。在实际应用中要精确检测压力，传感器必须具有高灵敏度。

为此，Yang 等人[60] 提出了一种由石墨烯改性 PU 泡沫制成的压力传感器。他们设计了一种锯齿形分形电极结构，增大了压缩时的电阻变化。该泡沫传感器在 0～35 kPa 的宽线性范围内，灵敏度达到了 134.75 kPa^{-1}，响应时间和恢复时间分别为 83 ms 和 166 ms。由于具有高灵敏度和柔韧性，该传感器能够检测细微的人体运动，例如鼓起脸颊、点头、手指运动和脉搏［图 8-19(a)］。Sengupta 等人[61] 通过溶液涂覆和干燥的方法，在 PDMS 泡沫上涂覆了六层石墨烯，制备了导电多孔 PDMS 泡沫。该石墨烯-PDMS 泡沫用作压阻式压力传感器，在 0～50%的应变范围内的 GF 为 8.77。该传感器能够监测完整的人体步态运动，通过将其集成到鞋底进行实时步态实验，能够区分不同类型的人体步态，包括走路和跑步，并识别潜在的跌倒情况［图 8-19(b)］。

8.5.2 触觉感知

在类人机器人和具备敏感触觉的机械臂开发中，触觉感知是一个巨大挑战。作为人体最大的器官，皮肤在调节人与环境的交互中起着重要作用，尤其是指尖皮肤比人体其他部位对外部刺激更为敏感。指尖皮肤的微观结构使人类能够通过指尖与物体之间的摩擦信号来区分纹理的粗糙度，因此指尖皮肤在人类感知外部刺激中扮演着重要角色。高度灵敏的压阻式压力传感器作为触觉感知单元是实现类人机器人触觉感知功能的重要元件。

受指尖皮肤微观结构的启发，Xu 等人[62] 设计了一种表面具有层级微结构的高灵敏度皮肤传感器［图 8-20(a)］。通过优化孔隙率和石墨浓度，制备的皮肤传感器在 5 Pa 至 120 kPa 的宽线性压力范围内表现出 245 kPa^{-1} 的优异灵敏度，响应时间和恢复时间分别为 8 ms 和 4 ms。由于该触觉传感器的高灵敏度，它可以用于区分不同物体的纹理，例如印刷纸和不同型号的砂纸［图 8-20(b)］，随着物体粗糙度的增加，测量到的电流明显增加

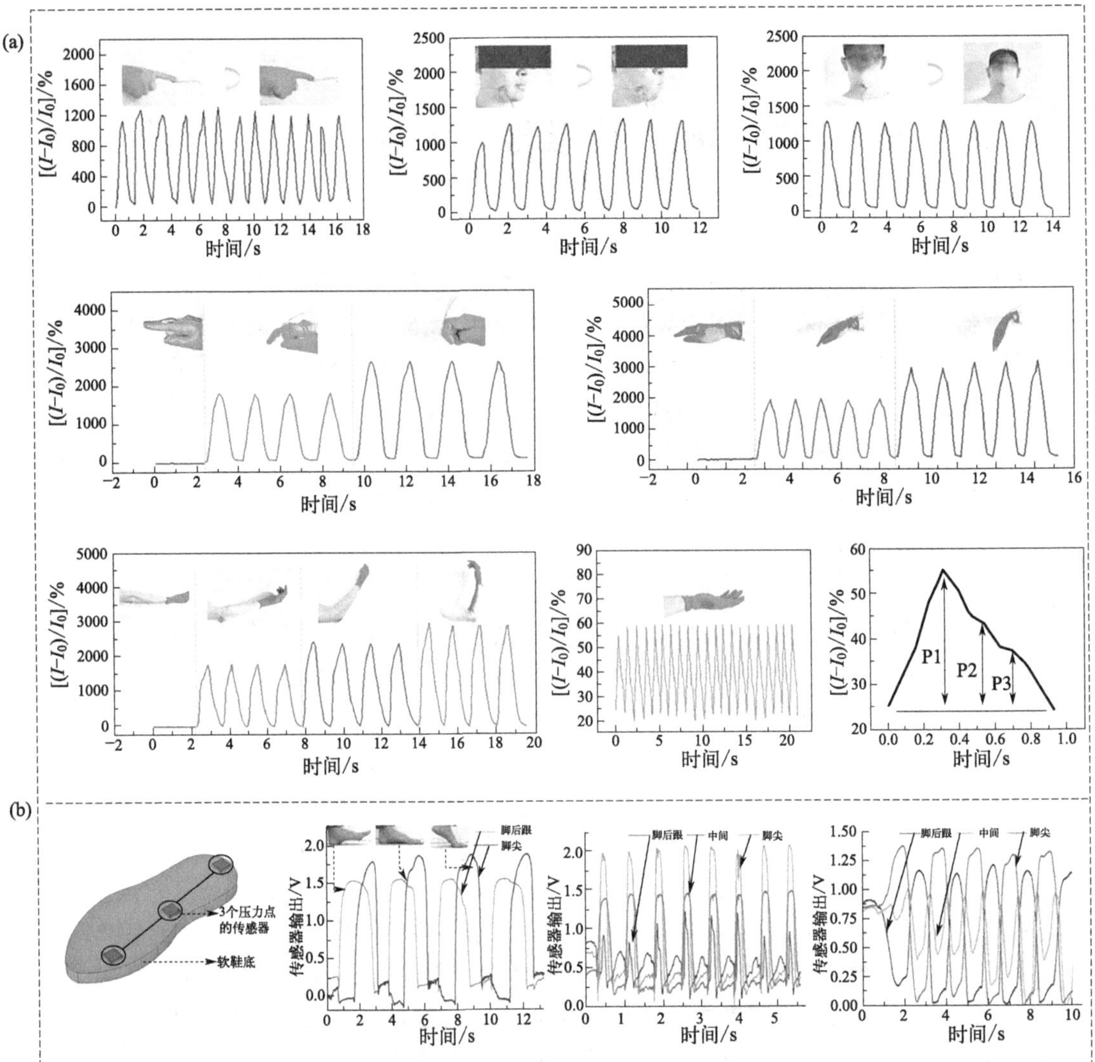

图 8-19 石墨烯改性泡沫传感器在人体检测中的应用[60-61]

(a) 使用具有分形电极结构的石墨烯改性 PU 泡沫传感器的人体运动监测结果，包括鼓起脸颊、点头、手指运动、手腕弯曲、手臂弯曲和脉搏；(b) 石墨烯-PDMS 泡沫传感器组装在柔性鞋底中，用于人体步态监测

[图 8-20(c)]。此外，如图 8-20(d) 所示，当传感器安装在机械臂上时可以模拟人类指尖，能够在抓取和释放不同重量的物体时测量握持力。

Huang 等人[63] 采用三轴压缩和表面涂覆炭黑（CB）的方法制备了一种基于负泊松比 PU 泡沫的压阻传感器。泡沫的内凹结构使传感器在 40%压缩应变至 80%拉伸应变的宽应变范围内 GF 超过 4.62。该传感器在超过 5000 次重复循环中表现出优异的稳定性，并能够用于检测仿生手上的触觉压力（图 8-21）。通过指尖和手掌上安装的传感器收集的感知数据建立了一种用于实时检测不稳定机器人抓握的通用方法，展示了传感器和检测方法在机器人感知和灵巧操控中的潜在价值。

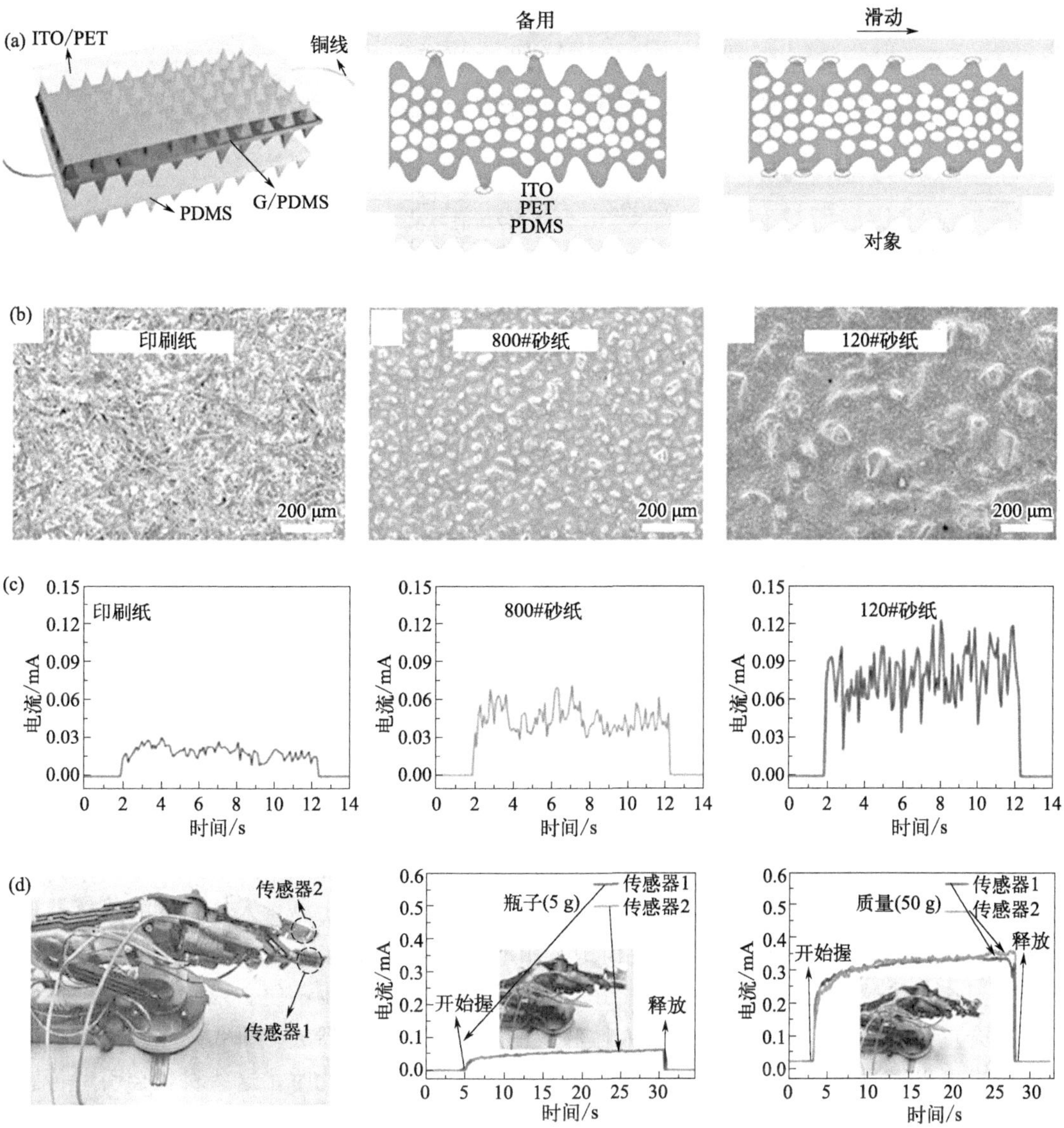

图 8-20 纹理识别传感器[62]

（a）纹理粗糙度识别的皮肤传感器原理示意图；（b）测试物体（印刷纸、800＃砂纸和 120＃砂纸）表面形貌的扫描电子显微镜（SEM）图像；（c）对不同纹理粗糙度的电流响应信号；（d）附着在机械臂上的两个皮肤传感器在抓取和释放过程中检测到的施加压力

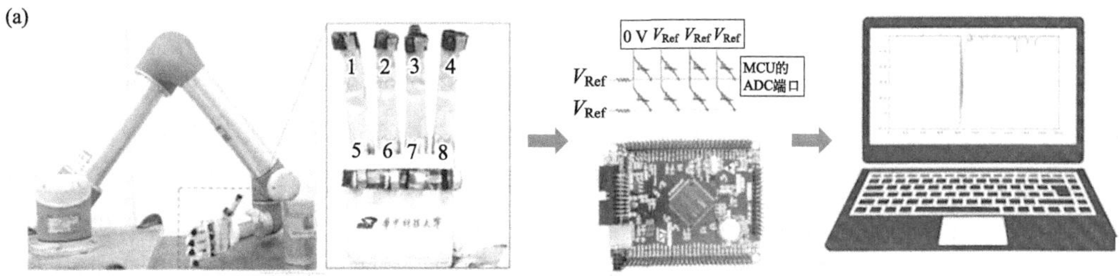

图 8-21

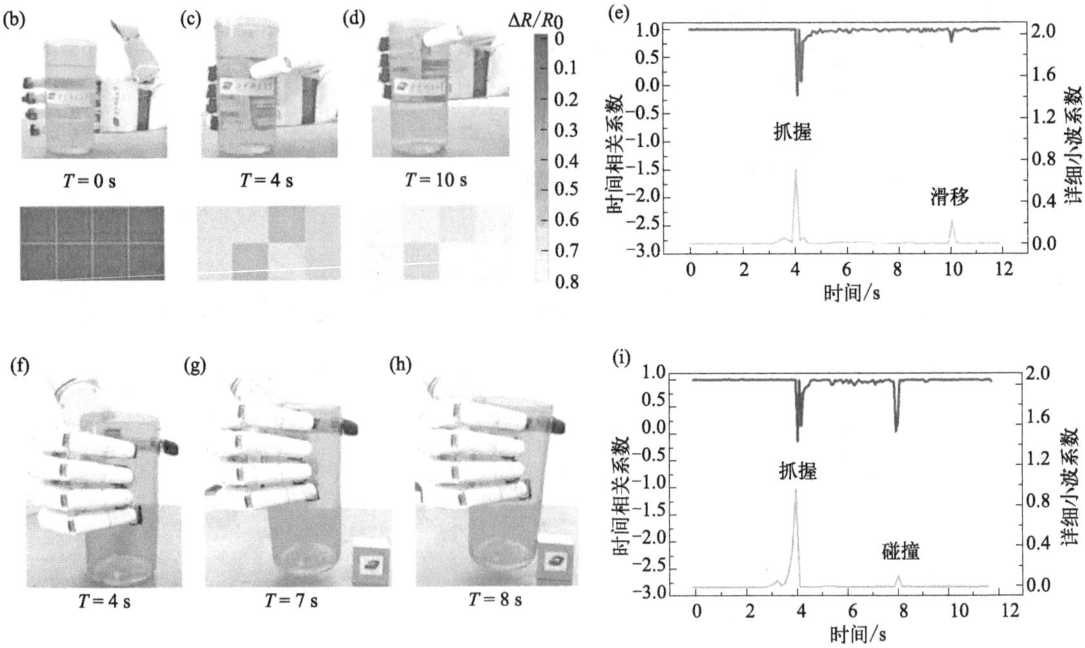

图 8-21 涂覆炭黑的负泊松比 PU 泡沫压力传感器在检测仿生手抓握状态中的应用[63]

8.5.3 温度监测

人体温度的变化可以反映人体活动和健康状况，有助于维持身体与环境之间的热平衡。温度传感器在疾病诊断和医疗健康监测方面具有巨大潜力，用于测量人体温度的传感器检测范围通常在 30～50 ℃之间。目前，生活中常用的温度传感器包括水银温度计和红外温度传感器，但这些传感器对人体不够友好，并且作为可穿戴设备使用不便。因此，开发舒适、轻便、贴合皮肤表面，并能够连续监测人体温度的柔性温度传感器成为研究热点。压阻式压力传感器也可以通过引入热响应材料来检测温度变化，当温度变化时，这些材料会引起传感器电阻率的变化，从而通过电阻或电流值的变化反映温度的变化。

例如，Cui 等人[64] 通过熔融共混和化学发泡制备了炭黑（CB）/氯化聚丙烯碳酸酯（CPPC）复合泡沫，泡沫的平均孔径为（0.26±0.05）mm，具有轻量化和循环稳定性，当 CB 体积分数为 0.138 时泡沫达到渗流阈值。如图 8-22(a) 所示，CB/CPPC 泡沫具有接近线性的负温度系数电阻效应。随着温度从 25 ℃上升到 70 ℃，CB/CPPC 泡沫的体积电阻率从 1.15×10^5 Ω·m 降至 2.73×10^4 Ω·m [图 8-22(b)]。随着温度的升高，灯泡的亮度也不断增强 [图 8-22(c)]。

此外，可以将多种传感性能集成到单个传感器中，从而实现对人体皮肤的近似模拟。Zhu 等人[65] 开发了一种受皮肤启发的四重触觉传感器，将其集成到机器人手中，以实现物体的识别。如图 8-22(d) 所示，该四重触觉传感器由顶部传感层、PDMS 层、多孔层和底层构成，能够同时感知材料的热导率和接触压力 [图 8-22(e)]。当传感器集成到机器人手上时，它能够同时独立地感知物体温度和环境温度。在机器人学习的帮助下，这只智能手能够精确识别不同形状、大小和材料的多种物体。

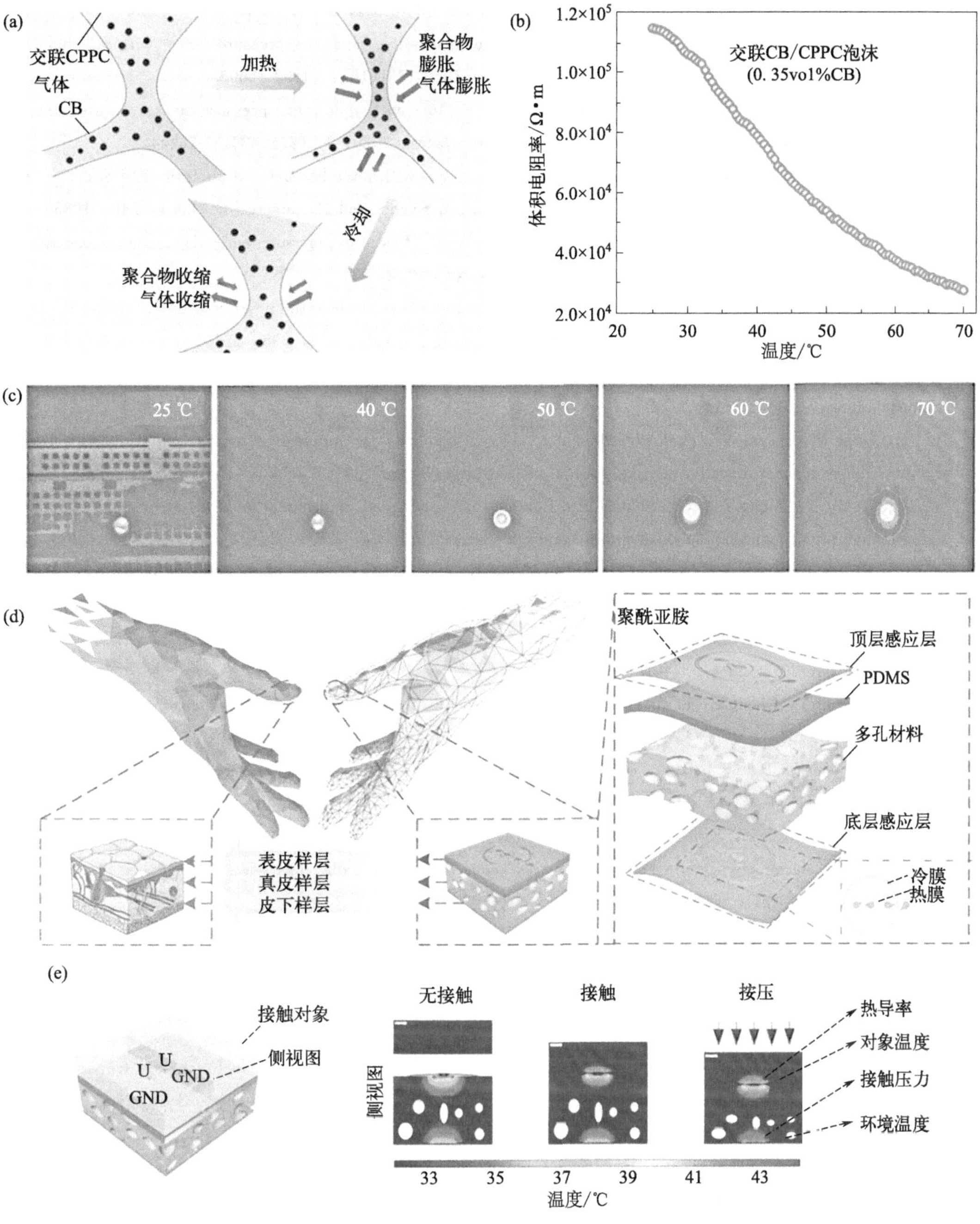

图 8-22 CB/CPPC 泡沫与传感器[65]

(a) 加热过程中 CB/CPPC 泡沫传感器的微结构变化原理示意图；(b) CB/CPPC 泡沫在 25～70 ℃范围内的体积电阻率变化；(c) CB 泡沫加热时 LED 灯的亮度变化[64]；(d) 受皮肤启发的四重触觉传感器结构示意图；(e) 传感器多重感知的工作原理和传感器的多重感知功能

参考文献

[1] Han S T, Peng H, Sun Q, et al. An overview of the development of flexible sensors. Advanced Materials, 2017, 29 (33): 1700375.

[2] Meng J, Li Z. Schottky-contacted nanowire sensors. Advanced Materials, 2020, 32 (28): 2000130.

[3] Yang J, Luo S, Zhou X, et al. Flexible, tunable, and ultrasensitive capacitive pressure sensor with microconformal graphene electrodes. ACS Applied Materials & Interfaces, 2019, 11 (16): 14997-15006.

[4] Guan X, Wang Z, Zhao W, et al. Flexible piezoresistive sensors with wide-range pressure measurements based on a graded nest-like architecture. ACS Applied Materials & Interfaces, 2020, 12 (23): 26137-26144.

[5] Cao X, Liu H, Cai J, et al. Chinese ink coated melamine foam with joule heating and photothermal effect for strain sensor and seawater desalination. Composites Part A: Applied Science and Manufacturing, 2021, 149: 106535.

[6] Yang H, Shang J-C, Wang W-F, et al. Polyurethane sponges-based ultrasensitive pressure sensor via bioinspired microstructure generated by pre-strain strategy. Composites Science and Technology, 2022, 221: 109308.

[7] Zhao X, Wang W, Wang Z, et al. Flexible pedot: PSS/polyimide aerogels with linearly responsive and stable properties for piezoresistive sensor applications. Chemical Engineering Journal, 2020, 395: 125115.

[8] Gong S, Schwalb W, Wang Y, et al. A wearable and highly sensitive pressure sensor with ultrathin gold nanowires. Nature Communications, 2014, 5 (1): 3132.

[9] Liu H, Dong M, Huang W, et al. Lightweight conductive graphene/thermoplastic polyurethane foams with ultrahigh compressibility for piezoresistive sensing. Journal of Materials Chemistry C, 2017, 5 (1): 73-83.

[10] Wang X, Gu Y, Xiong Z, et al. Silk-molded flexible, ultrasensitive, and highly stable electronic skin for monitoring human physiological signals. Advanced Materials (Deerfield Beach, Fla.), 2013, 26 (9): 1336-1342.

[11] Yao H B, Ge J, Wang C F, et al. A flexible and highly pressure-sensitive graphene-polyurethane sponge based on fractured microstructure design. Advanced Materials, 2013, 25 (46): 6692-6698.

[12] Lu N, Lu C, Yang S, Rogers J. Highly sensitive skin-mountable strain gauges based entirely on elastomers. Advanced Functional Materials, 2012, 22 (19): 4044-4050.

[13] Wang Y, Yue Y, Cheng F, et al. $Ti_3C_2T_x$ MXene-based flexible piezoresistive physical sensors. ACS Nano, 2022, 16 (2): 1734-1758.

[14] Hwang J, Walczak R, Oschatz M, et al. Micro-blooming: Hierarchically porous nitrogen-doped carbon flowers derived from metal-organic mesocrystals. Small, 2019, 15 (37): 1901986.

[15] Choi T Y, Hwang B-U, Kim B-Y, et al. Stretchable, transparent, and stretch-unresponsive capacitive touch sensor array with selectively patterned silver nanowires/reduced graphene oxide electrodes. ACS Applied Materials & Interfaces, 2017, 9 (21): 18022-18030.

[16] He W, Li G, Zhang S, et al. Polypyrrole/silver coaxial nanowire aero-sponges for temperature-independent stress sensing and stress-triggered joule heating. Acs Nano, 2015, 9 (4): 4244-4251.

[17] Bhattacharjee M, Soni M, Escobedo P, et al. Pedot: PSS microchannel-based highly sensitive stretchable strain sensor. Advanced Electronic Materials, 2020, 6 (8): 2000445.

[18] Zhou Z, Zhang X, Wu X, et al. Self-stabilized polyaniline@ graphene aqueous colloids for the construction of assembled conductive network in rubber matrix and its chemical sensing application. Composites Science and Technology, 2016, 125: 1-8.

[19] Tewari A, Gandla S, Bohm S, et al. Highly exfoliated mwnt-rgo ink-wrapped polyurethane foam for piezoresistive pressure sensor applications. ACS Applied Materials & Interfaces, 2018, 10 (6): 5185-5195.

[20] Wang H, Zhou R, Li D, et al. High-performance foam-shaped strain sensor based on carbon nanotubes and $Ti_3C_2T_x$ MXene for the monitoring of human activities. ACS Nano, 2021, 15 (6): 9690-9700.

[21] Chen J, Jiang W-J, Zeng Z, et al. Multifunctional shape memory foam composites integrated with tunable electromagnetic interference shielding and sensing. Chemical Engineering Journal, 2023, 466: 143373.

[22] Hammock M L, Chortos A, Tee B C K, et al. 25th anniversary article: The evolution of electronic skin (e-skin): A brief history, design considerations, and recent progress. Advanced Materials, 2013, 25 (42): 5997-6038.

[23] Lipomi D J, Lee J A, Vosgueritchian M, et al. Electronic properties of transparent conductive films of pedot: PSS on stretchable substrates. Chemistry of Materials, 2012, 24 (2): 373-382.

[24] Choi J, Kwon D, Kim K, et al. Synergetic effect of porous elastomer and percolation of carbon nanotube filler toward high performance capacitive pressure sensors. ACS Applied Materials & Interfaces, 2019, 12 (1):

1698-1706.

[25] Wang M, Gurunathan R, Imasato K, et al. A percolation model for piezoresistivity in conductor-polymer composites. Advanced Theory and Simulations, 2019, 2 (2): 1800125.

[26] Hu N, Karube Y, Yan C, et al. Tunneling effect in a polymer/carbon nanotube nanocomposite strain sensor. Acta Materialia, 2008, 56 (13): 2929-2936.

[27] Amjadi M, Pichitpajongkit A, Lee S, et al. Highly stretchable and sensitive strain sensor based on silver nanowire-elastomer nanocomposite. ACS Nano, 2014, 8 (5): 5154-5163.

[28] Yang H, Yuan L, Yao X, et al. Piezoresistive response of graphene rubber composites considering the tunneling effect. Journal of the Mechanics and Physics of Solids, 2020, 139: 103943.

[29] Timsit S. Electrical contact resistance: Properties of stationary interfaces. IEEE, 1998: 722422.

[30] Hamedi M, Atashparva M. A review of electrical contact resistance modeling in resistance spot welding. Welding in the World, 2017, 61: 269-290.

[31] Gao L, Zhu C, Li L, et al. All paper-based flexible and wearable piezoresistive pressure sensor. ACS Applied Materials & Interfaces, 2019, 11 (28): 25034-25042.

[32] Doshi S M, Thostenson E T. Thin and flexible carbon nanotube-based pressure sensors with ultrawide sensing range. ACS Sensors, 2018, 3 (7): 1276-1282.

[33] Zhang S, Liu H, Yang S, et al. Ultrasensitive and highly compressible piezoresistive sensor based on polyurethane sponge coated with a cracked cellulose nanofibril/silver nanowire layer. ACS Applied Materials & Interfaces, 2019, 11 (11): 10922-10932.

[34] Samad Y A, Li Y, Schiffer A, et al. Graphene foam developed with a novel two-step technique for low and high strains and pressure-sensing applications. Small (Weinheim an der Bergstrasse, Germany), 2015, 11 (20): 2380-2385.

[35] Tee B C K, Chortos A, Dunn R R, et al. Tunable flexible pressure sensors using microstructured elastomer geometries for intuitive electronics. Advanced Functional Materials, 2014, 24 (34): 5427-5434.

[36] Yu G, Hu J, Tan J, et al. A wearable pressure sensor based on ultra-violet/ozone microstructured carbon nanotube/polydimethylsiloxane arrays for electronic skins. Nanotechnology, 2018, 29 (11): 115502.

[37] Peng S, Blanloeuil P, Wu S, et al. Rational design of ultrasensitive pressure sensors by tailoring microscopic features. Advanced Materials Interfaces, 2018, 5 (18): 1800403.

[38] Li T, Li Y, Zhang T. Materials, structures, and functions for flexible and stretchable biomimetic sensors. Accounts of Chemical Research, 2019, 52 (2): 288-296.

[39] Liu H, Chen X, Zheng Y, et al. Lightweight, superelastic, and hydrophobic polyimide nanofiber/MXene composite aerogel for wearable piezoresistive sensor and oil/water separation applications. Advanced Functional Materials, 2021, 31 (13): 2008006.

[40] Luo N, Dai W, Li C, et al. Flexible piezoresistive sensor patch enabling ultralow power cuffless blood pressure measurement. Advanced Functional Materials, 2016, 26 (8): 1178-1187.

[41] Mannsfeld S C, Tee B C, Stoltenberg R M, et al. Highly sensitive flexible pressure sensors with microstructured rubber dielectric layers. Nature Materials, 2010, 9 (10): 859-864.

[42] Frutiger A, Muth J T, Vogt D M, et al. Capacitive soft strain sensors via multicore-shell fiber printing. Adv. Mater, 2015, 27 (15): 2440-2446.

[43] Xia Q, Wang S, Zhai W, et al. Highly linear and low hysteresis porous strain sensor for wearable electronic skins. Composites Communications, 2021, 26: 100809.

[44] Cohen D J, Mitra D, Peterson K, et al. A highly elastic, capacitive strain gauge based on percolating nanotube networks. Nano Letters, 2012, 12 (4): 1821-1825.

[45] Cao C-F, Zhang G-D, Zhao L, et al. Design of mechanically stable, electrically conductive and highly hydrophobic three-dimensional graphene nanoribbon composites by modulating the interconnected network on polymer foam skeleton. Composites Science and Technology, 2019, 171: 162-170.

[46] Dargahi J, Najarian S. Analysis of a membrane type polymeric-based tactile sensor for biomedical and medical robotic

applications. Sensors and Materials, 2004, 16 (1): 25-41.

[47] Yao D, Wu L, Peng S, et al. Use of surface penetration technology to fabricate superhydrophobic multifunctional strain sensors with an ultrawide sensing range. ACS Applied Materials & Interfaces, 2021, 13 (9): 11284-11295.

[48] Ren X, Tian Q, Zhu X, et al. Multi-scale closure piezoresistive sensor with high sensitivity derived from polyurethane foam and polypyrrole nanofibers. Chemical Engineering Journal, 2023, 474: 145926.

[49] Lee J, Lim M, Yoon J, et al. Transparent, flexible strain sensor based on a solution-processed carbon nanotube network. ACS Applied Materials & Interfaces, 2017, 9 (31): 26279-26285.

[50] Shi W, Chen S, Lin Y, et al. Piezoresistive fibers with record high sensitivity via the synergic optimization of porous microstructure and elastic modulus. Chemical Engineering Journal, 2022, 441: 136046.

[51] Fei Y, Chen F, Fang W, et al. High-strength, flexible and cycling-stable piezo-resistive polymeric foams derived from thermoplastic polyurethane and multi-wall carbon nanotubes. Composites Part B: Engineering, 2020, 199: 108279.

[52] Ma Z, Wei A, Li Y, et al. Lightweight, flexible and highly sensitive segregated microcellular nanocomposite piezoresistive sensors for human motion detection. Composites Science and Technology, 2021, 203: 108571.

[53] Wang Y, Chen Z, Mei D, et al. Highly sensitive and flexible tactile sensor with truncated pyramid-shaped porous graphene/silicone rubber composites for human motion detection. Composites Science and Technology, 2022, 217: 109078.

[54] Wang C, Pan Z Z, Lv W, et al. A directional strain sensor based on anisotropic microhoneycomb cellulose nanofiber-carbon nanotube hybrid aerogels prepared by unidirectional freeze drying. Small, 2019, 15 (14): 1805363.

[55] Jing Z, Zhang Q, Cheng Y, et al. Highly sensitive, reliable and flexible piezoresistive pressure sensors based on graphene-pdms@ sponge. Journal of Micromechanics and Microengineering, 2020, 30 (8): 085012.

[56] Xu S, Li X, Sui G, et al. Plasma modification of pu foam for piezoresistive sensor with high sensitivity, mechanical properties and long-term stability. Chemical Engineering Journal, 2020, 381: 122666.

[57] Samad Y A, Li Y, Alhassan S M, et al. Novel graphene foam composite with adjustable sensitivity for sensor applications. ACS Applied Materials & Interfaces, 2015, 7 (17): 9195-9202.

[58] Kaiqiang W, Xingyang L. Wearable pressure sensor for athletes' full-range motion signal monitoring. Materials Research Express, 2020, 7 (10): 105003.

[59] Wan Y, Qin N, Wang Y, et al. Sugar-templated conductive polyurethane-polypyrrole sponges for wide-range force sensing. Chemical Engineering Journal, 2020, 383: 123103.

[60] Yu T, Zhang D, Wu Y, et al. Graphene foam pressure sensor based on fractal electrode with high sensitivity and wide linear range. Carbon, 2021, 182: 497-505.

[61] Sengupta D, Pei Y, Kottapalli A G P. Ultralightweight and 3d squeezable graphene-polydimethylsiloxane composite foams as piezoresistive sensors. ACS Applied Materials & Interfaces, 2019, 11 (38): 35201-35211.

[62] Sun Q J, Zhao X H, Zhou Y, et al. Fingertip-skin-inspired highly sensitive and multifunctional sensor with hierarchically structured conductive graphite/polydimethylsiloxane foams. Advanced Functional Materials, 2019, 29 (18): 1808829.

[63] Huang X, Guo W, Liu S, et al. Flexible mechanical metamaterials enabled electronic skin for real-time detection of unstable grasping in robotic manipulation. Advanced Functional Materials, 2022, 32 (23): 2109109.

[64] Cui X, Chen J, Zhu Y, Jiang W. Lightweight and conductive carbon black/chlorinated poly (propylene carbonate) foams with a remarkable negative temperature coefficient effect of resistance for temperature sensor applications. Journal of Materials Chemistry C, 2018, 6 (35): 9354-9362.

[65] Li G, Liu S, Wang L, Zhu R. Skin-inspired quadruple tactile sensors integrated on a robot hand enable object recognition. Science Robotics, 2020, 5 (49): eabc8134.

第 9 章
聚合物泡沫基摩擦纳米发电机

由于石油基能源存在的能源危机及其造成的气候变化问题，绿色能源收集技术的发展变得日益重要。摩擦纳米发电机（TENG）提供了一种全新的将机械能转化为电能的方法。TENG利用不同摩擦电材料摩擦时产生的静电荷，将其通过简易的小型化装置形成微电流，实现日常生活中随处可见的微小机械能向电能的转化。聚合物泡沫因其丰富的多孔结构，提供了较大的比表面积，能够在摩擦过程中产生更高的电荷密度。因此，多孔材料是一种很有潜力的TENG摩擦层材料。此外，聚合物泡沫还具有高柔韧性、耐磨性和低成本等优点。本章将涵盖TENG的分类和工作原理、影响TENG性能的主要因素、聚合物泡沫在TENG中的应用优势以及基于聚合物泡沫TENG的研究进展。

9.1 摩擦纳米发电机概述

9.1.1 微纳能源收集器件的发展背景

能源是人类活动的重要物质基础，支撑着科学技术的发展和经济增长。然而，过度使用煤、石油、天然气等化石能源对人类社会和经济发展产生了严重影响[1,2]。此外，化石能源的过度使用还带来了严重的环境污染，如空气污染、温室效应和酸雨，过度开发也导致了能源枯竭的危机。电力是现代人类生活和工业的核心，目前最常见的发电方式是火力发电，这导致了严重的气候变化。

自21世纪以来，世界高度重视可再生和可持续能源的发展。绿色可再生能源的发展是替代传统化石能源的迫切需求。如图9-1所示，地热能、太阳能、生物质能、风能、水能和核能是目前最常用的可再生能源。尽管这些可再生能源在一定程度上解决了能源危机问题，但它们仍存在许多缺陷。例如，风能容易受到季节、风向甚至地理位置等多种因素的影响；太阳能发电则受到白天光照条件、天气和季节的影响；核电站存在辐射污染和放射性元素泄漏的风险[3]。

图 9-1 目前广泛使用的可再生能源种类[3]

由于地热能的可利用性较低，环境中的机械能或热能不受昼夜、气候、季节和地点的影响，是一种更可行的绿色能源来源。随着基于物联网、无线传感器网络和人工智能的第四次工业革命的到来，移动电子设备或微电子设备趋向于小型化和便携化。尽管可穿戴设备和便携式设备的能耗已大幅减少至几瓦，甚至达到毫瓦或微瓦级，但从全球宏观角度来看，总能耗仍然巨大。

近年来，利用先进微纳米材料制成的新型微纳系统或设备来收集环境或人体活动中的微小机械能被认为是一种极具潜力的绿色能源收集技术，形成了一个新的纳米能源研究领域。为了高效捕捉和存储环境中的能量，并为不同应用提供持久、免维护和自驱动的能量，研究人员开发出了多种纳米能源收集技术。微纳能源收集器件的基本性能指标包括适用性、转化效率和稳定性。其中，适用性强调微纳能源收集器件在特定工作环境中的可用性；同时，为了维持微纳能源收集器件的长期连续运行，器件稳定性也至关重要[4,5]。

9.1.2 摩擦纳米发电机及其关键因素

摩擦纳米发电机（TENG）首次由王中林教授于 2012 年提出，其基于摩擦起电效应，能够有效将日常生活中常见的微小机械能转化为电能[6]。TENG 是继电磁感应、压电设备之后的一种新型能量转换装置，为机械能的高效利用开创了新途径[7]。由于 TENG 具有高效率、低成本、高输出、易制备及丰富的材料选择等独特优势，TENG 被视为一种极具前景的能量收集装置。TENG 的摩擦层材料基体、摩擦材料的宏观和微观结构以及 TENG 器件的构造是影响 TENG 性能的重要因素[8]。

(1) 摩擦层材料

TENG 的能量来源于不同摩擦电性质的两种异质材料之间的电势差，因此，构成摩擦层的材料基体对 TENG 的输出性能具有重要影响。

摩擦电极性描述了一种材料与另一种材料接触时失去或获得电子的能力。摩擦电序列对常用材料的摩擦电极性进行了排名，位列表顶部的材料与其他材料接触时倾向于失去电子并表现出表面正电荷，而位于列表底部的材料则倾向于获得电子并表现出表面负电荷[9,10]。除了摩擦电极性，其他满足特定应用要求的特性，如易降解、无污染、柔性、耐磨性等，也是选用摩擦层材料需要考虑的重要因素。

(2) 宏观和微观结构

TENG 具有简单的工作模式和多样化的材料选择。通过合理的结构设计，TENG 不仅可以实现环境中机械能的高效转换，还能用于收集几乎所有形式的机械能。TENG 的能量产生基于两种具有相反摩擦电极性的摩擦层材料之间的循环接触和分离产生的电势差变化。因此，设计合理的微型器件以实现在外力触发下的反复接触和分离是至关重要的。目前，开发的 TENG 有四种工作模式，分别是垂直接触-分离模式、水平滑动模式、单电极模式和独立层模式。这些不同的工作模式和 TENG 的器件设计是影响 TENG 宏观结构的因素。

此外，TENG 中摩擦层材料的微观结构对 TENG 的输出性能也有很大影响。摩擦层材料的表面拓扑形貌直接影响摩擦层的表面粗糙度和比表面积。具有粗糙结构的表面能够显著提升 TENG 的有效接触面积，从而提升电荷密度与输出性能。

9.1.3 基于多孔材料的摩擦纳米发电机

增加摩擦层的表面粗糙度和有效接触面积是提高摩擦纳米发电机（TENG）输出性能的有效策略。目前常用的摩擦层表面处理方法包括：模板图案化、激光雕刻、表面蚀刻、化学接枝和颗粒涂层等。这些方法能够在摩擦层表面构筑多层级的复杂粗糙结构，从而提升 TENG 的输出性能。

多孔泡沫材料作为一种新型摩擦层材料，由于其轻量化、高比表面积和结构稳定性等优点，在 TENG 的开发中展现出良好的应用前景。泡沫材料由于其粗糙的表面结构与内部孔隙提供的额外表面积，具有优异的电荷生成能力和更高的电荷密度[11,12]。与传统的表面加工或涂覆制备的实体摩擦层材料相比，基于聚合物多孔材料的 TENG 具备更高的稳定性、柔韧性、低成本和耐久性。

目前，可制备适用于 TENG 的多孔材料的技术有很多，例如：静电纺丝、相分离/冷冻干燥、溶液浇注/颗粒浸出、3D 打印、热裂解、化学发泡、物理发泡和超临界 CO_2 干燥等。

9.2 摩擦纳米发电机的基本原理

9.2.1 电荷和电流产生机制

静电在自然界中普遍存在，由于材料间的摩擦不同性质的物体可能产生大量静电。日常生活中的摩擦电效应常常会导致爆炸、火灾、静电击打或信号干扰等负面影响，但同时，这一效应也能为生活生产带来巨大帮助，如静电除尘、静电复印、空气净化等。因此，探索摩擦电效应的潜在正面应用是人类的持续追求。

摩擦纳米发电机的基本原理是摩擦起电效应与静电感应的耦合[8]。摩擦起电效应提供了极化电荷，而静电感应则是将机械能转化为电能的主要机制。通常，当两种材料相互接触时，界面某些部位分子间作用会增强，当距离足够接近时电子云发生重合，此时，得电子与失电子能力不同的原子之间会产生电子的转移，从而形成正电荷或负电荷的传递以平衡材料之间的电化学势。两种材料表面形成的正电荷或负电荷统称为摩擦电荷[13]。当带相反电荷的摩擦材料相互远离时，摩擦层材料表面的电势差会导致电流收集器（集流体）或附着在摩擦材料背面的电极发生电子重分布。此时，如果与带异性电荷材料接触的两个电极通过外部电路进行连接，则会有瞬时电流通过外电路以平衡集流体之间的电势差。当两种材料再次靠近时，摩擦层材料间的电势差消失，则会在外电路产生相反方向的瞬时电流。这一过程在外力的往复作用下可以反复进行，从而使 TENG 在运行中产生周期性电流信号。

2017 年，王中林提出了基于麦克斯韦位移电流的 TENG 基础理论[14]。麦克斯韦位移电流是英国科学家麦克斯韦于 1861 年提出的理论，源自麦克斯韦方程组，将电场与磁场密切关联。因此，麦克斯韦方程组成为纳米发电机的理论来源之一。麦克斯韦位移电流的定义式为：

$$J_D=\frac{\partial D}{\partial t}=\varepsilon\frac{\partial E}{\partial t}+\frac{\partial P_S}{\partial t} \tag{9-1}$$

式中，D 为位移场；ε 为介质的介电常数；E 为电场；P_S 为由压电或摩擦电效应生成的表面极化电荷的极化场。在压电纳米发电机中，这一极化场来源于应变产生的压电极化电荷；在 TENG 中，极化场则源于两种接触材料摩擦起电后，静电随位移变化所形成的表面极化电荷。

以接触-分离模式的 TENG 为例，如图 9-2 所示。在这一模式下的基本器件模型由两个连接至外部负载的电极以及两个用于接触带电的介电层（摩擦层）组成。由于接触带电效应，介电层表面具有相反的电荷，表面电荷密度为$\pm\sigma_{tribo}$，其在初次接触后达到饱和，与间隙距离 z 无关。当 z 逐渐增大时，摩擦电荷引起的静电场驱使自由电子通过外部负载在两个电极之间移动。

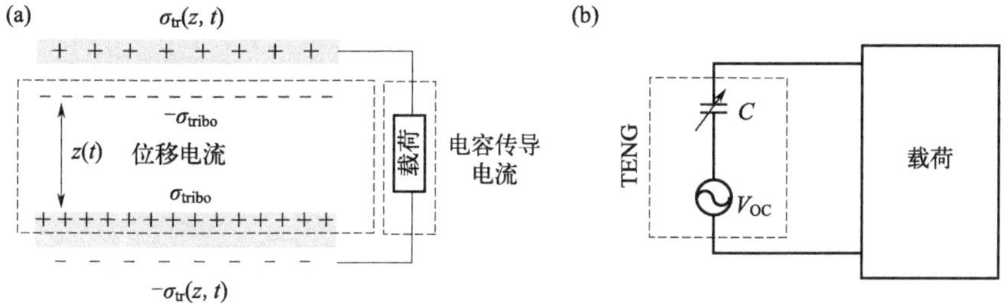

图 9-2 TENG 电流模型与等效电路[15]

(a) 接触-分离模式下 TENG 的位移电流模型；(b) 摩擦纳米发电机的等效电路模型

电极上转移电荷量与由位移产生的间隙距离 z 之间存在一些函数关系。由位移变量 z 的机械能产生的位移电流 J_D 可表示为：

$$J_D=\frac{\partial D_z}{\partial t}=\frac{\partial \sigma_{tr}(z,t)}{\partial t} \tag{9-2}$$

式中，J_D 为位移电流密度；D_z 为电位移矢量的 z 分量；$\sigma_{tr}(z,t)$ 为转移电荷面密度。

带相反介电层表面电荷的 TENG 的间隙变化可视为具有变化电容的电容器。从这一角度来看，电容模型为 TENG 提供了更直观的描述。通过外电路的电流可用下式计算：

$$I=\frac{\mathrm{d}Q}{\mathrm{d}t}=A\ \frac{\mathrm{d}\sigma_{tr}}{\mathrm{d}t} \tag{9-3}$$

式中，I 为外电路电流；Q 为电极上的总转移电荷量；A 为电极的有效面积。

电容模型的结果与式(9-2) 相同，这证明了麦克斯韦位移电流是电容模型的基础。因此，对应的 TENG 输出电压可表示为：

$$V=-\frac{1}{C(z)}\times Q+V_{\infty}(z) \tag{9-4}$$

式中，V 为输出电压；$C(z)$ 为间隙距离变化导致的电容变化；$V_{\infty}(z)$ 无负载条件下的输出电压。

由此可见，电容模型与欧姆定律是研究、设计和优化 TENG 的理论工具。

9.2.2 摩擦纳米发电机的工作模式与原理

根据摩擦纳米发电机（TENG）极性变化的方向和接触模式，目前已开发出四种 TENG 的工作模式。如图 9-3 所示，根据 TENG 运行过程中摩擦层材料相对位移 TENG 的工作模式可分为：垂直接触-分离模式和水平滑动模式[16]。根据电极的特性，工作模式可分为：单电极模式和独立层模式。

9.2.2.1 垂直接触-分离模式

垂直接触-分离模式是 TENG 最常用的工作模式。该模式通常由两个不同摩擦电极性的摩擦层组成，电极安装在两个摩擦层的背面作为集流体以收集感应电荷。使用间隔物或弹簧将两个摩擦层分开，以形成空气间隙。当施加外力时，两个摩擦层相互接触并发生摩擦，在

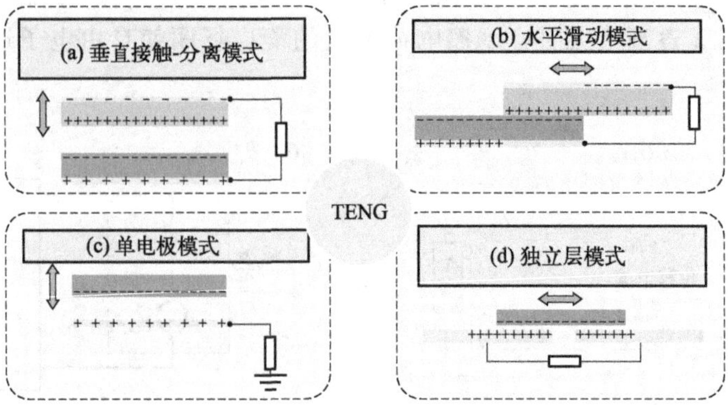

图 9-3 摩擦纳米发电机的四种基本工作模式[16]

摩擦层表面生成等量的正负电荷。当外力移除后，柔性层回弹，带有异种电荷的摩擦层表面分离，这导致两个电极之间产生感应电势差[17]。如果两个电极通过外部电路连接，感应电势差会驱动电极之间的电子移动，产生反向电势差以平衡静电场。当 TENG 被再次按压时，摩擦层再次接触，由摩擦电荷引起的电势差消失，因而，电子发生反向流动以再次平衡电极之间的电势差，进而形成反向瞬时电流（图 9-4）[18]。在垂直接触-分离模式下，TENG 可以在周期性外力作用下产生周期性交流电输出。该工作模式的 TENG 具有结构设计简单、易于多层集成以及瞬时输出功率高的优点[19]。

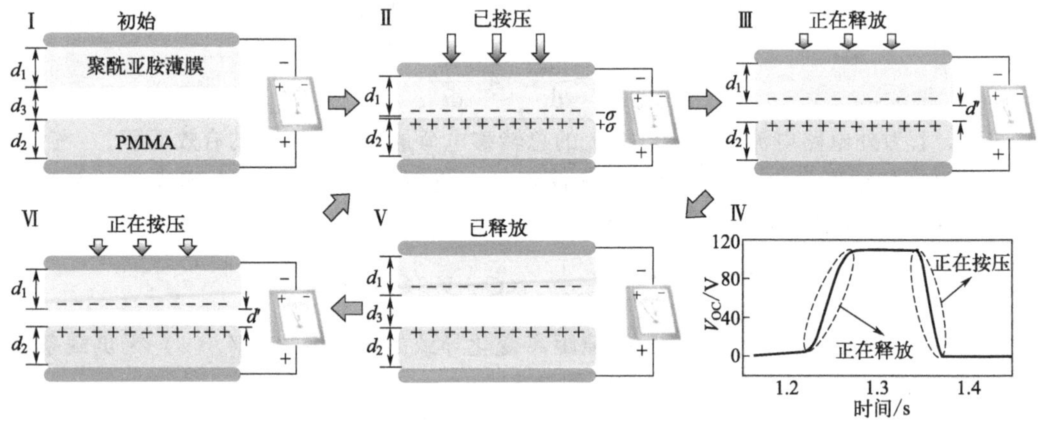

图 9-4 垂直接触-分离模式下 TENG 的工作原理示意图[18]

9.2.2.2 水平滑动模式

水平滑动模式的结构与垂直接触-分离模式类似，但避免了空气间隙，摩擦层材料之间的接触和分离通过顶部材料的往复滑动实现。如图 9-5 所示，在初始状态下，两层摩擦材料接触，由于接触带电效应，发生电子迁移，但并未在电极之间形成电势差。当外力沿水平方向施加时，两个摩擦层材料发生相对位移。一方面，微观尺度上相对位移能够增强材料界面的接触力，从而产生更多的静电荷；另一方面，两个摩擦层材料的分离使得电极之间由于电荷感应形成电势差，类似于垂直接触-分离模式。因此，在电极间电势差的驱动下，电子会从带负电的电极向带正电的电极移动，从而在外电路形成瞬时电流。当摩擦层再次靠近时，由于电势差补偿，外电路中则会产生相反方向的瞬时电流[20]。

因此，水平滑动模式下 TENG 的工作原理基于滑动摩擦电荷生成与静电感应的耦合效应。与垂直接触-分离模式相比，水平滑动模式的 TENG 不需要空气间隙，但需要相对较大的水平位移。此外，TENG 在垂直接触-分离模式下通常可以自动恢复到初始状态，而水平滑动模式则需要额外的操作来重置其初始状态。

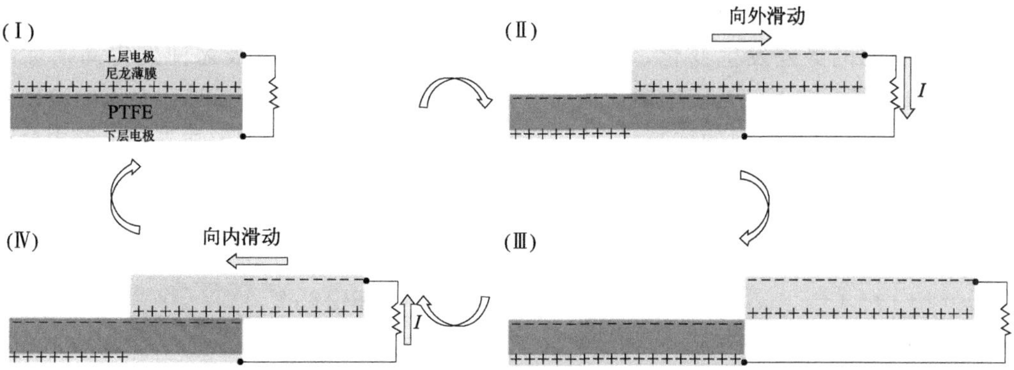

图 9-5　水平滑动模式 TENG 的工作原理示意图[20]

9.2.2.3　单电极模式

TENG 的另一显著特点是：它可以仅使用一个电极发电。单电极模式下 TENG 的工作机制与垂直接触-分离模式下 TENG 的相似。如图 9-6 所示，单电极模式下 TENG 中只有一个电极与摩擦层材料相连，而电极的另一端接地。在工作过程中，自由移动的摩擦材料与 TENG 摩擦层表面相接触，由于接触带电效应产生相反电荷，摩擦层表面与自由移动物体之间仍存在电势差。当自由移动物体远离摩擦层时，摩擦层表面的电荷会使电极上形成静电感应电荷，从而导致单电极与地之间的电子转移，与此同时，外电路形成瞬时电流。当自由移动物体再次接触摩擦层时，电势差得到补偿，外电路中出现相反方向的电流。不同于垂直接触-分离模式，单电极模式中的电极接地，而地面电势为零，因此其输出性能约为传统双电极 TENG 的一半。

与传统的双电极 TENG 相比，单电极 TENG 在材料选择和设备设计上更具灵活性。整体装置非常简单，不需要多余的间隔物、背部支撑、固定装置和额外的电线。然而，其缺点

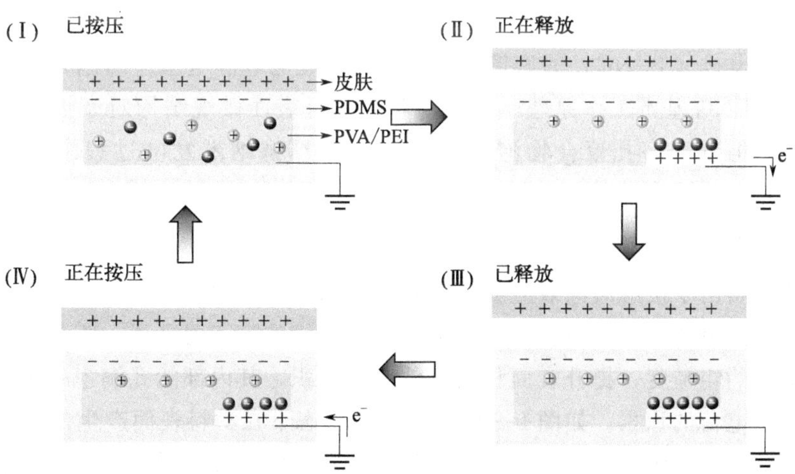

图 9-6　单电极模式下 TENG 的工作原理示意图[21]

是输出不稳定，功率密度相对较低。基于这些特点，单电极 TENG 可用于要求设备薄而灵活、信号精度要求不高的应用场景，如触摸信号检测。

9.2.2.4 独立层模式

独立层模式下的 TENG 是一种巧妙的设计，通常包含一个独立摩擦层和一对固定的摩擦层，其背面均附有电极。如图 9-7 所示，独立摩擦层在两个固定摩擦层之间的周期性运动导致电极之间的电势差发生变化，而电流则在两个固定摩擦层电极之间发生周期性的流动[22]。在独立层模式下，当使用铝或铜片等导电材料作为固定摩擦层时，无需配制额外集流体，随着带负电摩擦材料的往复运动，两个电极之间会产生电势差，而外接电路中会产生交变的瞬时电流。

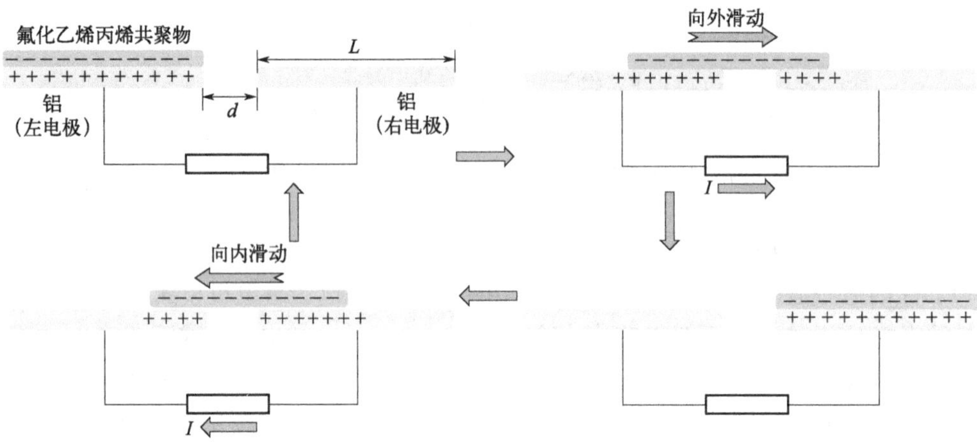

图 9-7 独立层模式下 TENG 的工作原理示意图[22]

与单电极模式下的 TENG 的结构类似，独立层模式下的 TENG 设计和制备简单。独立摩擦层可自由地周期性移动，不受静电屏蔽效应的影响。此外，该模式中的摩擦层不需要紧密接触，极大地减少了摩擦层的摩擦损失，避免过多的机械能转化为热能，从而延长了 TENG 器件的使用寿命，同时提升电能转化率。

9.2.3 多孔泡沫材料的摩擦纳米发电机制

摩擦纳米发电机（TENG）的摩擦电是通过接触起电和静电感应的耦合作用产生的。虽然不同模式的 TENG 基本工作原理已较为清晰，并且表面微观结构对摩擦电输出性能的影响也逐步阐明，但基于多孔聚合物泡沫的 TENG 在摩擦纳米发电过程中，可能存在着对 TENG 的性能产生重要影响的额外效应。

9.2.3.1 多孔结构中的电荷积累

普通摩擦材料由于接触起电效应会在其微观结构表面产生电荷，具有复杂层级结构的表面具有更高的表面电荷负载能力。对于由多孔材料制成的摩擦层来说，不仅暴露在表面的孔洞能够影响材料的粗糙度，提升表面积与有效摩擦面积，其内部的孔洞也会由于接触电荷转移效应而有助于电荷的积累。如图 9-8 所示，初始状态下在材料表面产生的电荷会在多孔材料压缩时转移到内部孔隙的表面上，进而导致表面电荷向内部单元的迁移。此过程中，泡沫表面的电荷量减少，从而使其能够在下一个压缩循环中生成新的电荷。这种电荷积累现象在由多孔摩擦材料构成的 TENG 中经常观察到[23]。

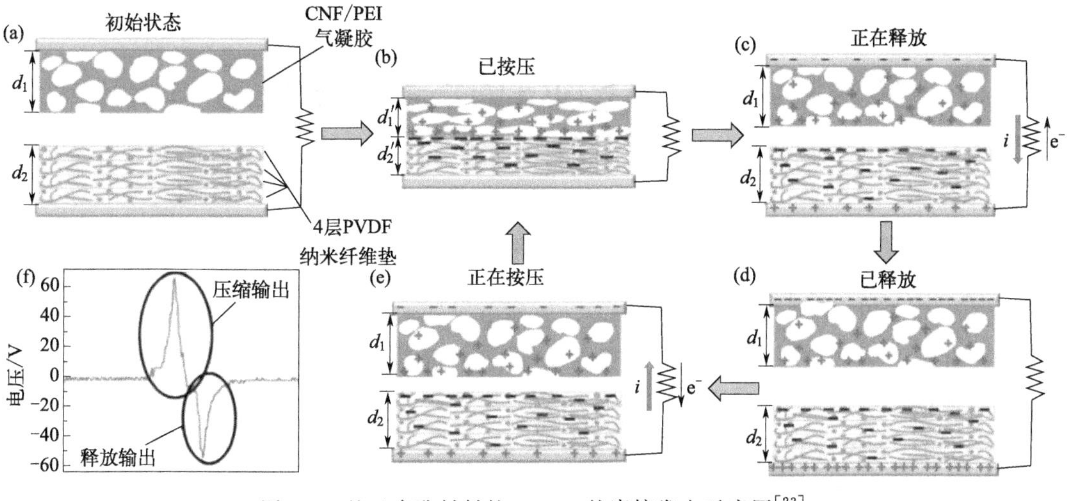

图 9-8 基于多孔材料的 TENG 的摩擦发电示意图[23]

（显示了在周期性压缩和释放过程中电荷的积累机制）

9.2.3.2 微单元中的电荷分离

当导电聚合物泡沫被用作单电极 TENG 中的摩擦层材料时，泡沫层中的微型单元可能显著影响 TENG 的输出性能。如图 9-9 所示，使用由硅橡胶和碳纳米纤维（CNFs）组成的复合泡沫作为单电极 TENG 时，整个样品包含大量泡孔单元，每个单元都可以视为一个独立的 TENG，因此整个样品的输出是所有单个 TENG 输出的总和。在多孔结构变形前的初始状态下，由于暴露的 CNFs 和橡胶之间摩擦不足，未发生电荷转移。当泡沫被压缩时，单元坍塌，导致暴露的 CNFs 与橡胶泡孔壁接触，使 CNFs 和橡胶泡孔壁带上相反电荷。由于 CNFs 与硅橡胶之间不同的电子亲和力，在泡孔单元的两侧建立了微电势差。由于所有单元都沿同一方向压缩，微电势差在所有单元中应保持一致，类似于电偶极子。由微电势差总和引起的电势差促使电子从地面流向基于橡胶/CNFs 泡沫的单电极 TENG。当泡沫被再次压缩时，CNFs 和橡胶泡孔壁上的电荷互相补偿，消除了微电势差，导致电子反向流动[24]。与传统的由固体摩擦材料构成的单电极 TENG 相比，使用导电聚合物泡沫制成的单电极 TENG 可以利用单个单元中的电荷分离机制，这有利于增强 TENG 的输出性能。

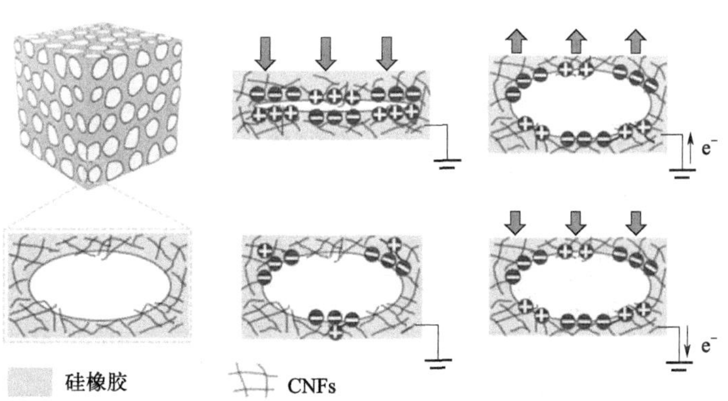

图 9-9 基于橡胶/CNFs 泡沫的单电极 TENG 单个泡孔单元摩擦发电原理示意图[24]

9.3 聚合物泡沫基 TENG 的性能与表征

9.3.1 聚合物泡沫基 TENG 的性能影响因素

TENG 的输出性能主要取决于摩擦层的摩擦电极性、微观结构以及 TENG 器件的配置。由于多孔材料主要被用作 TENG 的摩擦层材料，本节主要探讨摩擦层材料和微观结构对 TENG 性能的影响。

9.3.1.1 摩擦层材料的影响

(1) 摩擦电序列（获得和失去电子的能力）

由于摩擦层上的电荷密度是决定 TENG 输出性能的关键因素，在 TENG 的制作中选择具有显著不同摩擦电极性的材料非常重要。摩擦起电的本质在于材料在摩擦过程中获得和失去电子的行为。在 TENG 中，失去电子的材料带正电，而获得电子的材料带负电。因此，摩擦电材料根据其获得和失去电子的能力分为摩擦正性材料和摩擦负性材料。王中林教授在 2013 年更新了常见材料的摩擦电序列，如图 9-10 所示。在实际应用中，理想的选择是从列表顶部选择摩擦正性材料，并从列表底部选择摩擦负性材料，以实现最大的摩擦电极性差异，从而获得最高的接触起电电荷密度。

正性

苯胺-甲醛树脂	聚乙烯醇
聚甲醛1.3～1.4	涤纶
乙基纤维素	聚异丁烯
聚酰胺11	聚氨酯软海绵
聚酰胺66	聚对苯二甲酸乙二醇酯
甲醇	聚乙烯醇缩丁醛
羊毛(针织)	酚醛树脂(硬化)
丝绸(编织)	聚氯丁二烯
聚乙二醇丁二酸酯	丁二烯-丙烯腈共聚物
纤维素	天然橡胶
醋酸纤维素	聚丙烯腈
聚乙二醇乙二酸酯	丙烯腈-氯乙烯共聚物
聚邻苯二甲酸二烯丙酯	聚双酚碳酸酯
纤维素(再生)海绵	聚氯醚
棉花(编织)	聚二氯乙烯(沙兰)
聚氨酯弹性体	聚(2,6-二甲基聚苯醚)
苯乙烯-丙烯腈共聚物	聚苯乙烯
苯乙烯-丁二烯共聚物	聚乙烯
木材	聚丙烯
硬橡胶	聚碳酸二苯酯
醋酸纤维，人造丝	聚酰亚胺(Kapton)
聚甲基丙烯酸甲酯（明胶）	聚氯乙烯
聚乙烯醇	聚三氟氯乙烯
⋮	聚四氟乙烯

负性

图 9-10 常见材料的摩擦电序列[25]

(2) 材料的柔韧性

柔性 TENG 对冲击力表现出高敏感性。柔性 TENG 在受到手掌按压、拉伸或扭转时需要产生电信号。这是刚性摩擦电材料较难实现的。在选择 TENG 材料时，考虑其力学性能至关重要，因为摩擦层的力学性能不仅决定 TENG 器件的柔韧性，还影响 TENG 过程中接触的紧密度和表面电荷密度。软质摩擦层材料在压缩力作用下其表面具有的弹性，能够与另一摩擦层材料形成更紧密的接触，这通常会导致更好的接触状态与更高的电荷密度。

此外，柔性 TENG 应用于可穿戴设备、便携电源和人体运动传感器等中更为理想。因此，建议在可能的情况下选择柔性摩擦电材料。在柔韧性方面，多孔结构为改变摩擦层材料力学性能及 TENG 器件的柔韧性提供了理想的途径。高模量的刚性材料被加工成薄膜尤其是高孔隙率的多孔膜后其柔性会显著提升，这极大地拓宽了刚性材料在用于 TENG 时的适用性，并提升了其输出性能。

9.3.1.2 微观结构的影响

(1) 表面形态和粗糙度

多孔材料的表面形态是影响输出性能的另一关键因素。一般来说，表面越粗糙，接触面积越大，相同摩擦层材料下电荷密度和能量输出越高。对于多孔材料而言，表面形态是其内部结构的延伸。

多孔材料的表面结构一般可分为三类：凹陷的蜂窝状结构、凸起的丘状结构和纤维状网状结构。大多数采用气体发泡、相分离和致孔剂滤沥法制备的聚合物泡沫具有凹陷的蜂窝状表面结构。而通过负模板成型的泡沫通常在其表面具有凸起的丘状结构，例如，从其他物体（如莲叶、鱼皮、砂纸、蚀刻硅片等）复刻形成的微纳表面结构。具有纤维状网状表面结构的多孔材料通常通过静电纺丝、湿法纺丝或熔融纺丝技术制备。此外，3D 打印能够构建几乎所有类型的多孔材料表面形态。然而，3D 打印构建的特征尺寸大多为微米级，这限制了其有效接触面积的提升幅度。目前，大规模低成本地构建纳米尺寸微结构依然是一项重要挑战。

(2) 多孔结构与表面积体积比

聚合物泡沫的多孔结构对 TENG 性能有显著影响。通常，具有更细腻蜂窝结构和高孔隙率的多孔材料在与相同摩擦负性材料匹配时更有可能产生高的电荷密度。这与多孔材料每单位体积提供的有效接触表面积密切相关。因此，表面积体积比是评估柔性多孔材料产生接触电荷能力的重要参数。增加表面积体积比，是提升摩擦电材料有效接触面积，以及积累表面电荷密度的重要手段。

此外，压缩力和压缩频率是影响 TENG 性能的重要工作参数。一般来说，随着施加力的增加，由于高冲击力下有效接触面积的增加，输出电能升高。

9.3.2 TENG 的摩擦层材料表征

(1) 扫描电子显微镜

扫描电子显微镜（SEM）通过高能电子束扫描样品表面，能够生成样品的表面形态照片并获得表面元素含量与分布信息。扫描图像反映了样品的表面特征。对于多孔材料，SEM 能够表征诸如：泡孔密度、孔径大小、纤维直径、纤维取向度、结构纵横比及微纳米层级结构等特征参数。

(2) 傅里叶变换红外光谱

傅里叶变换红外光谱（FT-IR）分析通过获取物质在干涉型红外辐射下的干涉图样，提供样品的化学信息。对于聚合物材料，FT-IR 可以揭示材料的化学结构及分子链中的化学键信息，这些信息可以用来评估材料在摩擦起电过程中获得或失去电子的能力。

(3) X 射线衍射分析

X 射线衍射（XRD）分析是一种利用晶体物质对 X 射线的衍射效应来分析材料晶态或聚集态结构的技术。基于衍射 X 射线的强度和方向关系能够通过 X 射线的衍射峰来分析材料的内部结构。也可通过衍射图样来分析微观结构的取向状态。因此，XRD 表征可以实现材料的晶相定性与定量分析，晶格常数、晶粒大小、取向及残余应力的表征，这些因素对 TENG 的电荷生成性能有显著影响。

(4) 开尔文探针力显微镜

由于 TENG 的输出特性与表面摩擦电荷密度 σ 密切相关，摩擦层材料表面电位的表征与分析有助于探索材料特性与器件性能之间的关系。开尔文探针力显微镜（KPFM）能够分析不同摩擦层材料的表面电位，定量比较其获得或失去电子的能力。

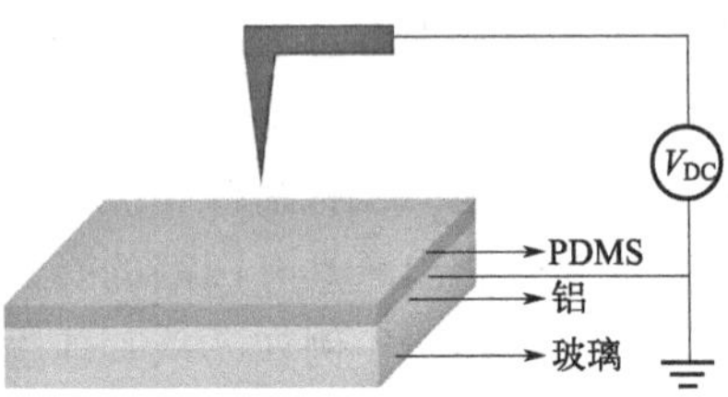

图 9-11　开尔文探针力显微镜工作原理示意图[26]

KPFM 通过微悬臂探针与材料原子之间的相互作用力，测量材料表面信息。测试在原子力显微镜（AFM）上进行，通过给探针施加交流电压，探针与样品之间产生静电力，并通过补偿电压 V_{DC}（在幅度调制模式下）或力梯度（在频率调制模式下），平衡特定频率下的静电力，从而获得探针与样品表面之间的接触电位差（V_{CPD}），如图 9-11 所示，其满足以下关系：

$$eV_{CPD}=\varphi_{tip}-\varphi_{sample} \tag{9-5}$$

式中，φ_{tip} 表示探针的功函数；φ_{sample} 表示样品的功函数。对于两种不同的样品 sample1 和 sample2，它们的功函数和接触电位差满足以下关系：

$$e(V_{CPD1}-V_{CPD2})=-(\varphi_{sample1}-\varphi_{sample2})$$

$$e\Delta V_{CPD}=\Delta\varphi_{sample} \tag{9-6}$$

接触电位差较大的样品在摩擦中表现出较强的正摩擦起电倾向，更容易失去电子并带正电。相反，接触电位差较小的样品表现出较强的负摩擦起电倾向，更容易获得电子并带负电。

9.3.3 TENG 器件的性能评价标准

9.3.3.1 品质因数（FOM）

研究人员已开发出许多不同材料和结构的 TENG，但由于不同结构 TENG 可能具有各自的优势，目前尚未建立统一的性能评价体系。2015 年，Zi 等人提出使用品质因数（FOM）来评估 TENG 的整体性能。FOM 包含结构品质因数（FOM_S）和材料品质因数（FOM_M），前者基于器件设计，后者基于操作过程中使用摩擦层材料的表面电荷密度。

不同 TENG 的操作模式遵循 FOM_S 的顺序依次为垂直接触-分离模式、水平滑动模式、独立层模式和单电极模式。图 9-12 展示了四种基本模式 TENG 的 FOM_S。从仿真结果可以看出，双电极 TENG 在相同条件下表现优于单电极 TENG 的 FOM_S。此外，触发条件也是一个非常重要的因数，因为在表面电荷密度相同时，接触分离模式的性能优于滑动模式。单电极模式和独立摩擦层模式的 FOM_S 较低，因为它们未能充分利用摩擦层材料表面产生的电荷。

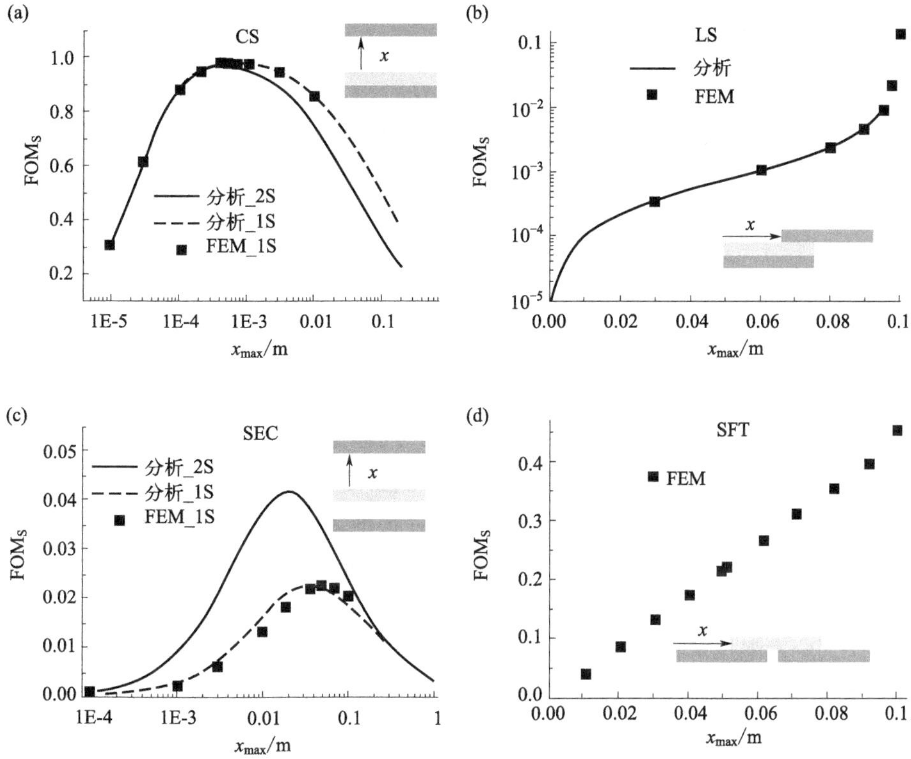

图 9-12 评估 TENG 性能的标准和结构品质因数（FOM_S）[27]

(a) 垂直接触-分离模式；(b) 水平滑动模式；(c) 单电极模式；(d) 独立层模式

9.3.3.2 输出电流、电压和电荷的测量

为了评估 TENG 的能量输出，通常需要测量短路电流、开路电压和开路电荷，从而比较具有不同材料、微观结构或宏观设计 TENG 的输出性能。通常，这些电信号可以使用如 Keithley 6514 等高分辨率、高电流灵敏度和电荷测量能力的静电计来测量。另一种用于测量瞬时开路电压的仪器是示波器，而短路电流可以使用低噪声电流测量系统（如 Stanford Research SR570）或具有高采样率和灵敏度的皮安计来测量。

9.3.3.3 输出功率密度的测量

为了评估 TENG 的实际功率，通常将其连接到外部负载上以测量 TENG 向外部负载提供的功率。通常使用从几欧姆到数千兆欧姆的电阻与 TENG 串联，并测量通过电阻的电流或电阻两端的电压。进一步，TENG 的输出功率可通过以下公式计算：

$$P=UI=I^2R=V^2/R \tag{9-7}$$

式中，P 为输出功率；U 为外部负载的电压；I 为通过外部负载的电流；R 为外部负载的电阻。随后，TENG 在特定电阻上的功率密度可通过将功率值除以 TENG 器件的面积或体积来计算。

基于不同电阻值外接负载的输出功率密度，能够绘制功率密度与外部负载电阻的关系图，从而获得最大功率密度值，该功率密度被认为是该装置的最佳功率密度，而对应的外接电阻被认为是 TENG 器件的内阻。

9.4 用于 TENG 的聚合物泡沫摩擦层制备方法

9.4.1 超临界 CO_2 发泡

超临界 CO_2（scCO_2）发泡是一种使用 CO_2 作为物理发泡剂来制备具有微米级泡孔结构聚合物泡沫的方法。该过程通常包括四个阶段：气体溶解、气泡成核、气泡生长和泡沫固化。scCO_2 发泡是一种环保、安全且廉价的大规模制备多孔聚合物泡沫的方法。该方法不会释放有毒气体，尤其适用于可回收的热塑性聚合物泡沫产品的制备。通过发泡参数或填料调控可以在数微米至数百微米之间调控孔隙结构。因此，scCO_2 发泡有望应用于规模化制备自适应多孔结构的柔性 TENG 摩擦层材料。

然而，scCO_2 发泡技术在制备多孔薄膜时面临挑战，主要因为发泡过程中压力的突然下降，使得 CO_2 分子迅速逸出，从而使靠近皮层的聚合物难以发泡，而皮层处形成的泡孔也趋向于破裂，因而薄膜材料或者无法发泡，或者存在实体皮层。这一皮层结构的存在极大地限制了发泡材料的表面粗糙度，使得其在作为 TENG 摩擦层材料时 TENG 输出性能较低。

为此，Mi 等人采用表面约束的 scCO_2 发泡方法，制备了一种无皮层多孔 TPU 薄膜，作为一种新型的摩擦层材料。如图 9-13 所示，他们首先通过真空辅助热压制备了三明治结构的 PET/TPU/PET 薄膜，随后在高压容器中进行 scCO_2 发泡。PET 层有效阻止了 scCO_2 扩散，防止了发泡过程中 CO_2 分子的逸出，同时还提供了异相成核界面，使薄膜表面能够形成细密的泡孔结构。制备的无皮层多孔膜显著提高了 TENG 的输出电压和电流，相较于有皮层摩擦层材料 TENG 的输出电压和电流分别增加了 340% 和 460%。此外，将凹形 TPU 多孔薄膜与凸形 PDMS 薄膜结合进一步提升了 TENG 的性能，提升幅度超过 40%，并且在连接 3.3 MΩ 的外部负载时实现了 4.6 $W \cdot m^{-2}$ 的高功率密度[28]。

Mi 等人还开发了一种新型的内部约束发泡工艺，采用不锈钢网（SSM）作为 scCO_2 发泡过程中的内部约束物，制备了具有规则凸起结构的多孔 TPU 复合泡沫[29]。将复合泡沫夹在两层硅橡胶膜之间，便能够同时利用 TPU 复合泡沫两侧的凸起结构进行摩擦发电。这种设计有效减轻了 SSM 电极的腐蚀，大幅提高了输出性能和耐久性，同时还能避免提供垂直接触-分离模式下 TENG 形成空气层所需的支撑物。此外，他们还发明了一种三电极集成式自支撑 TENG(TIS-TENG)，通过结合动态 scCO_2 发泡和内部约束发泡方法，制备了独特的具有宏观阵列凸起结构和微观褶皱结构的 TPU 发泡材料。图 9-14(b) 所示为 TPU 发泡材料泡孔内部的微米级褶皱结构。这个器件凸起的 TPU 阵列能够与内嵌电极形成四个摩擦层。当采用两个额外的硅橡胶层与阵列褶皱泡沫 TPU 组装后便制备了一个具有三个电极和八个摩擦层的 TIS-TENG 器件。该装置的输出性能得到了约 4 倍的提升。此外，通过在 PDMS 负摩擦层上添加具有得电子能力的茶粉并进行微型圆顶图案化，能够进一步提升器件的输出性能，达到 106.3 V 的高 V_{oc} 和 32.5 $mW \cdot m^{-2}$ 的功率密度[30]。

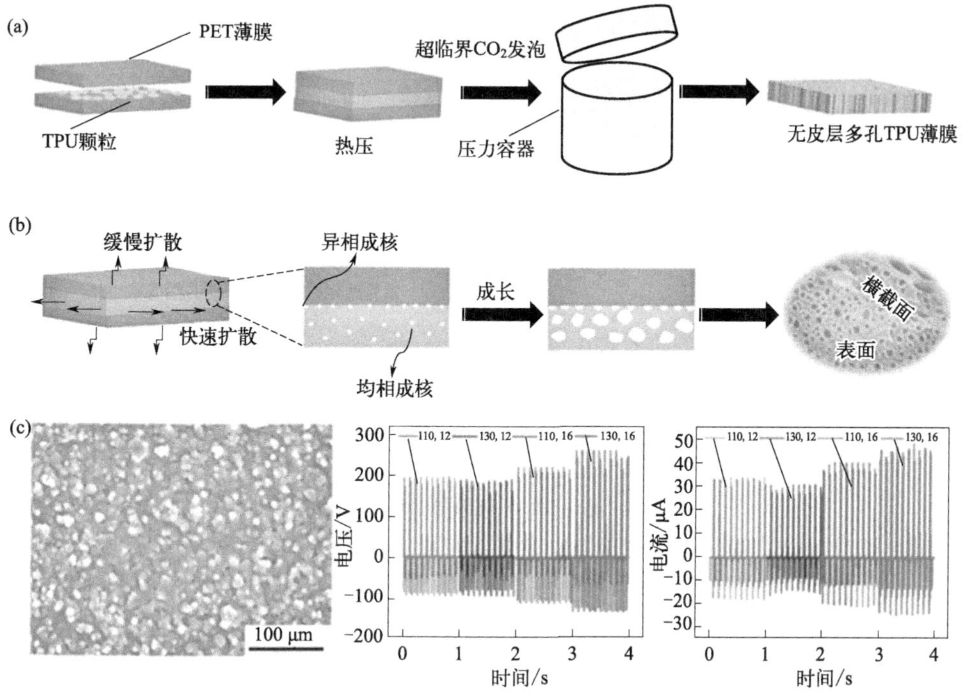

图 9-13　无皮层 TPU 薄膜 TENG[28]

(a) 制备无皮层 TPU 薄膜的工艺示意图；(b) 表面约束发泡工艺的发泡机理；(c) 凸形 PDMS 薄膜（SEM 照片）与在不同条件下发泡的无皮层 TPU 薄膜构成的 TENG 的输出电压和电流

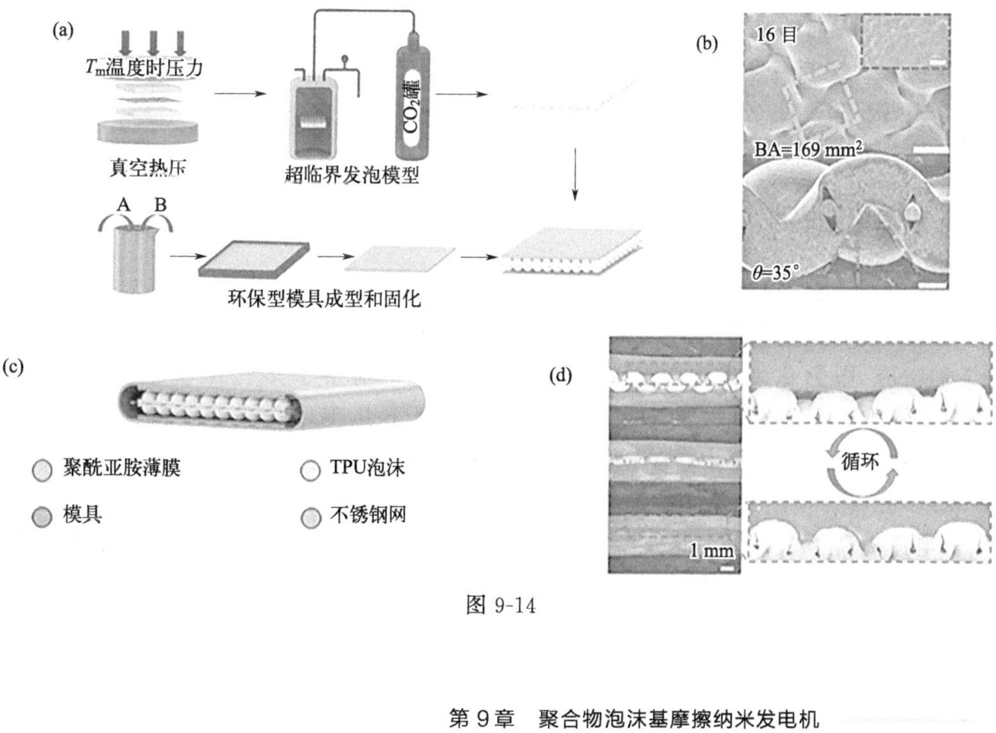

图 9-14

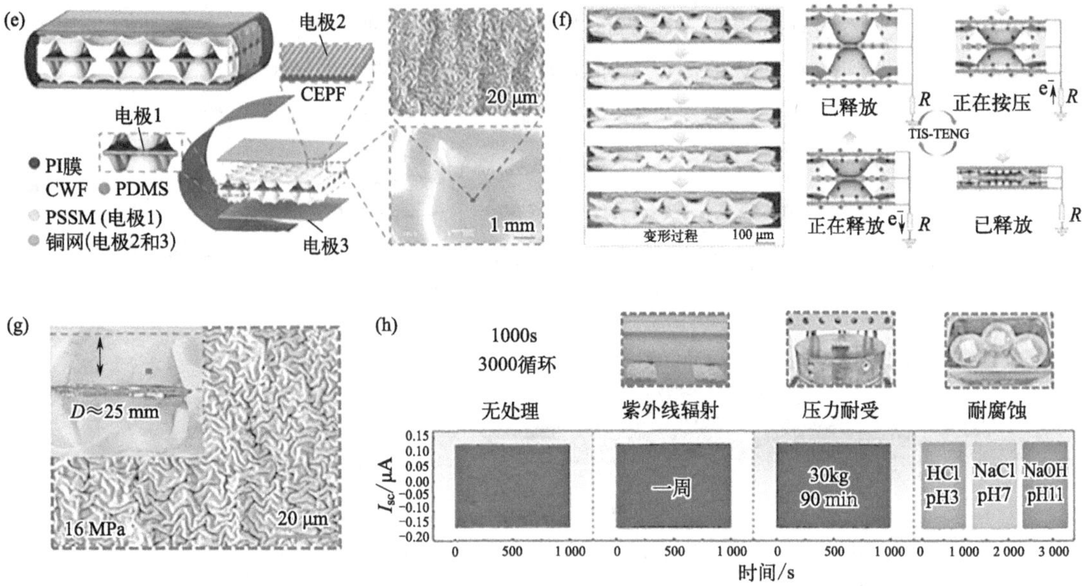

图 9-14　复合 TPU 泡沫与 TIS-TENG[29,30]

（a）内部约束发泡工艺制备复合 TPU 泡沫的工艺流程；（b）SEM 图像；（c）使用 PI 胶带组装的双面 TENG 的结构示意图；（d）双面 TENG 的压缩和释放状态；（e）TIS-TENG 的结构设计；（f）TIS-TENG 的压缩和释放过程及其工作过程；（g）TIS-TENG 内表面的宏观和微观形态；（h）TIS-TENG 在紫外线辐射、高强度挤压和腐蚀处理（酸、碱、盐）下的耐久性

Shao 等人采用橡胶和碳纳米纤维（CNFs）的复合材料，通过 $scCO_2$ 发泡制备了一种集成式 TENG。如图 9-15 所示，他们首先将橡胶/CNFs 复合材料置于高压发泡容器中，随后引入 $scCO_2$ 进行浸泡并通过快速卸压发泡。发泡材料在 200 ℃下完全固化。通过调控工艺参数，制备的 TENG 的开路电压为 91 V，短路电流为 2.87 μA，转移电荷为 40 nC。该 TENG 能够将拉伸、扭转、弯曲和压缩等复杂的机械能转化为电能，能够同时作为能源收集装置与自驱动传感装置[24]。此外，Li 等人开发了一种利用 $scCO_2$ 发泡 TPU 构建的单电极 TENG。采用橡胶气囊对该器件施加压力，能够产生约 26 V 的输出电压[31]。

9.4.2 化学发泡

化学发泡是一种通过化学反应生成气体的聚合物发泡工艺，该反应通过发泡剂在特定温度范围内的分解，同时释放一种或多种气体来实现对聚合物发泡。Yang 等人使用偶氮二异丁腈（AIBN）作为化学发泡剂对 PDMS 进行发泡，制备了多孔结构 PDMS 泡沫。如图 9-16 所示，在预固化阶段，AIBN 的分解在室温下几乎不会发生。随后，在 PDMS/AIBN 混合物完全固化过程中，AIBN 分解并释放氮气，从而在 PDMS 基体内产生气泡，形成 PDMS 多孔膜。使用 PDMS 多孔膜制备的 TENG 的电输出性能显著提升，电压提高了 2.5 倍，电流提高了 2.7 倍。此外，由于 PDMS 基体的耐用性与化学惰性，制备的 TENG 还表现出优异的长期输出稳定性。

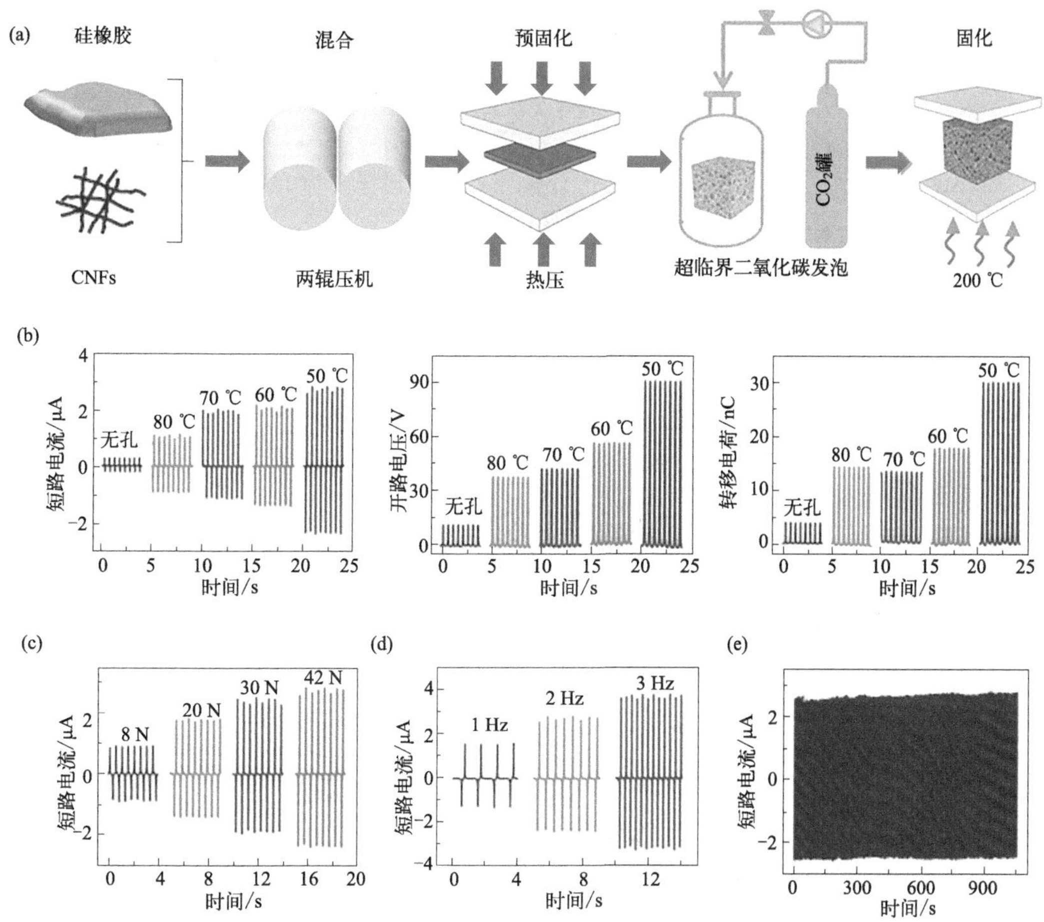

图 9-15 橡胶/CNFs 复合泡沫及 TENG[24]

(a) 橡胶/CNFs 复合泡沫制备过程示意图；(b) 不同发泡温度下制备的泡沫组装的 TENG 的输出性能；(c) 不同压缩力下 TENG 的短路电流；(d) 不同频率下 TENG 的短路电流；(e) 基于橡胶/CNFs 复合泡沫的 TENG 在长期测试中的耐久性

9.4.3 热诱导相分离与冷冻干燥

热诱导相分离（TIPS）和冷冻干燥方法常用于制备聚合物泡沫材料。在 TIPS 过程中溶剂相与聚合物相在温度诱导下发生相分离，而溶剂相通过冷冻和低压升华作用被除去，剩余的聚合物相便能形成多孔或纤维状的形态。Zheng 等人[33] 研究了基于聚合物多孔气凝胶的 TENG 输出性能，并验证了其作为摩擦层材料的性能优势。研究中使用多孔纤维素纳米纤维（CNFs）或壳聚糖（CTS）气凝胶薄膜作为正摩擦层材料，使用多孔 PDMS 和聚酰亚胺（PI）气凝胶薄膜作为负摩擦层材料。Mi 等人研究了聚乙烯亚胺（PEI）含量对 CNFs 气凝胶基 TENG 的摩擦电输出性能的影响。该 TENG 中 CNFs 气凝胶作为正摩擦层，聚偏氟乙烯（PVDF）纳米纤维膜作为负摩擦层[23]。研究发现，CNFs 气凝胶中 PEI 的加入增加了氨基数量，有利于正电荷的生成，但同时也减少了气凝胶薄膜的纤维结构，降低了比表面积。因此，10%的 PEI 含量是提高 TENG 输出性能的最佳比例（图 9-17）。

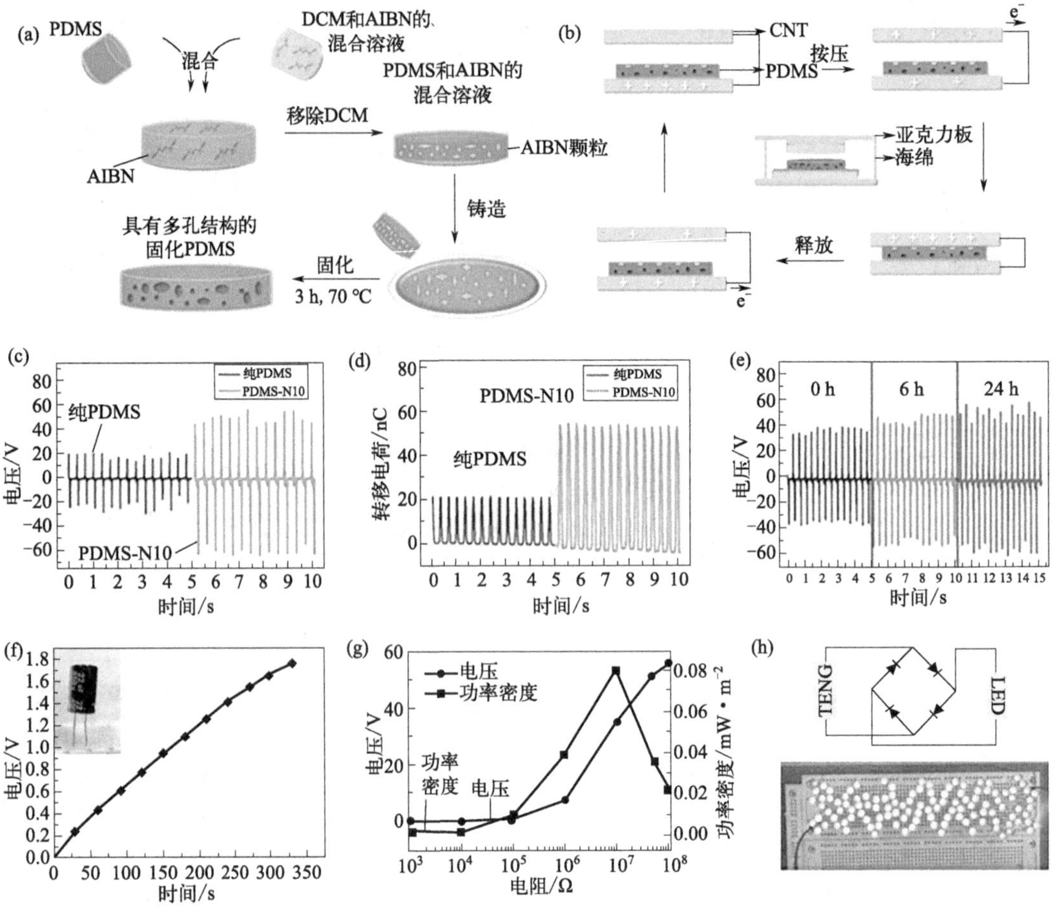

图 9-16 PDMS 多孔膜及 TENG[32]

(a) PDMS 多孔膜的制备过程示意图；(b) 基于 PDMS 多孔膜的 TENG 的工作机制；(c) 纯 PDMS 和 PDMS 多孔膜的输出电压；(d) 电荷转移结果；(e) 基于不同预固化时间的 PDMS 多孔膜 TENG 的输出电压；(f) 22 μF 电容充电的电压-时间曲线；(g) 外接电阻与电压及功率密度的关系；(h) TENG 输出电能点亮绿色 LED

除了冷冻干燥，相分离后的溶剂相还可以通过超临界干燥去除，获得多孔结构。$scCO_2$ 干燥中，相分离体系中的溶剂相能够溶解在 $scCO_2$ 中，并随着 $scCO_2$ 的气化而除去。Saadatnia 等人通过化学交联、凝胶化、溶剂交换和 $scCO_2$ 干燥制备了聚氨酯气凝胶（PUA），其制备流程如图 9-18(a) 所示。PUA 具有高度多孔结构，且其孔隙率和开孔量可

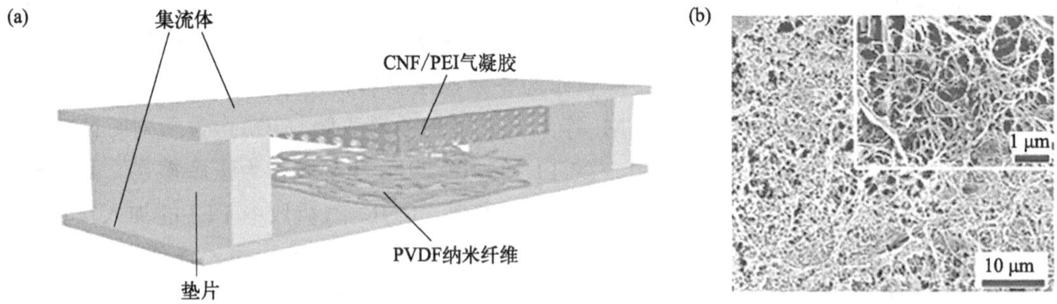

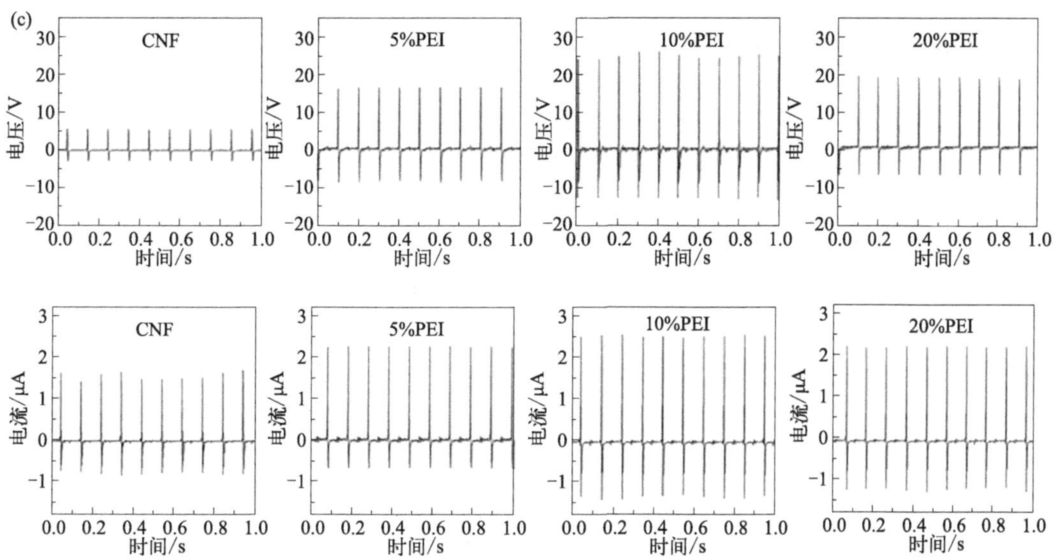

图 9-17　纳米纤维/气凝胶 TENG[23]

(a) 由 CNF/PEI 气凝胶薄膜与 PVDF 纳米纤维膜组合制备的 TENG 的结构示意图；
(b) 含 5%PEI 的 CNF/PEI 气凝胶的形态；(c) 不同气凝胶与一层 PVDF 纳米纤维膜组合后
TENG 的摩擦电输出电压和电流随 PEI 含量变化的影响

以通过调整溶液组分来控制［图 9-18(b)］。基于 PUA 制备的 TENG 表现出良好的柔韧性，且其输出的电流和电压显著提升。与致密的固体聚合物基 TENG 相比，其输出性能提高了 3.5 倍［图 9-18(c)］[34]。

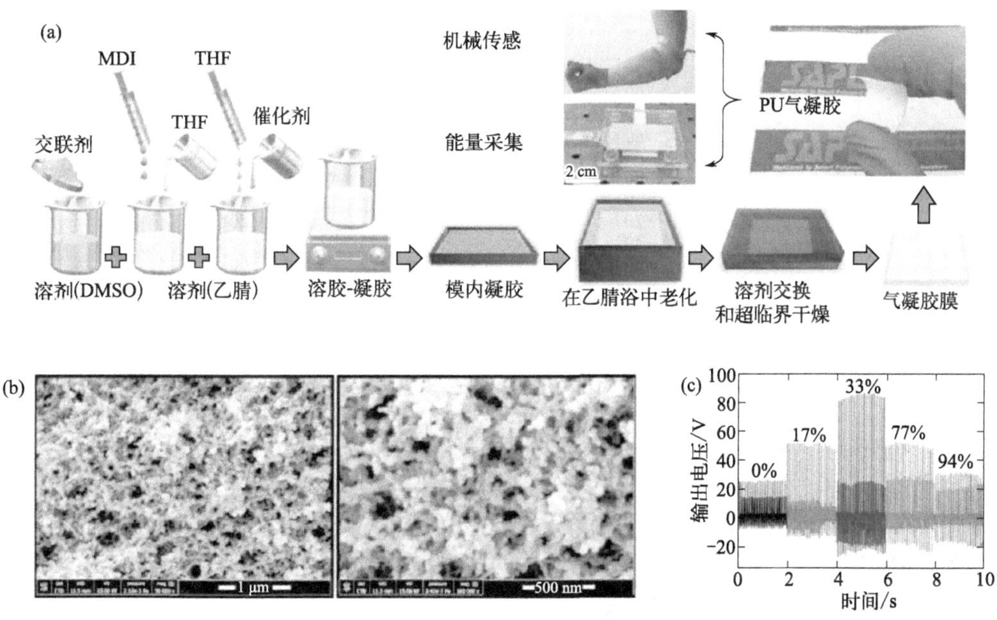

图 9-18　PUA 及 TENG[34]

(a) 通过 $scCO_2$ 干燥制备 PUA 的工艺流程图；(b) 不同开孔率的 PUA 的 SEM 图像；
(c) 基于 PUA 的 TENG 在不同开孔率下的输出电压

9.4.4 其他多孔薄膜制备方法

除了上述方法，研究人员开发或借鉴了许多其他方法来制备聚合物多孔膜。Wu 等人[35] 采用盐粒子作为致孔剂，通过水过滤制备了多孔结构的 PDMS 泡沫。如图 9-19(a) 所示，PDMS/NaCl 混合物刮涂形成薄膜后浸入热水中，一方面使 PDMS 树脂相分离固化，另一方面将 NaCl 颗粒过滤，从而获得多孔结构。随后在泡沫表面喷涂上 AgNW 层作为 TENG 的电极。基于 PDMS 多孔膜的 TENG 可用于皮肤集成传感器和能量收集装置。

静电纺丝是另一种广泛使用的多孔膜制备技术。在静电纺丝中，聚合物溶液在高压电场中被拉伸固化，形成纳米纤维并沉积在纤维收集装置上。制备的纤维膜通常可达到 80%的孔隙率。Mi 等人[36] 通过静电纺丝制备了聚酰胺（PA）纳米纤维膜，并将其与聚酰亚胺（PI）气凝胶组装成 TENG [图 9-19(b)]。研究发现，随着 PA 纳米纤维膜厚度的增加，输出性能逐渐提高。这是由于纤维膜内部孔隙结构有利于电荷的转移和累积，从而使纤维膜具有更高的电荷密度与输出性能。

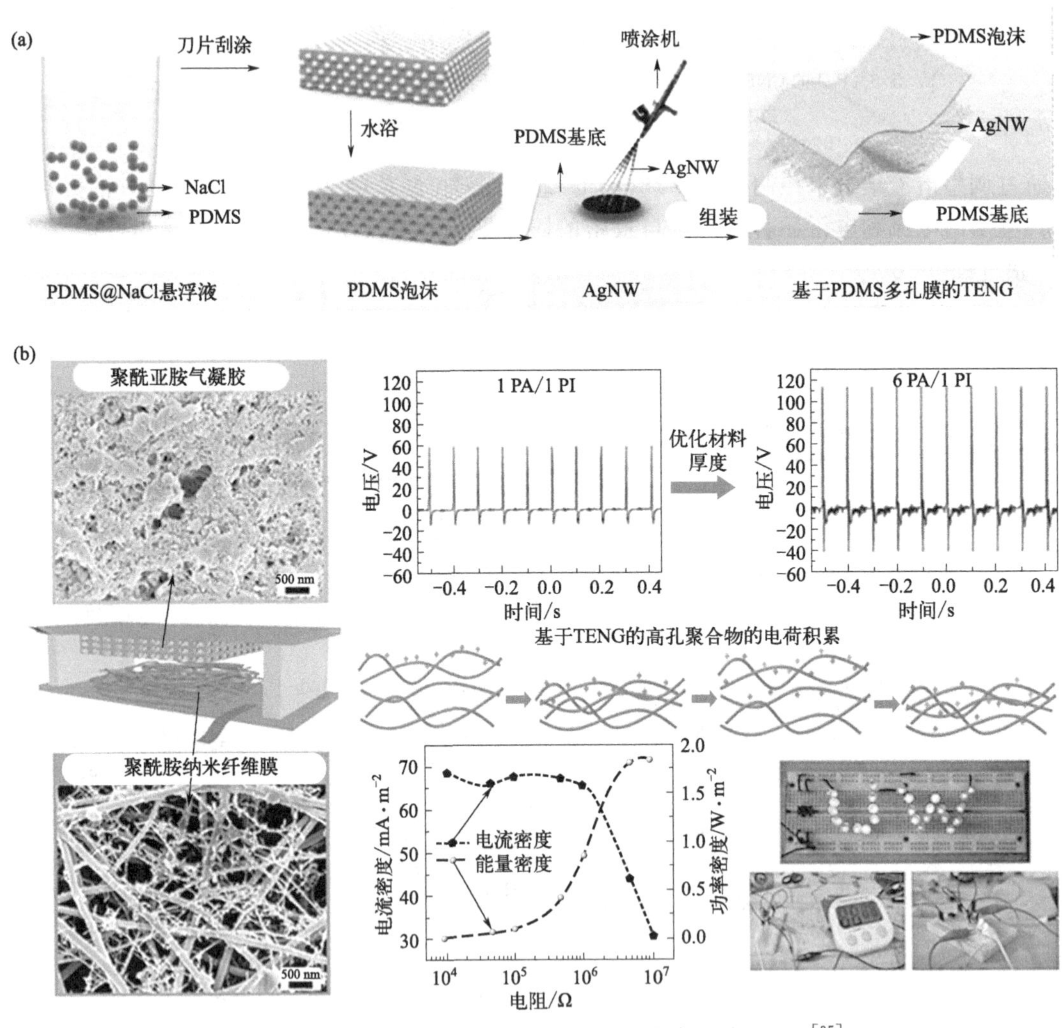

图 9-19 PDMS 泡沫和柔性可拉伸 TENG 的制备工艺图 (a)[35] 和由 PA 纳米纤维膜和 PI 气凝胶制成的 TENG 的结构示意图及摩擦电输出性能结果与演示 (b)[36]

9.5 摩擦纳米发电机的前沿应用

由于其优异的能量转换性能、丰富的材料选择以及灵活的设备配置，TENG 在多个领域展现了巨大的应用潜力。图 9-20 为 TENG 相关技术的发展与未来规划路线图（2017—2027）[15]。TENG 能够通过有机纳米发电机高效地将机械能转化为电能，TENG 的深入研究为材料科学家、化学家和工程师开辟了一个全新领域，并为绿色能源的产生提供了新的产业学科。本节将介绍近年来广泛研究的几种 TENG 的前沿应用领域，包括：可持续微/纳能量收集、自供电传感器、用于收集低频水能的大规模海洋能收集系统以及作为特定仪器设备的高压电源。

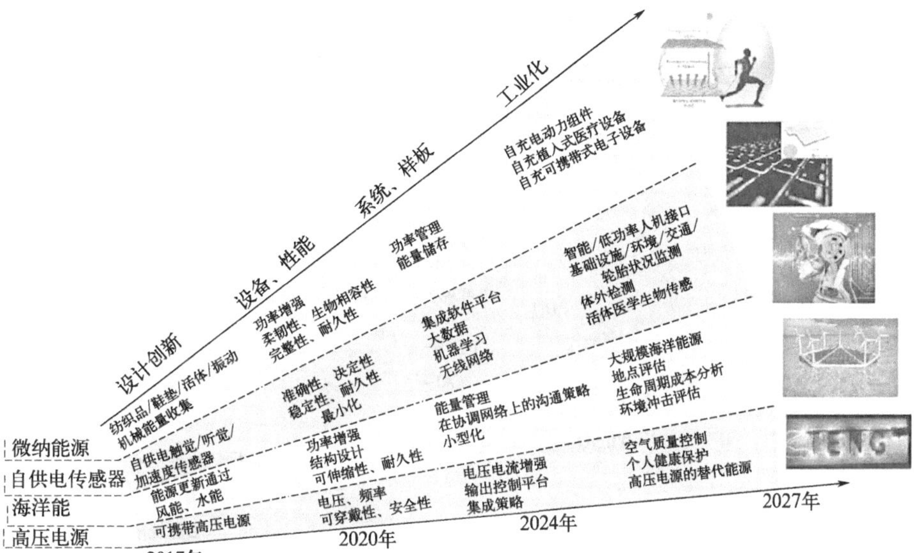

图 9-20　2017—2027 年 TENG 的发展与未来规划路线图[15]

9.5.1 微/纳能量收集

TENG 已被广泛应用于可穿戴电子设备、植入式电子设备和自供电系统。近年来，随着个人电子设备的日益普及，以及它们在医疗监测、运动感应和安全控制等日常生活中的整合，人们渴望从身体运动中收集能量，以为可穿戴微电子设备供电。为此，研究人员开发了多种形式的 TENG（如多层组装结构 TENG）来有效收集人体运动中产生的能量。

Niu 等人[37] 利用 TENG、能量管理电路和低泄漏能量存储设备，构建了第一个真正满足个人电子设备毫瓦级需求的自供电系统［图 9-21(a)］。制备的多层电极结构 TENG 能够有效收集人体的生物能量并将其转化为交流电，然后通过能量管理电路将其转换为符合能量存储单元输入要求的直流电，最终为传感器、数据处理器、显示器和无线发射器等整个功能电路提供电力。该系统的总能量转换效率为 59.8%，同时具有驱动各种商业电子设备的能力，如温度传感器、心电图系统和计步器。

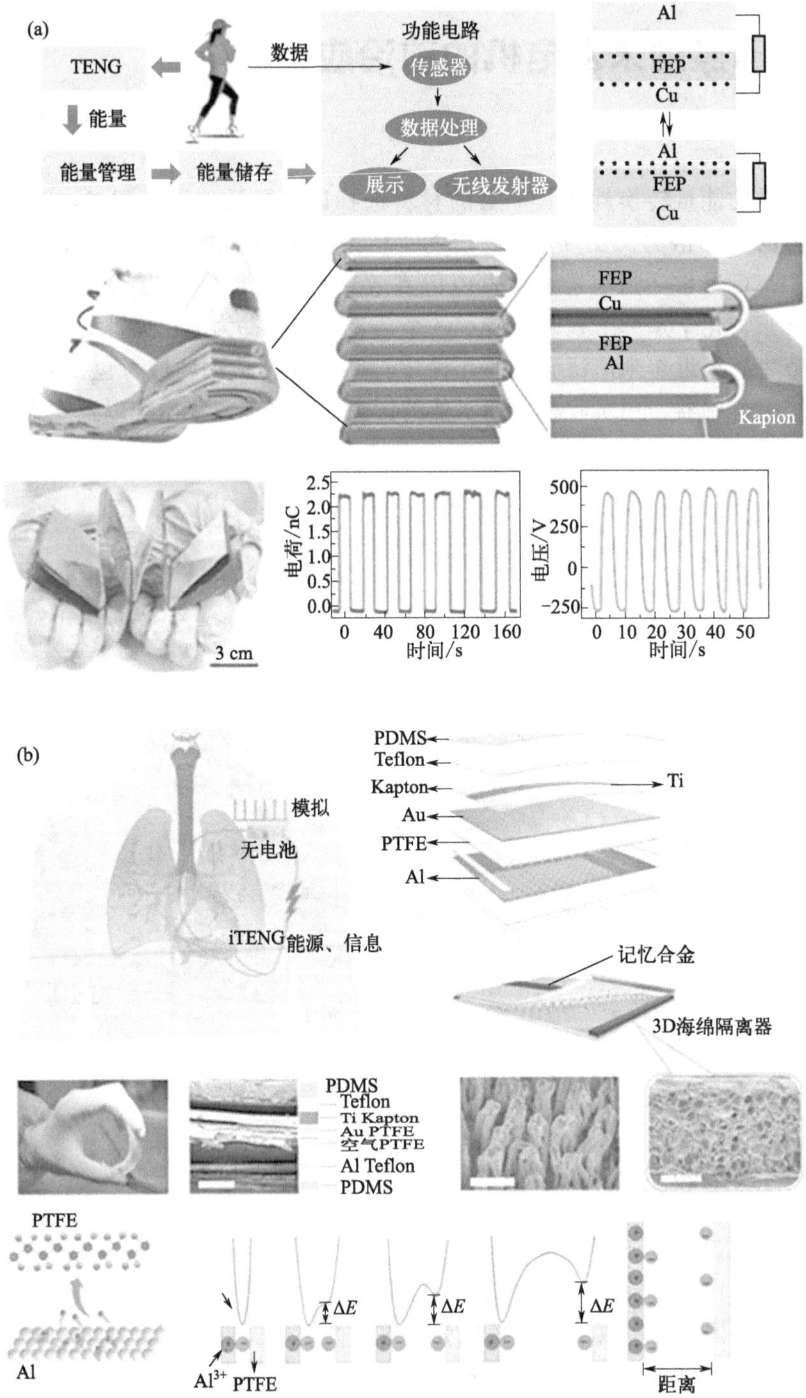

图 9-21 TENG 微/纳能量收集应用

(a) 多层电极结构 TENG 自供电系统用于人体运动能量收集[37]；

(b) 人体生物机械能驱动的完全自供电共生心脏起搏器的结构与原理[40]

除了体外能量采集，植入式 TENG 的研究为体内能量的收集提供了创新思路。研究者们开发了应用于心脏起搏器[38]、激光治疗[39] 等植入式电子设备的 TENG。Wang 等人[40]基于铝和 PTFE 作为摩擦层开发了一种完全植入式 TENG 共生起搏器［图 9-21(b)］，该装置在大动物实验中能够同时实现能量采集、存储和心脏起搏。用于植入式医疗设备的 TENG 具有优异的输出性能、高功率密度和良好的耐用性。

9.5.2 蓝色能源收集

地球表面约有 70.8%被水覆盖，海洋中的波浪能量非常丰富，是最重要的清洁和可再生能源之一，被称为蓝色能源。然而，水波的低频、大范围分布及随机峰值特性对传统的基于电磁感应的波浪能量采集技术提出了许多挑战。在水波能量收集方面，TENG 能够将低频、多方向且随机的水波振动能转换为电能，通过多个 TENG 单元组成的网络可以实现大规模的海洋能量采集[41]。

基于波浪能量的概念，已经设计并构建了多种不同结构的 TENG 以高效采集海洋能量，例如：滚动球结构、摆动结构、叶轮结构、弹簧辅助结构和波浪结构[42]。如图 9-22 所示，Liang 等人设计并制备了一个球形装置，该装置集成了六个弹簧辅助的多层 TENG 单元。在 1.0 Hz 水波的作用下，最大输出电压为 250 V，电流为 80 μA，功率达到 8.5 mW。该装置能够实现任意触发方向的水波能量转换[43]。

9.5.3 自供电传感器

除了将环境中的机械能转换为电能外，TENG 还具有直接将外部机械刺激转换为电信号的能力，这使得它们能够作为自供电传感。由于 TENG 在形变过程中会输出电能，并不需要像其他传感器一样持续耗电，因而被称为自供电传感。基于 TENG 的自供电传感器的应用领域广泛，包括：触觉传感器、运动传感器、压力传感器、应变传感器、化学传感器、振动传感器、加速度传感器和声学传感器等。

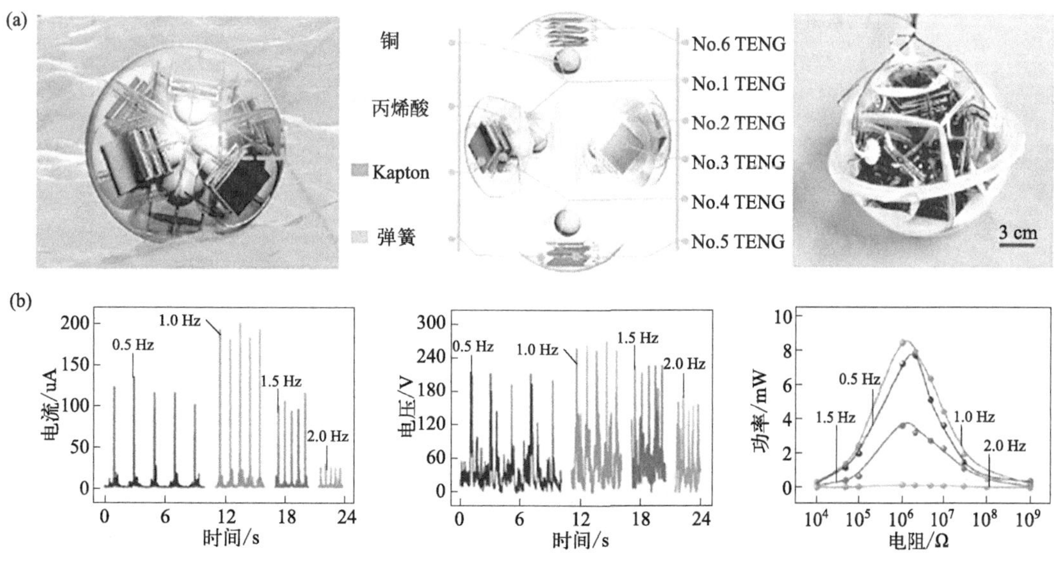

图 9-22

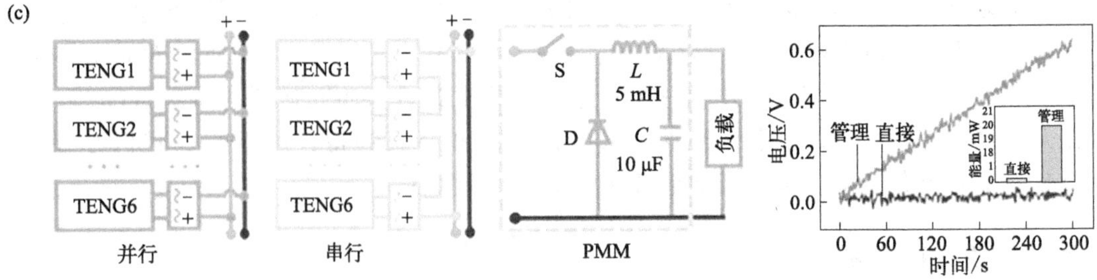

图 9-22　蓝色能源收集 TENG[43]

(a) TENG 的结构示意图和实物照片；(b) 不同频率水波下 TENG 的输出性能；

(c) 电源管理模块电路及 0.1 F 超级电容器的充电曲线

Fan 等人[44] 设计并构建了一种全纺织摩擦电传感器阵列（TATSA），如图 9-23(a) 所示，该传感器具有高压敏感性（7.84 mV·Pa^{-1}）、快速响应速度（20 ms）和宽操作带宽（20 kHz）。制备的 TATSA 可以通过将两个 TATSA 设备缝合到智能服装腹部和手腕的相应位置上，从而精准监测人体皮肤的生理信号［图 9-23(b)］。Shi 等人[45] 提出了一种基于球形电极阵列 TENG 的自供电、无痛且高灵敏度的触觉系统［图 9-23(c) 和 (d)］。它通过阵列 TENG 的结构优化，将虚拟信号转换为触觉信号，并作为虚拟触觉通信的桥梁。该系统可应用于人类虚拟互动，并可集成听觉和视觉刺激，建立完整的虚拟现实系统，增强非接触通信体验。

此外，基于 TENG 的自供电传感器在安全监控、环境监测、生物医学应用、智能家居、智能体育、人机交互（HMI）、智能机器和自动驾驶等领域展现出巨大潜力。近年来，研究人员一直致力于 TENG 的结构设计、性能优化和创新应用场景的探索。基于以往的研究，结合大数据、机器学习和无线通信等技术平台构建 TENG 自供电传感器系统，将在未来的多领域、多场景应用中发挥巨大潜力。

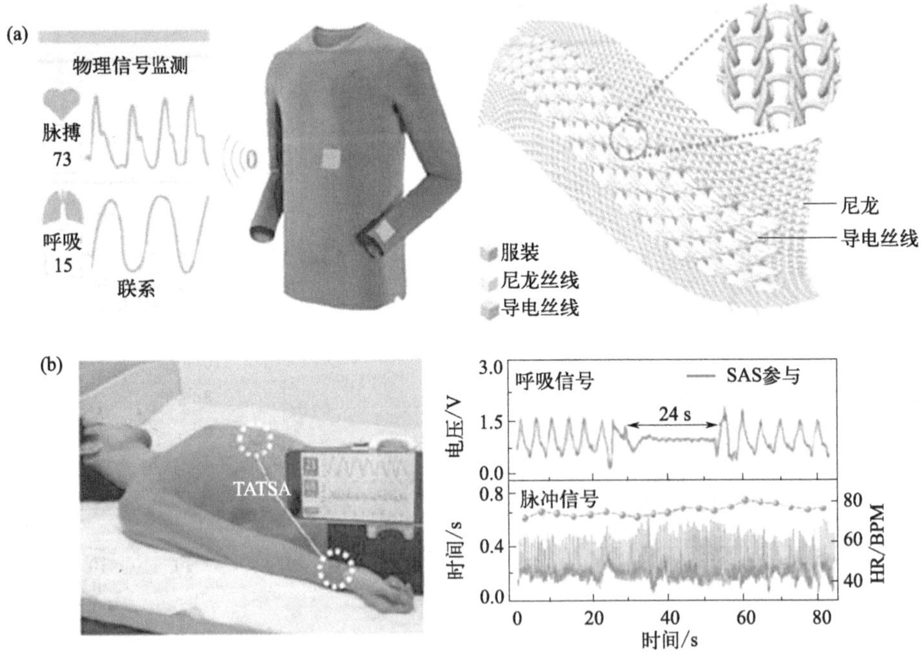

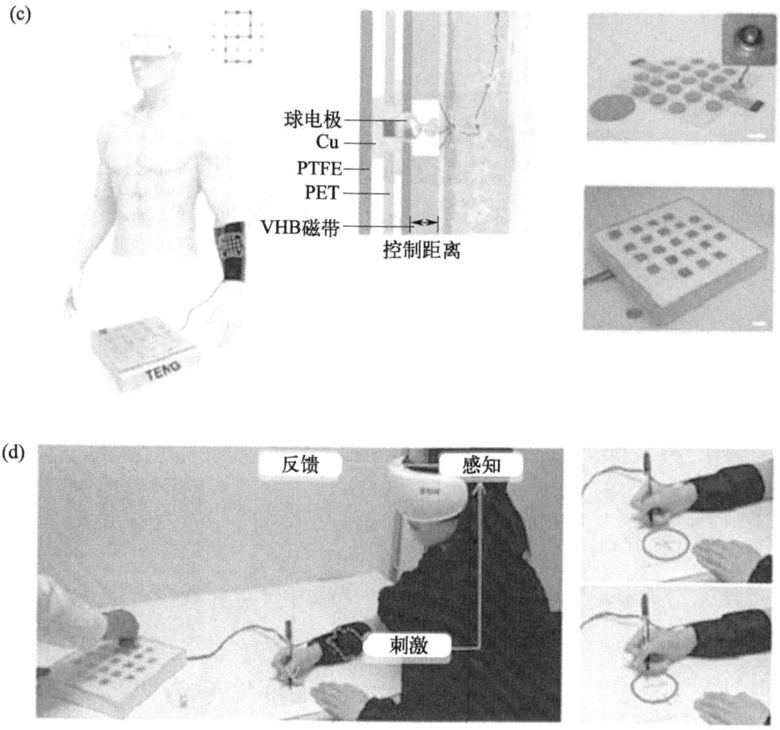

图 9-23 TENG 在智能服装与触觉体验中的应用[44,45]

(a) 集成了全纺织 TATSA 的智能服装示意图；(b) 使用 TATSA 进行人体实时脉搏和呼吸监测；
(c) 基于 TENG 的自供电触觉系统的虚拟触觉体验示意图；(d) 用于增强触觉虚拟现实体验的虚拟空间感知模型

9.5.4 高压电源应用

与传统的电磁发电机相比，TENG 具有显著的高电压输出特性，表现为高开路电压和低短路电流。这一特性使 TENG 成为一个理想的高压电源。基于 TENG 的高压电源在多个领域展现了潜在应用价值。

Li 等人[46] 利用 TENG 的高输出电压特性，构建了一种离子化纳米电喷系统（Nano ESI），用于高灵敏度质谱分析，该系统利用独立层滑动式 TENG 提供交流脉冲输出来诱导电喷雾离子化［图 9-24(a)］。该 Nano ESI 系统内在的高电压特性，使其在极低浓度的物质分析中表现出卓越的质谱灵敏度。

在需要持续高压电源的应用场景中，单一 TENG 所产生的输出电压通常无法达到所需水平，例如：微等离子体生成、静电纺丝和静电吸附。因此，Cheng 等人[47] 将多个独立旋转式 TENG 串联连接，并与等离子体源集成，成功地开发了首个摩擦电微等离子体源［图 9-24(b)］。该创新设备能够将机械能转化为高压电能，激发产生大气压等离子体，能够产生四种不同的大气压等离子体类型。

此外，基于 TENG 的高压电源在安全性、便携性、结构简单性和成本效益方面显著优于传统的具有高输出电流和复杂电转换装置的高压电源。然而，迄今为止在这些先进应用领域中，聚合物泡沫材料作为摩擦层的使用非常有限。聚合物发泡材料具有优异的柔韧性、耐磨性、比表面积与高输出性能，通过物理发泡制备的泡沫材料具有成本低、工艺稳定、无污染、易于规模化生产等优势，因而可作为未来高性能 TENG 的重要摩擦层材料以满足创新应用的需求。

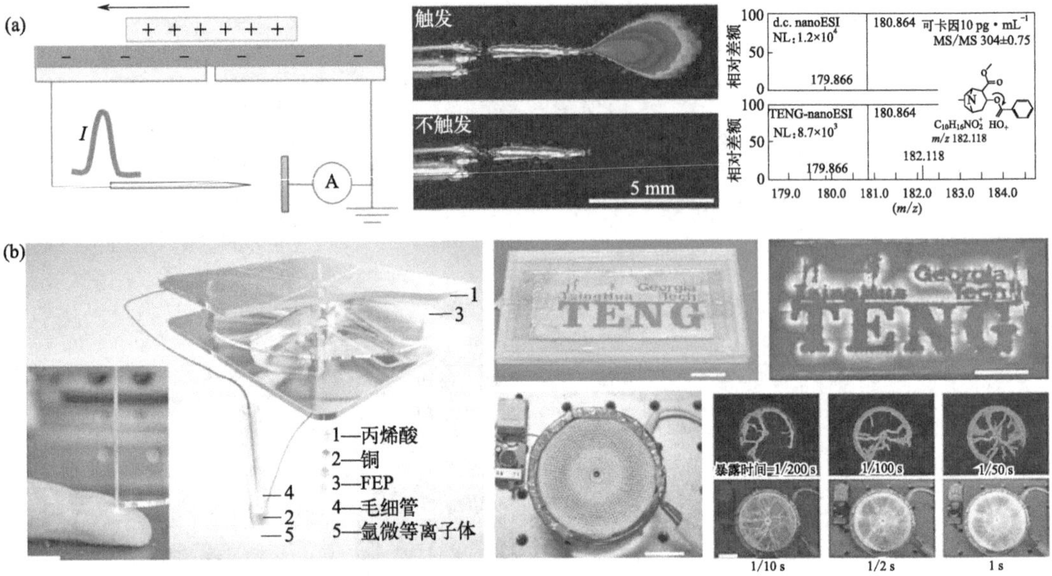

图 9-24　TENG 高压电源应用[46,47]

（a）基于 TENG 的纳米离子化电喷雾用于高灵敏度质谱分析的示意图和测试结果；

（b）基于 TENG 的摩擦电微等离子体源及其表面处理和图案化发光应用

参 考 文 献

[1] Shahsavari A, Akbari M. Potential of solar energy in developing countries for reducing energy-related emissions. Renewable and Sustainable Energy Reviews, 2018, 90: 275-291.

[2] Musa S D, Zhonghua T, Ibrahim A O, et al. China's energy status: A critical look at fossils and renewable options. Renewable and Sustainable Energy Reviews, 2018, 81: 2281-2290.

[3] Wang A C, Wu C, Pisignano D, et al. Polymer nanogenerators: Opportunities and challenges for large-scale applications. Journal of Applied Polymer Science, 2018, 135 (24): 45674.

[4] Lu X. Research on the construction system of computer big data security platform based on artificial intelligence. IEEE, 2022: 865-869.

[5] Cheng T, Shao J, Wang Z L. Triboelectric nanogenerators. Nature Reviews Methods Primers, 2023, 3 (1): 39.

[6] Wang K, Weng Y, Chen G, et al. Coupling electrostatic induction and global electron circulation for constant-current triboelectric nanogenerators. Nano Energy, 2021, 85: 105929.

[7] Siddique A R M, Mahmud S, Van Heyst B. A comprehensive review on vibration based micro power generators using electromagnetic and piezoelectric transducer mechanisms. Energy Conversion and Management, 2015, 106: 728-747.

[8] Fan F-R, Tian Z-Q, Wang Z L. Flexible triboelectric generator. Nano Energy, 2012, 1 (2): 328-334.

[9] Zhang R, Olin H K. Advances in inorganic nanomaterials for triboelectric nanogenerators. ACS Nanoscience Au, 2021, 2 (1): 12-31.

[10] He X, Zhang H, Jiang J, et al. Output characteristics of series-parallel triboelectric nanogenerators. Nanotechnology, 2023, 34 (15): 155403.

[11] Tantraviwat D, Buarin P, Suntalelat S, et al. Highly dispersed porous polydimethylsiloxane for boosting power-generating performance of triboelectric nanogenerators. Nano Energy, 2020, 67: 104214.

[12] Zhang L, Jin L, Zhang B, et al. Multifunctional triboelectric nanogenerator based on porous micro-nickel foam to

harvest mechanical energy. Nano Energy，2015，16：516-523.

[13] Galembeck F，Burgo T A，Balestrin L B，et al. Friction，tribochemistry and triboelectricity：Recent progress and perspectives. Rsc Advances，2014，4 (109)：64280-64298.

[14] Wang Z L. On Maxwell's displacement current for energy and sensors：The origin of nanogenerators. Materials Today，2017，20 (2)：74-82.

[15] Wu C，Wang A C，Ding W，et al. Triboelectric nanogenerator：A foundation of the energy for the new era. Advanced Energy Materials，2019，9 (1)：1802906.

[16] Wang Z L. Triboelectric nanogenerators as new energy technology and self-powered sensors-principles，problems and perspectives. Faraday Discussions，2014，176：447-458.

[17] Zhu G，Lin Z-H，Jing Q，et al. Toward large-scale energy harvesting by a nanoparticle-enhanced triboelectric nanogenerator. Nano Letters，2013，13 (2)：847-853.

[18] Zhu G，Pan C，Guo W，et al. Triboelectric-generator-driven pulse electrodeposition for micropatterning. Nano Letters，2012，12 (9)：4960-4965.

[19] Yin X，Liu D，Zhou L，et al. Structure and dimension effects on the performance of layered triboelectric nanogenerators in contact-separation mode. ACS Nano，2018，13 (1)：698-705.

[20] Wang S，Lin L，Xie Y，et al. Sliding-triboelectric nanogenerators based on in-plane charge-separation mechanism. Nano Letters，2013，13 (5)：2226-2233.

[21] Wang L，Daoud W A. Highly flexible and transparent polyionic-skin triboelectric nanogenerator for biomechanical motion harvesting. Advanced Energy Materials，2019，9 (5)：1803183.

[22] Wang S，Xie Y，Niu S，et al. Freestanding triboelectric-layer-based nanogenerators for harvesting energy from a moving object or human motion in contact and non-contact modes. Advanced Materials，2014，26 (18)：2818-2824.

[23] Mi H-Y，Jing X，Zheng Q，et al. High-performance flexible triboelectric nanogenerator based on porous aerogels and electrospun nanofibers for energy harvesting and sensitive self-powered sensing. Nano Energy，2018，48：327-336.

[24] Shao Y，Luo C，Deng B-W，et al. Flexible porous silicone rubber-nanofiber nanocomposites generated by supercritical carbon dioxide foaming for harvesting mechanical energy. Nano Energy，2020，67：104290.

[25] Wang Z L. Triboelectric nanogenerators as new energy technology for self-powered systems and as active mechanical and chemical sensors. ACS Nano，2013，7 (11)：9533-9557.

[26] Shi L，Dong S，Ding P，et al. Carbon electrodes enable flat surface pdms and PA6 triboelectric nanogenerators to achieve significantly enhanced triboelectric performance. Nano Energy，2019，55：548-557.

[27] Zi Y，Niu S，Wang J，et al. Standards and figure-of-merits for quantifying the performance of triboelectric nanogenerators. Nature Communications，2015，6 (1)：8376.

[28] Ni G-L，Zhu X，Mi H-Y，et al. Skinless porous films generated by supercritical CO_2 foaming for high-performance complementary shaped triboelectric nanogenerators and self-powered sensors. Nano Energy，2021，87：106148.

[29] Xie Y，Hu J，Li H，et al. Green fabrication of double-sided self-supporting triboelectric nanogenerator with high durability for energy harvesting and self-powered sensing. Nano Energy，2022，93：106827.

[30] Xie Y，Shan T，Chen R，et al. Triple-electrode integrated self-supporting triboelectric nanogenerators with high output and durability based on dynamic supercritical carbon dioxide foaming. Nano Energy，2023，116：108786.

[31] Li H，Sinha T K，Oh J S，et al. Soft and flexible bilayer thermoplastic polyurethane foam for development of bioinspired artificial skin. ACS Applied Materials & Interfaces，2018，10 (16)：14008-14016.

[32] Yang Y，Jing T，Xu B. Self-assembly of porous microstructured polydimethylsiloxane films for wearable triboelectric nanogenerators. Macromolecular Materials and Engineering，2020，305 (9)：2000276.

[33] Zheng Q，Fang L，Guo H，et al. Highly porous polymer aerogel film-based triboelectric nanogenerators. Advanced Functional Materials，2018，28 (13)：1706365.

[34] Saadatnia Z，Mosanenzadeh S G，Li T，et al. Polyurethane aerogel-based triboelectric nanogenerator for high performance energy harvesting and biomechanical sensing. Nano Energy，2019，65：104019.

[35] Wu M，Gao Z，Yao K，et al. Thin，soft，skin-integrated foam-based triboelectric nanogenerators for tactile sensing

and energy harvesting. Materials Today Energy, 2021, 20: 100657.

[36] Mi H-Y, Jing X, Meador M A B, et al. Triboelectric nanogenerators made of porous polyamide nanofiber mats and polyimide aerogel film: Output optimization and performance in circuits. ACS Applied Materials & Interfaces, 2018, 10 (36): 30596-30606.

[37] Niu S, Wang X, Yi F, et al. A universal self-charging system driven by random biomechanical energy for sustainable operation of mobile electronics. Nature Communications, 2015, 6 (1): 8975.

[38] Zheng Q, Shi B, Fan F, et al. In vivo powering of pacemaker by breathing-driven implanted triboelectric nanogenerator. Advanced Materials, 2014, 26 (33): 5851-5856.

[39] Tang W, Tian J, Zheng Q, et al. Implantable self-powered low-level laser cure system for mouse embryonic osteoblasts' proliferation and differentiation. ACS Nano, 2015, 9 (8): 7867-7873.

[40] Ouyang H, Liu Z, Li N, et al. Symbiotic cardiac pacemaker. Nature Communications, 2019, 10 (1): 1821.

[41] Wang Z L. Catch wave power in floating nets. Nature, 2017, 542 (7640): 159-160.

[42] Wen X, Yang W, Jing Q, et al. Harvesting broadband kinetic impact energy from mechanical triggering/vibration and water waves. ACS Nano, 2014, 8 (7): 7405-7412.

[43] Liang X, Jiang T, Liu G, et al. Spherical triboelectric nanogenerator integrated with power management module for harvesting multidirectional water wave energy. Energy & Environmental Science, 2020, 13 (1): 277-285.

[44] Fan W, He Q, Meng K, et al. Machine-knitted washable sensor array textile for precise epidermal physiological signal monitoring. Science Advances, 2020, 6 (11): eaay2840.

[45] Shi Y, Wang F, Tian J, et al. Self-powered electro-tactile system for virtual tactile experiences. Science Advances, 2021, 7 (6): eabe2943.

[46] Li A, Zi Y, Guo H, et al. Triboelectric nanogenerators for sensitive nano-coulomb molecular mass spectrometry. Nature Nanotechnology, 2017, 12 (5): 481-487.

[47] Cheng J, Ding W, Zi Y, et al. Triboelectric microplasma powered by mechanical stimuli. Nature Communications, 2018, 9 (1): 3733.